煤岩对非均匀载荷作用的力学响应与作用机理

赵洪宝　戈海宾　著

U0287499

科学出版社

北京

内 容 简 介

本书针对不均匀载荷作用中的典型代表——局部偏心载荷作用和局部冲击载荷作用，并以煤矿开采的主要环境介质煤岩为主要研究对象，结合作者及其所带领的科研团队多年研究经验和研究成果，系统介绍煤岩的特性、载荷的类型、受载后的力学响应，重点阐述研究所得的受非均匀载荷作用后煤岩产生的力学响应。研究内容主要包括局部偏心载荷作用下煤岩表面裂纹演化规律及煤岩损伤演化规律、声发射参数演化规律；局部冲击载荷作用下煤岩表面裂纹演化规律及煤岩损伤演化规律、超声波传播演化规律、红外热成像演化特征规律；根据试验研究获得的受两种典型的非均匀载荷作用后煤岩产生的力学响应特征，并根据试验和理论分析建立起的非均匀载荷作用与常规力学作用的等效理论模型；同时，将非均匀载荷作用下煤岩产生力学响应的等效理论模型成功应用到边坡稳定性的研究中。

本书不仅可为广大从事采矿工程、岩土工程和边坡工程的科学研究人员和工程技术人员提供借鉴，也可为广大相关专业在校博士生、硕士生提供研究思路上的指导。

图书在版编目（CIP）数据

煤岩对非均匀载荷作用的力学响应与作用机理/赵洪宝，戈海宾著. —北京：科学出版社，2024.1
ISBN 978-7-03-077364-7

Ⅰ. ①煤… Ⅱ. ①赵… ②戈… Ⅲ. ①煤岩–岩石力学 Ⅳ. ① TD326

中国国家版本馆 CIP 数据核字（2023）第 253570 号

责任编辑：刘翠娜 吴春花/责任校对：王 瑞
责任印制：师艳茹/封面设计：无极书装

科 学 出 版 社 出版
北京东黄城根北街 16 号
邮政编码：100717
http://www.sciencep.com
北京中科印刷有限公司 印刷
科学出版社发行 各地新华书店经销

*

2024 年 1 月第 一 版 开本：720×1000 1/16
2024 年 1 月第一次印刷 印张：27 3/4
字数：550 000
定价：168.00 元
（如有印装质量问题，我社负责调换）

资 助 项 目

1. 中国矿业大学（北京）越崎杰出学者资助项目（NO.800015Z1179）；

2. 河北省自然科学基金生态智慧矿山联合研究基金项目"低渗软煤层立体瓦斯抽采关键理论问题与高效防突技术平台的构建研究"（NO.E2020402036）；

3. 国家自然科学基金青年科学基金项目"局部动载扰动下煤岩微细观结构演化特性与增透机理研究"（NO.52004170）；

4. 国家自然科学基金青年科学基金项目"非对称荷载煤岩蠕变 - 渗流演化特征及其对瓦斯抽采的影响机制"（NO.52204105）；

5. 煤矿灾害动力学与控制国家重点实验室开放课题项目"非均布荷载作用下煤岩损伤局部化效应与精准增透研究"（NO.2011DA105287-FW201805）；

6. 深部煤矿采动响应与灾害防控国家重点实验室开放课题项目"变强度冲击对煤渗透特性影响与煤层增透技术研究"（NO.SKLMRDPC19KF01）。

前　　言

我国煤矿开采工作正在以 8～12m/a 的速度向深部延伸。可以预见，未来 10 年内现有的大部分矿井将逐渐进入深部开采。目前，位于我国东部的某些矿井已经进入 1000m 以深的开采范围，如新汶矿业集团有限责任公司华丰煤矿、平顶山天安煤业股份有限公司五矿和山东唐口煤业有限公司；有几座矿井采深甚至达到 1500m 以深，如新汶矿业集团有限责任公司孙村煤矿和上海大屯能源股份有限公司孔庄煤矿。采深的不断增加将会使采矿工作处于更加恶劣的自然条件中，更多的不利于安全生产的因素将暴露出来，其中尤以深部开采受到的"三高一扰动"最为明显。

所谓"三高一扰动"，即高地应力、高地温、高渗透压力和更强烈的采矿扰动作用。其中，更强烈的采矿扰动作用与高地应力耦合，将在很大程度上加剧矿山压力的显现特征并放大其产生的影响作用，甚至可能从根本上改变人们对矿山压力显现规律的传统认识，如矿山压力的线性分布规律变化为非线性特征、矿山压力性质由均布载荷变化为非均布载荷、矿山压力由静压变化为动压、矿山压力作用出现局部化特征等。因此，研究非均匀载荷作用对深部岩体的影响作用，特别是非均匀载荷作用对深部煤体的影响作用，掌握深部煤体遭受非均匀载荷作用时出现的力学响应特征并揭示其作用机理，将对深部矿山压力理论的构建与完善具有重要的科学价值，对保障深部煤矿的安全开采工作也具有重要的理论指导意义。

本书的研究工作是在中国矿业大学（北京）越崎杰出学者资助项目（NO.800015Z1179）、河北省自然科学基金生态智慧矿山联合研究基金项目"低渗软煤层立体瓦斯抽采关键理论问题与高效防突技术平台的构建研究"（NO.E2020402036）、国家自然科学基金青年科学基金项目"局部动载扰动下煤岩微细观结构演化特性与增透机理研究"（NO.52004170）、国家自然科学基金青年科学基金项目"非对称荷载煤岩蠕变-渗流演化特征及其对瓦斯抽采的影响机制"（NO.52204105）、煤矿灾害动力学与控制国家重点实验室开放课题项目"非均布荷载作用下煤岩损伤局部化效应与精准增透研究"（NO.2011DA105287-FW201805）、深部煤矿采动响应与灾害防控国家重点实验室开放课题项目"变强度冲击对煤渗透特性影响与煤层增透技术研究"（NO.SKLMRDPC19KF01）等科研项目的资助下完成的。本书内容上以非均匀载荷典型代表——局部偏心载荷和局部冲击载荷作为主要研究载荷条件，以对煤样实施局部偏心载荷和局部冲击载荷作用后其内部微结构将发生明显变化为前提，以取自典型进入深部开采矿区的煤试样为研究对象，通过改变施加的局部偏心载荷和局部冲击载荷类型、参数开展相关研究，主要包括单向、双向约束条件下的煤样对冲击载荷局部作用的力学响应，局部偏心载荷和局部动力冲击作用对煤样力学性质影响研究、对试样表面和内部微结构影响研究、煤样各主要力学参数响应研究、对煤样变形失稳破坏特征影响研究，尝试阐明单向、双向约束条件下的煤样对局部冲击载荷作用的力学响应特征，局部偏心载荷和局部冲击载荷对煤样力学特性影响的作用机理，并在理论上提出施加局部偏心载荷和局部冲击载荷时产生效应与实施均匀静载荷时的等效理论模型，并最终应用于矿山实践。研究结果将为通过施加局部偏心载荷和局部冲击载荷实现煤层内部微结构类型、数量和尺度效能改变技术的建立提供理论基础，并实现补益实施局部偏心载荷和局部冲击载荷提高煤矿有效破岩效率与提升煤层透气性方面的理论不足。

本书撰写过程中，通过参加国内外学术大会的形式得到了广大业内前辈和同仁的指导与帮助，对本书的研究思路、撰写结构等方面起到了点拨和指导的重要作用，在此表示诚挚的谢意。作者带领的科研团队成员，包括博士生戈海宾（第1～3章）、太原理工大学安全与应急管理工程学院张欢副教授、太原理工大学安全与应急管理工程学院王涛讲师等均为本书的撰写工作做出了重要贡献，付出了辛勤的劳动和汗水，在此一并表示感谢！

由于作者水平有限，书中难免存在不足、疏漏和不妥之处，敬请读者批评指正。

赵洪宝

2023 年 6 月 15 日

目　　录

第1章　岩石与煤的特征与区别

岩石是自然界中各种矿物的集合体，是一种天然地质作用的产物，是构成地壳表层岩石圈的主体，是人类生活繁衍的最直接的物质载体[1]。根据成因不同，可将岩石分为岩浆岩、变质岩和沉积岩三大类，如图 1.1 所示。岩浆岩是由高温熔融的岩浆在地表或地下冷凝所形成的岩石，也称火成岩；喷出地表的岩浆岩称喷出岩或火山岩，在地下冷凝的则称侵入岩；煤矿开采过程中经常遇到的是侵入岩，如河南能源化工集团永煤公司车集矿，其受到的火成岩侵入问题就比较严重。沉积岩是在地表条件下由风化作用、生物作用和火山作用的产物经水、空气和冰川等外力的搬运、沉积和成岩固结而形成的岩石。变质岩是由地壳中先形成的岩浆岩或沉积岩，由于其所处地质环境的改变经变质作用而形成的岩石。从地表向下约 16km 范围内，火成岩大约占 95%，沉积岩只有不足 5%，变质岩不足 1%。地壳表面以沉积岩为主，约占大陆面积的 75%，煤系地层从岩性上讲多属于沉积岩系。

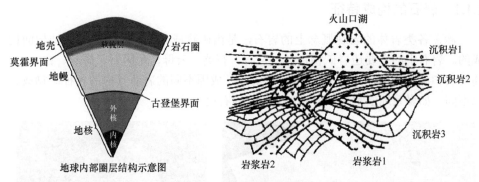

图 1.1　地层与岩层

煤是古代植物压埋在地底下，在不透空气或空气不足的条件下，受到地下的高温和高压年久变质而形成的黑色或黑褐色矿物。在某种意义上，可认为煤是一种特殊的岩石，在大类上可归结为沉积岩类。经济建设活动中开展的煤炭能源开发活动，即所说的采煤工作，其所处的介质环境即煤系地层的岩石环境，开采的对象即特殊的岩石——煤，如图 1.2 所示。因此，了解岩石与煤的特性及二者直接的区别，对于采矿工作意义非常重大。

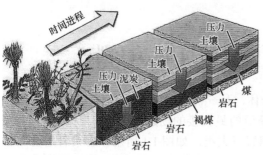

图 1.2　煤层的形成与赋存

1.1　岩石及特征

　　岩石一般是地质工程范畴内的常用专业术语，而岩体则是采矿工程范畴的常用专业术语。日常生活中，岩石是各类岩体的统称，属于一个宏观概念。从科学角度讲，岩石是构成岩体的基本组成单元，岩石可看作是连续的、均质的、各向同性的介质，而岩体则是包含岩石、各类结构面和地层内各种流体在内的多相介质。

1.1.1　岩石的构成特征

　　涵盖各类岩体的宏观概念上的岩石，是由矿物成分、结构与各类微结构面构成的。岩石中的主要造岩矿物包括：长石、石英、云母、角闪石、辉石、白云石、高岭石和赤铁矿等，如图 1.3 和图 1.4 所示。成因不同的岩石其内的各种矿物成分也不同，如煤系地层常见砂岩的主要成分为石英。

图 1.3　天然云母片　　　　　　　　　　图 1.4　石英砂岩

1）岩石中的矿物成分

岩石中的矿物成分会影响岩石的物理性质和强度特性。物理性质方面，如以石英为主要成分的岩石大部分比较稳定，以各类云母为主要成分的岩石稳定性要差一些，而由橄榄石或黄铁矿构成的岩石稳定性则非常差；高岭石、蒙脱石含量较高的岩石亲水性较强，如各类易于导致遇水膨胀的铝土岩；含有石膏、芒硝等易溶矿物的岩石，在水的作用下将易于导致孔隙增加、结构尺度变大等问题。强度特性方面，一般意义上三大类岩石中以岩浆岩强度最大，而沉积岩（如页岩、泥岩和煤）强度最小。具体的某一类岩石的强度则主要取决于矿物成分种类与颗粒间的连结形式，如岩浆岩中，岩石强度一般随辉石和橄榄石等矿物含量的增加而变大；沉积岩中砂岩的强度一般随石英含量的增加而变大，而石灰岩的强度则与硅质混合物含量呈正相关关系；变质岩中，岩石强度随片状矿物含量的增加而降低。大部分含有易溶性矿物的岩石在遇到水作用时，其强度也将明显降低。

2）岩石中的各类结构

岩石的结构类型一般是指岩石中矿物颗粒相互之间的关系，包括颗粒尺寸、形状、排列和结构连结特征及微结构面等。其中，结构连结和各类型结构面对岩石的力学性质影响最大。结构连结中的结晶联结一般是指岩石中的矿物颗粒通过结晶相互嵌合在一起，这种连结使晶体颗粒之间紧密接触，岩石强度一般较大，如图1.5所示。结构连结中的胶结联结是指颗粒与颗粒之间通过胶结物在一起的连接，具有这类连结结构的岩石强度主要取决于胶结

图1.5 典型的结晶联结

物和胶结类型，一般的岩石强度要明显小于具有结晶联结的岩石，如图1.6所示。

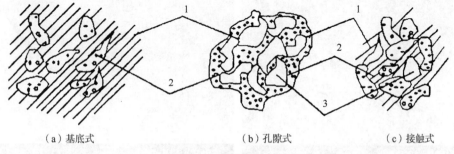

（a）基底式　　　　　　　（b）孔隙式　　　　　　　（c）接触式

图1.6 典型的胶结联结

1-连结物；2-颗粒；3-孔隙

3）岩石中的微结构面

岩石中的各类微结构面又称缺陷，是指存在于矿物颗粒内部或矿物颗粒及集

合体之间的小的弱面及空隙，主要包括矿物解理、晶格缺陷、晶粒边界、粒间空隙和微裂隙等。

矿物解理原称劈开，是指矿物受力后沿一定的方向裂开成光滑平面的习性，光滑的平面则称解理面，如图 1.7 所示。矿物解理受晶体结构和化学键结合程度的控制，不同矿物因此具有不同组数（沿同一方向裂开成一系列平面称一组解理）、不同程度的解理。例如，云母易于被揭开成薄片状，就是因为它具有一组极完全解理；方解石受到轻击会碎裂成更小的菱面体，是因为它具有三组完全解理，这些都可理解为矿物内的微小弱面。

图 1.7　矿物的解理

微裂隙是指发育在矿物颗粒内部及颗粒之间的多呈闭合状态的破坏迹线，其尺度通常很小而肉眼无法分辨，故也称显微裂隙，如图 1.8 所示。这些微裂隙通常与构造应力有关，故其发展具有一定的方向性，当外界条件发生变化时，通常会有所发展，如尺度扩大等。

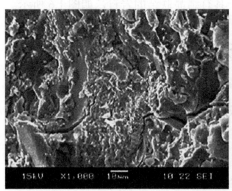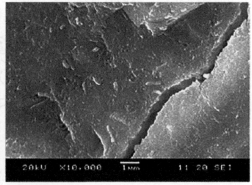

图 1.8　典型的微裂隙

这些微结构面虽然结合尺度很小，多肉眼无法分辨，但对岩石的影响却很大，主要表现为对岩石的力学特性产生影响。此外，因这些微裂隙通常具有一定的方向性，故其多能增加岩石的各向异性特点，从而使岩石的力学特性变得更加复杂。

1.1.2　岩体的构成特征

岩体是由岩石实体和各类结构面按一定规则组合而成的。岩体内岩石实体部分的性质由岩石实体性质决定；岩体内存在各种地质界面（通常尺度上比岩石解理大得多，从肉眼可见至展布几千米不等），它包括物质分异面和不连续面，如假整合、不整合、褶皱、断层、节理和片理等，这些地质界面统称结构面，通常决定着岩体的物理性质与力学性质，是岩石力学领域研究的主要对象。

1）岩体结构分类

岩体结构单元包括结构面和结构体两种基本要素，结构面一般分为软弱结构面和坚硬结构面两类，结构体按力学作用可分为块状结构体和板状结构体两大类。它们通过不同的排列组合形式影响岩体的物理性质和力学性质，将软弱结构面切割成的岩体结构定义为Ⅰ级岩体结构，坚硬结构面切割成的岩体结构定义为Ⅱ级岩体结构。因此，岩体结构划分的第一个依据就是结构面类型，第二个依据就是结构面切割程度或结构体类型。

第一个依据：结构面类型。

$$\begin{cases} 软弱结构面——Ⅰ级岩体结构 \\ 坚硬结构面——Ⅱ级岩体结构 \end{cases}$$

第二个依据：结构面切割程度或结构体类型，规定岩体结构基本类型。

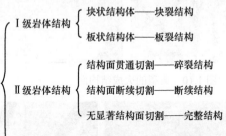

亚类依据：亚类的划分主要依据岩体的原生结构。

2）岩体结构面分类

岩体内结构面是有一定方向、展布尺寸和较小厚度的二维面状地质界面。根据成因，可将其分为原生结构面、构造结构面及次生结构面三类。

原生结构面包括所有在成岩阶段所形成的结构面，根据成因不同可分为沉积结构面、火成结构面及变质结构面三类，如图 1.9～图 1.11 所示。沉积结构面包括层面、层理和沉积间断面等，这些结构面能反映出沉积环境，标志着沉积岩的成层条件和岩性、岩相变化，一般与岩层产状一致；火成结构面一般为岩浆侵入冷凝形成的各类结构面，主要包括流层、流线、火成岩流接触面等，其产状由侵入岩体与围岩接触面控制；变质结构面为岩体变质过程中形成的结构面，主要包括片理、片麻理及软弱夹层等，其产状与岩层基本一致，延展性较差但分布密集。

图 1.9　典型的沉积结构面

图 1.10　典型的火成结构面

图 1.11　典型的变质结构面

　　构造结构面主要包括劈理、节理、断层和层间错动面等，这些结构面均是在构造运动作用下形成的。这些构造结构面中，尤以节理、断层为煤矿开采工作中常见。其中，节理面在走向、纵深上展布范围均有限，尺寸在几厘米至 100m；节理面又可细分为张节理和剪节理，如图 1.12 和图 1.13 所示。张节理面一般比较粗糙、宽窄不一，剪节理面一般比较平直、易于滑动、延展性也较好。断层一般分为三类，即逆断层、正断层、平推断层，断层面的尺度范围比较大，在十几米至几十公里，断层面的延展性较好，是阻碍煤矿安全连续生产的主要地质问题之一，如图 1.14 所示。

图 1.12　张节理

图 1.13　剪节理

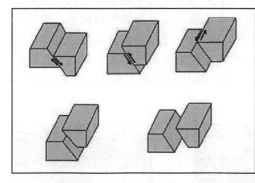

图 1.14　各类断层

　　次生结构面是地表面上由于外力作用而形成的各种界面，如卸荷裂隙、爆破裂隙、风化裂隙、风化夹层和泥化夹层等，如图 1.15 所示。其中，卸荷裂隙一般发生在有临空面条件的区域，一般延展性不好，裂隙面粗糙不平，常为敞开型，充填物多为泥质碎屑；爆破裂隙是煤矿开采中最常见的一种次生结构面，其延展情况与岩性、爆破类型有关；风化裂隙一般是由自然界内发生的风化作用导致产生的，其裂隙尺度与原始岩性、风化程度密切相关，裂隙界面多粗糙不规则；风化夹层和泥化夹层一般沿原生夹层和原生结构面发育，多由松软物质泥化而成，产状多与岩层基本一致，泥化程度与地下水作用条件紧密相关。

（a）卸荷裂隙   （b）爆破裂隙   （c）风化裂隙

图 1.15　各类次生结构面

1.2　煤及其特征

煤是古代植物埋藏在地下经历了复杂的生物化学和物理化学变化逐渐形成的固体可燃性矿产，主要由碳、氢、氧、氮、硫和磷等元素组成，且碳、氢、氧三者总和占有机质的 95% 以上，是一种非常重要的能源，也是冶金、化学工业的重要原料。

1.2.1　煤的形成

3 亿多年前的古生代、1 亿多年前的中生代以及几千万年前的新生代是地球演化史上的三大聚煤期，这三个时期内大量植物残骸经过复杂的生物化学、地球化学、物理化学作用后转变成煤，从植物死亡、堆积、埋藏到转变成煤经过了一系列的演变过程就是成煤过程。一般认为，成煤过程分为两个阶段，即泥炭化阶段和煤化阶段，泥炭化阶段主要是生物化学过程，煤化阶段则主要是物理化学过程，如图 1.16 所示。

植物　　　　　植物枯萎　　　　　植物遗骸被埋于土中，经复杂变化形成煤

图 1.16　煤的形成过程

1）泥炭化阶段

泥炭化阶段是植物在泥炭沼泽、湖泊或浅海中不断繁殖，其遗骸在微生物参

与下不断分解、化合和聚积，在这个阶段中起主导作用的是生物地球化学作用。低等植物经过生物地球化学作用形成腐泥，高等植物形成泥炭，因此成煤第一阶段可称为腐泥化阶段或泥炭化阶段，如图 1.17 所示。

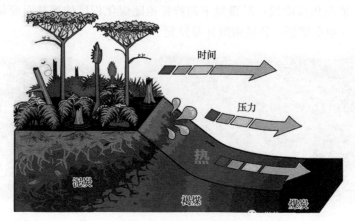

图 1.17　泥炭化阶段

在泥炭化阶段，氧是植物分解转化的必要条件，而缺氧的还原性则是泥炭得以保存的环境。植物残骸转变为泥炭后蛋白质消失，木质素和纤维素减少并生成大量腐殖酸。泥炭的元素组成中，碳和氢的含量增高、氧含量减少。泥炭沼泽的聚积环境，如沼泽水体的含盐度、氧化还原电位和酸碱度，对泥炭的成分和性质有很大影响，甚至影响煤的黏结性、含硫量和煤焦油产率等。

2）煤化阶段

煤化阶段是指泥炭化阶段形成的泥炭逐渐转变为褐煤、烟煤、无烟煤，或腐泥煤转变为腐泥褐煤、腐泥烟煤、腐泥无烟煤的过程，是成煤作用的第二阶段，以物理化学作用为主。煤化阶段主要从煤的性质和煤的成分两个方面对煤进行改造，随着煤化程度的深入将依次形成长焰煤、气煤、肥煤、焦煤、瘦煤和贫煤。煤化阶段的作用主要表现在以下两方面。

（1）煤的性质变化：泥炭形成后，由于盆地的沉降，在上覆沉积物的覆盖下被埋藏于地下，经压实、脱水、增碳作用，游离纤维素消失并出现了凝胶化组分，逐渐固结并具有微弱的反射力，经过这种物理化学变化转变成年轻褐煤，如图 1.18所示；随煤化程度的增高，煤的挥发分逐渐降低，水分自褐煤至焦煤阶段逐渐降低，在焦煤和瘦煤界线上达到最小值，由瘦煤至无烟煤阶段又略有增加；发热量值的变化恰与水分相反，自褐煤至焦煤阶段逐渐增加，在焦煤和瘦煤界线上达到最大值，由瘦煤至无烟煤阶段又略有减少；黏结性则以焦煤、肥煤阶段为最强，颜色由褐色变为黑色再到黑灰色；粉末则由浅褐色到黑色和深黑色，光泽也逐步增强，年轻褐煤一般不具光泽，由老褐煤开始到无烟煤阶段依次出现沥青光泽、玻璃光泽、金刚光泽和似金属光泽；煤的镜质组反射率随煤化程度的增高而加大，到无烟煤阶段尤为明显，如图 1.19 所示；硬度变化上，肥煤和焦煤的硬度最小，无烟煤最大，而长焰煤、气煤与贫煤的硬度相近，仅次于无烟煤；内生裂隙数呈曲线变化，最大值在焦煤阶段；显微镜下的特征也随煤化程度的增高而变化，透明度逐渐降低，反射率增强，各显微组分差异变小。

图 1.18　褐煤　　　　　　　　　　图 1.19　无烟煤

（2）煤的成分变化：随着煤化程度的增加，煤中挥发物减少，碳含量增加，但以褐煤至气煤阶段和无烟煤阶段增高的幅度最大，即由泥炭化阶段含有碳、氢、氧、氮、硫五种主要元素，演变到无烟煤阶段基本上只含碳一种元素；氢、氧含量减少，氢含量在碳含量大于 87% 时减少特别急剧，而氧含量在碳含量小于 87% 时比较显著；原生腐殖酸的含量在泥炭与年轻褐煤阶段最高，随着成岩作用的加强腐殖酸逐渐变成腐殖质，而到长焰煤阶段腐植酸已经完全消失。瓦斯生成量的变化随着煤化程度的增高而递增，煤的芳香化程度逐渐提高，芳香族物质逐渐缩合成较大的聚合体，脂肪族成分逐渐脱落并以挥发物形式逸出，分子排列逐渐定向化；结构上主要表现为芳香族稠环体系的缩合度进一步增加（图 1.20），侧链更加减少且芳香单元直径加大，层系间空间减小，使得顺层面三维的定向排列更加紧密；在煤化作用的低级阶段，煤显微组分的光性和化学组成结构差异显著，但随着煤化作用的进行，只是在高变质阶段这些差异趋于一致。

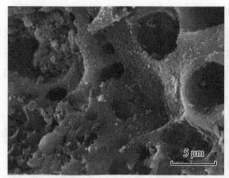

图 1.20　煤的显微结构与瓦斯赋存

1.2.2　煤的分类

由于成煤年代、成煤原始物质、还原程度及成因类型上的差异，再加上受到的变质作用程度不同，煤炭品种呈现多种多样性。2009 年 6 月 1 日，中华人民共和国国家质量监督检验检疫总局、中国国家标准化管理委员会发布国家标准《中国煤炭分类》（GB/T 5751—2009），2010 年 1 月 1 日起施行。标准规定了基于应用的中国煤炭分类体系，适用于中国境内勘查、生产、加工利用和销售的煤炭。分类标准指标包括：干燥无灰基挥发分 V_{daf}、黏结指数 G、胶质层最大厚度 Y、奥阿膨胀度 b、煤样透光性 P、煤的恒湿无灰基高位发热量 $Q_{gr,maf}$ 6 项分类指标，将煤分为 14 类，即褐煤、长焰煤、不黏煤、弱黏煤、1/2 中黏煤、气煤、气肥煤、1/3 焦煤、肥煤、焦煤、瘦煤、贫瘦煤、贫煤和无烟煤。

1）按煤化程度分类

根据干燥无灰基挥发分和透光率，可将煤分为三大类，如表 1.1 所示。

表 1.1　煤分类总表

类别	符号	分类指标	
		V_{daf}%	PM/%
无烟煤	WY	≤10.0	—
烟煤	YM	>10.0	—
褐煤	HM	>37.0	≤50

注：PM 为透光率

2）褐煤分类

褐煤是煤变质程度最低的一种，多为块状，呈黑褐色，光泽暗，质地疏松；含挥发分 40% 左右，燃点低、容易着火，燃烧时上火快、火焰大、冒黑烟；含碳量与发热量较低（因产地煤级不同，发热量差异很大），燃烧时间短，需经常加煤。褐煤多作为发电燃料，也可作为气化原料和锅炉燃料；有的褐煤可用来制造磺化煤或活性炭，有的褐煤可作为提取褐煤蜡的原料，如图1.21所示；另外，年轻褐煤也适用于制作腐殖酸铵等有机肥料，用于农田和果园能促进增产。2023年探明我国煤炭资源储量约为2000亿t，其中褐煤占煤炭总资源量的13%，主要分布在内蒙古东部和云南东部，东北和华南也有少量。按照恒湿无灰基高位发热量和透光率，可将褐煤分为两类，如表1.2所示。

图1.21 典型的褐煤

表1.2 褐煤分类

类别	符号	分类指标	
		$Q_{gr,maf}/(MJ/kg)$	PM/%
褐煤一号	HM1	—	0～30
褐煤二号	HM2	<24.0	30～50

3）烟煤分类

烟煤是煤化程度高于褐煤而低于无烟煤的煤，其特点是挥发分产率范围宽，单独炼焦时从不结焦到强结焦均有。烟煤一般为粒状、小块状，也有粉状，多呈黑色而有光泽、质地细致（图1.22），含挥发分30%以上，燃点不太高、较易点燃；含碳量与发热量较高，燃烧时上火快、火焰长、有大量黑烟，燃烧时间较长；大多数烟煤有黏性，燃烧时易结渣。根据挥发分含量、胶质层厚度或工艺性质，可分为长焰煤、气煤、肥煤、焦煤、贫煤、瘦煤等；无烟煤可用作炼焦、炼油、气化、低温干馏及化学工业等的原料，包括燃料电池、催化剂或载体、土壤改良剂、过滤剂、建筑材料、吸附剂处理废水等。按照干燥无灰基挥发分V_{daf}、黏结指数G、胶质层最大厚度Y、奥阿膨胀度b等指标对烟煤进行分类，如表1.3所示。

表1.3 烟煤分类

类别	符号	分类指标			
		V_{daf}/%	G	Y	b/%
贫煤	PM	10.0～20.0	≤5.0		

续表

类别	符号	分类指标			
		V_{daf}/%	G	Y	b/%
贫瘦煤	PS	10.0～20.0	5.0～20.0		
瘦煤	SM	10.0～20.0	20.0～50.0		
		10.0～20.0	50.0～65.0		
焦煤	JM	10.0～20.0	>65.0	≤25.0	≤150.0
		20.0～28.0	50.0～65.0		
		28.0～37.0	>65.0	≤25.0	≤150.0
肥煤	FM	10.0～20.0	>85.0	>25	>150
		20.0～28.0	>85.0	>25	>150
		28.0～37.0	>85.0	>25	>220
1/3 焦煤	1/3JM	28.0～37.0	>65.0	≤25.0	≤220
气肥煤	QF	>37.0	>85.0	>25.0	>220
气煤	QM	28.0～37.0	50.0～65.0		
		>37.0	35.0～50.0		
			50.0～60.0	≤25.0	≤220
		>37.0	>65.0		
1/2 中黏煤	1/2ZN	20.0～28.0	30.0～50.0		
		28.0～37.0	30.0～50.0		
弱黏煤	RN	20.0～28.0	5.0～30.0		
		28.0～37.0	5.0～30.0		
不黏煤	BN	20.0～28.0	≤5.0		
		28.0～37.0	≤5.0		
长焰煤	CY	>37.0	≤5.0		
		>37.0	5～35		

图 1.22　典型的烟煤

4）无烟煤分类

无烟煤是变质程度最高的煤种，有粉状和小块状两种，呈黑色，有金属光泽而发亮。杂质少，质地紧密，固定碳含量高，可达 80% 以上；挥发分含量低，在 10% 以下，燃点高、不易着火；但发热量高，刚燃烧时上火慢，火上来后比较大、火力强、火焰短、冒烟少、燃烧时间长，黏结性弱、燃烧时不易结渣，应掺入适量煤土烧用。2023 年探明我国煤炭资源储量约为 2000 亿 t，其中无烟煤占全国煤炭总资源量的 12%，年产 2 亿 t，山西省占 32%，河南省占 18%，贵州省占 11%；中国有六大无烟煤基地：北京京煤集团、晋城煤业集团、焦作煤业集团、永城煤矿区、神华宁煤集团、阳泉煤业集团，其中宁夏碱沟山的无烟煤，灰分小于 7%，硫含量为 0.6%～2.9%，是不可多得的优质无烟煤，如图 1.23 所示。无烟煤主要是民用和制合成氨的造气原料，低灰、低硫和可磨性好的无烟煤不仅可以作为高炉喷吹及烧结铁矿石用的燃料，而且还可以制造各种碳素材料，如碳电极、阳极糊和活性炭的原料，某些优质无烟煤制成航空用型煤还可用于飞机发动机和车辆马达的保温。

图 1.23　典型的无烟煤

按照干燥无灰基挥发分 V_{daf} 和干燥无灰基氢含量 H，可将无烟煤分为三类，如表 1.4 所示。

表 1.4　无烟煤分类

类别	符号	分类指标	
		V_{daf}/%	H/%
无烟煤一号	WY1	0～3.5	0～2.0
无烟煤二号	WY2	3.5～6.5	2.0～3.0
无烟煤三号	WY3	6.5～10.0	>3.0

1.2.3　煤的内部结构

煤是大量植物残骸在特殊地质时期的特殊地质环境中形成的一种特殊材料，

导致该种材料具有独特的非均质性、各向异性、多空隙性和类弹性等特点。因此，煤的内部结构非常复杂。煤在大类上可归结为沉积岩的一种，具有沉积岩层的共有结构特征。

1）煤层的结构特征

煤层是指顶、底板岩石之间所夹的一层或数层煤及矸石层；煤层是煤系的主要组成部分，煤层层数、厚度及其变化是评价煤田开采价值的主要因素。

煤层产状要素是决定煤层特性与结构的几个关键参数，如图 1.24 所示。煤层产状是指煤层在空间的产出形态，它包括三个主要要素，即走向、倾向、倾角。煤层走向是指煤层底板等高线的方向，用方位角表示；煤层倾向是指在水平面内垂直煤层底板等高线由高到低的方向，用方位角表示，与走向相差 90°；煤层倾角是指煤层倾斜线与倾斜线之间的夹角。为确保走向的单一性，煤层走向比煤层倾向小 90°。

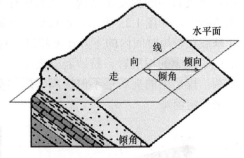

图 1.24　煤层的产状及要素

按照煤层厚度，可将煤层进行分类，如表 1.5 所示。

表 1.5　按煤层厚度分类

煤层厚度	≤1.3m	1.3～3.5m	3.5～8.0m	≥8.0m
煤层分类	薄煤层	中厚煤层	厚煤层	特厚煤层

按照煤层倾角，可将煤层进行分类，如表 1.6 所示。

表 1.6　按煤层倾角分类

煤层倾角	<5°	5°～25°	25°～45°	>45°
煤层分类	近水平煤层	缓倾斜煤层	倾斜煤层	急倾斜煤层

在成煤时期，泥炭沼泽基底不平、边壳不均衡沉降、河流冲蚀作用和地质构造变动等，使煤层出现尖灭、分叉、增厚、变薄和切断等现象，这一现象称为煤

层的稳定性。按照煤层稳定性，可将煤层进行分类，如表 1.7 所示。

表 1.7　按煤层稳定性分类

煤层分类	煤层特征
稳定煤层	煤层厚度在井田范围内均大于最低可采标准且变化不大，有一定的规律性，结构简单或较简单，全区稳定可采
较稳定煤层	煤层厚度有一定的变化，在井田范围内变化规律较明显，结构简单至复杂，全区基本稳定可采或大部分可采
不稳定煤层	煤层厚度变化大且无明显规律，结构复杂至极复杂，常有增厚、变薄、分叉、尖灭等现象，区内不稳定，大部可采或局部可采
极不稳定煤层	煤层厚度变化特别大，呈透镜状、鸡窝状，一般不连续，很难找出规律，在井田范围内断续分布，区内大部不可采或只有局部可采

煤层结构是指煤层有无夹石存在，可分为两大类，即不含夹石层的称简单结构和含夹石层的称复杂结构。夹石也称夹矸，常见的是黏土岩、炭质泥岩、泥岩和粉砂岩，如图 1.25 所示。形成煤层夹矸的主要原因是，在泥炭堆积过程中，沼泽基底在较短时间内的下降速度超过植物遗体堆积速度，而被其他沉积物所代替，形成了煤中的泥质岩、粉砂岩等夹层；这种情况出现得越频繁，煤层的结构就越复杂；煤层中的夹石层不但提高了煤的灰分含量，降低了煤的品质，还会给开采带来一定困难。

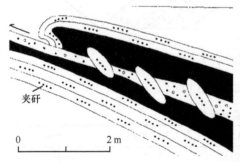

图 1.25　煤层与煤层夹矸

按照复杂程度，可将煤层结构进行分类，如表 1.8 所示。

表 1.8　按煤层结构复杂程度分类

煤层分类	煤层特征
简单结构	不含矸石或仅局部含矸石层
较简单结构	一般含 1 层夹矸，矸厚小于可采厚度的 50%
较复杂结构	一般含 1～2 层夹矸，单层矸厚较小，厚度一般小于 30cm，矸石总厚不能超过煤层厚度
复杂结构	含矸石 2 层以上且厚度大

2）煤的微结构特征

煤是一种特殊的多孔介质，其内空隙的分布规律非常复杂，有呈张开状态并与外界连通的裂隙结构，也有自成一个单元的封闭的孔隙结构，如图 1.26 所示。煤内这些微空隙结构占煤体体积的 70%～80%，常用孔隙比和孔隙率两个参数来表征这一特性。

图 1.26　煤中的裂纹结构

孔隙比是煤体中的孔隙体积与其固体实体体积之比，一般以 e 表示孔隙比，是说明煤体结构特征的指标，以下式计算：

$$e = \frac{V_v}{V_s} \tag{1.1}$$

式中，V_v 为煤中各种空隙体积之和；V_s 为煤中固体实体体积。

孔隙率是指块煤中孔隙体积与煤在自然状态下总体积的百分比，一般以 n 表示孔隙率，这一指标反映了煤的密实程度，以下式计算：

$$n = \frac{V_0 - V_s}{V_0} \tag{1.2}$$

式中，V_0 为块状煤的总体积。

孔隙比与孔隙率之间存在换算关系，即

$$e = \frac{n}{1-n} \tag{1.3}$$

为了研究方便，对煤中空隙微结构进行分类，如表 1.9 所示。

表 1.9　煤中空隙微结构分类

孔径分类	孔径尺度范围/mm	孔径作用
微孔	$\leqslant 10^{-5}$	煤的吸附容积
小孔	$10^{-5} \sim 10^{-4}$	毛细管凝结和瓦斯扩散空间
中孔	$10^{-4} \sim 10^{-3}$	缓慢的层流渗透区
大孔	$10^{-3} \sim 10^{-1}$	强烈的层流渗透区和决定破坏结构煤的破坏面
可见孔及裂隙	$\geqslant 10^{-1}$	层流及紊流混合渗透区

在孔隙体煤这种特殊介质中，各尺度空隙体积占比情况如表 1.10 所示。

表 1.10 各尺度空隙体积占比

孔隙类别	孔隙直径/mm	孔隙体积/%
微微孔	$\leqslant 2 \times 10^{-6}$	12.5
微孔	$2 \times 10^{-6} \sim 10^{-5}$	42.2
小孔	$10^{-5} \sim 10^{-4}$	28.1
中孔	$10^{-4} \sim 10^{-3}$	17.2
合计		100

煤的空隙特征与煤化程度、地质破坏程度和地应力性质及其大小等因素密切相关。各类煤的空隙特征如表 1.11 所示。

表 1.11 各类煤的空隙特征

煤种	挥发分/%	总空隙体积/(m³/t)	
		范围	平均值
长焰煤	43~46	0.073~0.091	0.084
气煤	30~35	0.028~0.080	0.053
肥煤	28~34	0.026~0.078	0.051
焦煤	22~27	0.021~0.068	0.045
瘦煤	18~21	0.028~0.065	0.045
贫煤	10~17	0.034~0.084	0.055
半无烟煤	6~9	0.041~0.094	0.065
无烟煤	2~5	0.055~0.136	0.088

1.3 岩石与煤的区别

虽然岩石和煤均是比较特殊的介质材料，有着诸多的相同之处，但其间的差异性也非常明显，主要表现如下：

（1）形成年代上的不同。岩石是伴随地球的形成而形成的，虽后期经历各种地质作用和地层运动的改变，但岩石的本质没有改变，即使是变质岩，也能够从其现在的状态判断得到其母岩的成分。煤的形成需要特殊时期的特殊条件，因此地球上有三大聚煤期，即 3 亿多年前的古生代、1 亿多年前的中生代以及几千万年前的新生代，而地球其他时期的煤炭形成量少之又少。

（2）组成成分上的不同。组成岩石的基本矿物主要包括长石、石英、云母、角闪石、辉石、白云石、高岭石和赤铁矿等；虽然有些岩石往往由上述几种矿物构成，但也只是这些矿物组成占比或排列顺次的调整，无根本性的变化；而煤则是由大量植物残骸在特殊时期特殊条件下形成的类岩石类材料，其主要组成成分是碳，还有少量的氮、氢、硫、磷等，一些特殊的煤种还留存有明显的植物痕迹，如褐煤。

（3）结构构成上的不同。岩石在结构构成上包括两类联结方式，即结晶联结和胶结联结，且结晶联结结构的岩石一般强度都要大于胶结联结的岩石；煤炭是由植物残骸在特殊时期特殊条件下形成的，可归属为沉积岩中，其结构构成上以胶结联结为主，且这种胶结联结多数较弱，导致煤的强度普遍较低。

（4）内部结构上的不同。各类岩石均是由矿物实体和空隙结构构成的，且这些空隙多数是在成岩过程中形成的，主要包括各尺度的孔隙和裂隙，且原生结构占多数，后天次生结构占少数，而受到人类建设开发活动后次生结构会急剧增加，空隙出现新的发展时往往在三个方向上相对均衡，各向异性明显弱于煤。煤也是由煤实体和空隙结构构成的，但煤中的空隙结构在尺度和组合方式上均要复杂得多，空隙出现新的发展时往往在三个方向上非常不均衡，各向异性明显强于岩石。

（5）包含相体上的不同。各类岩石是在特殊时期的特殊环境中形成的，特殊环境中可能包含气相、液相和固相不同物态，这些不同相体的物质均可能包含在各类岩石中，但数量上最多的还是固相和液相，对于气相来说，也仅包含在各类岩石张开的裂隙结构内，且以空气为主。煤则不同，在煤形成的过程中，随着煤化程度的不断加深，瓦斯会随之产生并蕴含在煤内的孔隙裂隙内，其中和煤充分结合呈吸附态的瓦斯占 80%～90%，而自由状态呈游离态的瓦斯只占 10%～20%；煤中也会含有一部分液相的水，这部分液相的水将与气相瓦斯呈互斥状态，一般的规律即瓦斯含量高的煤层水较少，而瓦斯含量低的煤层水较多。

（6）强度上的不同。三大类岩石中，岩浆岩强度一般较大，单轴抗压强度可达到 100MPa 以上，而变质岩和沉积岩单轴抗压强度相对较小，一般在 100MPa 以下；在沉积岩中，页岩和泥岩单轴抗压强度最小，一般在 10～20MPa。煤在大类上可归结为沉积岩一类，但其形成的特殊环境导致其层理和各类微结构更显著，这就大大降低了其单轴抗压强度，一般不会超过 10MPa。

1.4　本章小结

本章从介绍岩石与煤的形成入手，详细介绍了岩石和煤的形成、分类、内部结构特征等内容，并归纳总结了岩石与煤的六大不同。本章内容为全书研究成果的前提和基础。

第 2 章　载荷作用与煤体的基本力学响应

　　载荷是指使研究对象产生内力和变形的外力及其他因素，习惯上指施加在研究对象上的产生效应的各种直接作用。常见的有：人类活动导致的各类载荷、自重、各类静载荷、活荷载、动力荷载以及温度、风、雪、水、裹冰、波浪冲击等环境荷载。因此，掌握各类载荷的分类及特征，对于开展以岩石或煤为主要研究对象的各类科学研究，具有重要的基础意义。

2.1　载荷及分类

　　各类生产实践活动中，活动方式不同导致产生的作用和影响也不同。因此，载荷的类型也是各式各样的，根据载荷性质的不同，可将载荷进行如下分类。

2.1.1　外力、内力和应力

　　外力是指研究对象之外施加于研究对象的一种作用，这一作用通常会导致研究对象产生运动方式变化、位移、变形等影响，如图 2.1 所示。对于地球这一大系统来讲，外力通常包括由太阳辐射、重力、日月引力等来自地球外部的引力（通过大气、水、生物等）所引起的作用，有风化作用、侵蚀作用、搬运作用、沉积作用和固结成岩作用；而对于我们开展的岩石（煤）力学特性的研究工作来讲，外力就是导致岩石或煤发生变形、失稳、破坏的外加作用。

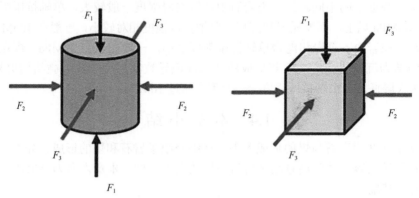

图 2.1　研究对象与外力

F_1-垂直外力；F_2-水平外力 1；F_3-水平外力 2

　　内力是指研究对象受到外力作用后，在研究对象内各部分间产生的作用，这一作用依赖于研究对象所受的外力作用而不能独立存在，其大小和方向均取决于研究对象所受的外力作用。例如，实验室抗拉实验中，静止的试样内没有内力，但当试样两端受到大小相等、方向相反的拉力作用后，试样内将产生明显的拉应力作用，这种试样内产生的拉应力就是内力，如图 2.2 所示。

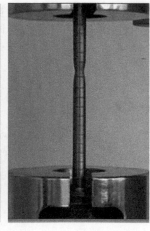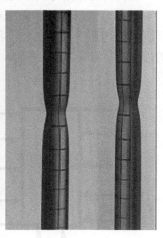

图 2.2　抗拉实验中的内力表现

研究对象由于外因（受力、湿度、温度场变化等）而变形时，在研究对象内各部分之间产生相互作用的内力，单位面积上的内力称为应力；应力是一个矢量，沿截面法向的分量称为正应力，沿切向的分量称为切应力，如图 2.3 所示。

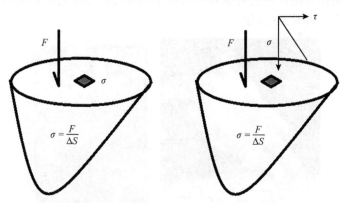

图 2.3　应力

F-作用外力；ΔS-作用面积；σ-正应力；τ-切应力

在我们开展的岩石或煤的力学特性研究中，通常主要研究载荷中涉及的外力和应力，而内力作用不具有独立性，故关注较少。

2.1.2　外力的分类

根据形式的不同，可将外力做如下分类。

1）按外力的作用方式分类

根据力的作用方式不同，可将外力分为表面力和体积力两种。

表面力是指作用于研究对象表面的外力，如伪三轴压缩试验中作用于岩石试样表面的围压等（图 2.4），我们进行的岩石和煤力学试验研究中，几乎所有施加的外力都是表面力。

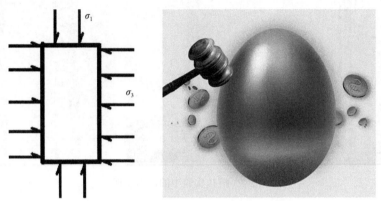

图 2.4　表面力

σ_1-第一主应力；σ_3-第三主应力

体积力是指作用在研究对象每个质点上的外力，如研究对象受到的重力、惯性力、磁力等，如图 2.5 所示。

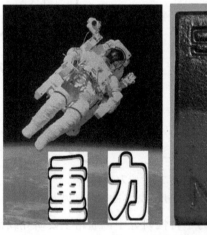

图 2.5　体积力

2）按外力的分布形式分类

根据力的分布形式不同，可将外力分为分布力和集中力两种。其中，分布力是指作用在研究对象上的外力作用面面积相对较大的力。在实际生活中，大多数

的力都是分布在一个面积上的，而不是作用在一点上的，如风压、雪压，以及水
对蓄水池壁的压力等作用在构件一部分或全部面积上，都是分布力，如图 2.6 所示。
集中力是指力分布在物体表面上的面积，远小于物体任何一个方向的尺寸，可认
为力是作用在物体表面的一个点上，如图 2.6 所示。例如，火车车轮对钢轨的压力、
轴承对轴的反力等。

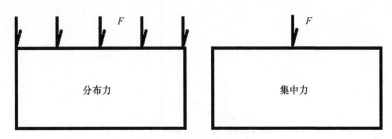

图 2.6　分布力与集中力

3）按载荷随时间变化的情况分类

按照载荷随时间的变化情况，可将外载荷分为静载荷和动载荷两类。其中，
静载荷是指随时间变化极其缓慢或不变化的载荷，其特征是在加载过程中研究对
象的加速度很小，达到可以忽略不计的程度，如作用在支架上的顶板载荷等。动
载荷是指随时间作明显变化的载荷，即具有较大加载速率的载荷，包括短时间快
速作用的冲击载荷（如空气锤）、随时间作周期性变化的周期载荷（如空气压缩机
曲轴）和非周期变化的随机载荷（如汽车发动机曲轴），如井下放炮后围岩受到的
震动力、地震力等。

4）按载荷作用时间的长短分类

按载荷作用时间的长短，可将载荷分为恒载荷和活载荷两大类。其中，恒载荷
是指长期作用于研究对象上的大小、作用点均不变化的载荷，如围岩的自重力、蠕
变试验中施加于试样上的载荷。活载荷是指作用于研究对象上的大小和作用位置可
能发生变化的载荷，如掘进时风钻或煤电钻对工作面的载荷、非定常冲击载荷等。

2.2　矿山载荷及分类

地下采煤工作一般是在地壳浅部进行的，主要是在 1500m 以浅范围内。地壳
是由各种岩层、土层组合而成的，在岩层和土层形成的过程中及形成后，又会遭
受来自地球外部的各类载荷作用和来自地球内部的各种地质作用，这些作用使得
地壳岩层内的载荷及类型变得非常复杂。

2.2.1　自重应力

天然状态下，地壳岩体内某一点所固有的应力状态称为原岩应力或天然应力，

也称地应力。地应力主要包括由岩体重量引起的自重应力和地质构造作用引起的构造应力。自重应力是岩土体内由自身重量引起的应力，岩土体中任一点垂直方向的自重应力，等于这一点以上单位面积岩土柱的质量，如图 2.7 所示。

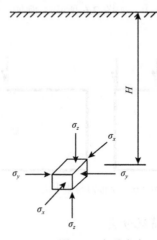

图 2.7　自重应力

H-埋深；σ_x-水平应力 1；σ_y-水平应力 2；σ_z-垂直应力

自重应力计算公式为

$$\sigma_z = \gamma \cdot H \tag{2.1}$$

式中，γ 为岩土层的天然容重，kN/m；H 为岩土的埋深，m。

1）海姆理论

1878 年，瑞士地质学家海姆（Haim）在观察了大型越岭隧道围岩工作状态之后，认为原岩体铅垂应力为上覆岩体自重。在漫长的地质年代中，岩体不能承受较大的差值应力和与时间有关的变形的影响，使得水平应力与铅垂应力趋于均衡的静水压力状态，即

$$\sigma_x = \sigma_y = \sigma_z = p_z \tag{2.2}$$

由于静水压力下无剪应力，所以任意方向都是主应力方向。

$$\sigma_1 = \sigma_2 = \sigma_3 = p_z \tag{2.3}$$

2）金尼克理论

1925 年，苏联学者金尼克修正了海姆的静水压力假设，认为地壳中各点的垂直应力等于上覆岩层的重量，而侧向应力（水平应力）是泊松效应的结果，其值应乘以一个修正系数，即

$$\sigma_x = \sigma_y = \frac{\mu}{1-\mu}\sigma_z = \frac{\mu}{1-\mu}p_z \tag{2.4}$$

式中，μ 为泊松比，$\dfrac{\mu}{1-\mu}$ 称为侧压系数。一般来说，μ 取值为 0.2～0.3，故岩石的侧压系数一般为 0.25～0.43。

2.2.2　构造应力

构造应力是由于地层形成后受到地壳构造运动作用在岩体内引起的应力，可分为现代构造应力和残余地质构造应力。现代构造应力是指正在经受地质构造运动作用时，在地质构造运动发生过程中岩体内产生的应力；残余地质构造应力则是指已经结束的地质构造运动残留于岩体内部的应力。与地壳演化历史相比，人类存在历史在时长上几乎可以忽略不计，故准确判断何为现代构造应力和残余地质构造应力，相对比较困难。

地壳经历地质构造作用时，地壳岩层内将受到较大的外力作用，包括水平外力作用和垂直外力作用，如图 2.8 所示。岩层受到的水平外力作用将促使岩层发生较大的弹性变形和塑性变形，从而使岩层内形成各种地质结构，如断层、褶皱。

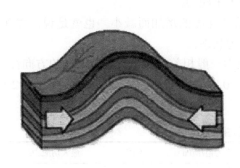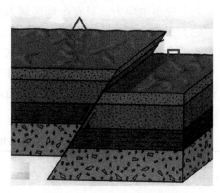

图 2.8　地质构造与受力

构造应力具有明显的方向性和区域性，方向上以水平应力为主，具有以下基本特点：

（1）地壳运动以水平运动为主，故构造应力以水平应力为主；地壳水平运动趋势占主导地位，故构造应力以压应力为主。

（2）因地壳在大尺度范围内的运动程度不同，故地壳各岩层受到的外力作用大小也不同，在地壳运动比较剧烈的地方，往往最大主应力和最小主应力的大小和方向具有较大变化。

（3）地壳运动具有明显的方向性，故构造应力的方向性也非常明显，最大水平主应力和最小水平主应力的大小一般相差较大。

（4）地壳内各岩层的强度不同且差异较大，构造应力在较坚硬岩层内往往表现比较明显，而在相对软弱的岩层内表现不明显。

构造应力因受到地质构造作用次数纷杂而表现得异常复杂，故目前尚无办法将构造应力用数学力学的方法进行分析计算，构造应力的大小也不可能通过数学计算或模型分析的方法获得，只能采用现场应力测量方法测定，但构造应力的方向可根据地质力学的方法加以判断。

2.2.3 原岩应力的分布规律

虽然原岩应力包括相对简单的自重应力和相对复杂的构造应力，但其还表现出一定的规律性，具体如下：

（1）根据实测结果分析，铅直方向应力值大体上等于上覆岩层的重量。在分析的地壳 25～2700m 范围内，由地壳平均密度 2.7g/cm³ 计算得到的垂直应力基本准确。

（2）水平应力普遍大于垂直应力。根据金尼克假说，可以得到水平应力大于垂直应力的结论，同样根据进行的现场实测也可以得到类似结论，比值一般为0.5～5.5，大部分区域比值为0.8～1.5，有些地方甚至达到30。大多数情况下，垂直应力为最小主应力，只有个别区域为最大主应力。

（3）平均水平应力与垂直应力的比值随深度的增加而减小。也就是说，埋深越大的地方，岩层应力环境越接近静水压力状态。

（4）最大水平主应力与最小水平主应力一般相差较大，且具有明显的方向性，比值一般为0.2～0.8，多数情况下为0.4～0.8。部分矿区的原岩应力情况如表2.1所示。

表 2.1　各地区主应力情况

矿区	深度/m	主应力	应力值/MPa	倾角/(°)	最大切应力/MPa
鹤壁矿区	447.66	σ_1	32.50	12.35	
		σ_2	22.16	75.56	14.22
		σ_3	4.07	5.19	
焦作矿区	318.70	σ_1	8.85	74.80	
		σ_2	5.70	14.53	3.90
		σ_3	1.06	8.9	
涟邵矿区	556.57	σ_1	21.78	18.56	
		σ_2	17.43	70.89	9.96
		σ_3	1.86	4.38	
北票矿区	989.05	σ_1	52.96	11.25	
		σ_2	30.85	63.45	19.86
		σ_3	13.23	23.71	

续表

矿区	深度/m	主应力	应力值/MPa	倾角/(°)	最大切应力/MPa
新汶矿区	870	σ_1	38.13	24.2	
		σ_2	28.35	61.5	
		σ_3	1.61	14.1	

2.2.4　原岩应力测定方法

原岩应力是指存在于地层内未受人类工程扰动影响的天然应力，也称地应力、岩体初始应力、绝对地应力。原岩应力的测定方法主要包括以下几种。

1）应力解除法

应力解除法既可以测量硐室周围浅部的岩体应力，又可以测量岩体深部的应力，如图 2.9 所示。例如，为了测定距硐室壁面深度为 Z 的应力，应先用钻头自边墙钻一深度为 Z 的钻孔，然后再用镶有细粒金刚石的钻头将孔底磨平、磨光，在孔底面贴上 3 个互成 120° 交角的电阻应变片，通过电阻应变仪读出相应的 3 个初始读数并记录，接着再用钻孔直径相同的套钻钻头在钻孔底部的四周进行"套钻"掏槽，槽深约 5cm，则独立岩心的周围应力被卸除，再通过电阻应变仪读出 3 个数，和前述对应数值相减，就是岩心分别沿三个方向的应变值，记为 ε_1、ε_2、ε_3。

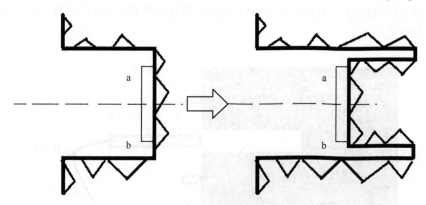

图 2.9　应力解除法

根据静力平衡强度部分知识，可求得最大主应变和最小主应变，即

$$\left.\begin{array}{c}\varepsilon_{\max}\\\varepsilon_{\min}\end{array}\right\}=\frac{1}{3}(\varepsilon_1+\varepsilon_2+\varepsilon_3)\pm\frac{\sqrt{2}}{3}\sqrt{(\varepsilon_1-\varepsilon_2)^2+(\varepsilon_2-\varepsilon_3)^2+(\varepsilon_3-\varepsilon_1)^2} \qquad (2.5)$$

最大主应变和最小主应变的夹角为

$$\tan 2\alpha=\frac{\sqrt{3}(\varepsilon_2-\varepsilon_3)}{2\varepsilon_1-\varepsilon_2-\varepsilon_3} \qquad (2.6)$$

则最大主应力和最小主应力为

$$\begin{cases} \sigma_{\max} = \dfrac{E}{1-\mu^2}\left(\varepsilon_{\max} + \mu\varepsilon_{\min}\right) \\[2mm] \sigma_{\min} = \dfrac{E}{1-\mu^2}\left(\mu\varepsilon_{\max} + \varepsilon_{\min}\right) \end{cases} \tag{2.7}$$

式中，E 为弹性模量。

测量深部岩体原岩应力时，可按平面应变问题处理，只需将式（2.7）作如下替换：

$$E \rightarrow \frac{E}{1-\mu^2} \quad , \quad \mu \rightarrow \frac{\mu}{1-\mu} \tag{2.8}$$

2）应力恢复法

应力恢复法也称扁千斤顶法，如图 2.10 所示。测量时先在岩体表面设置两个测量柱，用千分表测量两测量柱间的距离并记录；然后在两测量柱中间位置开挖一与两测量柱连线垂直的槽，一般厚度为 5～10mm，此槽开挖将导致局部应力卸除进而导致两测量柱间距离变化，测量这一变化并记录；接着将扁千斤顶完全置于开槽内，并向其内注入压力，随着压力注入两测量柱间距离逐渐恢复至初始记录值，此时注入压力即可近似认为是该处一个方向上的地应力；最后只需要在没有互相干扰的地方分别测量 6 个不同方向上的地应力值，即可获得该测量处的原岩应力情况。

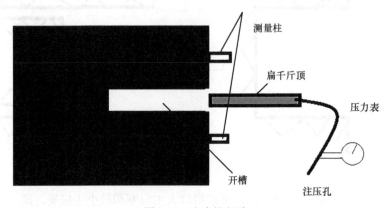

图 2.10　应力恢复法

3）水力压裂法

水力压裂法于 20 世纪 50 年代被广泛用于油田中，哈伯特（Hubbert）和威利斯（Willis）在实践中发现了水力压裂裂隙和原岩应力间的关系，这一关系被费尔赫斯特（Fairhurst）和海姆森（Haimson）用于原岩应力测量，如图 2.11 所示。

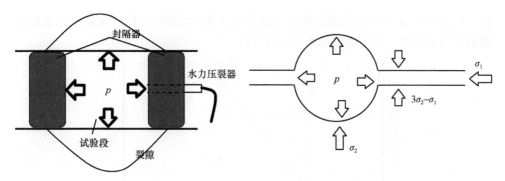

图 2.11　水力压裂法

由弹性理论可知，位于无限体内的钻孔受到无穷远处二维应力场作用时，离开钻孔端部一定距离的部位处于平面应变状态，这些部位钻孔周边的应力可表达为

$$\begin{cases} \sigma_\theta = \sigma_1 + \sigma_2 - 2(\sigma_1 - \sigma_2)\cos\theta \\ \sigma_r = 0 \end{cases} \tag{2.9}$$

式中，σ_θ 为钻孔周边切向正应力；σ_r 为钻孔周边径向正应力；θ 为周边一点与 σ_1 轴的夹角。

当 $\theta=0$ 时，

$$\sigma_\theta = 3\sigma_2 - \sigma_1 \tag{2.10}$$

如图 2.11 布置水力压裂法时，通过在钻孔中封隔一小段钻孔，然后向封隔器注入高压流体从而确定原位地应力。当注入压力 p 大于 $3\sigma_2-\sigma_1$ 和岩石抗拉强度 T 之后，裂缝将在 σ_1 方向起裂，如果开始起裂时压力为 P_i，则

$$P_i = 3\sigma_2 - \sigma_1 + T \tag{2.11}$$

继续注入水压使裂隙继续扩展，裂隙深度达到 3 倍钻孔直径时，此处已接近原岩应力，此处注入压力为 P_s，则 $P_s=\sigma_2$。因此，只需测定岩石抗拉强度，即可确定主应力 σ_2 和 σ_1。

4）声发射法

1950 年，德国学者凯塞（Kaiser）发现了材料具有凯塞效应这一特性，即材料所受应力从历史最高水平释放后，在重新加载至先前最大应力值前，很少有声发射事件出现，而当应力达到或超过历史最高水平时，则有大量声发射事件出现；从很少声发射事件到大量声发射事件出现的转折点，称为凯塞点，如图 2.12 所示。测定凯塞点为地应力测量提供了一个可靠的途径。

利用声发射进行地应力测量时，应先从现场采取试样并于实验室加工成径高比为 1：2～1：3 的圆柱试样，加工试样时应注意钻取方向以可表征三个方向的地应力为准，每个方向取试样 15～25 块；然后在压力机上进行单轴压缩试验，根

据声发射事件速率曲线寻找凯塞点；通过六个方向的测定，即可确定三个维度上的最大历史应力，可认为是该处的地应力值。

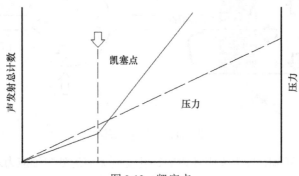

图2.12 凯塞点

2.2.5 矿山压力

在矿体开采之前岩体处于平衡状态。当矿体开采后，形成了地下空间而破坏了岩体的原始应力，引起岩体应力重新分布并一直延续到岩体内形成新的平衡为止。在应力重新分布过程中，围岩产生变形、移动、破坏，从而对工作面、巷道及围岩产生压力，通常将由开采过程引起的岩移运动对支架围岩所产生的作用力称为矿山压力。在矿山压力作用下所引起的一系列力学现象，如顶板下沉和垮落、底板鼓起、片帮、支架变形和损坏、充填物下沉压缩、岩层和地表移动、露天矿边坡滑移、冲击地压、水与瓦斯突出等，均称为矿山压力显现。

1）采场顶板矿山压力特征

煤层采出后，在围岩应力重新分布的范围内，作用在煤层、岩层和矸石上的垂直压力称为支承压力。常用的长壁工作面采煤时，沿回采工作面推进方向，不规则垮落带岩层处于松散状况，上覆岩层运动、变形形成了顶板岩层三带，如图2.13所示。

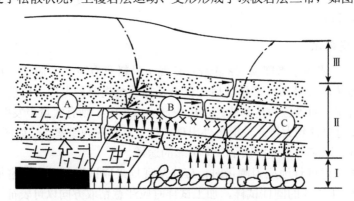

图2.13 顶板三区和顶板三带划分

Ⅰ-垮落带；Ⅱ-裂隙带；Ⅲ-弯曲下沉带；A-煤壁支撑影响区；B-离层区；C-重新压实区

　　沿工作面推进方向，依次形成了重新压实区、离层区和煤壁支撑影响区（顶板三区）三个不同范围，这三个分区特点不同，主要表现如下：

　　（1）重新压实区。采用全部垮落法管理顶板时，随着工作面的推进，采空区顶板逐渐经历悬空、运动、破断等环节，采空区直接顶和基本顶部分岩层垮落入采空区，因碎胀效应起到支撑上覆岩层的作用，在较长时间的上覆岩层自重持续作用下被重新压实，基本恢复到略小于开采前的应力状态。

　　（2）离层区。介于重新压实区和煤壁支撑影响区之间，该区域内小部分顶板垮落入采空区，大部分顶板岩层因受采动作用限制及重新压实区和煤壁支撑影响区的支撑作用，各岩层间运动、弯曲、变形程度不一，逐渐形成离层、悬空弯曲状态。

　　（3）煤壁支撑影响区。煤壁支撑影响区位于顶板破断线以前的煤层顶板内，该部分顶板的特点是基本保持完整状态，因支承压力影响而呈压缩状态，该部分煤体传递来的压力是导致煤壁片帮的主要原因。

　　沿地层铅直方向，由浅至深依次形成了弯曲下沉带、裂隙带和垮落带（顶板三带）三个不同范围，这三个分带特点不同，主要表现如下：

　　（1）弯曲下沉带。弯曲下沉带在某些埋藏较浅的矿区不明显，甚至是不存在的。该带是由于受到其下伏各岩层运动、弯曲、破断的影响形成的，该带内的岩层只包括运动和弯曲下沉，而没有明显的变形和断裂，虽然变形特征不明显但大部分可波及地表范围。

　　（2）裂隙带。由于距离采场铅直距离不同，各岩层产生的离层、弯曲和断裂程度也不同。在裂隙带内，上覆岩层向下运动量较小但呈随着距采场越近运动越大的趋势，导致该带内各岩层逐渐离层，运动量的增加也导致岩层上下边沿出现大量尺度不一的裂隙，有些甚至贯通采空区。

　　（3）垮落带。垮落带位于裂隙带下方，属于完全垮落的范围。垮落成尺度不同的碎块岩体，堆积于采空区内，由于碎胀作用的影响逐渐充满于采空区内。

　　采场范围内顶板运动和状态不同，导致其内应力状态也不同，常将采场范围内的垂直应力分布按大小进行分区，可分为减压区、增压区和原岩应力区。减压区是在离层区范围和靠近采掘空间的部分区域，比原岩应力小的压力区；增压区是工作面煤壁前方受支承压力影响而导致应力集中的区域，该区域是比原岩应力大的压力区。采煤工作面前方形成的支承压力（图 2.14），最大值发生在工作面中部前方，峰值可达原岩应力的 2～4 倍，即应力集中系数 Y 值的变化范围为 2.0～4.0；前方支承压力的峰值位置可深入煤体内 2～20m，其影响范围可达采煤工作面前方 90～100m。

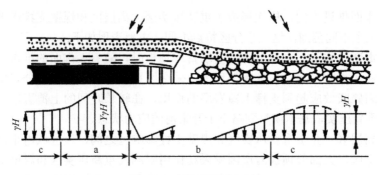

图 2.14　工作面应力环境

a-应力增高区；b-应力降低区；c-应力稳定区；γ-岩石容重；H-埋深

2）顶板压力与估算

随着开采工作的不断推进，当顶板悬露达到极限跨距时，基本顶形成三铰拱式的平衡，同时发生已破断的岩块回转失稳，有时可能伴随滑落失稳，从而导致工作面顶板急剧下沉，而此时支架上的受力普遍加大，这一现象称为初次来压；由开切眼至初次来压时工作面推进距离，称为初次来压步距。在初次来压以后，裂隙带岩层形成的结构将始终经历稳定—失稳—再稳定的变化，这种变化具有明显的周期性，这种周期性结构失稳导致的周期性来压，就称为周期来压。

由上述可知，顶板压力实际就是直接顶载荷和基本顶载荷的和，只要计算出此两部分的载荷大小，就可以确定出顶板压力的大小。

对于直接顶：

$$Q_1 = \sum h \cdot L_1 \cdot \gamma \qquad (2.12)$$

式中，Q_1 为直接顶载荷；$\sum h$ 为直接顶厚度；L_1 为悬顶距；γ 为岩石容重。

一般认为悬顶距 L_1 等于控顶距 L，则

$$Q_1 = \sum h \cdot L \cdot \gamma \qquad (2.13)$$

其载荷可计算为

$$q_1 = \sum h \cdot \gamma \qquad (2.14)$$

式中，q_1 为直接顶产生的压力。

对于基本顶部分，一般认为基本顶产生的载荷小于直接顶形成载荷的 2 倍，可用以下关系进行估算：

$$p = q_1 + q_2 = n \cdot \sum h \cdot \gamma \qquad (2.15)$$

式中，p 为考虑直接顶及基本顶来压时的支护强度，kPa；q_2 为基本顶产生的压力，kPa；n 为基本顶与平时压力强度的比值，称为增载系数，取 2；$\sum h = \dfrac{M}{Y-1}$，其中 M 为采高，Y 为碎胀系数。

则考虑基本顶部分产生载荷为

$$p = 2 \times \frac{M}{K-1} \cdot \gamma \tag{2.16}$$

若碎胀系数取 1.25～1.5，则

$$p = 2(2 \sim 4)M \cdot \gamma = (4 \sim 8)M \cdot \gamma \tag{2.17}$$

即顶板压力相当于 4～8 倍的岩柱重量。

英国学者威尔逊（Wilson）在只考虑直接顶形状和载荷时，提出了估算顶板压力的方法，如图 2.15 所示。

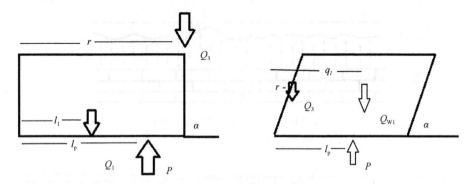

图 2.15　威尔逊模型

q_r 上覆岩层产生的载荷

$$P = Q_{w1} + Q_3$$
$$P \cdot l_p = Q_{w1} \cdot l_1 + Q_3 \cdot r \tag{2.18}$$

式中，P 为支架的支护反力；Q_{w1} 为顶板压力；Q_3 为附加力；l_p 为支护反力作用距；l_1 为顶板压力作用距；r 为附加力作用距。

垮落角 α 不同时，将导致 Q_3 作用位置不同。威尔逊将直接顶分为以下几类，如表 2.2 所示。

表 2.2　顶板类型与垮落角

垮落角 $\alpha/(°)$	顶板类型
90	顶板比较破碎
75	破碎顶板
60	中等稳定顶板
45	稳定顶板
30	坚硬顶板

3）采场底板矿山压力特征

基于煤矿防水工作需要和广大学者进行的研究工作，诞生了著名的底板三带理论，即采场底板内存在明显的三带划分，沿地层方向分别为采动破坏带、完整岩层带和承压导水带，如图2.16所示；沿工作面推进方向分别为恢复区、膨胀区和压缩区，如图2.17所示。

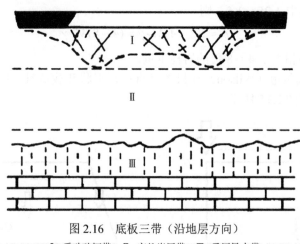

图2.16　底板三带（沿地层方向）

I -采动破坏带；II -完整岩层带；III -承压导水带

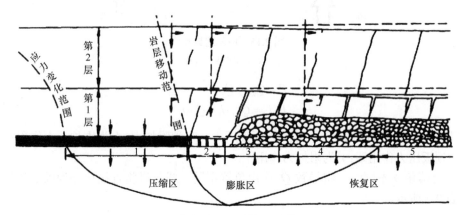

图2.17　底板三带（沿工作面推进方向）

1～5-分区符号

采动破坏带：采动破坏带是近邻工作面采掘空间的底板部分，该部分随着开采活动的开展和采掘空间的存在而形成，在最大控顶距时达到最大范围，随着工作面的推进和采空区顶板的垮落逐渐向工作面前方移动，但随着深入采空区范围的增大，采空区内部分逐渐压实，该部分是导致底板矿压显现最直接的原因。

完整岩层带：完整岩层带位于采动破坏带下，该部分岩体受采动作用影响较小、变形量较小，除部分应力被卸除外，没有较大尺度的裂隙和宏观裂纹出现，能够保持岩层的原始状态。

承压导水带：该部分岩层位于完整岩层带下，其内应力不会因为开采活动的影响而被卸除，岩层基本没有变形，因该部分岩层是阻止底板承压水涌入采空区的关键岩层，故称之为承压导水带。

恢复区：恢复区原位于采空区下方，受采动作用后卸压形成卸压膨胀区，但随着工作面的不断推进，采空区逐渐被冒落矸石充填，随着顶板岩层不断向下运动，采空区碎石形成第二次接顶并将顶板压力传递到底板，从而导致底板内的应力逐渐向原岩应力发展，形成应力和变形的恢复区。

膨胀区：膨胀区位于恢复区之后，是采掘空间之下区域岩层 2 与尚未形成二次接顶部分采空区底板部分 3，该部分岩层受采动卸压影响最直接，岩层卸压和变形量较大，呈现出明显的膨胀特性，该区域形状上近似圆锥体。

压缩区：压缩区是由工作面前方支承压力传递到底板区 1 和部分原岩应力区构成的，该区域内应力呈压应力状态且明显高于原岩应力，岩层总体呈压缩变形状态。

2.3　煤体的基本力学响应

力学响应是指材料受到力学作用后产生的全部变化，如主要力学参数变化（弹性模量、泊松比）、变形、局部应力集中、变形局部化、应变软化与应变硬化、扩容、失稳及破坏。煤体受到不同力学作用后，也会出现上述力学响应的全部或部分。

2.3.1　主要力学参数变化

1）弹性模量

弹性模量又称杨氏模量，1807 年因英国医生兼物理学家托马斯·杨（Thomas Young）所得到的结果而命名，是弹性材料的一个最重要、最具特征的力学参数，是物体弹性变形难易程度的表征，用 E 表示；其定义为理想材料有小形变时应力与相应的应变之比，E 以 σ 单位面积上承受的力表示，单位为 N/m^2。根据取值的不同，又可分为切线模量、割线模量和初始模量三类，如图 2.18 所示。

切线模量是指弹性材料的屈服极限和强度极限之间的斜率。在静态应力-应变曲线上每点的斜率，称为正切模量，一般来说某点的切线模量由该点附近应力变化量与应变变化量之比进行计算。

割线模量是指在单向受力条件下，弹性材料应力-应变曲线上相应于 50% 抗压强度的点与原点连线的斜率，它反映了该种材料的平均刚度。在岩石力学特性研究中，围压增加的加载应力路径可

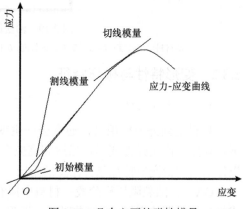

图 2.18　几个主要的弹性模量

降低割线模量，而围压减小的卸载应力路径可增大割线模量。应力路径对割线模量的影响在小应变时表现得更加明显，而产生这种影响的主要原因是应力路径方向改变造成的岩体各向异性。

初始模量是指弹性材料应力-应变曲线原点处的切线模量；对于非线性材料，当外力比较小时材料处于弹性阶段，其应力-应变曲线的初始段为直线段，该直线段斜率与原点处的切线模量相等。

2）泊松比

泊松比是由法国力学家泊松（Poisson）提出的，是反映材料横向变形的弹性常数，常用 μ 表示，指材料在单向受拉或受压时横向正应变 ε_x 与轴向正应变 ε_z 的绝对值的比值，也称横向变形系数，它是反映材料横向变形的弹性常数，一般通过试验方法测定，如图 2.19 所示。泊松比与弹性模量一样，是材料的一个基本参数。

$$\mu = \left| \frac{\varepsilon_x}{\varepsilon_z} \right| \tag{2.19}$$

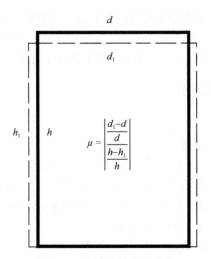

图 2.19 泊松比及物理意义

d-材料原横长度；d_1-材料变形后横长度；h-材料原长度；h_1-材料变形后长度；μ-泊松比

2.3.2 变形特性与破坏特征

1）变形与破坏

材料受到外力作用时，通常会产生变形。煤体通常也是如此，在低应力条件下，煤体将产生弹性变形，当达到高应力状态后，煤体的变形则以塑性变形为主。煤体最典型的变形特征包含在煤的全应力-应变曲线中，如图 2.20 所示。

OA，孔隙裂隙压密阶段：材料中原有的张开性结构面或微裂隙逐渐闭合，形成材料最早期的变形，曲线此时呈上凹形，材料基本无横向变形，体积呈减小状态。

若此时卸除载荷，材料的变形可以完全恢复。

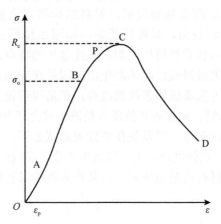

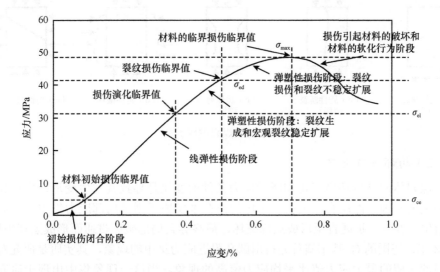

图 2.20　煤的全应力-应变曲线

σ_{ee}-线弹性起始点应力界；σ_{el}-线弹性终了应力界；σ_{ed}-弹性终了应力界；σ_{max}-峰值应力点

AB，线弹性阶段：此阶段材料的变形特点近似线性，导致材料产生此种变形的主要原因是材料内原生裂隙的进一步发展和新裂隙的产生，并伴有一部分微破裂稳定发展。此阶段若卸除载荷，材料产生的变形无法完全恢复到加载之前。

BC，屈服阶段：此阶段内 B 点是材料从弹性变为塑性的转折点，称为屈服点。进入此阶段后，微破裂发展出现质的变化，破裂不断发展至宏观破裂产生，材料出现失稳破坏。此阶段材料的体积随变形量的增大而增加。至本阶段的末尾 C 点止，称为峰值应力点。

CD，峰后阶段：达到此阶段后，材料内部结构遭到破坏，但材料基本保持整体完整，宏观裂隙面明显，在材料内形成宏观破裂面。

破坏阶段：出现宏观破坏裂纹后，材料结构将完全被破坏，材料将逐渐失去强度而不可承担任何载荷，呈破坏状态，如图2.21所示。常见的煤岩类材料破坏类型包括脆性破坏和塑性破坏两类。脆性破坏的特点是岩石达到破坏时不产生明显的变形，煤岩类材料脆性破坏产生的原因是在应力条件下材料中裂隙的产生和发展，直至贯通为宏观破坏裂纹的过程；在适用理论上，一般采用格里菲斯（Griffith）强度理论求解。塑性破坏的特点是破坏时会产生明显的塑性变形而不呈现明显的破坏面，塑性破坏一般发生在塑性流动状态下，多是由组成材料的物质颗粒间相互滑移所致；在强度理论上一般适用于莫尔-库仑（Mohr-Coulomb）强度理论。一般的煤岩类材料均是脆性破坏，某些岩性的煤岩材料在高围压下也可能产生塑性破坏。

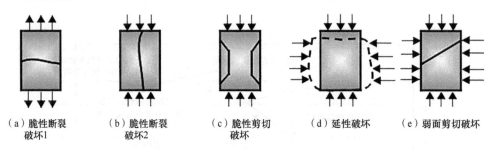

（a）脆性断裂破坏1　　（b）脆性断裂破坏2　　（c）脆性剪切破坏　　（d）延性破坏　　（e）弱面剪切破坏

图2.21　煤岩破坏类型

2）局部应力集中

煤岩体的外界环境变化和所受应力条件的变化是导致其发生变形、失稳和破坏的主要原因，而煤岩体失稳、破坏的内在本质原因则是局部应力集中导致的裂纹萌生、发育、扩展直至形成局部破坏，最终导致局部破坏贯通而形成宏观破坏。1898年，德国的G.基尔施首先得出圆孔附近应力集中的现象，其实质是研究对象的局部区域的最大应力值比平均应力值高的现象，当这一现象集中出现于研究对象的某一部分或某局部区域时，就称为局部应力集中。局部应力集中一般出现在研究对象形状急剧变化的地方，如缺口、孔洞、沟槽以及有刚性约束处，这能使物体产生疲劳裂纹，也能使脆性材料制成的零件发生静载断裂。

衡量应力集中程度的主要参数是应力集中系数，其定义为最大应力与平均应力值的比，即

$$K = \frac{\sigma_{max}}{\sigma_{avg}} \tag{2.20}$$

式中，K为应力集中系数；σ_{max}为最大应力值，MPa；σ_{avg}为平均应力值，MPa。

局部应力集中不仅与研究对象的形状及外形结构有关（图2.22），还与选取材料、外界应用环境存在不可忽略的关系；另外，在试样加工处理的过程中也可能

导致应力的改变，如煤岩体试样加工平整度不够、选取的试样内部含有较大尺度的宏观裂纹时也难免导致某部位的应力集中。

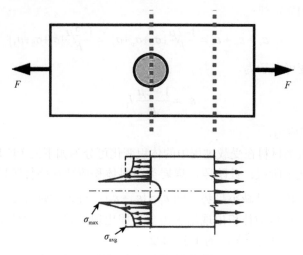

图 2.22 局部应力集中

3）应变软化与应变硬化

煤岩类材料是多孔的非均质材料，受到外载荷作用时其变形会表现出明显的非线性特征和各向异性特征，这就导致煤岩类材料的变形特性非常复杂。煤岩类材料经 1 次或多次加、卸载后，进一步变形所需的应力比原来的要小，这一现象就是应变软化；应变软化过程中随着应力的加大，应变增长的速度加快，这会引起局部应变即不均匀应变现象，如图 2.23 所示。

相反地，煤岩类材料经 1 次或多次加、卸载后，进一步变形所需的应力比原来的要大，这一现象就是应变硬化；应变硬化过程中随着应力的加大，应变增长的速率减小，表现为煤岩类材料的承载能力提升，但这也会引起局部应变即不均匀应变现象，甚至出现局部岩爆。

无论是应变软化还是应变硬化，都是由岩石的多空隙性和非均质特性导致的，是煤岩类材料为弹-塑性复合体的具体表现。

4）扩容

扩容是煤岩类试样在单向或三向不等的压力作用下，随着压力的加大试件

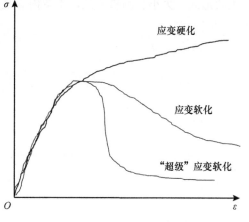

图 2.23 应变软化与应变硬化

内部产生裂纹并扩展，使试件的体积由最初的压缩而变成膨胀的现象，是一种典型的非弹性体积变形。

根据广义胡克定律：

$$\varepsilon_x + \varepsilon_y + \varepsilon_z = \frac{1-2\mu}{E}\left(\sigma_x + \sigma_y + \sigma_z\right) = \frac{1-2\mu}{E}\left(\sigma_1 + \sigma_2 + \sigma_3\right) \tag{2.21}$$

则体积应变可表示为

$$\varepsilon_v = \frac{1-2\mu}{E} I_1 \tag{2.22}$$

式中，I_1 为体积应力。

因此，煤岩类材料在受载过程中的体积变化可分为如下三个阶段。

（1）体积变形阶段：此阶段，煤岩类材料体积应变在弹性阶段内随应力的增加呈线性变化，体积呈减小趋势，即 $\varepsilon_1 > |\varepsilon_2 + \varepsilon_3|$；进入此阶段变形后期，随着应力的增加煤岩类材料的体积出现增大现象，即出现扩容。一般情况下，煤岩类材料出现扩容的应力为抗压强度的 $1/3 \sim 1/2$。

（2）体积不变阶段：此阶段，随着应力的增加，煤岩类材料体积虽有变形但总量趋于 0，即 $\varepsilon_1 = |\varepsilon_2 + \varepsilon_3|$。

（3）扩容阶段：外载荷持续增加时，煤岩类材料的体积不减反增，且增速逐渐增加，最终将导致试样出现宏观破坏，这种试样体积明显扩大的现象称为扩容，即 $\varepsilon_1 < |\varepsilon_2 + \varepsilon_3|$。

2.4　本章小结

本章主要介绍了常见载荷的类型、形式和特点；结合地下采矿工作的采掘空间特点，说明了采掘空间可能出现的主要载荷形式和确定方法；介绍了地应力的主要形式、大小和测量方法，本章内容是全书研究的重要基础之一。

第3章 煤岩类材料的力学特性研究动态与进展

3.1 引 言

煤岩类材料是一种重要的工程介质,与各行业(采矿、石油、天然气、交通、水利水电、建筑桥梁、核废物地质储存等)的发展密切相关。特别是近年来,随着国家经济的迅猛发展和各大相关战略的实施,我国重大基础设施建设在全国快速推进,各类大型岩体工程日渐增多。目前,我国正在规划、建设和已建成的岩土体工程数量和规模均处于世界前列,如高速公路和高速铁路的兴建、高陡边坡防护 [2-5]、深埋隧洞群的建设、矿产及油气资源的深部开发、能源地下战略储备、城市地下空间开发利用、高放核废物的深埋等。同时,这些重大工程的兴建对岩石力学前沿科学问题与工程技术、装备带来了新的严峻挑战,加剧了人们认识、掌握、利用和改造该类介质的迫切愿望,特别是在工程事故及灾害频繁发生的现今阶段。针对实际工程中出现的问题,广大学者对岩石类材料在静载荷作用下的力学特性和损伤破坏等相关问题已进行了大量研究,并取得了丰硕的成果。但由于社会的飞速发展和现代生产方式的进步,众多岩体工程的建设与工程灾害的防护都涉及岩石类材料在动载荷作用下的动力响应特征与损伤破坏问题,如矿山工程中的爆破破岩(煤)、储层渗透性改造、冲击地压、煤与瓦斯突出,油气开采中的爆破压裂增渗,边坡与水利工程中的防震减灾,军事工程中的钻地弹破岩等,岩石动力学已成为岩石力学研究领域的重点、难点和热点问题 [6-10]。

煤岩类材料是在一定的地质环境中经过漫长复杂的地质作用后形成的产物,其内部包含丰富的孔隙、裂隙、节理和层面等宏、细观结构,且组成岩石类材料的矿物成分、晶粒、胶结物的种类和成分也各不相同。这就导致岩石类材料表现出非均质性、非连续性、各向异性等复杂特征,故岩石类材料的力学性能和损伤破坏特征往往复杂多变,无法用单一均质材料的特性和普遍规律进行统一描述。煤是在特殊的地质时期和地质环境中,经过复杂的地质作用后形成的一种特殊的不均匀多孔介质,其内部包含丰富孔隙、裂隙等微结构,即独特的双重孔隙结构。煤作为一种特殊的岩石,其本身具有与岩石相似的特征,但也具有其独有的特性,如强度低、脆性大、双重孔隙结构等。因此,在研究煤岩力学特性和其受载后损伤破坏特性时,不能简单地套用岩石的损伤破坏规律 [11-15],而应该充分考虑煤岩所独有的材料属性,并将岩石力学研究的相关成果引进到煤岩的相关研究中,这样才能更加准确地把握煤岩在不同受载条件下的损伤破坏规律。

煤岩类材料在冲击作用下的断裂破坏问题是一个非常重要的问题 [16,17],除了爆破产生的冲击以外,物体的直接碰撞也会产生冲击,冲击会造成煤岩体的层裂或崩落。在实践中,通常根据煤岩体的层裂或崩落现象来研究其在动载荷作用下的动力性能和破坏过程。在矿山工程中，动载荷有正反两方面的作用：一方面是利用动载荷实现改造储层渗透性提高煤层气抽采率、高效破岩（煤）提高开采效率等，另一方面是防止动载荷诱发煤与瓦斯突出、煤体透水、冲击地压等动力灾害。上述工程中煤岩体介质的损伤变形规律与宏观破坏特征，本质上是煤岩体在外部载荷作用下其内部孔裂隙等微结构演化的结果，即煤岩在外部载荷下所表现出的宏观力学性能和破坏模式是其内部孔裂隙等微结构演化的总体反映。大量研究表明，煤岩等岩石类材料在高应变率的冲击载荷下的动态力学特性与静载荷作用下存在明显差别，如其强度、弹性模量、断裂韧度等力学参数均有显著提高。

近年来，国内外学者为准确地掌握煤岩的力学性质和破坏模式[18-23]，进行了许多开创性的研究工作，特别是将岩石力学研究的相关成果引进到煤体的相关研究中，促进了煤岩力学性质研究的不断突破，现已成为岩石力学界的一个新的研究热点。而在实际矿山开采中，由于受地质构造、人工开挖（如露天矿高陡边坡、采场超前支承压力等）、水力压裂等的影响或者开采过程中顶板断裂、局部放震动炮等环境，煤岩体中的巷道和硐室常常受到非均匀静载荷和局部冲击载荷的频繁扰动，而这种载荷非常可能导致煤岩突发断裂或改变煤岩内部结构。因此，不能完全根据常规的均匀静载荷试验和全接触（动力冲击的作用面积与试样端面正好重合）冲击试验模型，解决实际工程中煤岩体在非均匀静载荷和局部动力冲击下的损伤破坏问题。

煤岩类材料在工程中主要涉及变形和失稳破坏的问题，而其发生损伤变形和失稳破坏的根源是其内部不同尺度的内部结构在外部作用下的演化[24-26]。这些大小不一、方向多变的内部结构导致材料强度降低，且材料的破坏也往往沿这些结构逐渐演化产生。目前，众多学者结合煤岩的多孔介质特性对其在不同应力状态（如轴压、围压）、温度条件、多场耦合条件等内外部条件变化后的煤体微结构及渗透率演化规律进行了大量探究，且成果显著。但关于非均匀载荷作用下煤岩内部微结构演化与煤岩破坏模式的研究涉及不多，尤其是关于局部冲击载荷作用和偏心载荷作用下煤岩不同区域内微结构演化、损伤变形与失稳破坏规律的研究更是少见报道。在改造储层渗透率和通透性方面，广大学者和工程技术人员通常将爆破压裂技术视为一种有效且可靠的手段。爆破压裂技术本质上即利用动载荷改造储层渗透性，而煤岩等岩石类材料在非均匀动载荷下的力学性能和损伤破坏特征与静载荷作用下存在显著差异，且非均匀局部动载荷作用下煤岩不同区域的损伤破坏特征不同，因此进行关于煤岩在非均匀局部冲击载荷作用下的动力响应特征和失稳破坏规律的研究，将非均匀局部冲击载荷作用作为一种改造储层渗透性的技术手段，从而为改造煤层渗透率、提高煤层气抽采效率提供理论参考和技术支持，就显得尤为重要。

近年来，随着现代科学技术的迅猛发展，虽然煤岩动力学在理论方法和技术手段方面取得了重大突破，但煤岩材料的复杂内部结构，使得煤岩在非均匀载荷作用下的动态响应特征和破坏机理的研究至今仍存在很大不足，许多煤岩动态损伤破坏的本质问题大多仅停留在定性分析层面，尤其是关于煤岩体在受到局部（冲击）载荷时的整体损伤变形与局部损伤破坏的局部化效应仍模糊不清，需进一步深入探究。

3.2 煤岩类材料的静力学特性研究

煤岩体在成岩过程中受复杂地质构造影响，存在大量的微裂隙、微孔洞、层理等诸多缺陷，具有显著的非连续性、非均匀性和各向异性等特征，在受到外载荷作用时表现出复杂的变形损伤特征。针对这一问题，各国学者开展了广泛的研究并取得了丰硕的成果 [27-30]。结合本书的研究内容，下面从煤岩基本力学特性、变形局部化、损伤测试与表征方法等几个方面展开综述。

3.2.1 煤岩类材料的基本力学特性研究

煤炭资源开采中，露天开采时的边坡滑坡、井工开采时的冲击地压、煤与瓦斯突出等灾害频发，不仅造成了巨大的生命财产损失，而且严重阻碍了矿产资源的正常开采。了解煤岩在静态和动态载荷下的力学特性和行为对煤矿开采实践具有重要意义。根据实际工程中煤岩体应力赋存环境，目前关于煤岩力学特性的研究主要集中在单轴压缩、三轴压缩、卸围压和动载荷等方面 [31-35]。

煤岩体单轴压缩力学特性因其试验方法简单、试验设备要求不高，是煤岩力学特性研究中开展最早、获得成果最为丰硕的研究。煤岩体单轴压缩力学特性研究最早开始于 1907 年，Daniel 和 Moore 首先开展了煤体强度与试样高度关系的研究，对煤岩压缩力学特性进行了初探；随后，Holland 和 Gaddy 开展了无烟煤在不同形状与不同尺寸条件下的强度特征研究，提出了煤岩受载时强度的"尺寸效应"；Okubo 等认为煤体强度具有较高的离散性，在相对均匀岩石类型中获得成功的试验方法不能直接用于煤体，其通过对煤样开展快、慢应变率交替压缩试验，获得了煤体强度与加载速率的关系；Wang 等借助霍普金森压杆系统（SHPB）和岩石力学测试系统-150C 型（RMT-150C）开展了不同含水率煤岩在静、动载荷下的强度和破坏特征研究，发现单轴压缩条件下天然煤样的强度大于饱和 7 天煤样的强度，而在一维动载荷条件下，天然煤样的强度小于饱和 7 天煤样的强度；Liu 等开展了不同应变率下煤岩破坏模式、断裂强度、能量耗散和分形维数等特征受层理效应的影响研究，发现静态加载时煤岩力学特征更易受到层理效应的影响；陈广阳等研究了冲击型特点原煤、突出型特点原煤和型煤三类试样压缩破坏过程中的应力-应变特征，对比分析了三类煤样应力-应变曲线不同阶段的异同性；朱传奇等通过自主研发的型煤制备装置，制备了不同孔隙率的型煤试样，研究了不同孔隙率型煤试样受含水率影响时的强度变化规律；采用型煤试样可避免原生孔隙、裂隙对试验结果的影响，更易于发现试验规律，但型煤试样所得结果能否表征原煤试样仍有待进一步研究；Huang 和 Liu 研究了单轴受压条件下煤-岩复合材料的力学特性与损伤规律，进一步丰富了煤岩力学特性的研究范畴。

实际生产过程中，煤岩体大都处于两向或三向受力状态，国内外学者就煤岩三向应力状态时的力学特性开展了大量的研究[36-40]。Hobbs 开展了围压的变化对煤样强度和变形的影响研究，之后，有关煤岩三轴受压时的力学特性研究不断被深化；Medhurst 和 Brown 开展了不同尺寸煤样三轴压缩试验，研究了煤岩力学特征的尺寸效应，并提出了一种煤层强度的估算方法；Wang 等对自然吸水饱和煤样与强迫水饱和煤样开展了三轴压缩试验，研究了两种饱和煤样的有效应力和能量耗散特性的差异，通过定义的能量耗散速度，评价了不同饱和煤样的突出倾向性；Yang 等开展了煤样的常规三轴压缩试验，将煤样应力-应变曲线划分为五个阶段，并提出了非线性短期蠕变损伤模型，该模型能够表征煤样初始压密阶段的应力-应变曲线特征；Alexeev 等开展了不同应力状态下的煤样真三轴压缩试验，讨论了煤在不同应力状态下力学性能的变化，应力状态对煤在不同温度状态下瓦斯排放的影响，以及含水率对煤在不同应力状态下力学性能的影响；Liu 等在真三轴应力条件下进行了煤的变形和渗透演化试验，发现体积应变和层理会共同影响煤体的渗透率，建立了含层理煤岩应力-应变关系的分析模型，以量化真三轴应力条件下煤岩的层理效应；苏承东等通过对煤样三轴压缩试验结果的分析，提出材料的内摩擦角受加载方式的影响不大，可用于表征材料的力学性质；杨永杰等开展了原煤试样的三轴压缩试验，得出了煤样残余应力与围压呈正比例函数关系，并且认为原煤试样丰富的孔隙、裂隙特征导致煤样弹性模量随着围压的增加而增大。

随着矿山开挖深度的不断加深，因开挖卸荷引起的地质灾害事故逐渐显现，关于卸荷对岩石力学特性的影响研究方面的成果也日益丰富[41-43]。Chang 等基于卸荷试验确定了裂纹扩展发生在坡面附近时边坡极限高度随裂纹形态变化的解析关系，研究成果为高陡边坡在加卸载作用下裂隙岩体的局部损伤和裂缝扩展提供了科学依据；Liu 等通过对钻孔周边应力重分布的分析确定了卸荷应力路径，开展了原煤试样的卸围压试验，得出了煤样在卸载应力路径下破坏前产生的塑性变形小于常规加载应力路径下产生的塑性变形的规律，并提出卸荷引起煤强度降低的机理主要是围压作用引起裂隙表面剪应力的增加和剪切强度的降低；Xue 等根据不同开采方法工作面的应力变化特征，选取了不同的加卸载路径，开展了煤样加卸载过程中力学特性与渗透规律研究，得出围压卸荷速率越高煤样抗压强度越低、塑性应变越低的规律；刘倩颖等重点分析了卸荷煤样峰后声发射参数特征，弥补了煤样峰后阶段声发射特征信息研究的空白，得到了基于多参数综合分析的煤样破坏前兆信息；杨永杰和马德鹏通过开展煤样的三轴卸围压试验，从能量耗散的角度探讨了冲击地压和岩爆发生机理，认为煤样初始卸压时的围压越大煤样破坏后释放的能量越大，更易于发生冲击地压、岩爆等灾害；张军伟等认为煤样的变形受到卸围压速率与初始围压的共同影响，煤样中弹性应变能的释放速率与围压卸载速率呈正比例关系。

3.2.2　煤岩类材料的变形局部化研究

煤岩破坏的实质是内部微缺陷萌生、扩展演化、连接成核的过程，煤岩破坏过程中会产生局部化现象，其可作为煤岩等脆性材料断裂失稳的前兆信息。因此，国内外学者从理论模型与试验验证两个方面开展了大量的煤岩局部化特征研究[44-47]。

（1）分叉理论：Hill 和 Hutchinson 研究了受平面变形约束的不可压缩矩形块在平面内均匀拉伸状态下的分叉问题，采用两个方向描述的本构方程，根据分叉理论和控制方程，给出了判断剪切带转化成局部化的条件；Borja 在塑性理论的框架下，建立并实现了弹塑性体向平面带分叉的有限变形理论，用数值方法研究了膨胀摩擦材料在平面应变压缩过程中的剪切带型分岔问题，分析结果表明，有限变形效应确实增强了应变局部化；在几何非线性的情况下，即使在联合弹塑性本构模型的硬化区，也有可能发生剪切带模式的分叉；强跃等以分叉理论为基础，利用德鲁克-普拉格（Drucker-Prager）准则推导了判断岩体内发生分叉的通用表达式，并借助 Fish 语言实现了 Flac3D 的数值计算，证明了分叉理论应用于岩体局部化判断上的合理性，为岩体局部化判断提供了一种新手段；秦卫星等以 Drucker-Prager 准则为基准，实现了边坡体中岩体局部化区域的追踪，成功再现了边坡体中局部化现象的发生和发展过程。

（2）Cosserat 理论：Cosserat 理论以非对称弹性理论为基础，将组成材料颗粒看作刚性粒子，在材料变形过程中，刚性颗粒可以发生位移也可以发生转动，从而产生应力、应变张量的非对称性；Muhlhaus 与 Vardoulakis 将材料假定为由直径为 R 的小圆柱颗粒组成，在平面应变条件下建立了适用于颗粒材料的 Cosserat 理论，并求算了颗粒材料局部化演变过程中倾角与厚度值的关系；唐洪祥和李锡夔以 Cosserat 理论为基础，修正了 CAP（consistency availability partition tolerance）模型中的各分屈服面模型，建立了返回映射算法和一致性弹塑性切线模量矩阵，并对边坡渐进破坏问题进行了模拟，证明了所建模型在局部化求解方面的适应性；解兆谦等优化了 Cosserat 模型有限元计算时网格依赖性大的问题，通过对边坡工程变形局部化的模拟验证了优化算法的合理性。

（3）非局部应变理论：Cosserat 理论认为材料是由刚性颗粒组成的，研究了单个颗粒的应力-应变关系，并且模型中未涉及长度参数，并不能对局部化带的厚度进行计算。为了解决上述问题，Bazant 和 Pijaudier-Cabot 引入特征长度的概念，将传统理论中颗粒的应力与周边特征长度范围内颗粒的塑性应变建立关系，这就是非局部化应变的思路；王小平和孟国涛基于非局部应变理论，对经典局部化理论进行修正并引入了特征长度，并且通过微小体积单元的变化，实现特征长度的变化，建立了非局部弹塑性模型，借助有限元理论实现了所建模型的验证。

（4）应变梯度塑性理论：应变梯度塑性理论将剪切带分析中所采用的本构方程和剪胀条件引入高阶应变梯度，从而实现了剪切带宽度演化的计算分析。王学滨等基于应变梯度塑性理论，首先研究了岩样因剪切局部化引起失稳的判据，然后结合能量释放原理，提出了判断断层发生岩爆的解析解，应变梯度塑性理论的引入，使得断层带宽度的计算成为可能。

对于煤岩变形局部化试验研究，国内外学者主要借助 X 射线、电子显微镜、计算机断层扫描（computer tomography，CT）、数字图像相关方法等开展了煤岩压缩、剪切、拉伸过程中局部化带形成、发展过程研究 [48-52]。郑捷等采用光弹贴片法观测了单轴压缩过程中辉长岩表面的最大剪切应变场云图变化过程，研究了辉长岩受压破坏过程中的变形局部化过程；Zuev 等利用数字图像相关技术开展了盐岩、大理岩、砂岩在破坏前的变形局部化研究，首次在实验室岩石试样中观测到单轴压缩条件下的局部变形，其速度与地震或岩爆后岩体中观测到的"慢速运动"速度相近；Bhandari 和 Inoue 通过室内试验和数值模拟的手段，研究了软岩试样内部的应变局部化，在平面应变条件下对软岩试样进行了不同应变率条件下的剪切试验，观察到高应变率下的局部化模式向低应变率下的分布和扩散型应变局部化模式的转变，分析了软岩试样的变形和应变局部化特征；Zhang 等对单轴压缩试验中砂岩的损伤演化和应变局部化进行了实验研究，应用数字图像相关技术获得了能直观显示岩石变形和损伤演化的应变场，定义了应变集中带中平均应变与整个试样表面平均应变的偏差因子与局部化因子，用于表征岩石变形与损伤的局部化特征；Wang 等借助 CT 扫描设备研究了三轴压缩过程中土岩混合物的变形局部化特征，通过试样密度分布的三维分形维数反映局部化程度，根据一系列细观结构演化分析，首次揭示了土岩混合物在三轴变形条件下局部变形的细观机制；毛灵涛等借助 CT 扫描与数字体积相关（digital volume correlation，DVC）方法求算了不同加载时刻红砂岩内部的位移场与应变场，揭示了红砂岩受载过程中应变局部化动态演化过程，研究成果为岩石内部变形场研究提供了一种新方法。

数字图像相关（digital image correlation，DIC）方法是一种确定试样表面位移和应变场的有效方法，具有全场、实时、非接触、操作灵活等特点，在煤岩变形局部化研究中得到了广泛的应用。Muno 和 Taheri 借助三维数字相关方法获得了岩石峰前与峰后应变场云图，借此研究了试样长径比对单轴压缩过程中峰前和峰后应变形态发展的影响，认为高径比对峰值应力、峰值后应力-应变关系、峰值后局部化特征和现场应变形态发展都有不同程度的影响；Jérémie 等采用多尺度数字图像相关方法分析了多孔碳酸盐非均质性引起的变形局部化，认为只要仔细选择图像采集条件和 DIC 参数，DIC 技术可满足宏观应变很小（＜0.2%）的监测需求；马少鹏提出了一种专门用于岩石破坏过程测量的数字散斑相关方法（digital speckle correlation method，DSCM）测量系统，极大地促进了煤岩变形局部化与损伤表征的发展；Chang 等采用光学非接触三维数字图像相关（3D-DIC）技术测量了单轴压缩过程中软硬互层岩石的表面变形场，并分析了夹层倾角对变形局部化的影响，层理倾角 0°～30° 时，局部化带分布与加载方向近似平行，层理倾角 45°～90° 时，局部化带分布在软硬层交界面处；Song 等开展了砂岩的单轴压缩和压痕试验，基于 DIC 方法得到了不同加载时刻试样表面位移场与应变场特征，由于裂纹的逐渐成核，试样表面变形场随着应力的增加而逐渐集中，考虑应变场的波动和损伤的空间分布，计算了与应变场偏差相关的损伤因子，提出采用局部化因子表征岩石的损伤演化；Tang 等开展了不同围压下的三轴压缩试验，采用了一种新型的六摄像头 3D-DIC 观测系统，得到了三轴压缩条件下不同时刻试样的变形场，并提出了一种基于 DIC 测量的确定局部化起始应力水平的方法；Wu 等采用 DIC、声发射、CT 等联合监测的方式研究了不同岩桥长度试样的变形局部化与损伤演化的规律，认为试样的峰值强度、峰值应变和弹性模量随着岩桥长度的增加均呈单调非线性减小规律。

3.2.3 煤岩类材料的损伤测试与表征方法研究

受载荷作用或外界环境影响，材料内部微裂隙、微孔隙逐渐成核、演化至材料破坏的过程称为损伤。工程失稳实则是煤岩体损伤连续累积的过程，研究煤岩体在载荷或外部环境作用下的损伤演化过程，对于工程失稳预测预判和稳定性防护具有重要的理论与实践意义。煤岩体损伤演化研究的前提是损伤量的测定与表征。随着科学技术的进步，声、光、电试验技术在煤岩损伤测试方面的应用日趋成熟，如超声波检测、声发射监测、扫描电镜、CT、核磁共振检测等[53-61]。

超声波检测用于煤岩损伤过程时一般借助超声波波速大小的变化反映煤岩损伤情况，通过定义基于波速的损伤因子来表征煤岩的损伤，从而实现煤岩损伤的定量表征。赵明阶等建立了考虑超声波波速的岩石损伤模型，实现了通过波速对岩石强度的估计；樊秀峰和简文彬研究了不同类型、不同风化程度岩石循环加卸载过程中的超声波波速变化规律，发现波速随着循环加载次数的增加呈三阶段衰减特征，还分析了不同风化程度岩石波速衰减速率的差异性，研究成果可为边坡工程疲劳健康诊断提供理论依据；超声波在岩石动载损伤检测方面也得到了广泛的应用，如杨军等、林大能和陈寿如基于超声波波速定义的损伤因子，得到了煤岩损伤程度与冲击次数、围压大小的关系。

虽然超声波检测在煤岩损伤方面得到了广泛的应用，但超声波检测方法仅能定量地衡量煤岩材料整体的损伤情况，难以精确地检测材料内部的损伤和裂缝的演变；另外，超声波检测只能对材料某个状态下的损伤情况进行测量，在实时监测方面有待进一步提高。随着研究的不断深入，声发射监测技术逐步引入到煤岩材料损伤监测中。声发射是通过煤岩受载破坏过程中能量释放引起的弹性波变化规律来定义损伤的方法，与超声波检测方法相比，声发射能够连续、实时地检测加载过程中材料内部微裂纹的产生和发展过程，并识别其位置和尺寸。Cox 和 Meredith 证明了声发射在脆性材料损伤监测中的可能性，并将声发射表征的损伤状态与材料的软化行为模型相结合，实现了对煤岩破坏行为的合理预测；曹树刚等通过研究认为由于突出煤体复杂的初始孔裂隙结构，整个加载过程声发射信号均有出现，采用声发射振铃事件比能更好地表征突出煤体的损伤过程；He 等借助自主研发的可实现一侧快速卸载的真三轴试验装置，真实再现了开挖卸荷引发岩爆的过程，并监测了岩爆过程中声发射特性，临近岩爆时刻可观察到高振幅和低频率的事件大量出现，研究成果对于现场岩爆监测预警与岩爆机理的掌握具有重要意义；Jia 等采用声发射研究了三轴应力状态下不同赋存深度煤层的损伤演化过程，认为随着煤埋藏深度的增加，煤中声发射活跃性和裂缝平均尺度随深度的增大而减小，声发射空间分布的分形维数衰减模式明显增强，声发射事件的产生在时间维度上更加均匀，而在空间分布上更加不均匀和聚集。

扫描电子显微镜（scanning electron microscope，SEM）、CT、核磁共振等检测手段均是基于数字图像处理技术得到煤岩孔裂隙尺寸、数量进而实现煤岩体损伤的表征。宫伟力和李晨提出采用小波变换实现对 SEM 图像的"亚像素"尺度分析，并采用该方法对 6 个地区煤样的 SEM 图像进行观测，分析了煤样中孔、孔穴的特征尺度规律；王登科等采用 SEM 观测了冷冲击和热冲击前后煤样的微结构变化，分析了温度冲击下煤样内微结构演化规律；Zhou 等采用 SEM 观察了三次甲烷吸附-解吸循环过程中煤细观结构的变形，得出甲烷吸附-解吸循环过程中，煤体发生了不可逆损伤并积累，煤的变形能力随着循环次数的增加而降低；丁卫华等提出了求解 CT 图像上裂纹尺寸的方法，并计算了岩石不同加载阶段 CT 尺度裂纹的宽度；刘京红等计算了煤岩不同加载时刻 CT 图像的分形维数值，得出可以用半型高斯函数描述单轴压缩过程中煤岩分形维数与荷载的关系；李杰林等、朱和玲等、胡振襄等就核磁共振在煤岩损伤表征方面开展了大量的研究，主要包括冻融循环损伤、爆破损伤、卸荷损伤等；李夕兵等借助核磁共振设备研究了动静加载条件下岩石的损伤演化规律，认为受动静载荷作用的岩石存在应力临界值，当静载应力超过 10 MPa 时，岩石损伤受动载影响敏感性会大增；Wang 等开展的摆锤冲击试验也得到了类似的规律，静载超过某一值时煤岩表现出一冲即溃的特征；Wang 等开展了卸围压作用下煤样的渗透率演化和温度冲击引起的裂隙扩展特性研究，采用核磁共振、CT 扫描和扫描电镜等技术观察了煤在温度冲击下微裂纹的演化过程，认为煤层在低应力区和应力释放区进行冷热冲击可最大限度地提高煤层的渗透性。

3.2.4 煤岩类材料的损伤模型研究

煤岩类材料作为一种特殊的地质材料，其内部存在大量随机分布的微孔隙、微裂隙。经典的弹塑性理论难以很好地描述岩石各向异性与非线性特征引起的复杂破坏过程。因此，学者将损伤理论引入岩石力学中，用于研究岩石的复杂破坏过程[62-65]。损伤概念最早由 Kachanov 提出，后经 Dougill 引入到岩石力学领域中。随后，Dragon、Krajcinovic、Kemeny 等陆续发表了多篇损伤力学在岩石破坏中的应用成果，极大地推动了岩石损伤力学的研究进展。目前，损伤理论仍然是研究岩石、混凝土等脆性材料破坏过程最有效的方法之一。

谢和平和陈至达建立了岩石的损伤累积方程，对岩石应变软化效应进行了模拟，探讨了岩石的连续损伤力学模型；韦立德等采用 Eshelby 等效夹杂方法建立了岩石损伤本构模型，并通过数值模拟方法验证了模型的合理性；袁小平等基于Drucker-Prager 准则，采用 Borja 函数反映塑性软化特征，建立了岩石的弹塑性损伤本构模型，并通过二次开发实现了本构模型的数值模拟验证；姜鹏等基于应变能理论的损伤模型，结合 Perzyna 黏弹塑性理论，建立了可反映蠕变三阶段的黏弹塑性损伤耦合蠕变本构模型，借助该模型研究了围压、均质度对蠕变力学性质的影响；朱珍德等分析了岩石受载过程中微裂纹方向、尺度的变化对岩石应力-应变关系的影响，给出了岩石变形劣化全过程的细观损伤力学模型。

随着计算机技术的发展，统计损伤力学成为细观损伤力学研究中的热点话题之一。Zhu 和 Tang 基于统计损伤理论建立的岩石破裂过程分析（rock failure process analysis，RFPA）系统经过不断完善与提升，已在工程界与学术界得到了广泛的推广与应用；徐卫亚和伟立德、Chen 通过室内试验研究了岩石的峰后特征，并建立了对应的统计损伤本构模型，通过与室内试验结果的比较验证了所建模型的合理性；杨圣奇等基于大量的室内试验研究了岩石尺寸效应对力学参数的影响，认为统计损伤本构模型中的 Weibull 分布参数受尺寸效应的影响；Li 等开展了煤岩、页岩和致密砂岩的单轴压缩试验，得到了不同类型岩石的应力-应变曲线，建立了基于幂函数分布、Weibull 分布和高斯分布的各类型岩石损伤本构模型，并建立了基于这三种类型损伤本构关系的脆性评价模型，分析了不同岩石峰值应变损伤变量对脆性的影响；Deng 和 Cu 采用最大熵分布来描述岩石细观强度的统计性质，将熵分布信息引入到损伤变量中推导出了新的本构模型，并通过岩石试件的常规三轴试验和动力学试验进行验证；曹文贵等、张超等致力于统计损伤本构模型的建立与优化工作，使建立的模型能够更加全面地反映岩石的损伤破坏过程；Hu 等基于最大熵理论提出了一种新的描述岩石破坏全过程的概率损伤模型，通过实验数据验证了该模型的合理性，并利用统计方法分析了描述岩石破坏熵的物理意义。

3.3　煤岩类材料的动力学特性研究

采矿工程中，冲击地压的发生、顶面大面积来压、煤与瓦斯突出等动力灾害，都涉及动载荷对煤岩类材料的影响这一研究课题[66-71]。而煤岩等地质材料在冲击作用下的断裂破坏问题非常重要，通常会造成煤岩体的层裂或崩落，从而导致事故的发生；另外，现代技术的运用通过施加振动载荷和二氧化碳相变致裂增透等，都是运用冲击作用对煤岩体的作用改善煤层的透气性的。因此，掌握煤岩类材料的动力学研究动态与进展，对于开展相关前沿研究意义重大。

3.3.1 煤岩类材料的动力学特性研究方法

国内外诸多学者从 20 世纪 40 年代开始就开展了大量关于岩石动力学特性的研究,这些研究主要涉及基础岩石力学。我国岩石动力学卓有成效的研究是从 20 世纪 80 年代开始的,尤其是近年来国家基础设施建设的大力推进,拟建、在建和已建成的重大岩体工程项目取得了蓬勃发展,且关于岩石动力学的相关理论研究和技术装备也取得了巨大进步[72-75]。在岩石动力学研究方面,目前常见的研究手段包括理论分析、室内试验、数值计算、现场监测和数值模拟等。理论分析作为探究科学问题的一种基本方法,贯穿于其他研究方法中,涉及岩石动力学研究的理论主要有弹塑性力学、固体力学、断裂力学、损伤力学与冲击动力学等多个学科交叉的综合理论。室内试验在岩石动力学研究中被广泛应用,进行室内动力冲击试验的加载试验装置主要有 SHPB、轻气炮、平面波发生器、落锤等,其中 SHPB、轻气炮和平面波发生器属于间接加载方法,落锤属于直接加载方法。数值计算已逐渐成为继理论分析和试验研究之后第三种重要的科学研究手段,在科学研究和工程设计中都发挥了非常重要的作用。目前,常用的数值模拟软件包括有限元程序 LS-DYNA、ABAQUS、AUTODYN、ADINA 以及非连续变形分析软件 DDA 等。现场监测是一种最贴近工程现场的方法,可以直接指导工程实践,但是由于现场监测条件和施工环境的复杂性,现场监测往往很难实施,且监测效率较低、成本较高。

目前,虽然岩石动力学方面所采用的研究方法多种多样,但每种研究方法均具有其各自的优缺点。在岩石动力学的研究中由于岩石的力学性能及各项力学参数均处于动态变化中,很难对其进行准确有效的测定,且通常受现场复杂施工条件的限制较大,致使开展岩石动力学理论模型的研究和进行有效的现场监测较为困难,因此目前在岩石动力学的研究方法中运用较多的主要是室内试验法和数值模拟法,其中室内试验主要是基于 SHPB、落锤、轻气炮等试验装置的室内冲击试验方法,数值模拟法主要是以一定的工程背景为依托,建立相应的数值模型,并借助数值模拟软件进行数值计算和分析。上述各个研究方法均具有其各自的适用条件和优劣势,如表 3.1 所示。

表 3.1 常见岩石动力特性研究方法

研究方法	落锤试验装置	SHPB 装置	轻气炮试验装置	数值模拟
应变率	$1\sim 10^{1}$	$10\sim 10^{4}$	$10\sim 10^{6}$	—
装置结构特点	重锤至高空落下,冲击试样	杆系结构	弹丸弹射	—
加载方式	冲击压缩	单轴冲击压缩、劈拉、带侧压的冲击压缩	冲击压缩	—

研究方法	落锤试验装置	SHPB 装置	轻气炮试验装置	数值模拟
优势	直接加载，能量利用率高、结构简单、设备成本低，且使用方便	数据易于采集，载荷可控，加载波形可调节	设备原理简单、应变率测试范围大、测量精度高	成本低、适用范围广、易实现、可操作性强
不足	载荷值不易精确测量、多采用能量计算，难以实现恒定的应变率加载	易出现波形震荡，弥散效应对粗杆影响较大，试件均匀性要求高	设备成本高、数据测试技术要求高	本构模型和力学参数不确定、可靠性低，难以实现定量分析

1）落锤冲击加载试验研究

落锤冲击试验方法主要用于中低应变率下的动态加载，因装置结构简单、操作方便，现已成为冲击加载试验中的一种重要手段。煤岩等岩石类材料在不同应变率加载条件下的力学性能差异明显，开展岩石类材料在中低应变率下的动态响应特征和损伤破坏规律研究时，大多采用落锤试验装置进行冲击加载。截至目前，国内外学者基于落锤试验装置对岩石的力学特性和损伤破坏规律进行了一些探究，并就落锤试验装置的研制与改进也做了一些有益的探索，但由于试验条件和监测手段的差异与限制，对于岩石在中低应变率下的动力响应特性的认识并不十分清楚，尤其是在从微观和细观方面揭露煤岩体动力响应特性方面的研究还很不充分。Aksoy 等开发了一种测定岩石最小破碎能量的落锤冲击试验装置，并基于该装置计算了不同冲击力、不同冲击角度的岩石试样的最小破碎能，提出了预测冲击锤性能的公式；Toihidul 等利用落锤冲击试验机对砂岩进行了冲击加载，发现砂岩的抗弯强度和断裂韧性服从应力速率敏感模型，且断裂韧性比弯曲强度更敏感；徐小荷等基于自主研发的摆锤冲击试验装置，通过非接触式的光电测量方法对摆锤冲击载荷作用下岩石的动态载荷和位移进行了直接测量；唐春安等通过摆锤冲击压杆技术对岩石动态载荷-位移全过程曲线进行了测定；杨其新等运用重锤自由下落到土槽的实验方法，得到了落石对具有不同厚度填土缓冲层的明洞产生冲击力的变化规律，并以此提出了落石冲击力的计算公式；林大能等对大理石试件在压力试验机上进行了不同围压的落锤冲击加载试验，并用超声波波速变化量来描述试件的损伤度，得出了大理石试件的冲击损伤度与围压大小、载荷冲量大小和冲击次数的耦合关系；王俊奇借助落锤动态加载岩石实验系统，研究了压胀对不同岩石性质影响的规律；袁进科等设计了一套滚石冲击力测试装置，并借助该试验装置研究了不同滚石质量、冲击速度、入射角度、缓冲材料性质及厚度等影响因素下的冲击力变化规律；黎立云等对岩石试件进行了静态加载和动态冲击实验，并利用表面能的概念分析并计算了破坏过程中的耗散能；宋义敏等借助自行研制的可调速落锤冲击试验机，开展了冲击载荷作用下含不同长度预制裂纹花岗岩试件的动态断裂特性研究。

2）SHPB 冲击加载试验研究

SHPB 装置主要由动力装置、弹性压杆系统和应力波数据动态采集系统三部分组成，如图 3.1 所示。SHPB 装置最初是由 Hopkinson 设计的一种压杆，后来 Kolsky 对其进行了改进和完善，研发了分离式 Hopkinson 压杆，可用于测量材料在高应变率下的应力-应变关系；1963 年 Lindholm 用粘贴于入射杆与透射杆上的电阻应变片取代了以往的电容式传感器，此后随着计算机技术的快速发展，为了实现对试验数据的动态实时采集和自动处理，又成功将计算机技术引入 SHPB 装置。20 世纪 70 年代，SHPB 装置首次被运用于岩石动态力学特性的研究中，后来国内外诸多学者根据试验条件的不同对该装置进行了一些有益的改进，使其适用条件更加广泛（如轴压、围压和温度等），并基于改进的 SHPB 装置进行了大量的岩石动态力学性能试验，对岩石的动力响应特征有了更深的认识。在岩石动力学研究领域，SHPB 装置已逐渐发展成为最常见、最重要的动力冲击试验装置之一，且已被广泛应用于岩石（煤岩）、陶瓷、盐岩、混凝土、金属、复合材料、橡胶等材料的动态力学性能研究中 [72-75]。

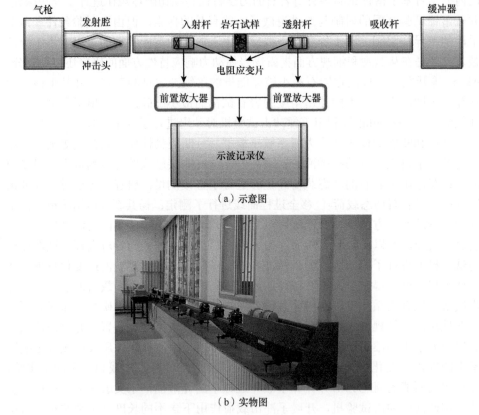

（a）示意图

（b）实物图

图 3.1　SHPB 装置

为了克服传统 SHPB 装置只能进行冲击压缩加载条件下的动态力学特性测试的局限性，国内外学者基于传统的 SHPB 装置成功研制了 Hopkinson 拉杆、扭杆和三轴 Hopkinson 压杆装置，并运用这些改进的装置开展了不同受载条件下的岩石动态性能测试。考虑到自然界或实际工程中的岩石在受动载荷时通常已处于单轴或三轴应力状态，一些学者和研究机构基于传统的 SHPB 装置进行改进，研发了可实现动静组合加载的 SHPB 装置。李夕兵等通过改进冲击冲头来消除 P-C 振荡、调节加载波形，将冲击加载过程中的矩形波调整为理想的半正弦波，并获得了岩石冲击加载过程中的应力-应变全图，该方法已被国际岩石力学学会岩石动力学委员会推荐为建议方法。

3）轻气炮冲击加载试验研究

轻气炮作为目前应变率最高的动力加载装置，其可实现 $10^4 s^{-1}$ 以上应变率的超动态加载，被广泛应用于材料的超动态加载试验中，其实物图如图 3.2 所示。国内外学者基于轻气炮冲击加载试验装置开展了不同材料的超高应变率冲击加载试验，获得了材料在超高应变率加载条件下的动态响应特征。Fowles 等介绍了华盛顿州立大学设计和安装的 10.16cm 口径的轻气炮试验装置的详细情况；Yang 等采用平面冲击技术对一级轻气炮进行冲击试验，利用超声脉冲透射法对损伤岩石进行了超声测试，研究了两类岩石在动载荷作用下的损伤特性；高文学等借助一级轻气炮试验装置进行了平面撞击实验，测量了砂岩试件的应力-时间历程曲线；宁建国等基于对混凝土材料的轻气炮强冲击加载试验，提出了损伤型黏弹性本构模型和损伤与塑性耦合的本构模型两种损伤型动态本构模型；史瑾瑾等利用一级轻气炮对岩石试件进行冲击损伤试验，将声波测试结果与微观观测相结合，得到了岩石的冲击损伤特性及其损伤程度与声波速度变化率的关系。

图 3.2　轻气炮装置

4）岩石动力特性数值分析与模拟

虽然岩石的动力试验技术与设备在不断完善和普及，但是岩石的动力冲击过程是一个极其复杂的过程，且受载和边界条件复杂，动力相似律不易满足，导致岩石在动态冲击加载过程中的动力响应特征难以通过理论解析的方法进行简单求解，同时不同尺度的岩石试件对试验结果存在较大影响，且采用室内小尺度试件的冲击试验很难准确地反映大尺度岩体的各项动态性能参数，而在现有的技术和实验条件下很难开展大尺度的室内冲击试验；再者，目前所采用的岩石动力冲击加载试验装置较为昂贵，试验花费也较高，而数值模拟作为继理论分析和试验研究之后的第三种重要科学研究手段，在科学研究和工程设计中都发挥了非常重要的作用。近年来，随着计算机技术的快速发展，数值模拟软件和技术也得到了突飞猛进，国内外诸多学者对岩石受冲击载荷在高压、高应变率及大变形条件下的动力响应特性进行了广泛研究，且成果丰富。

5）其他研究方法

在多年来对岩石动力学的研究中，一些学者针对具体的研究课题研发和改进了一些新的试验装置，为岩石的动态特性研究提供了新的技术手段[76-78]。例如，李海波等利用一种动载机和岩石动三轴实验机在 $10s^{-1}$ 的低应变率加载条件下对花岗岩进行了动态加载试验，研究了花岗岩在不同受载条件下的力学特性；Zhang 等通过高速摄像机与数字图像相关方法相结合的 HS-DIC 技术，对岩石在动态加载过程中的应变进行了直接测量；邓国强等开展了岩石静力循环加卸载和循环冲击试验研究，认为岩石在动力循环冲击载荷作用下的动态力学性能可通过相应的静态循环加卸载试验结果近似推测出来；张平等以含不同裂隙数量的岩样为研究对象，借助动静三轴伺服试验机对岩体中处于不同空间位置的断续裂隙的贯通机制开展了系统研究。

3.3.2 动载荷作用下煤岩类材料的变形与损伤

1）煤岩类材料应变率效应

不同加载条件下，煤岩类材料的应变率不同，其力学特性也差异很大，且煤岩类材料的受载形式通常由应变率大小决定，如表 3.2 所示。煤岩类材料的应变率效应主要指其强度和弹性模量等力学参数受应变率的影响效应[79-83]。诸多学者在煤岩类材料应变率方面开展了相关研究，Toihidul 等以 Paskapoo 砂岩为研究对象，借助力学性能测试系统（MTS）试验机和落锤冲击加载装置对 Paskapoo 砂岩在不同应变率加载条件下的弯曲韧性指数和断裂韧度进行了试验研究，并得到了应变率对 Paskapoo 砂岩的弯曲韧性指数和断裂韧度的影响规律；Islam 分别在静态和冲击载荷条件下研究了砂岩砌筑体的断裂破坏规律，发现在相同的加载速率下砂浆的弯曲黏结强度比抗弯强度更敏感；张颖等对花岗岩在高应变率动态冲击加载条件下的强度进行了试验研究，认为岩石的动态强度随应变率的增加而显著增大，最高动态强度可达其静态强度的 3 倍左右；田象燕等利用 MTS 试验机对大理岩和砂岩进行了应变率为 $10^{-5} \sim 10^{-2} s^{-1}$ 的单轴压缩试验，发现大理岩和砂岩随应变率的增加强度增大，具有明显的应变率效应；刘军忠等通过角闪岩的动态冲击加载试验，探究了角闪岩的平均应变率与其动态强度增强因子、抗压强度和比能量吸收的耦合关系，得到了岩样破坏应变随应变率增大而增大的结论，并分析了角闪岩在不同应变率加载条件下的应变率硬化效应。

表 3.2　煤岩类材料应变率与受力状态关系

受力状态	蠕变	静态	动载荷		
			地震	冲击	爆炸
应变率	$10^{-8} \sim 10^{-6}$	$10^{-6} \sim 10^{-4}$	$10^{-4} \sim 10^{-2}$	$10^{-2} \sim 10^{2}$	$10^{2} \sim 10^{3}$

2）煤岩类材料损伤的定义及检测方法研究

损伤是指材料受外部载荷作用时其内部细观结构缺陷逐渐演化的过程，损伤的形态及其演化过程不仅反映了材料在细观层次上的物理现象，还反映了其内部细观缺陷演化对材料力学性能在宏观上的总体影响[84,85]。例如，村上澄男等以材料中的微缺陷为出发点提出了几何损伤理论，认为材料中的微缺陷是导致其产生损伤的根源，材料中微缺陷的尺寸、密度、分布及形状共同决定了材料的损伤程度，该理论已被广泛应用于描述岩石类材料的损伤量。由于岩石类材料普遍具有非连续性、非均质性和各向异性，其内部含有众多随机分布的孔裂隙等微缺陷，而岩石类材料的宏观失稳破断是其内部众多微缺陷的总体反映，因此可通过统计的方法对岩石类材料的损伤进行统计描述。Krajcinovic 等基于连续损伤理论和统计强度理论，根据岩石类材料内所含缺陷随机分布的特性，将统计损伤变量引入岩石受载条件下的本构模型中，提出了基于统计损伤的岩石损伤本构模型。

关于岩石损伤的检测方法，主要有超声波检测法、声发射检测法、核磁共振检测法、孔隙度测试法等，这些方法大多是从整体宏观的角度对岩石的损伤特性进行描述。近年来，广大学者将声发射技术应用于岩石动力学试验研究中，并取得了丰硕的研究成果，加深了人们对岩石动力响应特性的认识。例如，Chmel 等以花岗岩为研究对象，分别对其进行了常规单轴压缩和动力冲击试验，对比分析了两种加载方式下花岗岩试样的声发射特性，发现两种受载条件下试样声发射特征均与其累计损伤密切相关；许江等对细粒砂岩在循环载荷作用下的声发射特性进行了试验研究，分析了应力幅度、加载速率对细粒砂岩声发射特性的影响，探讨了声发射在周期性载荷作用下的声发射规律；凌同华等分别对夕卡岩、灰岩和花岗岩在冲击载荷作用下的声发射特性进行了试验研究，以动力冲击条件下的岩石不同频带上的声发射信号能量分布图为参量，获得了冲击载荷作用下不同密度、弹性模量的岩石声发射信号频带能量的分布规律，并基于经验模态分解（empirical mode decomposition，EMD）方法探究了三种岩石试样的声发射信号能量分布规律；王其胜等进行了岩石在动静组合加载条件下冲击破坏的声发射试验，获得了动静组合加载条件下两种不同特征的岩石声发射能量变化规律；赵伏军等开展了岩石在不同受载条件下的破碎试验，发现动静组合载荷破岩的声发射累计能量和破碎体积均比纯动载荷或纯静载荷大，且存在可使破岩体积达到最大且破岩比能最小的最优加载参数组合。

上述检测岩石损伤量的方法均是根据岩石受损时物理性能的变化进行间接描述的，而岩石内部的细微观缺陷或结构对其损伤及演化具有十分重要的影响。故从细微观角度入手，借助细微观观测设备对岩石在不同受载条件下的损伤演化进行直接观测，对准确掌握岩石类材料的损伤机理具有重要意义。谢和平通过扫描电镜观测了岩石破断后的断口损伤特征，并运用分形理论以破断面分形维数为定量指标描述了岩石损伤分形特征，在运用扫描电镜探究岩石损伤破断方面由定性分析向定量分析迈出了重要一步；凌建明、孙钧对不同岩石在受载时的损伤演化特征进行了扫描电镜实时观测，从细观角度建立了岩石类材料的损伤模型；赵永红以大理岩试样为研究对象，借助扫描电镜对大理岩在单轴压缩条件下的裂纹扩展特征进行了实时观测，分析了试样裂纹随加载过程的演化规律。CT 检测技术是一种通过将识别到的材料不同层面信息转换为高清数字图像以直观形式显示出来的检测技术，可实现对材料损伤位置、大小的准确定量检测，在医学、材料科学等领域运用广泛。近年来，CT 检测技术逐渐被应用于岩石类材料的损伤检测中，自 Teda 等首次将 CT 检测技术运用于岩石的损伤断裂观测研究以来，国内外众多学者相继运用 CT 检测技术对岩石在不同受载条件下的损伤破断进行研究。Kawakata 等基于岩石破断面的 CT 扫描数据构建了岩石三维 CT 图像，实现了对岩样中微裂纹的位置、形态和分布的直接观测；葛修润等通过材料加载试验机对岩石试件进行了加载试验，并在加载过程中借助配套的 CT 机实现了对岩石受载破坏过程的实时 CT 观测。

（1）动力冲击下岩石损伤演化与破坏模式。

损伤力学是研究材料动态损伤特性的重要基础，主要运用不可逆热力学与连续介质学理论对固体材料在复杂载荷、工程条件下损伤变量与应力应变等力学参数之间的规律进行研究。冲击载荷作用下岩石类材料的损伤演化与其能量耗散规律具有密切联系，可通过岩石的能量耗散规律间接反映岩石损伤演化情况，即岩石类材料在冲击载荷作用下的损伤演化可视为其内部细观结构能量耗散的动态演变过程。我国在岩石损伤力学方面的研究最早由谢和平院士提出，随后基于岩石微观断裂机理对岩石在不同受载条件下的损伤变形及破坏机理进行了深入探讨和系统研究，形成了岩石损伤力学的思想体系；朱晶晶等根据岩石在循环冲击载荷作用下的动力响应特征，运用统计学理论建立了动态统计损伤本构模型，并探讨了循环冲击次数对岩石的累积比能量吸收值的影响规律；赵闯等通过对岩石的循环加卸载试验，研究了不同围压作用下的岩石损伤变形与能量特征，分析了岩石损伤破坏过程中能量的转化规律，从能量损耗的角度定量分析了岩石疲劳破坏的阈值；金解放等对循环冲击载荷作用下岩石的损伤演化规律进行了试验研究，并构建了岩石在循环冲击载荷作用下的损伤演化模型；黎立云等开展了岩石冲击破坏试验，发现岩石在冲击载荷作用下的损伤量与冲击速度和耗散能密度密切相关。

　　煤岩类材料是一种在特定地质环境中演化形成的似多孔介质，而工程中的岩体内通常赋存液体（石油、水）和气体（空气、瓦斯、页岩气等）[86-89]。因此，岩石工程中的岩体通常是固气液组成的多相耦合体。岩石在冲击载荷作用下的损伤变形和破坏模式与其内部的孔裂隙结构及多相耦合状态密切相关，Demirdag 等对静载荷和动载荷作用下岩石的单位体积重量、施密特硬度、孔隙率等参数对岩石力学特性的影响进行了试验研究，发现随着岩石单位体积重量、施密特硬度的增大，其静态强度和动态强度均增大，而随着孔隙率增大其静态强度和动态强度则均减小；Pick 和 Hale 探究了水冻融对岩石力学特性的影响规律，发现含水页岩和砂岩冻融后的强度明显下降，且冻融要比干湿交替对岩石强度劣化的影响更显著；Ruhbin 等分别对花岗岩干燥试样和水饱和试样进行了冲击加载试验，探究了不同含水状态花岗岩试样的动态拉伸性能，发现水饱和花岗岩试样的动态拉伸强度高于干燥试样；陆华通过开展不同孔隙率和不同耦合介质岩石的动力冲击试验，研究了孔隙率、耦合介质等因素对岩石动态力学性能的影响；高全臣等针对岩石的多孔介质特性，研究了多孔隙岩石在冲击荷载作用下的损伤累加效应，发现多孔隙岩石在发生损伤后具有缓冲吸能效应；王斌等研究了饱水状态下砂岩的动态力学特性，通过与干燥试样进行对比，发现中应变率加载条件下饱水状态和干燥状态砂岩的动态强度基本一致；袁璞等对干湿循环岩石试样进行了冲击加载试验，探究了干湿循环条件下岩石的动力响应特性，得到了干湿循环对岩石动态强度的影响规律；夏昌敬等研究了冲击荷载作用下孔隙率对岩石能量耗散的影响作用，认为岩石临界破坏时所耗散的能量与其孔隙率的大小具有密切联系。

　　岩石类脆性材料在静载荷和动载荷作用下的破坏模式也存在较大差异，相关学者对岩石在冲击载荷作用下的破坏模式也开展了一些研究。例如，王林等研究了大理岩受围压作用时的冲击破坏模式和破坏机理，分析了围压对岩石在冲击载荷作用下的破坏模式影响，并对岩石的破坏类型和模式进行了分类；单仁亮在研究中发现岩石受单轴冲击载荷作用时的破坏模式存在4种：压剪破坏、张应变破坏、拉应力破坏和卸载破坏；李夕兵研究了岩石单轴冲击压缩和动静组合加载条件下的破坏模式，发现岩石在单轴冲击压缩下呈劈裂破坏，而在动静组合加载条件下呈压剪破坏；叶洲元等在研究中发现三维静载荷条件下岩石的冲击破坏形式与单轴冲击压缩破坏模式不同，普遍呈圆锥形破坏。由于煤岩孔裂隙结构更为复杂，非连续性、非均质性和各向异性也更强，导致其力学性质等比普通岩石材料更为复杂。关于煤岩在冲击载荷作用下的破坏模式，一些学者也做了相关研究。高文蛟等通过无烟煤的冲击加载试验，研究了冲击载荷作用下煤岩的动态力学性能和宏观破坏形式；刘晓辉等分析了煤岩在不同应变率下的能量耗散规律，并运用分形理论探究了煤岩在冲击载荷作用下的分形特性；赵毅鑫等研究了煤岩在冲击载荷作用下的动态抗拉性能，获得了冲击速度和层理分布对煤岩动态抗拉强度的影响规律。

（2）动静组合加载条件下岩石动力响应特性。

自然界或实际的岩石工程中，相当一部分岩石在受动载荷扰动之前就已经处于复杂的地应力场中了，故通过对处于不同静载条件下的岩石试样施加冲击载荷，以实现与现场实际工程条件更接近的受载条件。目前，涉及岩石在动静组合加载条件下的研究主要是通过对岩石试件预加轴向静载后进行冲击实现的。李夕兵等对静载与动载方向相同时岩石的动态力学特性、损伤变形、能量耗散和破坏模式进行了系统研究，得到了与常规冲击加载不同的试验结果：随着轴向静压的增大，岩石的抗冲击强度呈先增大后减小的趋势，大约在静载强度 60% 时抗冲击强度达到最大值；宫凤强等分别在一维和三维动静组合加载条件下研究了砂岩的动力学特性，发现轴压比一定时，随着冲击能量的增加岩石的能量耗散呈三阶段变化，且在三维动静组合加载下，砂岩会呈现出"单锥"压剪破裂形式；金解放等为了克服一维动静组合加载时无法通过有效监测岩石试样声波波速来描述岩石动态损伤演化的问题，提出了采用岩石波阻抗来表征冲击载荷作用下岩石的损伤演化，并对该方法进行了试验验证；王文等利用改进的 SHPB 和 RMT-150 试验系统对不同饱水状态煤样进行动静组合加载试验，分析了含水煤样在冲击过程中的能量耗散特征，获得了试样的破碎块度、分维与能耗密度的关系，并对翼形裂隙受动静组合加载下的受力特性进行了力学分析；刘少虹等利用改进的 SHPB 装置，在一维动静组合加载下对煤岩的动态破坏特性进行了试验研究，发现组合煤岩试样的动态强度和碎片分维随应力波能量的增大而增大，随静载的增大呈现先增大后减小的趋势。

3.4 动静组合载荷作用下煤岩微结构演化及作用机理

3.4.1 动静载荷作用下煤岩微结构演化规律与作用机理

煤岩类材料受载后的宏观破坏与其内部微结构的演化密不可分[90-96]。因此，要想清楚掌握煤岩类材料的损伤破坏机理，必须从微细观角度对岩石展开相关研究。岩石材料微细观尺度上微结构的研究进展很大程度上受试验设备及技术的限制，SEM、CT、数字散斑等先进观测设备技术的快速发展和在岩石动力学研究中的广泛应用，大大促进了对岩石类材料内部微结构的研究。Ilankamban 和 Krajcinovic 从微细观角度入手并结合岩石微观和宏观实验对脆性材料的损伤规律进行了研究，建立了以裂纹密度为基本参量的脆性材料损伤模型；Labuz 和 Carvalho 等通过对脆性岩石内部裂纹对损伤影响的研究建立了多种计算方法来获取脆性岩石的有效弹性模量，进而确立了损伤与岩石内部裂纹之间的定量关系表达式；Lubara 和 Krajcinovic 建立了损伤变量与裂纹密度分布之间的关系；Akesson 等利用图像分析方法研究了单轴循环加载下 Bohus 花岗岩内部裂纹扩展规律，指出晶内裂纹数量的增加是由其晶界裂纹扩展造成的；葛修润等在国内外首次进行了单轴（三轴）压缩作用下煤岩破坏全过程的细观损伤演化规律的即时动态 CT 试验，得到了在不同载荷作用下煤岩中微孔洞演化的 CT 图像；王泽云等研究了微观与宏观裂纹分形特征，并计算得出了由微结构断裂所需的最小耗散能路径；胡昕等研究了红砂岩微结构量化参数与其强度的关系，并得出了风化作用是通过改变岩石微结构来影响其强度和变形特性等结论；孟巧荣等利用显微 CT 对褐煤的原生裂纹和新生微裂纹在 20～600℃ 的演化扩展过程进行了研究。

　　动载荷作用下煤岩发生损伤破坏的过程中，其内部的微结构也会随之发生变化。目前，关于这方面的研究多是以岩石为研究对象，在动载荷作用下对其微细观变化规律进行探究，如杨小林运用超动态应变测试、超声波及扫描电镜，对冲击载荷作用下岩石的动力响应特征及损伤断裂的细观机理进行了研究；戚承志等从细观角度出发研究了岩石的动态损伤变形特征，发现岩石介质变形的转动模式对岩石黏性与应变率的耦合关系有重要影响；刘彩平等从细观角度探究了岩石材料细观结构特征对裂纹扩展机制的影响，通过对冲击载荷作用下灰岩、大理岩、花岗片麻岩的裂纹扩展演化进行细观观测，发现动态裂纹所能达到的终极速度随着组织结构内部特征尺度的增大而减小；朱晶晶等从岩石的细观裂纹扩展和能量吸收的角度，分析了岩石的破坏过程。

3.4.2　动载荷作用下煤岩动态损伤模型研究

　　煤岩类材料的动态本构模型是其动力响应特征（动态强度和变形等指标）的综合描述，也是煤岩动力学研究中最基本和最重要的研究内容，已成为当前岩石动力学研究的难点和热点之一 [97-99]。就本质而言，煤岩类材料的动态本构关系是其内部微观结构在动载荷作用下的宏观表现，可用于表征材料在高应变率动载荷作用下的动态力学特性。因此，研究煤岩类材料在不同应力条件下的动态本构模型具有重要的理论意义和工程价值。根据前人对煤岩类材料在动载荷作用下本构模型的研究，大致可将煤岩类材料的动态本构模型分为 4 类：经验和半经验模型、力学模型、损伤模型、组合模型。经验和半经验模型通常是基于岩石类材料动力冲击试验数据并结合统计分析理论而建立的动态本构模型，这种模型一般不具有普遍适用性；力学模型是通过基本力学元件的串联、并联等组合方式来描述材料的动态力学特性，模型中的参数一般可通过相关力学试验确定；损伤模型大都基于细观力学法和唯象学法，其中细观力学法是通过描述岩石材料内部微观孔裂隙结构的萌生与演化来表征岩石材料的宏观力学特性，而唯象学法是指通过将定义的损伤变量引入岩石宏观本构模型，从而建立岩石损伤模型的方法；组合模型是综合运用上述几种方法建立准确描述岩石动态力学性能的本构模型，该方法所得组合模型能有效反映岩石动态力学特征和损伤变形规律。谢理想等对深井软岩材料进行动态力学特性研究，发现深井软岩材料的应力-应变曲线表现出显著的塑性变形特性，建立了考虑过应力的损伤本构模型，随后又在该本构模型中引入了损伤体，建立了一种适合软岩材料的含损伤体黏弹性动态本构模型；宫凤强等基于岩石试件的静态和动态压缩、拉伸试验，对不同应变率条件下岩石的力学性能进行了研究，并探讨了 Griffith 准则、Mohr-Coulomb 准则和霍克-布朗（Hoek-Brown）准则在 $10^1 \sim 10^2 s^{-1}$ 应变率范围内的适用性；Saksala 等通过基本力学元件组合建立了花岗岩的黏塑性动态本构模型，该模型可较好地描述岩石的应变率效应，并基于数值模拟结果对黏性参数进行了修正。

3.5 尚需解决的科学问题

由以上文献综述可知，国内外学者就煤岩材料在均布载荷、冲击动力载荷作用下的变形演化与损伤破裂特征开展了大量的研究工作[100-104]，并取得了丰硕的研究成果，但关于非均匀载荷作用下煤岩变形损伤规律的研究报道较少，这一问题所包含的各个科学问题均需深入研究。主要包括：

（1）非均匀载荷作用下煤岩内部微结构及表面裂隙演化规律的量化表征；

（2）非均匀载荷作用下煤岩变形场演化与局部化特征；

（3）非均匀载荷作用下煤岩损伤劣化过程与时空演化规律研究；

（4）考虑非均匀载荷作用影响的煤岩本构模型建立；

（5）非均匀载荷作用对煤岩微结构损伤影响的等效理论模型。

因此，本书的研究内容将以非均匀载荷的典型代表局部静载荷和局部冲击载荷为研究对象，主要涵盖以下研究内容。

1）非均匀载荷作用下煤体的力学特性与裂纹演化规律

以原煤试样与型煤试样为研究对象，开展均布载荷与局部偏心载荷作用下试样的单轴压缩试验，研究不同程度局部偏心载荷对原煤与型煤试样表面裂纹演化规律（裂纹数量、裂纹尺度、起裂位置、扩展方向）的影响，对比分析原煤与型煤两种试样在局部偏心载荷作用下表面裂纹扩展演化的差异性，建立局部偏心载荷作用下的煤岩破坏模型。进行局部冲击载荷作用下煤岩表面微结构演化细观试验，对不同冲量大小、不同冲击方式下煤岩表面裂纹的扩展演化模式（孔裂隙数量和尺度变化、起裂位置、裂隙形态及演化方向）进行观测，重点研究局部冲击载荷作用后煤岩表面孔裂隙结构数量和尺度变化、起裂位置、扩展方向等演化规律，获得局部冲击强度与裂纹起裂位置、演化方向之间的耦合规律；改变局部冲击的作用范围，研究不同局部冲击载荷作用范围时冲击作用对煤岩表面及孔洞周边微结构演化模式（孔裂隙数量和尺度变化、起裂位置、裂隙形态及演化方向），获得局部冲击载荷作用范围与微结构起裂位置、演化方向之间的耦合规律；分析煤岩内结晶颗粒、孔裂隙等原生结构、非均质性等对煤岩裂纹扩展演化的影响作用，并探究冲击加载面积与煤岩试样表面裂纹演化的耦合关系，分析局部冲击载荷对煤岩表面裂纹演化的局部效应。分别对试样进行局部动力冲击加载试验，研究不同冲击能量大小、不同冲击方式下试样内部微结构的演化规律，得到不同局部冲击加载条件对试样内部微结构总体数量与尺度分布变化的影响规律，并获得不同局部冲击加载面积与煤岩内部微结构数量、尺度分布变化的耦合规律；分析局部冲击载荷与试样内部孔裂隙结构演化的耦合关系，得到局部冲击加载下煤岩内部微结构演化与其宏观破坏特性及破坏模式的耦合关系。

2）非均匀载荷作用下煤体的变形场演化特征与规律

借助数字散斑相关方法，对比分析原煤试样与型煤试样受不同程度局部偏心载荷作用时变形场演化规律的差异性，提出可反映应力曲线波动情况的统计指标计算方法，分析变形场演化的非均匀性特征；计算分析变形场演化过程中局部化带位移张开、错动规律，建立局部化带演化与煤岩损伤过程的关系。基于分形理论，探究局部冲击载荷作用下煤岩表面裂纹扩展演化的分形特征，获得不同局部冲击加载面积、冲量大小、循环冲击次数与煤岩表面裂纹分形维数的耦合关系；分析局部冲击载荷作用下煤岩破断面的分形特征，获得局部冲击载荷作用下煤岩破断面分形维数与冲击加载面积的耦合关系。

3）非均匀载荷作用下煤体的声发射特征与损伤演化规律

借助声发射监测方法，研究不同程度的局部偏心载荷对声发射信号参数经历分析、参数关联分析、参数分布分析、声发射 b 值的影响，以及局部偏心载荷作用下煤岩内部损伤的时空演化规律，揭示局部偏心载荷作用下煤岩时变损伤劣化机理。对上述不同冲击条件下的煤岩试样表面微结构演化特征进行量化表征，主要借助红外热成像仪并采用温差分形维数、熵和方差三个量化指标来定量表征局部冲击载荷大小、局部冲击载荷作用范围对煤岩体微结构演化的影响，获得不同冲击强度、不同局部冲击载荷作用范围内煤岩表面微结构演化的量化指标。基于上述所进行的局部冲击试验结果，重点研究不同局部冲击载荷作用范围条件下煤岩表面裂纹的分布与演化规律，获得局部动力冲击对煤岩体产生损伤的局部化效应规律；确定煤岩体内最大损伤单元出现的位置和分布规律，界定不同冲击作用范围下试件不同区域微结构的损伤规律和损伤局部化的范围，探讨局部动力冲击导致煤岩体损伤出现局部化特征的机制。

4）非均匀载荷作用下煤体变形损伤规律的数值分析与验证

借助颗粒离散元数值模拟软件（PFC），建立与室内试验相吻合的数值计算模型，通过参数标定确定出能反映室内试验煤岩力学特性与宏观破坏模式的细观力学参数，开展局部偏心载荷单轴与三轴条件下煤岩损伤破裂过程模拟，分析载荷非对称程度对煤岩细观裂纹数量演化规律、细观裂纹扩展规律、宏观破坏模式的影响。利用非线性动力学数值分析软件 ANSYS/LS-DYNA，建立与实验室冲击试验相同的局部冲击数值模拟模型，基于煤岩 HJC 模型，对冲击载荷作用下煤岩的动力响应特性和损伤破坏模式进行研究，重点探究局部冲击载荷作用下煤岩不同区域的动态力学特性和损伤破坏规律，分析循环冲击次数、冲量大小、冲量加载顺序和冲击加载面积对煤岩动态损伤破坏的影响。

5）非均匀载荷作用下煤岩损伤本构模型与等效理论模型

以损伤理论与统计理论为基础，结合宏观力学现象，建立均布载荷下煤岩统计损伤本构模型，并给出模型参数的解析表达式；引入非对称系数概念，建立应力应变特征参数与非对称系数的关系，提出不同程度局部偏心载荷作用下模型参数的确定方法，建立考虑局部偏心载荷影响的煤岩统计损伤本构模型，并利用试验数据进行模型合理性验证。运用统计损伤理论和元件模型理论，构建煤岩在冲击载荷作用下的动态本构模型，并给出模型中各参数的确定方法；分别分析常规全冲击和局部冲击载荷作用导致煤岩体损伤的致损机理，评估煤岩体在常规全冲击和局部冲击载荷作用下的损伤效果，根据局部冲击对煤岩微结构的损伤效果和局部冲击载荷作用下煤岩试样不同区域的受力情况，构建局部冲击分区力学等效模型，并分别在煤岩试样的不同区域引入分区等效因子，对煤岩试样在局部冲击载荷作用下的损伤特性进行分区等效，建立局部冲击与常规全冲击时的煤岩损伤分区等效模型并对该等效模型进行验证。

3.6 本 章 小 结

本章从静力学和动力学角度分别介绍了煤岩类材料的静力学特性研究进展、煤岩类材料的动力学特性研究进展、动静组合载荷作用下煤岩微结构演化及物理机理研究进展；同时，指出了尚需解决的科学问题，本章的内容是全书研究内容确立的主要依据。

第4章 单向约束条件下煤体对动力冲击
作用的力学响应

煤岩发生破坏的内在原因是煤岩内部微裂隙的扩展,其扩展过程表征了煤岩损伤程度,且煤岩破坏过程会导致煤岩表面宏观裂隙的萌生与扩展[105-108]。本章主要采用约束式摆锤冲击动力加载试验装置、超声波检测装置、高清数码摄像机等装置,基于超声波波速、煤岩损伤量、煤岩体表面裂纹等参数指标,定量表征冲量和约束静载对煤岩微裂隙扩展的影响,研究动静组合作用下煤岩产生损伤量的规律和煤岩表面宏观裂隙的扩展规律;通过改变约束静载、冲量和加载方式,以期掌握其变形与破坏的作用机理,进而为煤炭的高效开采和瓦斯灾害防治提供一定的理论支撑和相应的工程指导。

4.1 煤岩损伤量的统计描述

岩石类材料的宏观灾变表现源于其细观损伤诱发,在一定载荷作用下会导致岩石类材料内部缺陷逐步演化成微裂隙并形成宏观灾变,从而使岩石的弹性模量、超声波波速等参数发生改变。岩石类材料细观损伤特性主要表现为声、光、电磁等信号,这些信号可以反映岩石类材料内部损伤的演变过程[109,110]。根据岩石类材料破坏时的细观损伤特性,岩石类材料损伤特性研究方法有以下几类:基于超声波探测技术统计岩石的损伤量;基于核磁共振技术的岩石损伤研究;基于声发射的岩石损伤定位研究;基于红外热成像技术的岩石温度场演化研究;基于数值软件模拟岩石受冲击载荷时的损伤情况;基于数字散斑技术的变形位移研究和冲击载荷作用下岩石破坏本构模型的研究。

在现有技术下,很难对岩石损伤进行直接观测与统计,因此需要对损伤量进行量化定义。目前,通常用微裂隙面积、岩石的损伤张量、弹性模量的变化对岩石损伤进行量化定义。由于微裂隙面积或损伤张量难以进行直观描述和测量,而按弹性模量变化定义的损伤变量可通过较为直观的超声波波速来定义。为研究单向约束条件下动力冲击对煤岩损伤的影响,假设煤岩在初始约束条件下的波速为 V_0,在煤岩受到第 n 次冲击载荷作用后,煤岩在相同约束条件下的波速为 V_n,则煤岩的损伤量为

$$D_n = 1 - \left(\frac{V_n}{V_0}\right)^2 \tag{4.1}$$

式中,V_0 为材料初始约束条件下的超声波波速,m/s;V_n 为材料受到第 n 次冲击载

荷作用后的超声波波速，m/s；D_n为材料产生的损伤。

岩石类材料受到冲击载荷作用后会产生不同程度的损伤，岩石损伤的差异会导致声学特性和声波参数的差异，通过建立波速与岩石类材料损伤量的关系，计算岩石类材料每次受到冲击作用后的内部结构变化因子，进而可以间接对岩石类材料损伤变量进行描述。

4.2 煤岩微裂隙破坏模型

煤岩在外部载荷作用下发生破坏的根本原因是煤岩内部微裂隙的扩展，分析微裂隙的扩展问题可以探究外部载荷作用下煤岩产生损伤的内在机理。根据格里菲斯强度理论，假定岩石类材料内部存在众多微裂隙，分别为垂直微裂隙和水平微裂隙，如图4.1所示。将微裂隙简化为长、短轴为a、b的椭圆形，椭圆轴长比$m=a/b$，m是由材料性质决定的材料系数，σ_1为静载，σ_2为等效冲击载荷。煤岩发生破坏本质上是在微裂隙尖端产生拉应力，从而导致微裂隙扩展并形成宏观破坏，且微裂隙尖端A点拉应力绝对值最大，煤岩损伤量随着尖端拉应力绝对值的增大而增大。

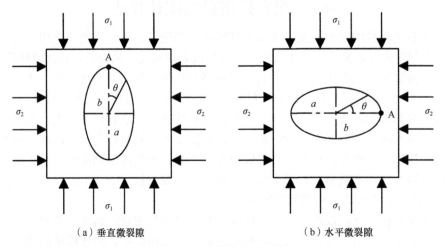

（a）垂直微裂隙　　　　　　　　　　（b）水平微裂隙

图4.1 微裂隙损伤模型

4.2.1 垂直微裂隙破坏模型

根据弹性力学知识，垂直微裂隙椭圆周边的切向应力计算公式为

$$\sigma_t = \sigma_1 \frac{m^2 \sin^2\theta + m\sin^2\theta - \cos^2\theta}{\cos^2\theta + m^2\sin^2\theta} + \sigma_2 \frac{\cos^2\theta + 2m\cos^2\theta - m^2\sin^2\theta}{\cos^2\theta + m^2\sin^2\theta} \tag{4.2}$$

式中，σ_t为裂隙尖端产生的拉应力。当$\theta=0$时，可得A点的切向应力：

$$\sigma_t = (1+2m)\sigma_2 - \sigma_1 \tag{4.3}$$

式中，σ_1 为静载，σ_2 为等效冲击载荷，如假定 $\sigma_2 > \sigma_1$，由式（4.3）可知 $\sigma_t > 0$，故垂直微裂隙 A 点未出现拉应力，此时垂直微裂隙不会发生尖端起裂现象。

4.2.2　水平微裂隙破坏模型

根据弹性力学知识，水平微裂隙椭圆周边的切向应力计算公式为

$$\sigma_t = (\sigma_1 + \sigma_2) - \frac{[(a-b)(\sigma_1 + \sigma_2) + (a+b)(\sigma_1 - \sigma_2)]}{a^2 \sin^2\theta + m^2\cos^2\theta} \times (a\sin^2\theta - b\cos^2\theta) \tag{4.4}$$

当 $\theta=0$ 时，可得 A 点的切向应力：

$$\sigma_t = (1+2m)\sigma_1 - \sigma_2 \tag{4.5}$$

假定 $\sigma_2 > \sigma_1$，由式（4.5）可知当 $\sigma_2 > (1+2m)\sigma_1$ 时，切向应力 $\sigma_t < 0$，水平微裂隙 A 点出现拉应力，此时垂直微裂隙会发生尖端起裂现象。

4.2.3　微裂隙综合破坏模型

煤岩内部同时存在众多垂直微裂隙与水平微裂隙，在外部载荷作用下微裂隙的尖端满足一定条件就会发生起裂现象，根据垂直微裂隙破坏模型和水平微裂隙破坏模型可得到微裂隙尖端起裂的判据：

$$\sigma_2 > (1+2m)\sigma_1 \tag{4.6}$$

式中，σ_1、σ_2 为作用于对象的外部载荷，m 为材料系数。当条件满足该判据时，由式（4.6）可知：微裂隙尖端 A 点拉应力 σ_t 绝对值随着冲击载荷 σ_2 的增大而增大，随着静载 σ_1 的增大而减小，即微裂隙随着冲击载荷 σ_2 的增大而加速扩展破坏，随着静载 σ_1 的减小而减速扩展破坏；材料系数 m 是因变量，其随着尖端 A 点拉应力 σ_t 的变化而变化，材料系数 m 的变化程度又反向影响了尖端 A 点拉应力 σ_t。

4.3　实验研究的准备与方案

4.3.1　主要试验设备

由约束方向和冲击方向可知：单向约束动力冲击模型有两种，即静载 P_s 与冲击载荷 P_d 同一方向，静载 P_s 与冲击载荷 P_d 相互垂直。本书采用静载与冲击载荷相互垂直的单向约束动力冲击模型，如图 4.2（b）所示。

1）约束式摆锤冲击动力加载试验装置

本试验在自行开发的约束式摆锤冲击动力加载装置上展开，如图 4.3 所示。该装置由框架、摆锤、度盘、约束加载机构等组成，利用约束加载辅助装置可对煤岩施加不同大小的单向约束静载，通过调节摆锤的角度，可对煤岩施加大小不同的冲击载荷作用。

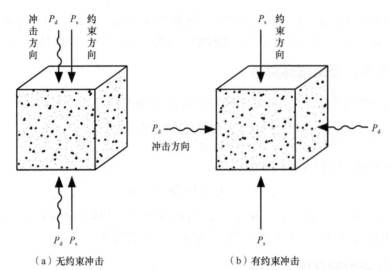

（a）无约束冲击　　　　　　　　（b）有约束冲击

图 4.2　单向约束动力冲击模型

　　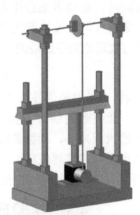

（a）试验全局示意图　　　　　（b）加载装置示意图

（c）摆锤局部冲击示意图

图 4.3　试验情况

2）超声波检测装置

超声波检测装置如图 4.4 所示，本书采用混凝土超声波检测装置 HC-U81。试验系统参数如表 4.1 所示。

图 4.4　超声波检测装置

表 4.1　超声波检测装置系统参数设置

采样周期/μs	发射电压/V	测点间距/mm	测试面	测试方式
0.5	500	70	表面	对测

3）高清数码摄像机

高清数码摄像机如图 4.5 所示，可通过 Photoshop 技术对获得的影像进行处理，试验系统参数如表 4.2 所示。

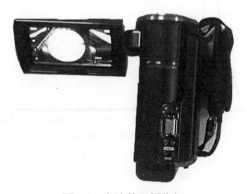

图 4.5　高清数码摄像机

表 4.2　高清数码摄像机系统参数设置

采集速率帧/s	影像模式	摄像间距/mm	测试面	对焦方式
50	HD	70	表面	手动

4.3.2 试验用样

试验前，先运用单轴抗压强度测试、超声波检测和核磁共振检测三种手段，对型煤和原煤试样进行对比检测。单轴抗压强度检测结果表明：原煤试样的平均单轴抗压强度约为5.82MPa，而型煤试样的平均单轴抗压强度约为5.64MPa；超声波检测结果显示：原煤试样内超声波平均传播速度约为1800m/s，而型煤试样的超声波平均传播速度为1700m/s；由核磁共振检测结果可知：型煤试样孔隙度为15%左右，孔隙半径在0.01～100μm，孔隙半径主要集中在1～10μm，最大峰值在1μm左右；原煤试样孔隙度为5%左右，孔隙半径在0.001～10μm，孔隙半径主要集中区间为0.001～0.1μm，孔隙半径最大峰值在0.01μm左右，如图4.6所示。

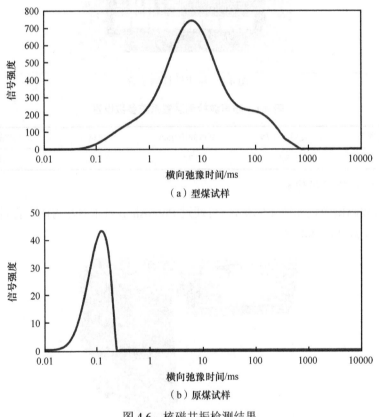

（a）型煤试样

（b）原煤试样

图4.6　核磁共振检测结果

上述三种检测手段结果均表明，型煤试样和原煤试样之间的差异主要表现在孔隙结构数量和孔隙结构尺度两个方面；但是从超声波波速传播速度、孔隙度及孔隙分布特点来看，型煤试样和原煤试样之间仍存在较大的相似性。因此，通过型煤研究煤岩损伤的变化规律也应具有相当好的一致性。

由于天然煤岩节理裂隙发育且不易加工，型煤在波速和孔隙度方面与原煤的性质接近，型煤加工相对原煤更加简便，制备成功的型煤差异性较小，因此学者通常采用与原煤力学性质相近的型煤作为试验对象。本试验采用型煤作为研究对象，通过型煤制作装置将型煤制备成边长为 70mm 的立方体，如图 4.7（a）所示。

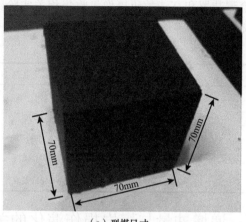

（a）型煤尺寸

（b）型煤试样

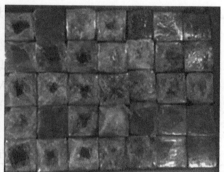

（c）原煤试样

图 4.7　试验煤样

4.3.3　试验方案

为研究单向约束静载及递增式冲击载荷作用对煤岩损伤的影响，采用约束式摆锤冲击动力加载试验装置，对煤样施加不同大小的初始静载轴压，使煤样处于单向约束条件下，利用装置上的摆锤作为动力源头对煤样进行冲击加载。通过改变摆锤高度对煤样施加不同大小的冲量，利用各个梯度的冲量对处于单向约束静载下的煤样进行动力冲击试验。试验共分为 6 组，前 5 组采用正交试验法：根据煤样的单轴抗压强度，对每组煤样分别施加 0MPa、1.127MPa、3.38MPa、3.943MPa、4.506MPa 的单向静载约束（相应的约束静载为单轴抗压强度的 $0\sigma_t$、$20\%\sigma_t$、$60\%\sigma_t$、$70\%\sigma_t$、$80\%\sigma_t$），并对每一组静载约束条件下的煤样施加循环递增式冲击载荷作用，摆锤的重心高度分别为 0m、0.274m、0.548m、0.821m、1.095m；最后一组对煤样施加 3.38MPa 单向静载轴压，并对该组煤样施加相同大小的循环冲击载荷作用（摆锤高度为 0.548m），共连续冲击 4 次。在上述冲击加载作用施加前后，利用超声波检测装置和高清数码摄像机收集相关实验数据，以便进行后续分析。试验载荷如表 4.3 所示。

表 4.3　试验载荷情况

高度 h/m	单位面积冲量 I/(N·s/m^2)
0	0
0.274	596.3
0.548	846.75
0.821	1037.56
1.095	1192.6

4.4　递增冲量与煤岩损伤演化的关系

4.4.1　循环冲击次数对煤岩损伤破坏的影响

在循环冲击加载作用下，煤岩内部微裂隙扩展并形成宏观灾变，煤岩损伤破坏程度与超声波波速具有负相关关系。以 3.38MPa 单向约束静载作用下的递增式冲击加载试验为例进行分析，并以 3.38MPa 单向约束静载作用下恒定式冲击加载试验进行对比分析，获得两组冲击加载试验的超声波波速，测得的超声波波速如表 4.4 所示。

表 4.4　不同冲击方式作用下的超声波波速　　　　　　（单位：m/s）

冲击方式	循环冲击次数				
	0 次	1 次	2 次	3 次	4 次
递增式冲击	1728	1697	1657	1609	1489
恒定式冲击	1750	1510	1292	1167	1083

将两组试验波速代入式（4.1）中可得到煤样在冲击作用后产生的损伤量 D_n，损伤量换算结果如表 4.5 所示。

表 4.5　不同冲击方式作用下的煤岩损伤量

冲击方式	循环冲击次数				
	0 次	1 次	2 次	3 次	4 次
递增式冲击	0	0.0356	0.0805	0.1330	0.2575
恒定式冲击	0	0.2555	0.4549	0.5553	0.6170

对所得数据分析可以得到：单向约束静载下递增式冲量加载的煤岩损伤量 D_n 与循环冲击次数的拟合关系曲线，以及单向约束静载下恒定式冲量加载的煤岩损伤量 D_n 与循环冲击次数的拟合关系曲线，如图 4.8 所示。

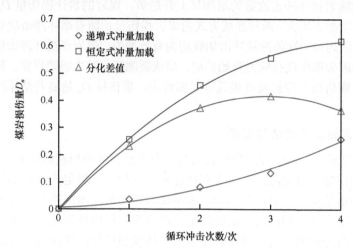

图 4.8　煤岩损伤量与循环冲击次数的关系 1

对图 4.8 中的递增式冲量加载拟合关系曲线和恒定式冲量加载拟合关系曲线的数据进行拟合，可得到损伤量 D_n 与循环冲击次数之间的经验拟合公式；将恒定式冲量加载的经验拟合公式和递增式冲量加载的经验拟合公式取差值，可得到两种冲量加载方式的分化差值公式，如式（4.7）所示：

$$\begin{cases} D_x = 0.0132x^2 + 0.0083x + 0.0053 & R^2 = 0.9887 \\ D_y = -0.0348x^2 + 0.2924x + 0.0003 & R^2 = 0.9993 \\ D_z = D_y - D_x = -0.048x^2 + 0.2841x - 0.005 \end{cases} \tag{4.7}$$

式中，D_x 为递增式冲量加载的煤岩损伤量 D_n；D_y 为恒定式冲量加载的煤岩损伤量 D_n；D_z 为分化差值损伤量；x 为循环冲击次数。

由统计学可知：经验拟合公式的拟合度 R^2 越接近于 1，拟合曲线越接近真实的试验曲线，图 4.8 中递增式冲量加载损伤拟合曲线的拟合度 R^2 为 0.9887，恒定式冲量加载损伤拟合曲线的拟合度 R^2 为 0.9993，可认为两条拟合曲线较好地反映了两种加载方式下煤岩损伤量 D_n 与循环冲击次数的关系。图 4.8 显示两条冲量加载拟合曲线均位于坐标轴的第一象限，且随着循环冲击次数的增大而逐渐上升，其中递增式冲量加载拟合曲线位于恒定式冲量加载拟合曲线的下方。由于两种加载方式的约束静载相同，因此造成煤岩损伤量变化的原因是加载方式和循环冲击次数，具体分析如下。

1）煤岩损伤量的累计效果

从图 4.8 可以看出：递增式冲量加载和恒定式冲量加载两种加载方式下，损伤拟合曲线均随着循环冲击次数的增加呈上升趋势，煤岩的累计损伤量 D_n 随着循环冲击次数的增加而增大。两种加载方式的煤岩损伤量均随着循环冲击次数的增加而增大，这是因为每一次的冲量冲击加载均为有效冲击，煤岩在循环冲击作用后，煤岩内部微裂隙尖端出现拉应力开始扩展、形成裂隙簇、发生裂隙贯穿、最终形成宏观破坏，且煤岩微裂隙扩展过程具有累积效应，损伤量 D_n 是随着循环冲击次数累积的。

2）煤岩损伤量的破坏趋势

图 4.8 显示出：递增式冲量加载试验拟合关系曲线的形状总体上呈现上凹形，表明煤岩损伤量在递增冲量作用下有加速破坏的趋势；恒定式冲量加载试验拟合关系曲线的形状总体上呈现下凸形，表明煤岩损伤量在递增冲量作用下有减速破坏的趋势。煤岩处于相同的约束静载下，造成煤岩损伤量出现不同破坏趋势的原因是冲量加载方式的不同。由煤岩微裂隙破坏模型可知：冲击载荷的增大和材料系数 m 的变化均会导致煤岩微裂隙尖端拉应力的变化。由递增式冲量试验可知：每一次递增式循环冲击会导致微裂隙尖端拉应力增大，使得煤岩的破坏过程加速变化，从而递增式冲量加载的煤岩损伤拟合曲线呈现加速上升趋势。当冲击载荷与静载不变时，由煤岩微裂隙破坏模型可知：材料系数 m 决定了煤岩内部微裂隙的后续扩展过程，因为煤岩在多次循环冲击之后材料系数 m 出现变化，导致微裂隙尖端拉应力变小，同时煤岩内部微裂隙数量明显减少，形成新的裂隙簇且贯穿裂隙更为困难，使得煤岩破坏速度相对逐步降低，从而恒定式冲量加载的煤岩损伤拟合曲线呈现减速上升趋势。

3）煤岩损伤量的分化效果

煤岩损伤量的分化效果是两种冲量加载方式对煤岩造成损伤的差值，根据式（4.7）可对其进行曲线绘制获得分化差值曲线，如图 4.8 所示。从图 4.8 可以看出，分化差值曲线在第一次冲击时上升速度较快，第二次冲击时上升速度有所减缓，第三次冲击时仅有较小的上升并达到峰值，第四次冲击时曲线向下发展，分化差值减小。上述曲线差值表明：两种冲量加载方式冲击时，在前三次加载作用下煤岩损伤量分化效果总体随着循环冲击次数的增加而增大，但是增长速率逐渐减小，当分化差值达到最大时，增长速率由正转负，分化差值逐渐减小。峰值前递增式加载的冲量是逐渐增大的，使得煤岩损伤量增速逐渐增大，而恒定式加载的冲量是不变的，使得煤岩损伤量的增速恒定或者逐渐降低，两者综合作用使得分化差值曲线达到峰值前的增速逐渐减小，并在峰值后增速转正为负。

4）循环冲击加载试验中第一次冲击效应

从煤岩损伤量 D_n 大小分析可知：尽管递增式冲量加载下煤岩加速破坏，恒定式冲量加载下煤岩减速破坏，但是每一次循环冲击后，递增式冲量加载下的煤岩破坏程度明显小于恒定式冲量加载下的煤岩破坏程度，并且仅在第一次冲击时递增式冲量加载试验的冲量小于恒定式冲量加载试验的冲量，随后的三次冲击时递增式冲量加载试验的冲量均等于或大于恒定式冲量加载试验的冲量，但是后三次冲击相对第一次冲击时的煤岩损伤增量表现为：恒定式冲量加载下煤岩损伤量均明显大于递增式冲量加载下的煤岩损伤量，如图 4.9 所示。以上表明，在循环冲击加载过程中，第一次冲击对煤岩的后续损伤发展过程具有奠基作用，这是因为递增式冲量加载时，第一次冲击使煤岩内部微裂隙扩展程度降低，形成的可扩展微裂隙数量较少；恒定式冲量加载时，第一次冲击使煤岩内部微裂隙扩展程度剧烈，同时形成了大量的可扩展裂隙，使得在后续的扩展过程中形成较大的裂隙。

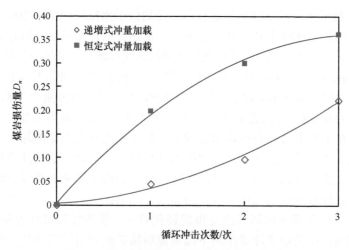

图 4.9　煤岩损伤量与循环冲击次数的关系 2

4.4.2　累计冲量对煤岩损伤演化的影响

累计冲量是多次冲量相互累加，即二次累计冲量是前两次冲量的累加。煤岩微裂隙扩展导致煤岩损伤的外在原因是冲量的累积作用，以 3.38MPa 单向约束静载作用下的递增式冲击加载试验为例进行分析，并以 3.38MPa 单向约束静载作用下恒定式冲击加载试验进行对比分析，将两组试验波速代入式（4.1）中可得到煤样在冲击加载后的损伤量 D_n，以两组试验的累计冲量作为因变量，对数据分析可得到：递增式冲量加载的煤岩损伤量 D_n 与累计冲量的拟合关系曲线，以及恒定式冲量加载的煤岩损伤量 D_n 与累计冲量的拟合关系曲线，如图 4.10 所示。

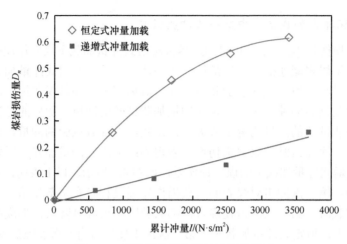

图 4.10　煤岩损伤量与累计冲量的关系

图 4.10 显示出：两条冲量加载拟合曲线均位于坐标轴的第一象限，同时随着累计冲量的增加而逐渐上升，其中递增式冲量加载拟合曲线位于恒定式冲量加载拟合曲线的下方，且递增式冲量加载拟合曲线为线性增长。具体分析如下：

两组试验的冲量加载过程不同，但煤岩最终受到的累计冲量基本相同。递增式累计冲量为 3673 N·s/m² 时，煤岩损伤量为 0.257；恒定式累计冲量为 3387 N·s/m² 时，煤岩损伤量为 0.617，显然若累计冲量相同时递增式冲击加载方式使得煤岩损伤程度较小，这在工程上可以利用递增式冲击加载方式达到更理想的卸压效果，可以利用恒定式冲击加载方式达到更高效破岩的目的。由递增式累计冲量加载拟合曲线可知：当加载方式为递增式累计冲量时，煤岩的损伤量并未等效出现递增式的增长，而是以接近线性的比例增长；当加载方式为恒定式累计冲量时，煤岩的损伤量并未等效出现等量的增长而是出现钝化效应，使得煤岩破坏速率相对降低。这可能是因为，在递增式冲量作用下微裂隙后续扩展相对比较迅速，但微裂隙的数量相对减少，使得煤岩损伤量总体上是匀速破坏的；在恒定式冲量作用下煤岩微裂隙后续扩展相对乏力，且微裂隙的数量相对减少，所以煤岩损伤量增长相对放缓。

4.5　单向约束静载与煤岩损伤演化的关系

4.5.1　不同约束静载下循环冲击次数对煤岩损伤破坏的影响

由煤岩的全应力-应变曲线可知：当静载小于煤岩单轴抗压强度时，煤岩强度随着一维静载的增大而增大。本试验所采用的一维静载分别为 0MPa、1.127MPa、3.38MPa、3.943MPa、4.506MPa，均小于煤岩单轴抗压强度。同时，认为 0MPa、1.127MPa 为低约束静载，3.38MPa、3.943MPa、4.506MPa 为高约束静载。通过超声波检测装置记录五组递增式冲击加载试验的超声波波速，如表 4.6 所示。

表 4.6　不同约束静载作用下的超声波波速　（单位：m/s）

约束静载	循环冲击次数				
	0 次	1 次	2 次	3 次	4 次
0MPa	1918	1867	1766	1591	1452
1.127MPa	1842	1818	1772	1618	1414
3.38MPa	1728	1697	1657	1609	1489
3.943MPa	1850	1728	1687	1667	1573
4.506MPa	1772	1750	1728	1687	1667

将五组递增式冲击加载试验测得的超声波波速代入式（4.1），可换算得到五组递增式冲量循环冲击后的损伤量 D_n，如表 4.7 所示。

表 4.7　不同约束静载作用下的煤岩损伤量

约束静载	循环冲击次数				
	0 次	1 次	2 次	3 次	4 次
0MPa	0	0.0525	0.1522	0.3119	0.4269
1.127MPa	0	0.0259	0.0746	0.2284	0.4107
3.38MPa	0	0.0356	0.0805	0.1330	0.2575
3.943MPa	0	0.0250	0.0707	0.0926	0.1921
4.506MPa	0	0.0247	0.0490	0.0936	0.1150

对数据分析可得到：不同约束静载下递增式冲量加载煤岩损伤量 D_n 与循环冲击次数的拟合关系曲线，如图 4.11 所示。

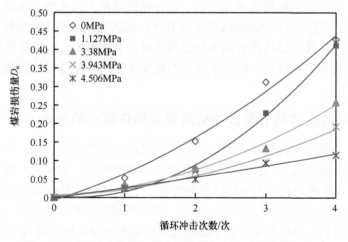

图 4.11　不同约束静载下煤岩损伤量与循环冲击次数的关系

1) 煤岩损伤量随循环冲击次数的分化效应

对图 4.11 每次冲击后的煤岩损伤量进行纵向分析,可以看出在第一次以 596 N·s/m^2 的冲量冲击作用后,不同约束静载下的煤岩损伤量较为接近,煤岩损伤量分化效应不明显;随着循环冲击次数的增加,各组约束静载下的煤岩受到的单次冲量越来越大,造成煤岩损伤量分化逐渐增大,在第四次冲击后损伤量分化达到最大。由于该五组试验均采用相同的递增式冲量加载方式,因此煤岩损伤量产生分化效果的外在原因是煤岩受到了不同大小的约束静载,其内在原因可能是约束静载对煤岩微裂隙尖端拉应力产生了影响。由煤岩微裂隙破坏模型可知:约束静载的增大使得微裂隙尖端拉应力减小、煤岩内部微裂隙数量减少,使得煤岩微裂隙扩展变得困难,且每次递增冲量循环冲击作用都将再次导致微裂隙继续扩展,而每次循环冲击时煤岩受到的约束静载越大,微裂隙扩展过程越困难,因此约束静载相差越大,煤岩损伤量分化效应越明显;由于微裂隙扩展过程具有延续性,煤岩损伤量具有累积性,冲量越大煤岩损伤量的分化效果随着循环冲击次数增加越明显。

2) 约束静载下煤岩损伤量的变化趋势

对图 4.11 每组煤岩累计损伤量进行横向分析,可以看出每组煤岩损伤量均随着循环冲击次数的增加而增大,这与前面分析的递增冲量加载试验中煤岩损伤量的趋势相同。本次试验中五组煤岩冲击加载条件相同,主要区别在于煤岩受到的约束静载不同。由图 4.11 煤岩损伤拟合曲线可知:随着约束静载的增大,每组煤岩损伤量增量总体上是趋向减小的。在低约束静载条件下,煤岩损伤量受到循环递增冲量作用后破坏趋势上升较快,累计损伤量均大于 0.41,煤岩产生明显宏观破坏;煤岩受到冲击作用后,高约束静载条件下的煤岩损伤量破坏趋势相对低约束静载条件下的煤岩损伤量明显减小,累计损伤量最大为 0.25,煤岩未发生明显宏观破坏,且在静载为 4.506MPa 约束条件下,煤岩损伤量变化趋势拟合曲线为近似斜率较小的直线,最终煤岩损伤量仅为 0.11。上述表明,约束静载的存在抑制了煤岩的微裂隙扩展过程,提高了煤岩的抗冲击能力,使得煤岩微裂隙扩展相对困难。

4.5.2 不同约束静载下累计冲量对煤岩损伤破坏的影响

累计冲量是多次冲量相互累加,即二次累计冲量是前两次冲量的累加。煤岩微裂隙扩展导致煤岩损伤的外在原因是冲量的累积作用,本次试验以五组单向约束静载作用下的递增式冲击加载试验为例进行分析,将五组试验波速代入式(4.1)中可得到煤样在冲击加载后的损伤量 D_n,以五组试验的累计冲量作为因变量,对数据分析可得到:单向约束静载下递增式冲量加载的煤岩损伤量 D_n 与累计冲量的拟合关系曲线,如图 4.12 所示。

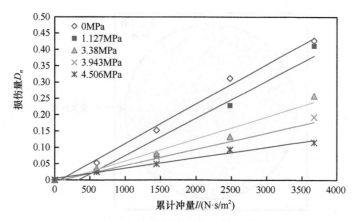

图 4.12　不同约束静载下损伤量与累计冲量的关系

　　五组试验的冲量加载过程是完全相同的，因此煤岩受到的累计冲量是相同的，区别在于每组煤岩加载的约束静载。通过对图 4.12 不同约束静载下的煤岩累计损伤量对比可知：每组煤岩接受完全相同的四次累计冲量，煤岩累计损伤量表现为随着约束静载的增大而逐渐减小。上述规律表明，煤岩受到相同的累计冲量时，约束静载大小对煤岩损伤量的变化影响较大。这是因为，煤岩内部微裂隙在约束静载作用下逐渐闭合，使煤岩在递增冲量冲击时微裂隙数量较少且扩展困难，煤岩破坏过程较难形成，且煤岩受到的约束静载越大时内部微裂隙闭合效果越好，因此约束静载越大煤岩损伤量增速越小、累计损伤量越小、煤岩抗冲击能力越好，这在工程上可以利用约束静载提高构筑物的强度、增强构筑物抗冲击能力。

　　由五组递增式累计冲量加载拟合曲线可知：当加载方式为递增式累计冲量时，煤岩的损伤量并未等效出现递增式的增长，而是以接近线性比例增长，且约束静载的存在并未影响煤岩损伤量的线性比例增长。这可能是因为，在递增式冲量作用下微裂隙后续扩展相对比较迅速，但是微裂隙的数量相对减少，使得煤岩损伤量总体上是匀速破坏的，且约束静载的存在对煤岩损伤破坏过程具有抑制作用，但由于约束静载在试验过程中一直保持稳定，其对煤岩损伤破坏的抑制作用相对也是稳定的，因此五组煤岩的损伤量以接近线性比例增长。因此，约束静载越大，约束静载对煤岩损伤破坏的抑制作用越大，使得煤岩累计损伤量越小，在损伤拟合曲线上表现为约束静载越大，拟合曲线的斜率越小，如图 4.12 所示。

4.6　基于高清数码摄像机的煤岩损伤破坏表面裂纹扩展规律

　　本试验冲击加载机构的端头是圆柱形，立方体煤岩表面受到圆柱摆锤的冲击，其受力面是煤岩与圆柱摆锤端头的接触面，因此试验中煤岩的受力面边界均出现了不同程度的裂隙扩展，这是因为煤岩受到冲击时，受力面区域与非受力面区域的交叉区域形成了剪切应力区，使得交叉区域形成了宏观裂隙，如图 4.13 所示。

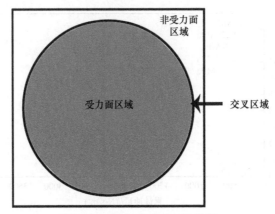

图 4.13　煤岩表面受力示意图

　　煤岩表面裂隙的出现是内部微裂隙扩展的宏观表现，表面裂隙的扩展程度总体反映了煤岩的综合损伤程度。本书通过高清数码摄像机，截取了五组递增冲量加载试验的煤岩损伤正面图片，且均为四次循环冲击后的截图。通过 Photoshop 软件对煤岩表面裂纹进行素描后处理，获得煤岩表面裂隙的素描图，如图 4.14 所示。其中，图 4.14（a）和（b）为低约束静载的煤岩损伤正面图，图 4.14（c）～（e）为高约束静载的煤岩损伤正面图。

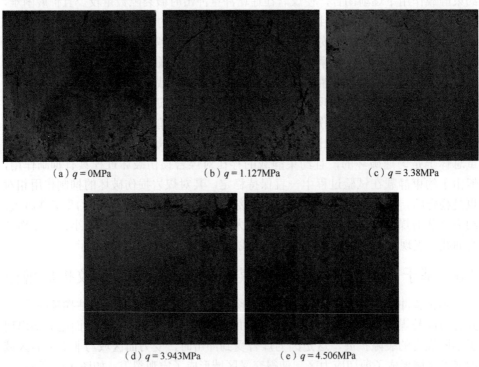

（a）$q=0$MPa　　　　　（b）$q=1.127$MPa　　　　　（c）$q=3.38$MPa

（d）$q=3.943$MPa　　　　　（e）$q=4.506$MPa

（1）裂隙扩展图

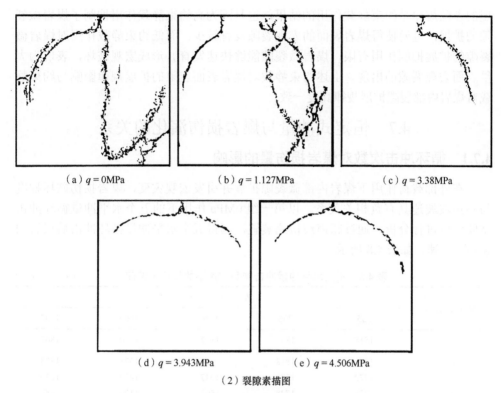

（a）$q = 0$MPa　　（b）$q = 1.127$MPa　　（c）$q = 3.38$MPa

（d）$q = 3.943$MPa　　（e）$q = 4.506$MPa

（2）裂隙素描图

图 4.14　煤岩表面裂隙扩展图

1）冲击作用对煤岩表面裂隙扩展的影响

从图 4.14（1）（a）可以看出：交叉区域出现了环形裂隙且具有对称性；而受力面区域出现了一条贯穿裂隙且与约束静载方向平行，非受力面区域右下角出现了少量裂隙。上述裂隙出现是因为在循环冲击作用下煤岩内部微裂隙形成扩展微裂隙，并形成了煤岩表面的宏观裂隙。其中，受力面区域由于直接受到冲击加载和约束静载，受力条件与微裂隙破坏模型一致。由微裂隙破坏模型可知：煤岩模型同时受到动静载荷时约束静载垂直方向会出现拉应力，从而微裂隙会沿着约束静载方向发生扩展，在宏观上表现为煤岩表面出现垂直的贯穿裂隙；由于受力面区域受到冲击加载，而非受力面区域无冲击加载，因而两区域之间的交叉区域形成了明显的剪切应力，使得交叉区域形成裂隙扩展。

2）约束静载对煤岩表面裂隙扩展的影响

从图 4.14（2）对比可以看出：处于低约束静载作用煤岩的交叉区域出现了大量裂隙，受力面区域和交叉区域出现了贯穿裂隙；处于高约束静载作用煤岩的交叉区域相对而言出现了较少裂隙，受力面区域未出现宏观裂隙。上述煤岩表面出现的裂隙规律是约束静载作用的结果，这是因为高约束静载作用抑制了煤岩微裂隙的扩展，进而使得煤岩表面的宏观裂隙发育较少，而低约束静载作用对煤岩微裂隙的扩展抑制作用有限，煤岩微裂隙能够快速发育并形成宏观破坏，表现为大量表面宏观裂隙的出现。上述约束静载对煤岩表面裂隙的扩展规律影响与约束静载对煤岩内部裂隙扩展规律高度一致。

4.7 恒定式冲量与煤岩损伤演化的关系

4.7.1 循环冲击次数对煤岩损伤量的影响

在外部载荷作用下煤岩内部微裂隙扩展并引发宏观灾变，煤岩损伤破坏程度与超声波波速具有负相关关系。以第一组 0MPa 作用下的五个水平冲量循环冲击试验为例进行分析，通过超声波检测装置，测得五个水平冲量循环冲击后煤岩的超声波波速，如表 4.8 所示。

表 4.8 不同水平冲量冲击加载作用下的超声波波速 （单位：m/s）

循环冲击次数	加载冲量/(N·s/m²)				
	535	756	926	1069	1195
0 次	1818	1867	1867	1750	1867
1 次	1795	1818	1728	1573	1573
2 次	1772	1772	1647	1489	1239
3 次	1728	1728	1505	1120	900
4 次	1687	1609	1333	980	—
5 次	1609	1505	1037	—	—
6 次	1520	1386	—	—	—
7 次	1350	1255	—	—	—
8 次	1213	1120	—	—	—
9 次	1128	—	—	—	—
10 次	1011	—	—	—	—

将五个水平冲量冲击加载后的试验超声波波速代入式（4.1），可得到煤岩在五个水平冲量冲击加载作用下的煤岩损伤量 D_n，如表 4.9 所示。

对所得煤岩损伤量进行分析，可得到单向约束静载下不同水平冲量加载的煤岩损伤量 D_n 与循环冲击次数的拟合关系曲线，如图 4.15 所示。

表 4.9 不同水平冲量冲击加载作用下的煤岩损伤量

循环冲击次数	加载冲量/(N·s/m²)				
	535	756	926	1069	1195
0 次	0	0	0	0	0

续表

循环冲击次数	加载冲量/(N·s/m²)				
	535	756	926	1069	1195
1 次	0.0251	0.0518	0.1436	0.1921	0.2901
2 次	0.0500	0.0992	0.2218	0.2760	0.5596
3 次	0.0966	0.1434	0.3502	0.5904	0.7676
4 次	0.1389	0.2573	0.4902	0.6864	—
5 次	0.2167	0.3502	0.6915	—	—
6 次	0.3010	0.4489	—	—	—
7 次	0.4486	0.5481	—	—	—
8 次	0.5548	0.6401	—	—	—
9 次	0.6150	—	—	—	—
10 次	0.6907	—	—	—	—

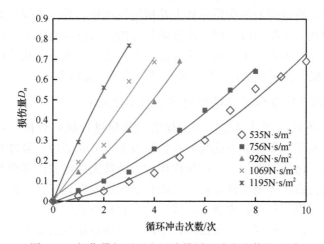

图 4.15　损伤量与不同水平冲量循环冲击次数的关系

1）煤岩损伤量的累计效果

从图 4.15 可以看出：在五个水平冲量加载作用下，煤岩损伤拟合曲线均随着循环冲击次数的增加而逐渐上升，煤岩累计损伤量 D_n 随着循环冲击次数的增加而增大。五个水平冲量加载试验的约束静载和加载方式均相同，因此导致煤岩损伤量变化的因素是循环冲击次数和冲量大小。五个水平冲量加载下的煤岩损伤量均随着循环冲击次数的增加而增大且增大速率与冲量大小有关，这是因为每一次冲量冲击作用对煤岩都是有效冲击，煤岩内部微裂隙在外部载荷作用下发生扩展现象，煤岩内部微裂隙尖端出现拉应力并开始扩展、形成裂隙簇、发生裂隙贯穿、最终形成宏观破坏，且微裂隙的扩展过程在循环冲击加载条件下是持续的，最终会由微观微裂隙扩展形成宏观裂隙破坏，从超声波波速来看即波速是持续变小的，进而煤岩损伤量持续增大。

2）煤岩损伤量的变化趋势

从图 4.15 可以看出：五个水平冲量作用下的煤岩损伤量拟合曲线的上升趋势呈近似线性比例增长。五个水平冲量加载试验的约束静载和加载方式均相同，因此造成煤岩损伤量出现不同破坏趋势的原因是不同的冲量大小。由煤岩微裂隙破坏模型可知：当冲击载荷与静载大小不变时，材料系数 m 决定了煤岩内部微裂隙的后续扩展过程，因为煤岩在多次循环冲击之后，材料系数 m 出现变化，导致微裂隙尖端拉应力发生变化，同时煤岩内部微裂隙数量明显减少，形成新的裂隙簇及贯穿裂隙较为困难，使得煤岩破坏速度不增长甚至有降低的趋势，但由于微裂隙具有连续扩展性，在循环冲击作用下原有裂隙簇继续扩展成贯穿裂隙，而微裂隙又形成新的裂隙簇，从而增大煤岩破坏程度，煤岩内部微裂隙的数量和微裂隙的扩展程度及综合变化程度是近似线性增长的破坏趋势，煤岩内部的孔隙度是近似线性扩大的，使得煤岩损伤量总体上是接近线性增长的。由煤岩微裂隙破坏模型可知：当静载大小相同时，煤岩内部微裂隙的尖端拉应力随着冲击载荷的增大而增大，在循环冲击作用下，每一次冲击均导致受到较大冲击载荷的煤岩破坏速度更快，在宏观上表现为煤岩损伤量随着冲量的增大而增大。

3）不同水平冲量作用对煤岩损伤量的分化效果

对图 4.15 不同水平冲量作用下的煤岩损伤量进行纵向分析，可以发现第一次冲击时不同水平冲量加载下的煤岩损伤量发生了分化效应，且冲量作用越大的煤岩损伤越大，这是因为第一次冲量作用时，冲量大的煤岩内部微裂隙扩展程度较大，煤岩损伤破坏程度大且煤岩微裂隙扩展过程具有延续性，因此后续每一次冲量作用后煤岩损伤程度越来越大，煤岩的分化程度也越来越大，当冲击第三次时冲量作用最大，此时煤岩完全破坏，不同水平冲量加载的煤岩分化程度也达到最大。

4）不同水平冲量加载下的煤岩充分破坏区间

从图 4.15 可以看出，煤岩受到冲量冲击作用后，煤岩累计损伤量均随着循环冲击次数的增加而增大，而不同水平冲量加载的煤岩最终破坏程度是接近的，五个水平冲量作用的煤岩损伤量区间为 0.65～0.75，可以认为 0MPa 约束静载下该区间为煤岩充分破坏区间，煤岩损伤破坏程度若要达到充分破坏区间，冲量作用越大的冲击加载需要的次数越少，这是因为越大的冲量加载促使煤岩内部微裂隙扩展速度越快，从而使煤岩破坏速度越快。

4.7.2 不同水平冲量加载下累计冲量对煤岩损伤量的影响

累计冲量是多次冲量相互累加，即二次累计冲量是前两次冲量的累加。煤岩微裂隙扩展导致煤岩损伤的外在原因是冲量的累计，试验以第一组无约束静载条件下五个水平冲量加载下的循环冲击加载试验为例进行分析，将五个水平冲量加载试验的试验波速代入式（4.1）中，可得到煤岩在冲击加载后的损伤量 D_n。对数据分析可得到无约束条件下不同冲量循环冲击加载作用后的煤岩损伤量 D_n 与累计冲量 I 的拟合关系曲线，如图 4.16 所示。

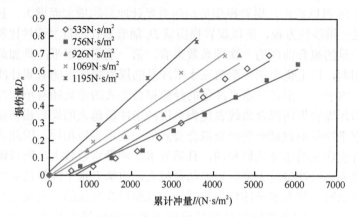

图 4.16　不同水平冲量下损伤量与累计冲量的关系

对图 4.16 中的数据进行拟合，可得到五个水平冲量循环冲击加载下的煤岩损伤量 D_n 与累计冲量之间的经验拟合公式。

$$\begin{cases} D_u = 0.0001x - 0.0872 & R^2 = 0.9554 \\ D_v = 0.0001x - 0.0483 & R^2 = 0.9808 \\ D_w = 0.0001x - 0.0143 & R^2 = 0.983 \\ D_x = 0.0002x - 0.0052 & R^2 = 0.9686 \\ D_y = 0.0002x + 0.0185 & R^2 = 0.9947 \end{cases} \quad (4.8)$$

式中：D_u 为第一水平冲量 535N·s/m² 冲击加载的煤岩损伤量 D_n；D_v 为第二水平冲量 756N·s/m² 冲击加载的煤岩损伤量 D_n；D_w 为第三水平冲量 926N·s/m² 冲击加载的煤岩损伤量 D_n；D_x 为第四水平冲量 1069N·s/m² 冲击加载的煤岩损伤量 D_n；D_y 为第五水平冲量 1195N·s/m² 冲击加载的煤岩损伤量 D_n；x 为累计冲量。

由统计学可知，经验拟合公式的拟合度 R^2 越接近 1，拟合曲线越接近真实的试验曲线，图 4.16 中拟合曲线的拟合度 R^2 均大于 0.9554，可认为上述拟合曲线较好地描述了煤岩损伤量与循环冲击次数的关系。

五个水平冲量加载试验均为恒定式冲量循环冲击试验，其约束条件均为无约束静载。因此，试验的区别条件仅在于循环冲击的单次冲击冲量大小。从图 4.16 可以看出，累计冲量相同时，单次冲击冲量较大时的煤岩破坏速度较快。以累计冲量 3500N·s/m² 为例进行说明，当累计冲量为 3500N·s/m² 时，第五水平冲量冲击加载的煤岩完成了充分的损伤破坏，而其他单次冲量较低冲量的损伤量依次减小，损伤破坏程度较小。若五个水平冲量加载的煤岩全部完成充分的损伤破坏，单次冲击冲量较低的需要对煤岩施加更多的累计冲量，这在工程上可以通过施加较大的单次冲击冲量进行循环冲击，因而更为高效破岩和节约能源。

从图 4.16 可以看出，煤岩损伤量均随着累计冲量的增大而增大，且由于经验拟合公式是一维线性方程，所以煤岩损伤量 D_n 随着累计冲量呈线性比例增大。从五个水平冲量的拟合曲线的一次项系数来看，第一至第三水平冲量加载试验的一次项系数相同，以上说明第一至第三水平冲量的煤岩损伤量随着累计冲量的施加增速相同，由于第一至第三水平冲量的经验拟合公式的常数随着单次冲量的增大而增大，因此煤岩损伤拟合曲线表现为单次冲击冲量越大的煤岩损伤量越大；第四至第五水平冲量加载试验的经验拟合公式的一次项系数相同，因此第四至第五水平的煤岩损伤量的增速近似相同，且第五水平冲量常数较大，所以煤岩损伤拟合曲线表现为单次冲量越大的煤岩损伤量越大，即第五水平冲量造成的煤岩损伤量较大；但第四至第五水平冲量加载试验的经验拟合公式的一次项系数是第一至第三水平的两倍，因此相同累计冲量作用下单次冲量越大对煤岩造成的损伤量越大。

4.8 单向约束静载与煤岩损伤演化的关系

4.8.1 不同约束静载下循环冲击次数对煤岩损伤量的影响

煤岩在外部载荷作用下发生损伤破坏，约束静载是导致煤岩发生破坏的因素之一。试验通过对煤岩施加五组不同约束静载对比研究，对煤岩损伤破坏规律进行分析。每一组煤岩试验间的加载条件区别是约束静载的大小，因此各组试验间煤岩损伤变化差异的外在原因是施加的约束静载大小。将五组试验的超声波波速代入式（4.1）中，可以得到不同约束静载下的煤岩损伤量，对数据分析可以得到不同约束静载下煤岩损伤量 D_n 与循环冲击次数之间的关系，如图 4.17 所示。

1）煤岩损伤量与循环冲击次数的关系

从图 4.17 五组拟合数据曲线可以看出：无约束静载加载条件下，煤岩达到充分破坏时的循环冲击次数为 3～10 次；1.127MPa 约束静载加载条件下，煤岩达到充分破坏时的循环冲击次数为 6～10 次；3.38MPa 约束静载加载条件下，煤岩达到充分破坏时的循环冲击次数为 5～14 次；3.943MPa 约束静载加载条件下，煤岩达到充分破坏时的循环冲击次数为 4～14 次；4.506MPa 约束静载加载条件下，煤岩达到充分破坏时的循环冲击次数为 4～13 次；就循环冲击次数统计而言，0～1.127MPa 约束静载加载时，煤岩达到充分破坏时所需要的循环冲击次数相对较少，3.38～4.506MPa 约束静载裂隙扩展加载时煤岩达到充分破坏时

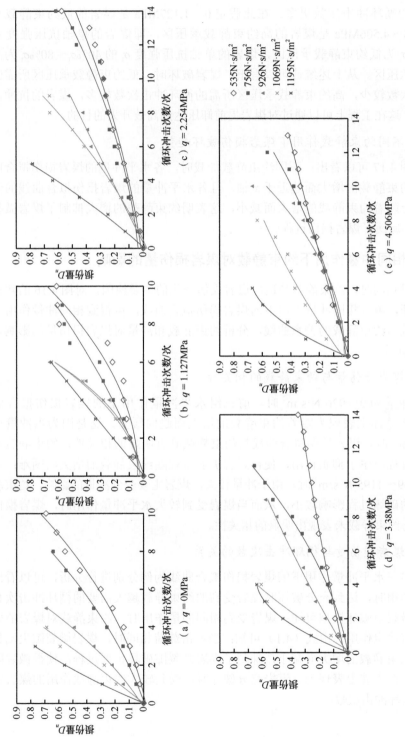

图 4.17　不同约束静载下损伤量与循环冲击次数的关系

所需要的循环冲击次数更多。在此假定 0～1.127MPa 是煤岩的低约束静载承压区，3.38～4.506MPa 是煤岩的高约束静载承压区，即煤岩的单轴抗压强度 σ_t 的 0～20%σ_t 为低约束静载承压区，煤岩的单轴抗压强度 σ_t 的 40%σ_t～80%σ_t 为高约束静载承压区。从上述统计可以看出：煤岩破坏时，低约束静载承压区所需的循环冲击次数较少，高约束静载承压区所需的循环冲击次数较多，煤岩的抗冲击能力增强，这在工程上可以通过对煤岩提前卸压达到高效开采的目的。

2）不同约束静载作用下煤岩损伤破坏趋势

从图 4.17 可以看出：不同约束静载加载时，各水平冲量的煤岩损伤拟合曲线均随着约束静载的增大而趋近于 x 轴，且各水平冲量的煤岩损伤拟合曲线的倾斜度总体上随着约束静载的增大而减小，这表明约束静载的增大抑制了煤岩微裂隙的扩展，减缓了煤岩损伤过程。

4.8.2　相同冲量作用下约束静载对煤岩损伤量的影响

冲量相同时，约束静载是造成煤岩损伤分化的主要原因，对图 4.16 的数据进行再处理，组合相同冲量作用下的煤岩损伤拟合曲线，可得到相同冲量作用下煤岩损伤量与约束静载的关系曲线，分析约束静载和冲量对煤岩损伤量的影响，如图 4.18 所示。

1）煤岩损伤量与约束静载的相关性

当冲量为 0～926 N·s/m^2 时，前三组水平冲量作用下的煤岩损伤拟合曲线破坏趋势总体上表现为随着约束静载的增大而趋向缓和，这是因为当冲量小于 926 N·s/m^2 时，煤岩损伤拟合曲线与约束静载具有明显的相关性，约束静载对煤岩破坏过程产生了抑制作用，使得煤岩扩展过程随约束静载的增大而困难；当冲量为 1069～1195 N·s/m^2 时，由于冲量较大，煤岩主要受到冲量的影响，约束静载对煤岩的破坏过程影响较小，从而当煤岩受到较大水平冲量作用时，煤岩损伤拟合曲线与约束静载未表现出明显的相关性。

2）煤岩损伤量与循环冲击次数的关系

以前三水平冲量作用下的煤岩损伤拟合曲线为例分别进行分析，可以看出相同冲量作用时，达到充分破坏时煤岩受到的约束静载越大需要的循环冲击次数越多。由微裂隙破坏模型可知：煤岩受到相同冲量作用时，约束静载对煤岩的微裂过程具有决定作用。由式（4.1）可知：当冲击载荷相同时，煤岩微裂隙尖端拉应力随着约束静载的增大而减小，抑制了煤岩微裂隙破坏扩展过程，使得微裂隙扩展困难，在宏观上表现为：煤岩充分破坏时，受到较大约束静载作用的煤岩需要较多的循环冲击次数。

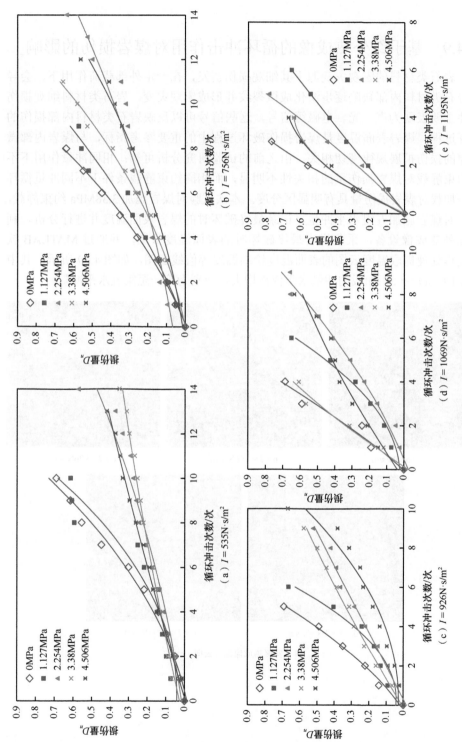

图 4.18　相同冲量作用下损伤量与约束静载的关系

4.9　基于红外热成像的循环冲击作用对煤岩损伤的影响

　　岩石类材料的宏观灾变源于其细观损伤诱发，在一定外部载荷作用下，会导致岩石类材料内部缺陷逐步演化成微裂纹并形成宏观灾变，岩石类材料细观损伤特性主要表现为声、光、电磁等信号，这些信号可以反映岩石类材料内部损伤的演变过程。煤岩表面温度是煤岩损伤破坏过程中的重要参考指标，与煤岩内部微裂隙的损伤扩展规律密切相关。由之前的试验研究分析可知：相同冲量作用下不同约束静载对煤岩损伤量的相关性不明显，而相同约束静载条件下不同冲量循环冲击加载对煤岩损伤量具有明显区分度。本次试验对煤岩施加 3.38MPa 约束静载，同时对煤岩施加五组水平冲量，记录最终破坏时的煤岩表面温度并进行分析。利用红外热成像设备，采集煤岩最终破坏时的表面温度云图，并通过 MATLAB 软件编程处理提取温度云图的表面温度绘制温度等值线云图，如图 4.19 所示，其中图 4.19（a）～（e）加载的冲量水平依次增大，分别为第一至第五水平冲量。

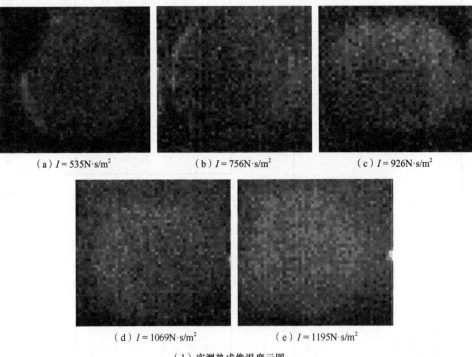

（a）$I = 535\text{N}\cdot\text{s/m}^2$　　　　（b）$I = 756\text{N}\cdot\text{s/m}^2$　　　　（c）$I = 926\text{N}\cdot\text{s/m}^2$

（d）$I = 1069\text{N}\cdot\text{s/m}^2$　　　　（e）$I = 1195\text{N}\cdot\text{s/m}^2$

（1）实测热成像温度云图

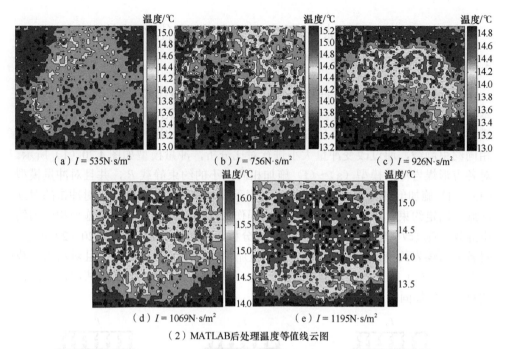

（a）$I = 535\text{N·s/m}^2$　　（b）$I = 756\text{N·s/m}^2$　　（c）$I = 926\text{N·s/m}^2$

（d）$I = 1069\text{N·s/m}^2$　　（e）$I = 1195\text{N·s/m}^2$

（2）MATLAB后处理温度等值线云图

图 4.19　不同冲量作用下煤岩表面温度云图

1）煤岩表面温度与受力区域的关系

由前述研究可知：煤岩表面区域分为受力面区域、交叉区域和非受力面区域。对图 4.19（2）（e）MATLAB 后处理温度云图进行分析，受力面区域的温度最高；交叉区域的温度相对受力面区域较低；交叉区域与非受力面区域之间的区域的温度相对交叉区域温度较低；非受力面区域的温度最低。上述煤岩表面的温度从受力面中心到非受力面区域逐渐降低，表现出明显的温度中心扩散现象，这是因为受力面区域的煤岩内部微裂隙扩展程度较为充分，煤岩内部微裂隙扩展程度从受力面中心到非受力面的边界逐渐降低。

2）煤岩表面温度与冲量大小的关系

通过对图 4.19（2）（a）～（e）五个水平冲量 MATLAB 后处理温度云图进行对比分析，煤岩表面各区域的温度随着冲量的增大而增大，从受力面区域温度的面积来看，煤岩表面最高温度的面积随着水平冲量的增大而增大，出现上述现象是因为循环冲击加载时，越大的水平冲量作用会使煤岩内部微裂隙扩展程度越充分。

相同约束静载作用下，煤岩表面温度和损伤量均随加载的各水平冲量的增大而增大，煤岩表面温度分布规律再次验证了煤岩损伤量随冲量的变化规律。

4.10　单向约束作用下煤岩损伤演化的数值分析

4.10.1　数值模型的建立

　　室内试验时，通过改变冲量大小和约束静载大小对煤岩的损伤演化进行研究。本节将从数值模拟角度进一步研究煤岩的损伤演化，从冲量和约束静载两方面对模型进行分类并建立模型。研究冲量对煤岩损伤演化的影响时，对煤岩模型施加相同约束静载，通过改变冲量大小进行对比分析，冲量模型如图 4.20（1）所示。对各方形煤岩冲量模型（a）~（f）施加相同大小的约束静载 P_d，并且对冲量模型（a）~（f）施加的冲量大小逐级增大，考虑到煤岩赋存的实际情况，对冲击的对立面施加固定约束。研究约束静载对煤岩损伤的演化时，对煤岩模型施加相同的约束静载，通过改变约束静载大小进行对比分析，约束静载模型如图 4.20（2）所示。对各方形煤岩约束静载模型（a）~（f）施加相同大小的冲量 P_s，并且对约束静载模型（a）~（f）施加的约束静载逐级增大，考虑到煤岩赋存的实际情况，对冲击的对立面施加固定约束。

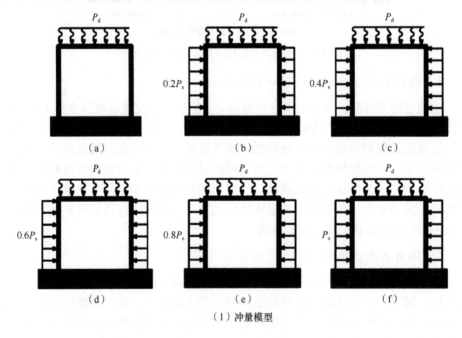

（1）冲量模型

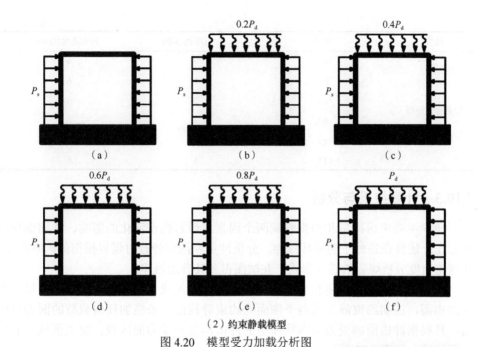

（2）约束静载模型

图 4.20 模型受力加载分析图

4.10.2 模型参数与生成网格

为模拟真实条件下煤矿矿柱所处的应力环境，进行动静组合载荷下煤岩损伤演化数值模拟。方形煤岩模型尺寸为边长 70mm 的立方体，共划分 35×35×35=42875 个单元，本模拟采用直径为 60mm、高为 60mm 的圆柱体进行冲击，冲击加载模型如图 4.21 所示。约束静载采用应力加载，其加载梯度为 0～5MPa，冲量换算为圆柱体的加载速度，其加载速度分别为 0～8m/s，共进行 12 个模型的模拟，并假定加载接触时间为 0.01s，计算所采用的物理力学参数以原煤为原型，各模型加载力学参数如表 4.10 所示。

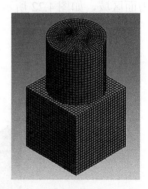

图 4.21 模拟冲击加载示意图

表 4.10 模型加载力学参数表

模型	序号	约束静载/MPa	冲击速度/(m/s)
冲量模型	（a）	2	3
	（b）	2	4
	（c）	2	5
	（d）	2	6
	（e）	2	7
	（f）	2	8

续表

模型	序号	约束静载/MPa	冲击速度/(m/s)
	（a）	0	6
	（b）	1	6
	（c）	2	6
约束静载模型	（d）	3	6
	（e）	4	6
	（f）	5	6

4.10.3　计算结果与分析

　　研究主要考虑冲量和约束静载两个因素对煤岩损伤演化的影响，并期望找出煤岩在上述外在条件下的破坏规律，分析冲量和约束静载对煤岩损伤的影响程度，从理论角度分析煤岩的破坏形式，并试图得到其普遍规律。

　　为方便模型结果描述和分析，绘制煤岩模型加载示意图并约定施加冲量的面为冲击面，施加约束静载的两个侧面为约束静载面，未施加任何载荷的面为自由面，且根据冲击面的受力范围将模型的冲击面分为受力面区域、交叉区域、非受力面区域，如图4.22所示。

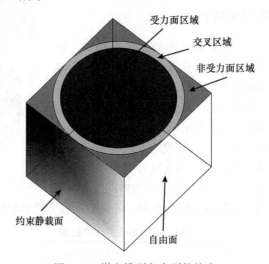

图 4.22　煤岩模型各个面的约定

　　根据约束静载和冲量加载条件，对煤岩模型进行数值模拟，获得动静组合加载模型位移示意图，如图4.23所示。

　　从图4.23可以看出煤岩模型的总体位移量情况，冲击面的交叉区域内侧呈黄色，该区域位移量最大，冲击面的受力面区域位移量次之，交叉区域的外侧颜色呈过渡色，位移量逐渐降低，非受力面区域颜色呈深蓝色，位移量最小，总体表现

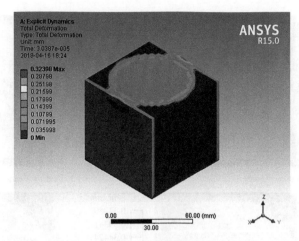

图 4.23　动静组合加载模型位移示意图

为从受力面区域到非受力面区域位移量逐渐降低，这与室内试验的温度场演化规律基本一致，说明煤岩模型位移量和煤岩温度场演化呈正相关关系；冲击加载与约束静载的共同作用使煤岩模型两个受力面出现位移，位移量呈现出由内侧向外侧边缘逐渐增大，出现位移层状效应。约束加载面总体上为淡黄色，位移量最大，自由面为深蓝色，位移量最小，说明约束静载使煤岩模型约束静载面产生了位移；其中，两约束静载面之间出现位移层状效应，从模型中心颜色为深蓝色到约束静载面为淡黄色，位移量逐渐增大。

4.10.4　冲量大小对煤岩模型损伤的影响

1）冲量大小对煤岩模型冲击面损伤的影响

本模拟条件的约束静载均为 2MPa，对圆柱体施加的初始速度为 3～8m/s，对煤岩模型按上述冲量模型施加载荷，获得煤岩模型冲击面位移量与冲击速度的模拟云图，如图 4.24 所示，其中位移量通过云图颜色与其左侧标尺相对应。对图 4.24 中受力面区域和交叉区域的位移量进行提取，获得不同冲击速度作用下冲击面的位移量，如表 4.11 所示。

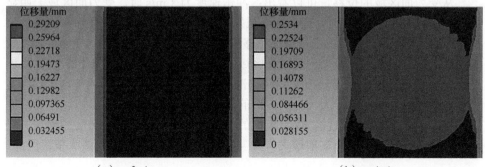

（a）$v = 3$m/s　　　　　　　　　　　　　（b）$v = 4$m/s

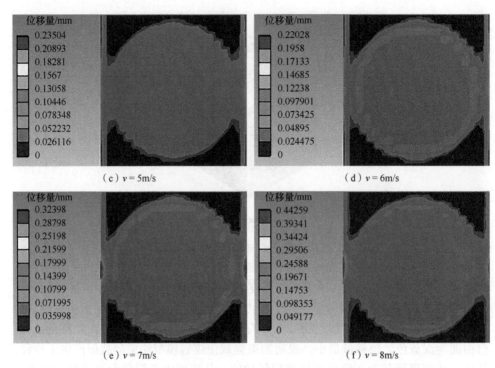

（c）$v=5$m/s （d）$v=6$m/s

（e）$v=7$m/s （f）$v=8$m/s

图 4.24 煤岩模型冲击面的位移量与冲击速度的关系

表 4.11 不同冲击速度作用下冲击面的位移量 （单位：mm）

位移区域	冲击速度/(m/s)					
	3	4	5	6	7	8
受力面区域	0	0.028155	0.078348	0.097901	0.14399	0.19671
交叉区域	0	0.028155	0.078348	0.12238	0.17999	0.24588

对表 4.11 的数据进行分析可得到：受力面区域位移量与冲击速度的关系曲线和交叉区域位移量与冲击速度的关系曲线，如图 4.25 所示。

从受力面区域的位移量可以看出：冲击速度为 3 m/s 时，受力面区域无明显变形；初始速度为 4 m/s 时，受力面区域发生位移但位移量很小；随着对圆柱体施加的初始速度的增大，受力面区域的位移量逐渐增大，当初始速度为 8 m/s 时，受力面区域的位移量达到最大；受力面区域的位移量与冲击速度呈正相关关系，这是因为冲击速度越大，煤岩模型受到的冲击能量越大，因此其产生的损伤越大，宏观上表现为位移量的增大。对冲击面的交叉区域进行分析可以看出，当初始速度较小时，云图的颜色较浅，煤岩模型的位移量较小；随着初始速度的增大，煤岩模型交叉区域的位移量逐渐增大，且当冲击速度为 8m/s 时达到最大值；因此，交叉区域的位移量与冲击速度呈正相关关系。对非受力面区域进行分析可以看出，非受力面区域的煤岩模型位移量为 0，因此非受力面区域的位移量与冲击速度无明显相关性。

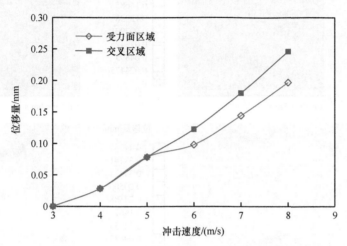

图 4.25　不同冲击速度作用下冲击面的位移量

综合分析可知，受力面区域的位移量与交叉区域的位移量具有一致性，均随着冲击速度的增大而增大。当冲击速度较小时，受力面区域与交叉区域的位移量无明显分界线，当冲击速度达到 6m/s 时，两个区域的位移量出现分界线，并且交叉区域的位移量均大于受力面区域的位移量，这是因为交叉区域受到剪切应力作用，更容易形成损伤破坏。

2）冲量大小对煤岩模型约束静载面的影响

模拟条件的约束静载均为 2MPa，对圆柱体施加的初始速度为 3～8m/s，对煤岩模型按冲量模型施加载荷，获得煤岩模型约束静载面位移量与冲击速度的模拟云图，如图 4.26 所示，其中位移量通过云图的颜色与其左侧的标尺相对应。

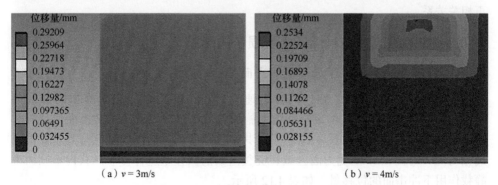

（a）$v = 3$m/s　　　　　　　　　　（b）$v = 4$m/s

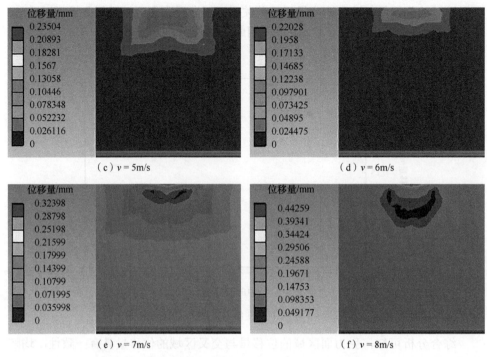

图4.26　煤岩模型约束静载面的位移量与冲击速度的关系

　　对约束静载面的位移量进行分析可以看出，当冲击速度为3 m/s时，约束静载面位移量无明显区分度，位移量仅为0.12982mm；随着冲击速度的增大，煤岩模型约束静载面的最大位移量随之增大，说明约束静载面的最大位移量与冲击速度呈正相关关系。初始速度为4 m/s时，约束静载面位移量出现环状扩散效果，该位移量环状扩散效果从环状中心向外扩散，位移量逐渐增大，并且随着冲击速度的增大可以看出从环状扩散中心到环状扩散外边界的位移量区分度越来越大，说明冲击速度对煤岩模型约束静载面的环状扩散位移量的区分度有明显影响，且呈正相关关系。

4.10.5　约束静载大小对煤岩模型损伤的影响

1）约束静载大小对煤岩模型冲击面损伤的影响

　　本模拟条件对圆柱体施加的冲击速度为6m/s，约束静载面施加的静载为0~5MPa，对煤岩模型按约束静载模型施加载荷，获得煤岩模型冲击面位移量与约束静载的模拟云图，如图4.27所示，其中位移量通过云图的颜色与其左侧的标尺相对应。对图4.27中受力面区域和交叉区域的位移量进行提取，获得不同约束静载作用下冲击面的位移量，如表4.12所示。

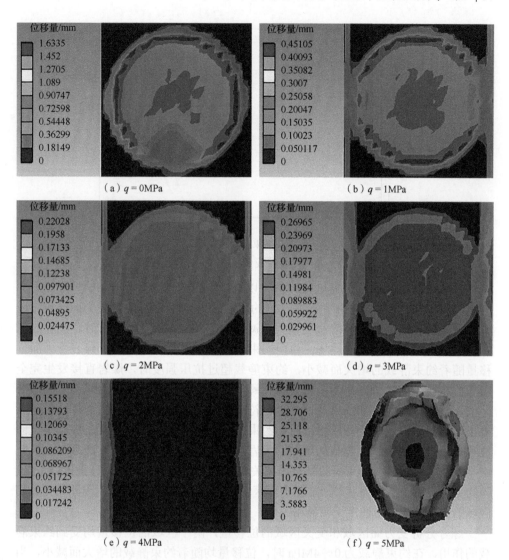

图 4.27　煤岩模型冲击面的位移量与约束静载的关系

表 4.12　不同约束静载作用下冲击面的位移量　　　　　（单位：mm）

位移区域	约束静载					
	0MPa	1MPa	2MPa	3MPa	4MPa	5MPa
受力面区域	1.089	0.3007	0.097901	0.029961	0	3.5883
交叉区域	1.452	0.40093	0.12238	0.059922	0	7.71766

　　对表 4.12 进行数据分析可得到：受力面区域位移量与约束静载大小的关系曲线和交叉区域位移量与约束静载大小的关系曲线，如图 4.28 所示。

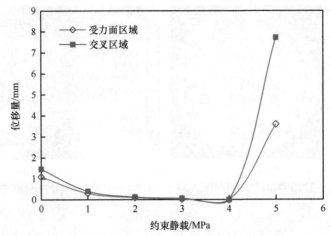

图 4.28　不同约束静载作用下冲击面的位移量

对受力面区域的位移量进行分析可以看出，当约束静载为 0MPa 时，受力面区域出现明显变形，其位移量较大；当约束静载为 1～4MPa 时，受力面区域出现位移量且位移量随着约束静载的增大而减小；当约束静载为 5MPa 时，已超过煤岩的抗压强度，煤岩发生溃坏，说明约束静载在抗压强度以内时，煤岩受力面位移量随着约束静载的增大而减小，约束静载超过抗压强度时，煤岩直接发生完全破坏。之前的学者研究认为：岩石具有阈值，当超过一定的阈值后即会发生一击即溃，数值模拟的研究结果与该结论相符合。对冲击面的交叉区域进行分析可以看出，当约束静载小于抗压强度时，约束静载较小云图的颜色较深，煤岩模型的位移量较大，随着约束静载的增大，煤岩模型交叉区域的位移量逐渐减小，因此交叉区域的位移量与约束静载呈负相关关系。对非受力面区域进行分析可以看出，当约束静载小于抗压强度时，非受力面区域煤岩模型的位移量为 0，因此非受力面区域的位移量与冲击速度无明显相关性。

综合分析受力面区域和交叉区域的位移量，两个区域的位移量均受到约束静载的作用，在约束静载为 0～4MPa 时，位移量均随着约束静载的增大而减小，当约束静载为 5MPa 时，会突然发生溃坏。上述现象说明：在煤岩模型的单轴抗压强度以内时，提高约束静载可以有效地增强煤岩模型的抗冲击能力，当约束静载达到或者超过煤岩模型的单轴抗压强度时，煤岩模型会突然溃坏。

2）约束静载大小对煤岩模型约束静载面的影响

模拟条件是对圆柱体施加冲击速度为 6m/s，约束静载面施加的静载为 0～5MPa，对煤岩模型按约束静载模型施加载荷，获得煤岩模型约束静载面位移量与约束静载的模拟云图，如图 4.29 所示，其中位移量通过云图的颜色与其左侧的标尺相对应。由约束静载面的位移量可知：当约束静载面无约束时，约束静载面位移量无明显区分度，未产生位移量；当约束静载为 1～4MPa 时，随着约束静载的增大，煤岩模型约束静载面的最大位移量随之减小，说明约束静载面最大位移量与冲击速度呈负相关关系；当约束静载为 5MPa 时，已超过煤岩的最大抗压强度，煤岩发生溃坏。上述位移量演化规律说明：当约束静载在抗压强度以内时，无约束静载的煤岩约束静载面无明显位移，其他有约束静载的煤岩约束静载面位移量随着约束静载的增大而减小，约束静载超过抗压强度时，煤岩直接发生完全破坏。约束静载为 1～4MPa 时，约束静载面位移量出现环状扩散效果，该位移量环状扩散效果从环状中心向外扩散，位移量逐渐增大，且可以看出随着约束静载的增大，从环状扩散中心到环状扩散外边界的位移量区分度越来越小，说明约束静载对煤岩模型约束静载面的环状扩散位移量的区分度有明显影响，且呈负相关关系。

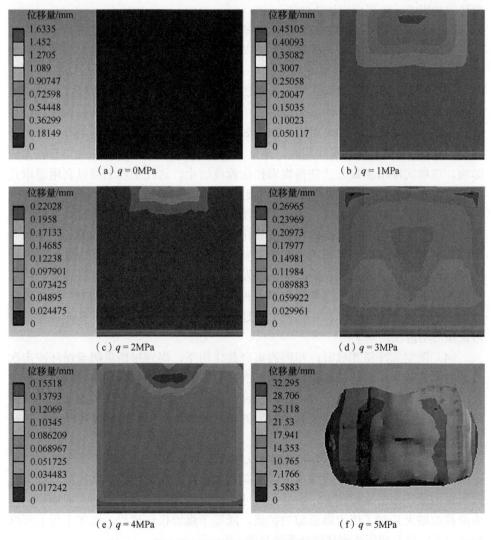

图 4.29　煤岩模型约束静载面位移量与约束静载的关系

4.11 本章小结

本章利用自行研制的约束式摆锤冲击动力加载装置对煤岩约束式冲击加载试验，采用高清数码摄像机和红外热成像检测装置，对动静组合加载下的煤岩表面裂纹扩展规律和煤岩表面温度场演化规律进行研究，采用数值模拟软件 ANSYS Workbench 显示动力学分析模块，对动静组合载荷下的煤岩损伤破坏进行模拟研究，初步掌握单向约束静载大小和冲量大小对煤岩损伤的影响；分析了冲量的加载方式、冲量的循环冲击次数、冲量的大小、冲量的累计效果、单向约束静载等因素，对煤岩内部微裂隙的扩展程度、煤岩损伤量、煤岩表面裂隙、煤岩表面温度场等的影响。主要研究结论如下：

（1）建立了煤岩微裂隙破坏模型并给出微裂隙起裂的判据，从理论上分析得出了煤岩微裂隙尖端拉应力随着冲击载荷的增大而增大，随着约束静载的增大而减小的规律。

（2）递增式冲量加载时，煤岩内部微裂隙的扩展过程具有延续性，煤岩损伤量具有累计效应，且循环冲击加载过程中第一次冲击对煤岩的后续损伤发展过程具有奠基作用，第一次冲击对煤岩损伤效果越明显，后续循环冲击越有利于煤岩的损伤发展；相同累计冲量作用时，冲量的加载方式对煤岩的损伤效果具有较大的影响，递增式冲击加载方式使得煤岩损伤程度较小，这在工程上可以利用递增式冲击加载方式达到卸压目的，可以利用恒定式冲击加载方式达到高效破岩的目的。

（3）递增式冲量加载时，相同冲量作用下约束静载对煤岩损伤量具有分化效果，且约束静载相差越大煤岩损伤量分化效果越明显；高约束静载抑制了煤岩微裂隙的扩展，使得煤岩表面的宏观裂隙发育较少，低约束静载对煤岩微裂隙的扩展抑制作用有限，煤岩微裂隙能够快速发育，表现为大量的表面宏观裂隙；约束静载的存在抑制了煤岩的微裂隙扩展过程，提高了煤岩的抗冲击能力，使得煤岩微裂隙扩展相对困难，这在工程上可以通过卸压使得煤岩高效开采从而提高煤岩内瓦斯的增透性。

（4）恒定式冲量加载时，相同约束静载作用下，煤岩损伤量随着循环冲击次数具有累计效果；累计冲量相同时，单次冲量较大时的煤岩破坏速度较快，若使各水平冲量加载的煤岩充分破坏，单次冲击冲量较低的需要对煤岩施加更大的累计冲量，这在工程上可以通过施加较大的单次冲击冲量进行循环冲击从而更为高效破岩并节约能源。

（5）恒定式冲量加载时，约束静载对煤岩破坏时所需的循环冲击次数有明显影响。煤岩破坏时低约束静载承压区所需的循环冲击次数较少，高约束静载承压区所需的循环冲击次数较多，煤岩的抗冲击能力随着约束静载的增大而增强，约束静载的增大抑制了煤岩微裂隙的扩展，减缓了煤岩损伤过程，这在工程上可以通过对煤岩提前卸压达到高效开采的目的。

（6）循环冲击受力区域对煤岩表面温度有明显影响。煤岩表面温度从受力面中心到非受力面区域逐渐降低，表现出明显的温度中心扩散现象，而从受力面中心到非受力面的边界煤岩内部微裂隙扩展程度逐渐降低；煤岩表面温度与煤岩内部微裂隙损伤破坏规律具有一致性，煤岩表面各区域的温度随着冲量的增大而增大，从受力面区域温度的面积来看，煤岩表面最高温度的面积随着各水平冲量的增大而增大。

（7）通过 ANSYS Workbench 显示动力学数值模拟软件，对煤岩模型在约束静载和冲击速度加载下的损伤规律进行研究和分析，结果表明：冲击面的位移量表现为从受力面区域到非受力面区域逐渐降低，与室内试验的温度场演化规律基本一致，说明煤岩模型位移量和煤岩温度场演化呈正相关关系。随着冲击速度的增大，冲击面约束静载面的位移量随之增大，说明冲击速度的增大增加了煤岩模型的位移量，进而间接表明冲量的增大促进了煤岩损伤的扩展。当约束静载在抗压强度以内时，随着约束静载的增大，煤岩冲击面和约束静载面的位移量随之减小，说明约束静载的增大抑制了煤岩模型的位移量，进而间接表明冲量的增大抑制了煤岩损伤的扩展；当约束静载超过抗压强度时煤岩直接发生完全破坏。

第5章　双向约束作用下煤体对动力冲击作用的力学响应

本章主要针对实验室试验结果，对不同双向约束条件下冲击载荷对煤岩结构的影响进行分析研究，从改变双向约束条件、循环冲击方式、单次冲击能量大小三方面，借助超声波检测仪和高清数码摄像机设备，基于超声波纵波速度指标来表征冲击载荷对煤样结构的影响。以期探究双向约束条件下冲击载荷作用对煤岩内部结构的影响，掌握其宏观的力学特性，能够为矿山工程中巷道、瓦斯钻孔稳定性维护和高效破岩等提供新思路。

5.1　双向约束条件下冲击载荷对煤样结构损伤量化表征

5.1.1　实验准备与研究方案

试验是在煤岩双向约束摆锤式冲击动力加载试验装置上进行的。试验时可以通过其约束装置对煤样施加双向约束力，利用摆锤作为动力源头对煤样进行冲击加载，并可以调节摆锤高度实现各个梯度能量冲击。考虑到试验冲击方式的不同，对煤样内部结构的影响作用也不同，故试验分为两部分，即恒定能量循环冲击和递增能量冲击。试验冲击示意如图 5.1 所示。

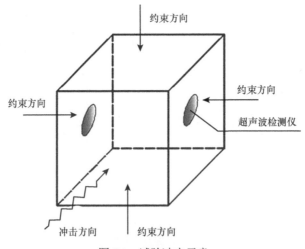

图 5.1　试验冲击示意

恒定能量循环冲击分为三组不同约束条件冲击试验（约束压力 $\sigma_{横} : \sigma_{竖}$ 为 1MPa：1MPa、1MPa：2MPa、1MPa：3MPa），每组冲击试验考虑三个冲击能量梯度。在一定的约束条件下，按照等能量冲击方式循环冲击直至试样破坏，重复试验一次。取一次最大冲击能量 Q= 15.6136J，试验加载情况如表 5.1 所示。

表 5.1　试验加载情况

组号	双向约束条件	恒定能量循环冲击		
1	1MPa：1MPa	$Q/2$	$3Q/4$	Q
2	1MPa：2MPa	$Q/2$	$3Q/4$	Q
3	1MPa：3MPa	$Q/2$	$3Q/4$	Q

递增能量循环冲击分为八组不同约束条件进行，每组冲击试验按照一定增量冲击四次，即按照 $Q/4$、$Q/2$、$3Q/4$、Q。递增能量冲击能够避免冲击能量过小未能对试样造成损失的情况，同时能够将两部分试验进行交叉对比分析，获得不同冲击方式对煤岩破坏的损伤影响。

5.1.2　煤样破坏过程及模式与其内部微结构演化的关系

以双向约束条件 1MPa：3MPa 下恒定能量 Q 循环冲击载荷试验为例进行分析。随着循环冲击次数的增加，其破坏过程如图 5.2 所示。冲击试验前期，试样仅受到双向约束压力，冲击面没有裂纹，试样完整未损伤；冲击试验初期，煤样内部微结构数量增加，冲击面在摆锤作用区域附近出现圆形环绕的宏观可见狭小裂纹；冲击试验中期，试样内部微结构数量进一步增加，冲击面摆锤冲击区域外圈裂纹扩展引起表层部分脱落；冲击试验后期，试样内部微结构数量高速增加，冲击面出现大面积损伤，且可见裂纹宽度和长度增大并交叉和贯通，局部化分布效应显著；中期试样侧面出现明显贯穿裂隙，最后一次冲击作用则形成层状破坏。破坏模式为沿冲击面横向膨胀拉伸破坏模式、沿冲击方向则为劈裂破坏模式，由于冲击载荷作用，因试样中心部位应变大而边缘部位应变小所造成的沿冲击面横向膨胀拉伸破坏；同时，因侧面受到双向约束压力作用，试样最终形成劈裂破坏。

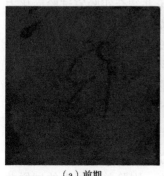

（a）前期　　　　　　　　　　（b）初期　　　　　　　　　　（c）中期

| （d）后期 | （e）中期侧面 | （f）后期侧面裂纹示意 |

图 5.2   煤样破坏过程图

在研究煤岩的力学特性时，通常将煤岩假设为塑-弹-塑性体，主要体现在煤岩的应力-应变曲线中。在应力较低时，煤岩的变形主要源于其内部微裂隙等结构受力闭合，应变曲线呈非线性，煤岩变形呈现出塑性且可逆特性；应力增高时，煤岩的内部微结构完全闭合，煤体变形为弹性应变，具体表现为弹性体；应力继续增高且超过强度极限后，由于内部结构的演化带来新的应变，应力-应变曲线呈现出非线性变化特点，这是由试样在宏观破坏前其内部微结构急速调整造成的，此时煤岩表现为塑性体。煤岩的应力-应变曲线特征在一定程度上反映出试样内部微结构的变化特征，煤样在冲击试验过程中也表现出相似特性。通过冲击试验中试样超声波速度参数，可得到煤样内部微结构数量累积变化因子，冲击试验前期到初期，煤样受到冲击载荷作用内部微结构数量缓慢增长；由初期到后期，煤样内部微结构数量呈线性增长；由后期到完全破坏，煤样内微结构数量剧烈变化，这可能是由于破坏前微结构数量变化不定，存在微结构萌生、贯穿最后引起煤样的宏观破坏。

5.1.3   不同约束条件下循环冲击作用对煤样内部结构的影响

在采矿工程中，煤岩因其内部结构和赋存条件的复杂多变性，受到冲击载荷产生的变形破坏特征也极其复杂，采用适当的力学理论并结合实验室试验简化力学问题是研究岩石力学特性的主要手段之一 [111-115]。例如，巷道周边围岩总是处于一定的地应力环境中，而地应力的约束条件正是围岩变形破坏特性复杂的主要原因，在实验室中改变试样的约束条件并对试样进行循环冲击载荷试验，主要研究不同约束条件下循环冲击作用对煤样内部结构产生的影响。由于循环冲击方式的不同，试验分为恒定能量循环冲击和递增能量循环冲击两种方式进行。

1）恒定能量循环冲击

为了排除试样自身孔隙、裂隙系统复杂性造成的差异（特指试样加工时产生的误差影响），试验前分别对试样称重和超声波检测，剔除差异较大的试样并重复进行两组相同试验，以期总结不同条件下冲击载荷作用对试样内部结构产生的影响规律，找出其裂纹扩展特征、煤体宏观破坏模式等。试验时依次进行恒定能量循环冲击试验，取约束压力 $\sigma_{横}$ ：$\sigma_{竖}$ 为 1MPa ：1MPa、1MPa ：2MPa、1MPa ：3MPa 条件下以 $Q/2$、$3Q/4$、Q 恒定能量对煤样进行循环冲击直至完全损坏，试样每次冲击后用高清数码摄像机记录试样冲击面变化、使用红外热成像仪记录冲击面温度场分布情况、利用超声波检测仪测得每次冲击后的超声波波速，并分别基于此进行试验结果分析。

　　每次冲击后利用超声波检测仪记录试样波速，基于超声波纵波速度对煤岩内部结构损伤的定量表征，利用超声波波速和相关理论可得循环冲击后的煤样损伤量 D_w。煤样在受到循环冲击试验过程中，煤样内部结构受损后其受到的下一次冲击载荷影响变得不均匀，因而破坏形式也变得复杂，造成曲线关系存在误差。故选取两组具有代表性的试验过程，绘制出在 $3Q/4$ 和 Q 恒定冲击能量下煤样损伤量与循环冲击次数的关系图，如图 5.3 所示。

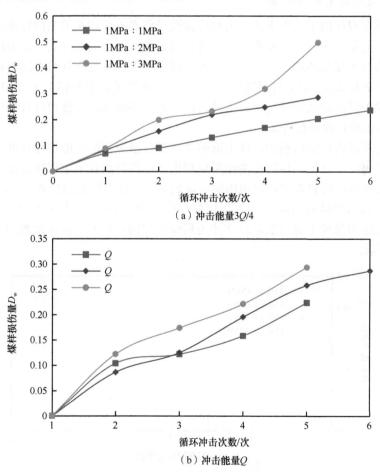

（a）冲击能量 $3Q/4$

（b）冲击能量 Q

图 5.3　不同约束条件下恒定冲击能量循环冲击次数与煤样损伤量的关系

分析图 5.3 可知，煤样损伤量 D_w 随着循环冲击次数的增加呈非线性变化，总体呈现出损伤量随着循环冲击次数的增加而不断增大的趋势，直至试样完全破坏无法测得波速为止。在一定程度上，相同冲击能量造成的损伤量差异，可以看成是煤样对摆锤冲击能量的吸收率发生了变化。从图 5.3 中均可明显看出：随着试样受到外部约束压力变化时（约束压力为 1MPa：1MPa、1MPa：2MPa、1MPa：3MPa），所得曲线斜率变大，即试样损伤在同等能量下逐渐加剧，由于试样是在双向约束条件下进行的，而测量每次冲击后的波速需要对试样进行卸压处理，故与常规围压提高岩石强度结论不同，这可能是约束压力的重复加卸载加剧了试样内部结构演化，从而导致下次冲击的初始损伤度不同而致使能量吸收率不同。在一定的约束条件下，煤样损伤量与冲击能量的关系曲线中曲线斜率也发生变化，即试样受到一定程度的损伤时，再受到相似程度能量冲击损伤减弱，即能量吸收率变小。

2）递增能量循环冲击

煤样在双向约束条件下的冲击载荷试验受到多方面因素的共同作用，仅重复进行恒定能量循环冲击试验难以排除其他因素的干扰，故又开展了改变冲击能量增加方式且重复循环冲击试验。递增能量循环冲击试验是在几组不同约束条件下进行的并重复试验一次，每组试样冲击四次，每次能量分别为 $Q/4$、$Q/2$、$3Q/4$、Q。冲击试验中同时记录摆锤与试样的冲击面裂隙扩展情况，且使用红外热成像仪记录冲击面温度场的分布情况。

在分析冲击试验过程中，冲击面的裂纹扩展情况与恒定能量循环冲击过程相似，故不再一一分析。每次冲击作用后利用超声波检测仪记录试样波速，基于超声波纵波速度对煤岩内部结构损伤的定量表征，将超声波波速代入式（4.1）可得循环冲击后的煤样损伤量 D_w。分析煤样损伤量 D_w 与循环冲击次数的关系，可得不同约束压力条件下递增能量循环冲击后煤样损伤量与循环冲击次数的关系，如图 5.4 所示。

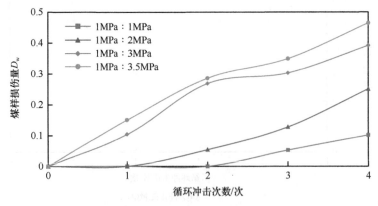

图 5.4　不同约束条件下递增能量循环冲击次数与煤样损伤量的关系

从图 5.4 中可以看出，煤样损伤量 D_w 随着冲击试验的进行在煤样内具有明显的累积性。在改变试样受到的约束压力时，随着约束压力比的增大（约束压力不断提高）试样受冲击载荷作用导致损伤累积效应受外部约束条件的影响较大，同样冲击能量作用下每次冲击后累计损伤量明显增大。试验结果与恒定能量循环冲击条件下相似，约束压力提高能够促进煤样内部结构演化。

两种不同方式的循环冲击试验中都显现出煤样冲击破坏过程是损伤累积的过程，当损伤累积达到一定程度时，煤样会出现"一冲即溃"现象，即煤样内部结构发育到一定程度后引起宏观破坏。煤样外界约束压力对煤样在受冲击载荷时的影响较大，在约束压力 $\sigma_{横}$ 等于 $\sigma_{竖}$ 时（均为 1MPa），约束压力为煤样抗压强度的 20%，煤样内部结构不发育，在此约束压力下煤样处于压缩状态，其内部结构处于闭合状态，不利于裂纹扩展发育。随着约束压力比（$\sigma_{横}$: $\sigma_{竖}$）不断增大，煤样内部结构受到的应力集中剧增，在受到外部冲击载荷时更易扩展、贯通，甚至促使试样发生整体破坏，不同于常规的三轴压缩试验结果。

5.1.4 单次冲击能量大小对煤样内部结构的影响

为研究单次冲击能量大小对煤样内部结构的影响，冲击试验时通过设置一定的约束压力条件而改变恒定冲击能量大小，对比分析不同单位面积冲击能量下煤样破坏模式及煤样受到冲击能量累积效果。分别进行双向约束压力比值为 1MPa ： 1MPa、1MPa ： 2MPa、1MPa ： 3MPa 条件下，恒定循环冲击能量为 $Q/2$、$3Q/4$、Q 的三组循环冲击试验分析（$Q/4$ 冲击能量未能使试样造成破坏）且重复试验，共计进行 18 组冲击试验。以双向约束压力比为 1MPa ： 2MPa 条件下，恒定冲击能量为 $Q/2$、$3Q/4$、Q 的三组循环冲击试验为例进行分析，根据每次冲击后测得的试样超声波波速参数，可得煤样损伤量与循环冲击次数的关系如图 5.5 所示。

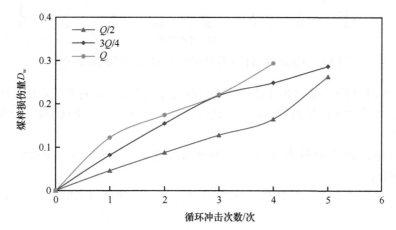

图 5.5 煤样损伤量与循环冲击次数的关系

单次冲击能量大小是影响煤样内部结构的直接因素。在恒定能量循环冲击试验中，双向约束压力未能对煤样结构造成损伤，若设置单次冲击能量为 $Q/4$ 时，煤样在多次冲击后超声波波速未变化，表明煤样未受到损伤，这说明煤样在受到冲击载荷作用时存在能量阈值，只有当单次冲击能量大于煤样稳定能量阈值时，冲击载荷才能引起煤样内部结构的发育。从图 5.5 中可以看出，在双向约束条件一定时，随着单次冲击能量的增大，煤样损伤量与循环冲击次数曲线斜率增大，即煤样损伤情况加剧。煤样内部结构在受到第一次冲击能量时影响较大，在相同约束条件下恒定能量循环冲击试验中，当单次冲击能量为 Q 时煤样损伤量为 0.12，而单次冲击能量为 $Q/2$ 时煤样损伤量为 0.04。随着煤样循环冲击次数的增加，单次冲击能量大小影响作用降低，煤样损伤程度及最终破坏形式大致相同。煤样在受到冲击前的初始损伤程度不同，导致煤样在承受相同能量时，其内部结构对冲击能量的吸收率发生变化，即煤样结构的损伤影响其承受能量的阈值。

双向约束条件下恒定能量循环冲击试验中，考虑单次冲击能量大小对试样受冲击能量累积效果的影响时，对煤样损伤量与累计冲击能量关系曲线进行分析，可得如图 5.6 所示的规律。

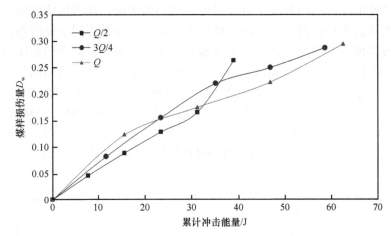

图 5.6　双向约束条件下煤样损伤量与累计冲击能量的关系

将煤样损伤量与累计冲击能量关系曲线进行二次拟合，可得三组相关性曲线：

（1）单次冲击能量为 $Q/2$ 时，关系曲线为 $y = 7 \times 10^{-5}x^2 + 0.0035x + 0.0069$，$R^2 = 0.9833$；

（2）单次冲击能量为 $3Q/4$ 时，关系曲线为 $y = -3 \times 10^{-5}x^2 + 0.0063x + 0.01$，$R^2 = 0.9813$；

（3）单次冲击能量为 Q 时，关系曲线为 $y = -5 \times 10^{-5}x^2 + 0.0079x - 0.0011$，$R^2 = 0.9983$。

当 $R^2 > 0.80$ 时回归模型有效，且拟合度越接近 1 拟合效果越好，三组拟合曲线的拟合度均大于 0.98，能较好地描述在双向约束条件（1MPa ∶ 2MPa）下煤岩损伤量 D_w 与累计冲击能量的关系。从图 5.6 中可以看出，煤样损伤量随着冲击能量的累积而增大，当单次冲击能量较低时，煤样冲击后期存在加速破坏的趋势。当单次冲击能量较高时，煤样损伤速率缓慢降低，这可能是由于煤体内部结构发生了变化，下次冲击前的初始损伤程度也发生了变化，导致煤样在承受相同能量作用时煤样对冲击能量的吸收率发生了变化，进而表现为煤样结构的损伤影响其承受能量阈值。

5.1.5　冲击方式对煤样内部结构的影响

为研究冲击方式对煤样内部结构产生的影响，冲击试验通过设置一定的约束压力条件而改变冲击方式，对比在恒定能量循环冲击与递增式能量冲击作用下对煤样内部结构产生的影响，以及煤样受到冲击能量后的累积效果。在恒定能量循环冲击模式中，分别设置双向约束压力比值为 1MPa ∶ 1MPa、1MPa ∶ 2MPa、1MPa ∶ 3MPa 条件下，开展恒定循环冲击能量为 $Q/2$、$3Q/4$、Q 的三组循环冲击试验（$Q/4$ 冲击能量未能使试样造成破坏损伤）且重复试验，共计进行 18 组冲击试验。在递增能量循环冲击试样中，分别设置双向约束压力比值为 1MPa ∶ 1MPa、1MPa ∶ 2MPa、1MPa ∶ 3MPa、1MPa ∶ 3.5MPa 条件下，按照递增能量 $Q/4$、$Q/2$、$3Q/4$、Q 循环冲击四次且重复试验，共计进行 16 组冲击试验。

为了分析动载冲击方式的不同对煤样内部结构的影响，将恒定能量循环冲击与递增能量循环冲击的两组试样与累计冲击能量关系进行对比分析，如图 5.7 所示。

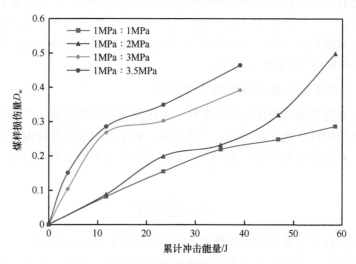

图 5.7　不同冲击方式下煤样损伤量与累计冲击能量的关系

将煤样损伤量与累计冲击能量关系曲线进行二次拟合，可得四组相关性曲线：

（1）双向约束压力 1MPa ：2MPa 恒定能量循环冲击时，关系曲线为 $y = -5 \times 10^{-5}x^2 + 0.0079x - 0.0011$，$R^2 = 0.9983$；

（2）双向约束压力 1MPa ：3MPa 恒定能量循环冲击时，关系曲线为 $y = 5 \times 10^{-5}x^2 + 0.0051x + 0.0142$，$R^2 = 0.973$；

（3）双向约束压力 1MPa ：3MPa 递增恒定能量循环冲击时，关系曲线为 $y = -0.0003x^2 + 0.0207x + 0.0207$，$R^2 = 0.9562$；

（4）双向约束压力 1MPa ：3.5MPa 递增恒定能量循环冲击时，关系曲线为 $y = -0.0003x^2 + 0.0218x + 0.0364$，$R^2 = 0.9588$。

当 $R^2 > 0.80$ 时，则回归模型有效，且拟合度越接近 1 拟合效果越好，四组拟合曲线的拟合度均大于 0.95，能较好地描述曲线关系。

从图 5.7 中可以看出，在恒定能量循环冲击和递增能量循环冲击条件下，煤样损伤量随着累计能量的增大而增大，而两种冲击方式下煤样损伤量的增长速率不同。恒定能量循环冲击下煤样损伤量增大且呈二次曲线增长，表明恒定能量循环冲击下煤样的能量吸收率并未发生较大变化；递增能量循环冲击下煤样损伤量增长速率发生变化，在前两次冲击能量较小时煤样损伤率较高，当煤样内部结构发育到一定程度时，煤样能量吸收率降低，表现出损伤量增速降低。

5.2 基于红外热成像的煤岩表面裂纹扩展行为的量化表征

5.2.1 熵的基本理论

关于岩石破坏过程中表面红外辐射温度场的定量研究，主要是在岩石表面选取一定的目标区域，将目标区域内的温度参数作为分析的指标，其主要分析因素为温度场内的像素温度值，一定程度上能够反映出岩石的整体强度，这一技术被广泛地应用在岩石加载试验过程中。

1）基于熵理论的表面温度场量化表征

玻尔兹曼提出熵的统计物理学解释，系统的宏观物理性质可以认为是所有可能微观状态的等概率统计平均值。一般认为，熵是表示空间系统内能量分布均匀程度的值，熵值与均匀程度呈正相关关系，熵值越大表示分布越均匀，具体表达式如下：

$$I = -\sum_{n=1}^{N} P_n \lg P_n \tag{5.1}$$

式中，I 为熵值；N 为系统的 N 个状态；P_n 为对应状态下 n 事件的概率。

对每次冲击试验后煤体冲击面的热图像进行分析，取热图像的温度最大差值划分相应等级，分别统计热图像在不同等级的熵值，随着冲击载荷试验的进行，改变冲击能量大小和约束压力条件都能引起冲击面温度场的变化，相应热图像的熵值也会发生变化。例如，冲击载荷作用导致煤体冲击面的局部变形集中带内温度上升，热图像整体的温度分布范围扩大，则温度均匀度降低，反映在熵值上为熵值降低。

2）基于方差及方差分析的表面温度场量化表征

在数理统计中，方差是主要的统计量，它在一定程度上能够反映出随机变量的取值与其数学期望的偏离程度。在用来表征温度场特征时，方差用来反映煤体试样表面任一点温度与数学期望的偏离程度，其表达式如下：

$$S^2 = \frac{1}{n} \sum_{1}^{n} (X_i - X_0)^2 \tag{5.2}$$

式中，S^2 为方差；X_i 为第 i 个像元（共 n 个像元）的辐射温度值；X_0 为 $X_i (i=1, 2, 3, \cdots, n)$ 的平均值。

在冲击载荷试验过程中，将不同冲击载荷能量和不同约束条件作为影响试验的单因素，利用单因子方差分析考察不同因素对试验结果指标的影响程度。

5.2.2　煤样表面温度场分布特征

在煤样双向约束条件下的动力冲击试验过程中，利用红外热成像仪采集试样冲击表面的红外辐射变化情况，为减少试验环境对试样的红外辐射干扰，试验前期令冲击摆锤与试样处于同一实验室内且两者温度趋于一致，同时关好门窗并禁止人员走动。考虑到设备性能和实验室环境影响，采集多种试验数据进行对比分析，选择典型数据进行处理。

为了分析冲击试验过程中试样表面的红外辐射演化过程，选取一组完整冲击试验的热图像，以煤样在双向约束条件（1MPa ： 2MPa）下恒定能量循环冲击试验中的热图像为例进行分析，如图 5.8 所示。

（a）第1次冲击　　　　　　　　（b）第2次冲击　　　　　　　　（c）第3次冲击

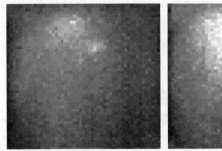

（d）第4次冲击　　　　　（e）第5次冲击

图5.8　冲击过程中试样表面热图像

从图5.8中可以看出，试样在冲击过程中冲击面温度场的分布情况，图中显示试样表面区域存在温度升高区，其根源为试样在受到冲击载荷作用时存在应力集中区，冲击能量做功和试样内部势能以红外辐射形式放散造成热图像存在温度升高区。热图像中，随着循环冲击次数的增加试样表面温度分布区间及温差扩大。为进一步定量分析试样表面区域热图像的数据变化，利用自编红外热图像处理软件，将每张红外温度参数按照像素点导出温度值，通过利用MATLAB中的数字图像化显示功能，按照Surfer软件中的克里金插值法绘制出试样冲击面区域内红外辐射温度等值线云图，以此方法能够更直接地观察试样冲击面红外温度场的变化，如图5.9所示。

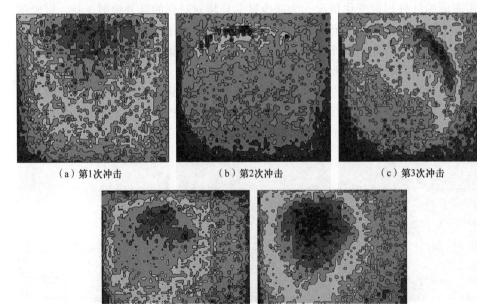

（a）第1次冲击　　　　　　（b）第2次冲击　　　　　　（c）第3次冲击

（d）第4次冲击　　　　　（e）第5次冲击

图5.9　冲击过程中试样表面数字等温线图

通过图 5.9 中试样在每次冲击作用后的冲击面温度等值线图对比，分析得到红外温度场演化过程中局部化的相关性，以及冲击面表面裂隙扩展红外热图像的变化规律。由试样在双向约束条件下（1MPa ： 2MPa）恒定能量 Q 循环冲击试验过程中的热图像分析可知：

（1）煤样在受到第 1 次冲击后，冲击面温度场分布较均匀，仅在冲击面边缘区域存在较低温度区，这是因为试样将部分热量传递给约束加载头造成了温度有所降低，试样冲击表面完整性较好，并未出现明显裂纹扩展现象。

（2）煤样在受到第 2 次冲击后，冲击面内存在温度升高区域，在摆锤冲击区域内出现温度升高，可以明显看出摆锤对试样冲击区域的圆形影响区，圆形影响区内外为温度渐变区，同时也是试样表面裂纹扩展区域。

（3）煤样在受到第 3 次冲击后，试样受到冲击载荷作用影响加剧，可以看出温度升高区域进一步增大，且在摆锤冲击边缘裂纹进一步扩展，高温度区域与裂纹扩展区域重合，也可视为冲击作用引起的应力集中区。

（4）煤样在受到第 4 次冲击后，表面裂纹进一步扩展，冲击面温度升高区进一步扩大，冲击作用导致表面温度升高更明显。

（5）煤样在受到第 5 次冲击后，冲击面受到约束压力及冲击载荷作用破碎度较高，冲击面裂纹发育，试样出现贯穿裂纹，冲击面内高温度区域集中，摆锤冲击作用为主导作用。煤样冲击面内温度场一定程度上与表面裂纹分布一致，在裂纹扩展区域内形成高温度区域，同时也反映出冲击面内应力集中区域与红外温度场变化区域较对应，应力集中也是造成出现高温度区域的主要原因。

为进一步量化分析，利用自编红外热图像处理软件提取热图像中温度参数，得到冲击面区域内每个像素点温度值，能精确量化分析温度场分布情况。以试样在双向约束条件下恒定能量循环冲击试验过程中的热图像为例，收集煤样冲击面内热图像区域内每个像素点温度值，约为 $360 \times 360 = 129600$ 个像素点温度数据，可得到两次冲击条件下 11 组数据，在不同温度区间分布个数如表 5.2 所示。

由表 5.2 可知，试样在双向约束条件下恒定能量循环冲击试验过程中，试样冲击面的温度分布区间有一定的规律性。以双向约束条件下（1MPa ： 2MPa）恒定能量 Q 循环冲击试验为例，随着循环冲击次数的增加试样表面温差不断增大，其主要原因是一方面试样表面受到冲击载荷作用，表面裂纹随之扩展并释放一定的势能，另一方面试样在循环冲击作用下表面局部存在应力集中并在短时间内释放热能，随着循环冲击次数的增加试样破坏加剧，表面裂纹扩展加大，温差也增大。随着循环冲击次数的增加，试样红外温度的主要分布区间随之放散，第 1 次冲击后，温度分布在区间 15.5～17.5℃内的点占总体元素的比例为 99.55%；第 2 次冲击后，区间温度占比为 94.95%；第 3 次冲击后，区间温度占比为 88.55%；第 4 次冲击后，区间温度占比为 79.86%；第 5 次冲击后，区间温度占比为 73.64%。由此可以看出，冲击面内的温度区间发生了偏移，而温度演化的过程也与表面裂纹扩展情况一致，

表 5.2　不同冲击载荷条件下不同温度区间像素点分布个数

约束条件	单次冲击能量	冲击顺序	温度/℃									温差/℃
			14.5~15	15~15.5	15.5~16	16~16.5	16.5~17	17~17.5	17.5~18	18~18.5	18.5~19	
1MPa : 2MPa	Q	第1次	0	520	7459	33719	72476	10012	28	0	0	2.46
		第2次	0	4844	22034	60656	36443	4242	1285	426	0	3.42
		第3次	996	8535	17718	36686	35785	24828	4271	1061	0	3.75
		第4次	150	3578	17909	18637	32851	34616	18683	3667	149	4.37
		第5次	125	830	6284	22657	30383	33975	15387	9680	7374	4.40
1MPa : 2MPa	Q/2	第1次	13265	82982	35327	5623	73	0	0	0	0	2.31
		第2次	18814	79639	37732	6404	126	0	0	0	0	2.48
		第3次	25821	49224	24689	24243	10844	3464	55	0	0	3.23
		第4次	1357	48368	58435	23564	11865	6555	80	0	0	3.30
		第5次	100	7008	10393	57614	57315	10064	805	0	0	3.41
		第6次	185	4347	5531	21567	67579	31769	8426	844	0	3.54

这在一定程度上反映出冲击面的直接应力作用集中带，约束条件和冲击载荷作用会促进温度区间的演变。

5.2.3　冲击试验中的红外辐射量化表征

在图像处理领域，信息熵常作为评价一个图像清晰度、图像分割结果的量化指标。热力学中的热熵是表示分子状态混乱程度的物理量，用来描述信息源的不确定度。冲击载荷试验过程中试样表面的热图像可利用像素值设定与温度值之间的函数关系，像素表征图形中元素点温度参数。由此，使用图形处理理论对热图像中温度场信息进行量化表征，参考求解信息熵代码（C++），借助数据处理软件 MTALAB 完成整个求解过程。将热图像用 MTALAB 软件打开，在软件内嵌入公式获取图形 RGB 参数；提取图像中像素点灰度参数，以像素点位置为顺序存入一个 size=256 矩阵中，用于统计 256 个灰度值的出现次数，根据灰度信息划分为256 个等级；建立循环函数，统计灰度值出现次数并计算出当前灰度出现概率；按照式（5.1）写入函数并求解得出图像熵值；将代码生成源程序。借助 MTALAB软件，使用源程序可将热图像进行批量处理，具有高效、准确、方便的特点。

以煤样在双向约束条件下（1MPa ： 2MPa）以恒定能量 Q 和 $Q/2$ 循环冲击过程为例，每次冲击试样后可得试样表面热图像，共计 11 幅。对热图像进行求熵值计算，得到相同约束条件下不同冲击能量随循环冲击次数变化的熵值，并绘制熵值和循环冲击次数的关系曲线，如图 5.10 所示。

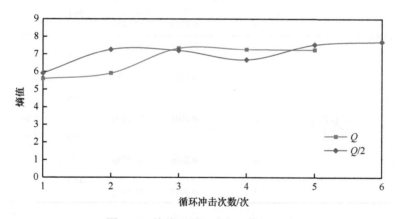

图 5.10　熵值和循环冲击次数的关系

经过 MATLAB 计算煤样冲击后的热图像，可得到能够直接反映试样表面温度分布均匀度的熵值。从图 5.10 中可以看出，在两组不同冲击能量大小的试验中，熵值曲线趋势大致相同，两组均呈现出递增发展趋势，熵值反映出煤样表面温度分布的均匀度不断减小特征，这主要是由煤样受到冲击载荷作用时表面出现集中应力和煤岩内能释放引起的，煤样的冲击面受冲击加载作用区域限制，加载区域内外呈现温度差异。图 5.10 中，当冲击能量为 Q 时熵值在循环冲击载荷试验前期变化时较为明显，随着循环冲击次数的增加后期熵值趋于稳定。当冲击能量为 $Q/2$ 时冲击能量较小，煤样表面温度受到约束压力影响较大，熵值随着循环冲击次数的增加上下波动变化。造成两组数据差异的主要原因是，冲击能量较小时冲击载荷对表面温度的影响较小，煤样表面温度场分布易受外界条件的干扰。试样冲击面的热图像熵值一定程度上能够体现出表面应力集中情况，应力集中较大则试样表面温度均匀度降低，熵值增大。

对双向约束条件下恒定能量循环冲击载荷煤岩试验得到的数据运用数理统计知识进行分析，并对不同冲击能量条件下试样表面红外辐射温度场进行量化表征，处理数据如表 5.3 所示。

表 5.3　不同冲击能量条件下试样表面像素点温度方差分析结果

约束条件	冲击能量	循环冲击次数/次	方差	均值	F	P 值	F_{crit}
		1	0.1154	16.5911			
					47.2		
		2	0.1942	16.3209			
					28.3		
	Q	3	0.3014	16.5022		0.99	2.574
					37.5		
		4	0.4357	16.8193			
					70.1		
		5	0.5743	17.0884			
1MPa：2MPa		1	0.0994	15.3603			
					53.2		
		2	0.1237	15.7052			
					49.6		
	$Q/2$	3	0.1801	16.4490		0.99	2.574
					22.7		
		4	0.2676	16.7756			
					44.2		
		5	0.4079	16.5862			

选取双向约束条件下（1MPa：2MPa）恒定循环冲击能量 Q 和 $Q/2$ 两组数据，对关于试样表面温度场变化的单因素进行分析，分析循环冲击次数与冲击面温度场的关系。在方差分析中，将试样表面每个测点的温度参数作为试验指标，影响试验指标的循环冲击次数作为因素分析。

煤体冲击面受到冲击载荷作用后的温度场分布差异现象可以用方差进行表征，方差值与差异程度成正比，方差值变大表明随冲击载荷作用对表面温度场影响较大。从表 5.3 中可以看出，排除试验误差影响，随着循环冲击次数的增加下一次冲击作用后试样表面温度方差不断增大。试样受冲击作用时温度变化与循环冲击次数是相关的，建立数据模型［数据相比较时，由于测点温度值较多远远大于 500，故取 $F(4, \infty)$］，利用方差分析计算得到每次冲击前后的 F 值均大于其临界值 $F_{crit}=2.574$，表明冲击载荷试验中循环冲击次数与冲击面温度场的关系显著。数理统计中 F 检验仅能够在总体上校验因素相关的显著性，不能判别差异具体来自哪里，若分析其差异来源，还需要再进行多重比较。

综上所述，针对冲击载荷试验过程中煤体冲击面温度场分布情况，借助熵值理论、方差及方差分析进行量化分析，可知约束条件下冲击载荷试验过程中冲击能量是引起试验冲击面温度分布变化的主要因素，冲击载荷作用引起冲击面内应力集中带，而冲击面内温度场差异主要分布在应力集中带内，应力集中带通常是表面裂纹扩展的主要区域。因此，煤体冲击面红外辐射温度场演化特征与表面裂纹扩展规律能够很好地吻合。

5.3　双向约束下冲击载荷作用对煤体力学特性的影响数值模拟

5.3.1　数值模型及模拟方案

ANSYS Workbench 中的 Explicit STR 为显示动力学模块，其显示算法主要用于碰撞及冲压成型过程的仿真，以及针对二维、三维结构的跌落、碰撞、材料成型等非线性动力学问题的求解过程中。基于此，采用 ANSYS Workbench 的显示动力学模块进行试验数值模拟，研究双向约束条件下冲击载荷对煤岩结构产生的影响。为了分别研究约束条件和冲击能量大小对煤岩结构产生的影响，将按照试验设置分五组进行，模型的试验条件设置如图 5.11 所示。

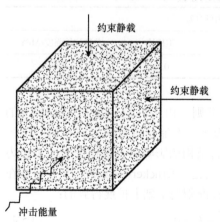
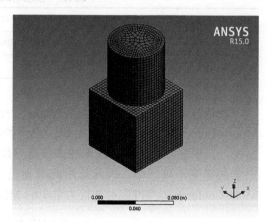

图 5.11　计算模型示意图

每组试验加载情况如表 5.4 所示。

表 5.4　试验加载情况

组号	约束条件	摆锤冲击速度大小/(m/s)						
1	1MPa：1MPa	2	4	6	8	10	12	13
2	1MPa：2MPa	2	4	6	8	10		
3	1MPa：3MPa	2	3	4	5	6	7	8
4	1MPa：4MPa	2	3	4	5	6		
5	1MPa：5MPa	2	3	4	5			

按照模型参数，摆锤直径为 60mm，长度为 60mm，质量为 1.3572kg，为方便研究其冲击能量大小以冲击速度作为参照，可依据冲击速度求得冲击能量大小，如下式：

$$Q = \frac{1}{2}mv^2 \tag{5.3}$$

式中，Q 为冲击能量；m 为摆锤质量；v 为摆锤冲击速度。

5.3.2　数值模拟模型的参数

为了模拟真实煤岩在双向约束条件下冲击载荷作用的情况，选取煤岩体中的一个单元块进行数值模拟试验。模型的尺寸均为 70mm×70mm×70mm，划分为 35×35×35=42875 个单元格，边界条件的加载如上试样加载情况，设置煤岩的力学参数如表 5.5 所示。

表 5.5　模型材料力学参数

材料	平均力学参数			
	密度/(kg/m³)	弹性模量/GPa	泊松比	单轴抗压强度/MPa
煤体	1450	8.948	0.16	8.089

数值模拟试验采用 Drucker-Prager 强度准则。由于广泛应用在岩石领域的 Mohr-Coulomb 准则并未考虑中间主应力的影响，不能精确反映岩石材料的破坏情况，在研究双向约束条件下冲击载荷对煤岩结构的影响时，煤体受中间主应力因素的影响不可忽略，因此选用此准则更为合适。Drucker-Prager 强度准则是在 Mohr-Coulomb 强度准则和塑性力学中的 Mises 准则的基础上扩展得到的：

$$f = \alpha I_1 + \sqrt{J_2} - K = 0 \tag{5.4}$$

式中，$I_1 = \sigma_n = \sigma_1 + \sigma_2 + \sigma_3 = \sigma_x + \sigma_y + \sigma_z$，为应力第一不变量；$J_2 = \dfrac{1}{2}S_iS_j = \dfrac{1}{6}\big[(\sigma_1 -$

$\sigma_2)^2 + (\sigma_2 - \sigma_3)^2 + (\sigma_3 - \sigma_1)^2\big] = \dfrac{1}{6}\Big[(\sigma_x - \sigma_y)^2 + (\sigma_y - \sigma_z)^2 + (\sigma_z - \sigma_x)^2 + 6(\tau_{xy}^2 + \tau_{yz}^2 + \tau_{zx}^2)\Big]$，

J_2 为应力偏量第二不变量；α 和 K 为仅与岩石内摩擦角 φ 和黏结力 c 有关的试验常数：

$$\alpha = \frac{2\sin\varphi}{\sqrt{3(3 - \sin\varphi)}} \tag{5.5}$$

$$K = \frac{6\cos\varphi}{\sqrt{3(3 - \sin\varphi)}} \tag{5.6}$$

Drucker-Prager 强度准则考虑到中间主应力的影响，完善了 Mohr-Coulomb 强度准则，其广泛应用于国内外岩石力学与工程数值模拟中。

5.3.3 冲击能量大小对煤样内部结构的影响

本节主要研究双向约束条件和冲击能量大小对煤岩结构的影响，并期望找出其中影响煤样结构的显著因素和耦合关系，分析结构在冲击载荷作用下的演化过程，以理论分析，试图得到其普遍规律。为研究一定约束条件下冲击能量大小对煤样结构的影响，以约束压力（1MPa ： 1MPa）条件下各个冲击能量大小为例分析煤岩的应变和总体变形情况，得到结果如图 5.12 所示。

相对弹性应变是计算模型的一个重要参数，应变一定程度上能够体现出应力集中的相对位置。根据煤体在不同冲击能量大小下的相对应变情况，分析冲击能量大小对煤体结构的影响。从图 5.12（a）中可以看出，冲击速度为 2m/s 时冲击

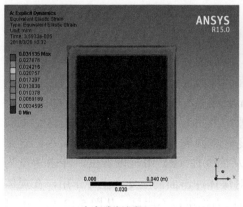

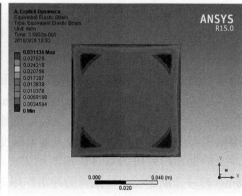

（a）冲击速度2m/s　　　　　　　　　　　　（b）冲击速度4m/s

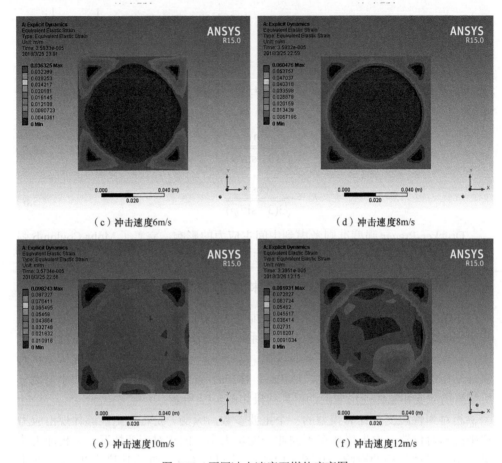

（c）冲击速度6m/s　　　　　　　　　　（d）冲击速度8m/s

（e）冲击速度10m/s　　　　　　　　　　（f）冲击速度12m/s

图 5.12　不同冲击速度下煤体应变图

能量较小，煤体冲击面相对应变值较小，应变主要是由双向约束压力造成的，应变均匀分布在冲击面的四周；从图 5.12（b）中可以看出，冲击速度为 4m/s 时，冲击能量对煤体冲击面的应变有所影响，冲击面相对应变值变大，但双向约束压力造成的弹性应变仍占主导作用，冲击面四周的应变值为冲击面的峰值应变；从图 5.12（c）中可以看出，冲击速度为 6m/s 时冲击能量对煤体冲击面的相对应变影响进一步加大，冲击面中心呈现以摆锤作用面为主导的圆形最大应变区，双向约束压力作用相对减弱，在最大圆形应变区域四周直角区域内应变值最小，这是冲击能量和约束压力耦合作用的结果；从图 5.12（d）中可以看出，冲击速度为 8m/s 时冲击能量较大，摆锤的冲击作用对煤体冲击面的应变占主导作用，在煤体冲击面四周的应变值较小，此时双向约束压力作用较不明显；从图 5.12（e）中可以看出，摆锤冲击速度冲 10m/s 时煤体的整体应变值增大，冲击能量对煤体冲击面影响范围扩大，此时摆锤直接作用面与其周边的应变值一致，双向约束压力作用可以忽略；从图 5.12（f）中可以看出，冲击速度为 12m/s 时冲击能量很大，在煤体冲击面的直接作用区域内随机出现应变极值区，出现煤体完全破坏的临界值，当设置冲击速度为 12.1m/s 时，煤体完全破碎。综上所述，煤体在冲击载荷试验中，随着冲击能量的增大煤体在冲击面的应变值总体呈现出逐渐增大趋势，同时冲击能量的增大对冲击面的影响不断加大，而双向约束压力的影响逐渐减弱，当冲击能量达到一定时，约束压力对煤体的应变影响可以忽略不计；煤体承受的冲击能量存在阈值，即冲击能量大于此值后煤体呈现完全破坏形态（图 5.13）。

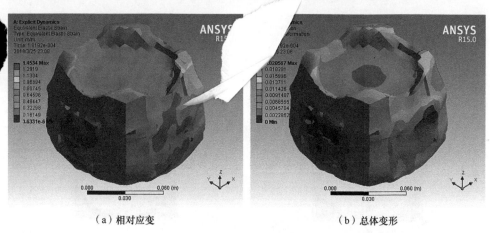

（a）相对应变　　　　　　　　　　　　　　　　（b）总体变形

图 5.13　煤体完全破坏形态

模拟过程中的煤体总体变形量，一定程度上能够体现出煤体在冲击能量作用下的破坏形式，得到各个冲击能量作用下的煤体变形量结果如图 5.14 所示。

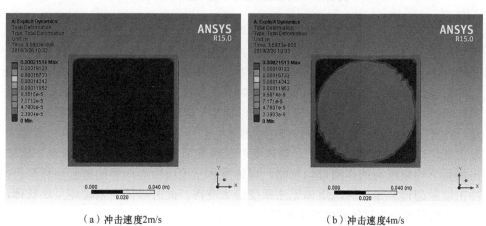

（a）冲击速度 2m/s　　　　　　　　　　　　　　（b）冲击速度 4m/s

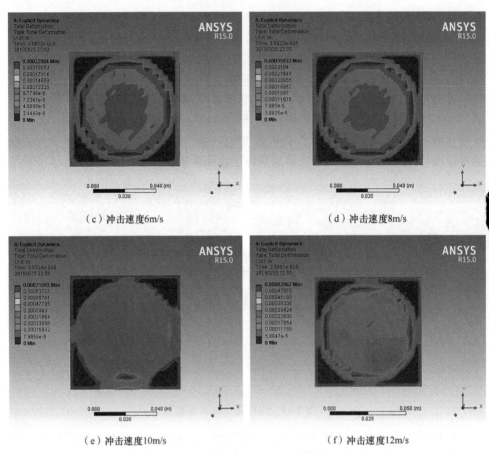

（c）冲击速度6m/s   （d）冲击速度8m/s

（e）冲击速度10m/s   （f）冲击速度12m/s

图 5.14　不同冲击速度下煤体整体变形图

　　煤岩整体变形量是数值模拟的重要考察参数，能够在一定程度上阐明煤岩的破坏机理和变形特性。根据煤体在不同冲击能量大小作用下的整体变形量情况，分析冲击能量大小对煤体结构产生的影响。从图 5.14（a）～（f）中可以看出，随着冲击速度的增加（即冲击能量增加），冲击载荷作用下煤体的整体变形量不断增大，趋势与应变一致。煤体冲击面的变形量在一定程度上能够体现出煤体的变形量，在冲击能量较小时煤体整体变形量很小，仅受双向约束压力的影响，煤体未发生破坏；随着冲击能量增大，整体变形受约束压力影响逐渐减弱，直至一定冲击能量下约束压力的作用可以忽略，煤体整体呈现由中心向外的膨胀破坏形态；冲击能量超过一定值时，煤体无法承受最大变形，此时煤体完全破坏呈块状体，可将此能量值视为煤体承受冲击能量的最大阈值。

5.3.4　约束条件对煤体内部结构的影响

为研究试验中双向约束条件下冲击载荷对煤体结构的影响，模拟试验条件设置不同约束压力条件，即对比分析双向约束压力 1MPa ∶ 1MPa、1MPa ∶ 2MPa、1MPa ∶ 3MPa 和 1MPa ∶ 4MPa 条件下，不同冲击速度（即冲击能量）对煤体整体变形的影响，试验结果如图 5.15 所示。

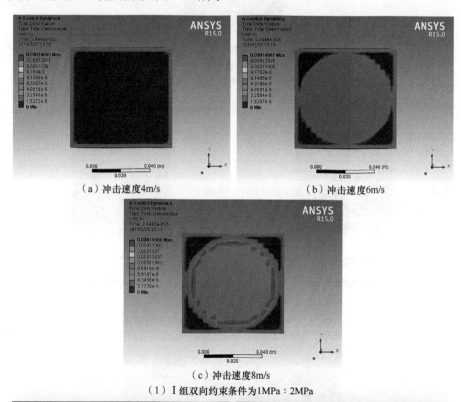

（a）冲击速度4m/s　　　　　　　　　　（b）冲击速度6m/s

（c）冲击速度8m/s

（1）Ⅰ组双向约束条件为1MPa∶2MPa

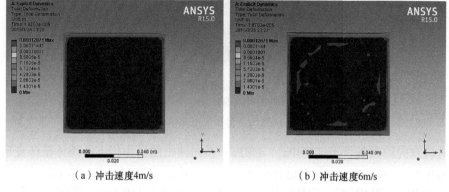

（a）冲击速度4m/s　　　　　　　　　　（b）冲击速度6m/s

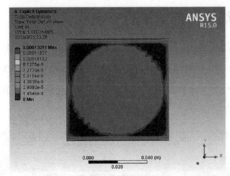

（c）冲击速度7m/s

（2）Ⅱ组双向约束条件为1MPa：3MPa

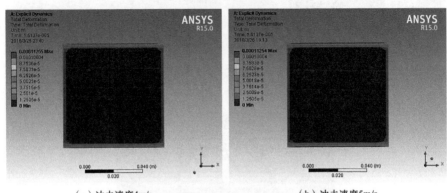

（a）冲击速度4m/s　　　　　　　　　　（b）冲击速度5m/s

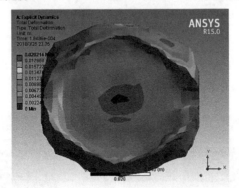

（c）冲击速度6m/s

（3）Ⅲ组双向约束条件为1MPa：4MPa

图5.15　不同约束条件下煤体整体变形图

将双向约束条件下（1MPa：1MPa）不同冲击能量作用下的煤体整体变形图设为Ⅳ组，与图5.15中各组进行对比分析。在模拟试验过程中，第Ⅰ组，约束条件为1MPa：2MPa时，煤体能够承受最大冲击速度约为9.1m/s；第Ⅱ组，约束条件为1MPa：3MPa时，煤体能够承受最大冲击速度约为7.1m/s；第Ⅲ组，约束条件为 1MPa ： 4MPa 时，煤体能够承受最大冲击速度约为 5.5m/s；第Ⅳ组，约束条件为 1MPa ： 1MPa 时，煤体能够承受最大冲击速度约为 12.1m/s。结合上述各组煤体冲击面整体变形分布情况可以看出，随着轴压比的不断增大，煤体能够承受最大冲击速度逐渐变小，即煤体能够承受最大冲击能量减弱。在第Ⅰ、Ⅱ、Ⅳ组试样中，当冲击速度为 6m/s 时，煤体在冲击载荷作用下的变形量减小，其根源主要是轴压的增大使煤体处于弹性压实状态，其抗压强度得到一定程度的提高。

综上，随着双向约束压力的轴压比增大，煤体能够承受最大冲击能量减小，即煤体受冲击作用后完全破坏的阈值降低，由于在约束压力较高时，煤体内部结构存储的弹性势能较高，受到冲击载荷作用时用于诱发其结构破坏的冲击能量降低。同时，由于受到较高双向约束轴压时，煤体内部结构趋向于稳定状态，而较低的冲击能量难以诱发其结构的失稳。在模拟试验过程中，煤体受到约束压力的影响其蠕变特性逐渐消失，更易发生脆性破坏。

5.4 双向约束冲击载荷作用下煤岩内部结构损伤机制

煤岩内部随机分布着大量的微裂隙，当煤岩受到一定载荷，其内部微裂隙的扩展和聚集方式呈现出一定的规律性，具体表现为煤岩宏观破坏特性存在一定规律[116-119]。试验过程中煤样受到约束压力和冲击载荷联合作用，其内部结构演化过程即破坏过程，故将内部结构演化与宏观破坏模式耦合分析。根据格里菲斯强度准则，岩石材料内部的微裂隙尖端因拉应力集中导致尖端起裂，进而造成裂纹扩展和宏观破坏，由此当裂隙尖端受到的拉应力绝对值增大时，裂纹发育加剧。煤岩试样在双向约束条件下受到动力冲击作用，即三个方向主应力联合作用的结果，则双向压缩条件下裂纹扩展准则并不适用。故可将双向约束压力简化为两个方向的主应力 σ_x、σ_y，由于冲击过程时间短，难以按照惯性力计算试件内的应力，假定煤样表面的冲击能量全部转换为试件内的弹性能，可再按能量守恒法计算应力 σ_z。

根据试验方案，可以将双向约束条件下的冲击试验简化为两部分，首先为双向约束压力的加载部分，加载过程是由双向加载装置缓慢实现的，当约束压力达到预定值稳定后，再调整摆锤角度进行冲击试验。由此煤岩体内的裂隙受力状态可以分解成两部分，即双向约束压力下的平面应力，当应力达到稳定后再考虑冲击载荷对裂隙的影响。试验中，煤岩体仅受到双向约束压力，通过其声波速度未发生变化，可视为煤岩未受到破坏。根据格里菲斯理论，煤岩内部随机分布大量的微裂隙，一般将微裂隙的几何形状简化为椭球裂隙，则椭球裂隙的应力情况如图 5.16 所示。

椭球裂隙在 σ_x、σ_y 平面上的应力情况如图 5.16（b）所示，按照弹性力学知识计算椭圆周边的切向应力为

$$\sigma_\theta = \sigma_y \frac{m^2 \sin^2\theta + 2m\sin^2\theta - \cos^2\theta}{\cos^2\theta + m^2\sin^2\theta} + \sigma_x \frac{2m\cos^2\theta + \cos^2\theta - m^2\cos^2\theta}{\cos^2\theta + m^2\sin^2\theta} \quad (5.7)$$

式中，σ_θ 为切向应力，$m=b/a$。

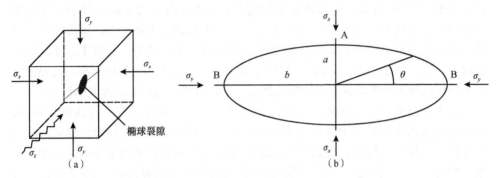

图 5.16　椭球裂隙的应力

当 σ_x、σ_y 施加在椭球裂隙时，在椭球的 A、B 点处易出现切向应力为拉应力现象，会向更有利于扩展角度发育，则此时椭球裂隙倾向于按照 I 型裂隙扩展。椭球裂隙受到约束压力 σ_x、σ_y 作用，由于冲击方向未加载冲击载荷，裂隙倾向于侧向扩展，而煤岩内部的摩擦力阻碍了椭球裂隙翼裂纹的张开，使得裂隙不会出现进一步发展。煤岩在受到冲击载荷作用时，椭球裂隙则在 σ_x、σ_y 平面的垂直方向上受到瞬时的冲击载荷 σ_z，使得椭球裂隙内受力平衡被打破，应力集中超越椭球裂隙所能承受的极限值，裂隙进一步扩展，裂纹发育、贯穿，煤岩内部结构即遭到破坏。

煤岩双向约束压力 σ_x、σ_y 不断增大时，其内部的裂隙周边 σ_θ 不断增大，在受到冲击载荷作用时，更易出现裂隙的扩展情况，故煤岩能够承受最大冲击能量值减小。由于煤岩结构面之间的内摩擦力作用，当 σ_x、σ_y 在一定范围内增大时，其内部结构形成的新平衡较为稳定，较低冲击载荷难以影响其结构的发育，具体体现为影响煤岩结构变形的最低能量变大。

5.5　本章小结

为了探究煤岩在双向约束条件下冲击载荷对其内部结构的影响规律，进而掌握在此条件下煤岩受到冲击载荷作用变形与破坏的内在机制，进行了煤岩受冲击载荷作用出现的力学响应理论分析和试验研究，并进行适当的简化物理模型，在冲击载荷试验时借助高清数码摄像机、红外热成像仪和超声波检测仪对煤样在冲击载荷试验中的损伤和表面裂纹扩展进行表征，同时借助数值模拟软件具有的高效计算能力，进行煤岩在双向约束条件下冲击载荷试验模拟研究，掌握煤岩在冲击试验中的应变与整体变形情况，分析冲击载荷试验中约束条件和冲击能量对煤样结构的影响，并对研究过程进行归纳分析，得到相应的规律。主要结论如下：

（1）煤样在双向约束条件下冲击载荷试验过程中，试样最终的破坏模式为沿冲击面横向膨胀拉伸破坏模式、沿冲击方向则为劈裂破坏模式。

（2）煤样冲击破坏过程是损伤累积的过程，当损伤累积达到一定程度时，煤样会出现"一冲即溃"现象，即煤样内部结构发育到一定程度后引起宏观破坏。外界约束压力对煤样在受冲击载荷时的影响较大，当约束压力较小时，约束压力下煤样处于压缩状态，使煤样内部结构处于闭合状态，不利于裂纹扩展发育。随着约束压力比（$\sigma_横 : \sigma_竖$）不断增大，煤样内部结构的应力集中剧增，当受到外部冲击载荷时更易扩展、贯通，甚至促使试样发生整体破坏。

（3）研究单次能量大小对冲击试验的影响时，随着煤样循环冲击次数的增加冲击能量大小影响作用降低，煤样最终破坏形式及程度大致相同。在煤样损伤量和累计冲击能量关系曲线中，当单次冲击能量较低时，煤样冲击后期能量存在加速破坏的趋势；当单次冲击能量较高时，煤样损伤速率缓慢降低。

（4）恒定能量循环冲击和递增能量循环冲击条件下，煤样损伤量随着累计能量的增大而增大，而两种冲击方式下煤样损伤量的增长速率不同。恒定能量循环冲击下煤样损伤量呈二次曲线增长，表明恒定能量循环冲击下煤样的能量吸收率并未发生较大变化；递增能量循环冲击下煤样损伤量增长速率发生变化，在前两次冲击能量较小时煤样损伤率较高，当煤样内部结构发育到一定程度时，煤样能量吸收率降低即表现出损伤量增速降低。

（5）综合基于熵值、方差及方差分析的试样表面红外辐射温度场量化分析结果，煤样冲击面红外温度场演化过程中局部化的相关性以及冲击面表面裂隙扩展的红外热图像的变化规律。煤样在受到前几次冲击时，冲击面内裂纹扩展较少，冲击载荷作用区域影响范围小；随着载荷冲击次数的增加，冲击载荷作用圆形区出现高温区且周边存在低温区；煤样在冲击载荷试验后期，试样表面裂纹出现贯穿并部分出现破碎，此时表面高温区域集中与表面裂纹分布一致，在裂纹扩展区域内形成高温区。

（6）通过对煤岩在双向约束条件下冲击载荷试验的数值模拟，可得在冲击能量较小时，煤体整体变形量很小，仅受双向约束压力的影响，煤体未发生破坏；随着冲击能量增大，整体变形受约束压力影响逐渐减弱，直至一定冲击能量下约束压力的作用可以忽略，煤体整体呈现由中心向外的膨胀破坏形态；冲击能量超过一定值时，煤体无法承受最大变形，此时煤体完全破坏呈块状体，可将此能量值视为煤体承受冲击能量的最大阈值。在分析约束条件对冲击载荷试验的影响中，得到煤体随着双向约束压力的轴压比增大，煤体能够承受最大冲击能量减小，即煤体冲击受完全破坏的阈值降低。

第6章　非均匀载荷作用下煤岩体的裂纹演化规律

煤是在特殊的地质时期和地质环境中、经过复杂的地质作用后形成的一种各向异性的不均匀多孔介质，其内部包含丰富的孔隙、裂隙等微结构[120-124]。这些微结构的存在直接影响着煤岩的物理、化学、力学性质，如煤岩的强度、弹性模量、波速、渗透率、吸附性等。煤岩自身微结构的复杂性以及开挖引起应力环境的不均衡性是造成煤岩工程破坏、失稳的直接原因。因此，探明局部偏心载荷作用下煤岩微结构损伤演化规律，对于解决采矿、土木、水利工程中的实际问题具有十分重要的意义。而煤岩在受到局部冲击载荷时，通常会表现出明显的损伤破坏特征，如体积应变增大、煤岩表面出现宏观裂纹、弹性模量降低、孔隙度增大、超声波波速减小、声发射信号增强等。因此，可以通过测量其中的一些宏观物理特征量（杨氏模量、孔隙度、超声波波速等），间接定量表征煤岩内部微结构的演化。另外，煤岩内部孔裂隙等微结构的演化是导致其在工程中表现出变形、破坏等宏观现象的本质原因，即煤岩在不同载荷条件下所表现出的宏观力学特性是其内部微结构演化的总体反映。因此，为了清楚掌握煤岩体在局部冲击载荷作用下的变形和损伤破坏机制、其内部微结构演化与宏观失稳破断的耦合关系，本章以超声波纵波波速为主要监测参数来定量表征局部冲击载荷作用下煤岩试样内微结构的演化特征，分别对局部冲击作用载荷面积、循环冲击次数、单次冲量大小、冲量加载顺序、累计冲量等因素对煤岩内微结构演化的影响进行探究。

6.1　实验设备与试验方案

"工欲善其事，必先利其器"。实验设备的精良和先进、实验方案的严密和完善，对于获得精准的科研成果至关重要；对于高精尖科研工作，必须还要有专门适用性的专用设备与之适应。因此，开展研究工作前开发专用研究设备和完善相关研究方案非常必要。

6.1.1　局部偏心载荷试验设备与方案

1）试样制备与试验设备

试验所用煤样由取自矿山的大块原煤加工而成，原煤大块自工作面取出后蜡封运至实验室，严格按照国际岩石力学学会建议的试验方法要求，采用湿式加工法经切割和磨平环节，将其加工成 70.0 mm×70.0 mm×70.0 mm 的标准立方体试样，如图 6.1 所示。

为了对比分析局部偏心载荷作用下原煤与型煤试样内部微结构与表面裂纹的演化规律，试验根据文献的研究采用水泥作为黏结剂，根据获得的配比经验，确

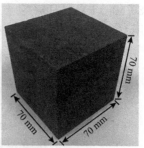

图 6.1　原煤试样

定型煤制作时材料配比为煤粉：水泥：水 = 10.0 ∶ 2.4 ∶ 1.6。将取得的原煤大块利用粉碎机破碎成煤粉，筛选出颗粒度小于 1 mm 的煤粉备用。将煤粉、水泥和水按上述比例均匀混合后放入自主研发的型煤制备装置的模具中，施加 20 MPa 的压力并恒定 20.0 min 后进行脱模。将脱模后的成型煤样放入养护箱中养护 28 天，制得型煤试样[125-127]，如图 6.2 所示。

（a）型煤制备装置　　　　　　　　　（b）型煤试样

图 6.2　型煤制备设备与试样

　　试验系统（图 6.3）包括加载系统、声波采集系统、表面裂纹采集系统。加载系统采用的是 WDW-300E 微机控制电液伺服压力试验机。煤岩表面裂纹观测装置采用索尼 HDR-PJ600 型高清数字摄像机，试验过程中采用 HD 模式［1920×

1080/50i（FX，FH）〕动态摄影，记录煤岩表面裂纹演化和扩展情况。超声波检测采用 HC-U81 混凝土超声波检测仪。

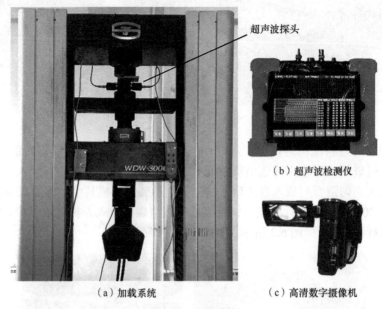

（a）加载系统　　　　　　　　　（b）超声波检测仪

（c）高清数字摄像机

图 6.3　试验系统

2）试验设计与方案

考虑到局部偏心载荷加载方式难以实现，将其简化为通过改变载荷作用面积实现局部偏心载荷的模拟。常规单轴压缩试验中试样受载面积为试样全面积，试样受到的载荷为均布载荷形式；通过改变加载面积的大小实现局部偏心载荷的施加，加载面积越小载荷非对称程度越大。定义相对加载面积为载荷直接施加面积与试样表面积的比值，相对加载面积越大载荷非对称性越小。本书试验采用的加载方案如图 6.4 所示。

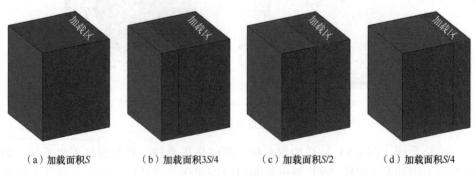

（a）加载面积S　　（b）加载面积3S/4　　（c）加载面积S/2　　（d）加载面积S/4

图 6.4　加载方案示意图

试验开始前，利用超声波检测设备对原煤试样和型煤试样进行初选，剔除声波值异常的试样，保证每组试样声波值差异在 100 m/s 以内。原煤试样与型煤试样各 16 块，均分为 4 组，根据载荷作用面积不同，每组试验包含 4 个煤样，分别施加作用面积为 $S/4$、$S/2$、$3S/4$、S 的载荷（S 为煤样表面积，4900 mm²）。试样加载过程采用位移控制，加载速率为 0.2 mm/min，直至煤样破坏。试验过程中通过调节刚性垫块的面积，对煤样施加

图 6.5 局部偏心载荷施加与超声波检测

不同面积的作用载荷。试验过程中，对加载煤样采用对侧的方式进行超声波检测，超声波探头均匀涂抹耦合剂后用橡皮筋将其紧固定于试样侧面上，如图 6.5 所示。采用高清数字摄像机对煤样表面进行动态摄影，记录试样表面裂纹演化扩展情况。

6.1.2 局部冲击载荷试验设备与方案

1）试样制备与试验设备

局部冲击载荷作用下的相关试验是本书涉及内容中的重要部分。进行试验时，所采用的试样也是原煤试样和型煤试样，制备方法和试样尺寸均与上述局部偏心载荷试验部分一致，在此不再赘述。

本部分试验主要采用自主研制开发的一种摆锤式动力冲击加载试验装置对试样施加冲击载荷，设备特性如第 3 章所述，如图 6.6 所示。

图 6.6 摆锤式动力冲击加载试验装置

超声波检测采用 HC-U81 非金属超声波检测仪，如图 6.7 所示。设备的采样周期为 0.05~2.0μs，声时测读精度为 0.05μs，幅度测读范围为 0~170dB，发射脉宽范围为 20~20ms，试验时超声波检测参数设置如第 3 章所述，超声波探头与煤样试件之间采用凡士林作为耦合剂。

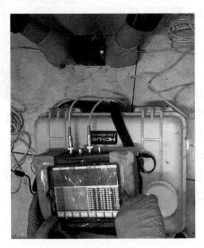

图 6.7　超声波检测装置

2）试验设计与方案

所述的常规动力冲击模型是指动力冲击的加载面积与试样端面正好重合、基本可以消除局部效应的情况；而本研究中主要针对的模型为动力冲击加载面积（S_1）小于试样侧面面积（S）的情况，局部冲击模型主要分为冲击加载面积 S_1=3S/4、S/2、S/4 三种（图 6.8），按试样受局部冲击区域范围，将试样划分为冲击区域、临界区域和未冲击区域三个区域。

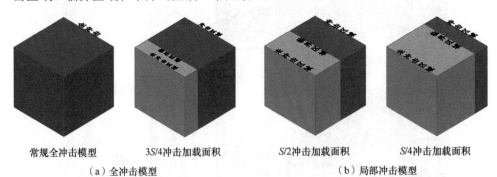

| 常规全冲击模型 | 3S/4冲击加载面积 | S/2冲击加载面积 | S/4冲击加载面积 |

（a）全冲击模型　　　　　　　　　　　（b）局部冲击模型

图 6.8　试验模型

为了研究局部冲击载荷作用下煤岩内微结构的演化规律及其损伤局部化效应，试验采用不同冲量对试样进行循环冲击、递增冲击和递减冲击。通过调整摆锤的摆角使摆锤处于不同的高度对试样施加不同冲量的冲击载荷，在每个冲量水平下分别进行不同冲击加载面积（$S_i=S$、$3S/4$、$S/2$、$S/4$）的冲击试验，直至试样完全破坏。

循环冲击试验方案：相同冲量的型煤循环冲击试验共设置 3 个冲量水平，每个冲量水平设置 4 个不同的冲击加载面积，共进行 12 组试验；同时，为了与型煤试验进行对比验证，分析相同冲击加载条件下型煤试样与原煤试样损伤规律的异同，又设置了 1 个冲量水平的原煤试验，并在该冲量水平下进行 4 组不同冲击加载面积（与型煤试验相同）的冲击试验。每组试验重复进行 3 次以减少因试样离散造成的试验误差，获得具有代表性的煤样内微结构演化曲线，具体试验方案如表 6.1 所示。

表 6.1　循环冲击试验方案

冲击方式	试样	组号	摆角/(°)	摆锤高度 H/m	冲量 I/(N·s)	冲击加载面积	循环冲击次数/次
循环冲击	型煤	M11	29.724	0.1	2.058	S	20
		M12				$3S/4$	12
		M13				$S/2$	7
		M14				$S/4$	5
		M21	42.535	0.2	2.910	S	7
		M22				$3S/4$	6
		M23				$S/2$	5
		M24				$S/4$	3
		M31	52.752	0.3	3.564	S	6
		M32				$3S/4$	5
		M33				$S/2$	4
		M34				$S/4$	3
	原煤	R11	42.535	0.2	2.910	S	10
		R12				$3S/4$	6
		R13				$S/2$	5
		R14				$S/4$	4

递增冲击试验方案：递增冲量的循环冲击是指对试样施加从小到大依次递增冲量的循环冲击方式，对试样冲击一次后冲击冲量增大一个量级（摆锤升高 0.1m），直至试样完全破坏。型煤试验组分别设置 4 个不同的冲击加载面积，进行 4 组不同冲击加载面积的递增冲击试验；同样，为了与型煤试验进行对比验证，分析相同冲击加载条件下型煤试样与原煤试样损伤规律的异同，也设置了 4 组不同

冲击加载面积（与型煤试验相同）的原煤冲击试验。每组试验重复进行 3 次以减少因试样离散造成的试验误差，获得具有代表性的煤样内微结构演化曲线，具体试验方案如表 6.2 所示。

表 6.2　递增冲击试验方案

冲击方式	试样	组号	摆角/(°)	摆锤高度 H/m	冲量 I/(N·s)	冲击加载面积	循环冲击次数/次
递增冲击	型煤	M41	29.7~77.8	0.1~0.6	2.06~5.04	S	6
		M42	29.7~61.7	0.1~0.4	2.06~4.12	$3S/4$	4
		M43	29.7~61.7	0.1~0.4	2.06~4.12	$S/2$	4
		M44	29.7~52.8	0.1~0.3	2.06~3.56	$S/4$	3
	原煤	R21	29.7~93.0	0.1~0.8	2.06~5.82	S	8
		R22	29.7~77.8	0.1~0.6	2.06~5.04	$3S/4$	6
		R23	29.7~77.8	0.1~0.6	2.06~5.04	$S/2$	6
		R24	29.7~61.7	0.1~0.4	2.06~4.12	$S/4$	4

递减冲击试验方案：递减冲量的循环冲击是指对试样施加从大到小依次递减冲量的循环冲击方式，对试样冲击一次后冲击冲量减小一个量级（摆锤降低 0.1m），直至试样完全破坏。与递增冲击试验相似，型煤试验组分别设置 4 个不同的冲击加载面积，进行 4 组不同冲击加载面积的递减冲击试验；同样，为了与型煤试验进行对比验证，分析相同冲击加载条件下型煤试样与原煤试样损伤规律的异同，也设置了 4 组不同冲击加载面积（与型煤试验相同）的原煤冲击试验。每组试验重复进行 3 次以减少因试样离散造成的试验误差，获得具有代表性的煤样内微结构演化曲线，具体试验方案如表 6.3 所示。

表 6.3　递减冲击试验方案

冲击方式	试样	组号	摆角/(°)	摆锤高度 H/m	冲量 I/(N·s)	冲击加载面积	循环冲击次数/次
递减冲击	型煤	M51	77.8~61.7	0.6~0.4	5.04~4.12	S	3
		M52	61.7~52.8	0.4~0.3	4.12~3.56	$3S/4$	2
		M53	61.7~52.8	0.4~0.3	4.12~3.56	$S/2$	2
		M54	52.8	0.3	3.56	$S/4$	1
	原煤	R31	93.0~61.7	0.8~0.4	5.82~4.12	S	4
		R32	77.8~52.8	0.6~0.3	5.04~3.56	$3S/4$	4
		R33	77.8~61.7	0.6~0.4	5.04~4.12	$S/2$	3
		R34	70.0~52.8	0.5~0.3	4.60~4.12	$S/4$	3

为了监测局部冲击载荷对试样不同区域位置的损伤影响，分别设定试样沿冲击方向对面（直接受冲击面）为对面 1、垂直冲击方向且与临界区域平行对面为对面 2、垂直冲击方向且与临界区域垂直对面为对面 3，并在试样每组对面上分别设置了 5 个监测点，不同冲击方式下各监测点所测区域范围如表 6.4 和图 6.9 所示。每组试验在试样受冲击前后均在各个监测点处测定其超声波波速。

表 6.4　各监测点所测区域范围

冲击模型	冲击加载面积	测点方向	对面编号	各监测点所监测区域		
				冲击区	临界区	非冲击区
常规全冲击	S	沿冲击方向	1	①、②、③、④、⑤		
		垂直冲击方向	2	①、②、③、④、⑤		
			3	①、②、③、④、⑤		
局部冲击	$3S/4$	沿冲击方向	1	①、②、③	④	⑤
		垂直冲击方向	2	①、②、③、④、⑤		
			3	①、②、③	④	⑤
	$S/2$	沿冲击方向	1	①、②	③	④、⑤
		垂直冲击方向	2	①、②、③、④、⑤		
			3	①、②	③	④、⑤
	$S/4$	沿冲击方向	1	①	②	③、④、⑤
		垂直冲击方向	2	①、②、③、④、⑤		
			3	①	②	③、④、⑤

（a）常规全冲击　　　　　　　　　　（b）局部冲击

图 6.9　各对面监测点布置示意图

6.2　局部偏心载荷作用下煤样应力-应变特征

为研究局部偏心载荷作用对煤岩力学强度影响及原煤与型煤二者力学响应间的差异性，现绘制不同载荷作用面积的原煤与型煤应力-应变曲线如图 6.10 所示。

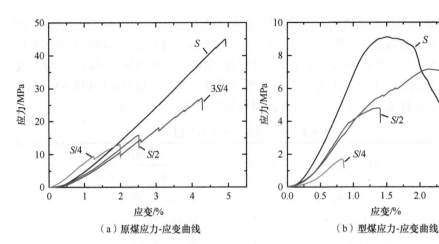

（a）原煤应力-应变曲线　　　　（b）型煤应力-应变曲线

图 6.10　不同载荷作用面积原煤与型煤应力-应变曲线

局部偏心载荷作用时煤岩应力计算采取等效应力的计算方式，根据下式计算。

$$\sigma_i = \frac{2\sigma_c}{1 + \dfrac{i}{4}} \tag{6.1}$$

式中，σ_c 为单轴压缩条件下煤岩的抗压强度；σ_i 为不同加载面积时煤岩等效应力，其中 $i=1,2,3,4$ 分别代表加载面积为 $S/4$、$S/2$、$3S/4$、S 时煤岩等效应力。

由图 6.10 可知，常规单轴压缩与局部偏心载荷压缩试验中，原煤与型煤的应力-应变曲线具有相似的变化趋势，均经历压密、弹性（线性）、屈服、破坏 4 个阶段。在压密阶段，原煤试样的变形大于型煤试样，这是因为压密阶段的变形主要是微裂隙的闭合，原煤试样含有丰富的原生微裂隙，型煤试样由煤粉压制而成，其内部微裂隙的数量和复杂程度远小于原煤试样。在屈服变形阶段，原煤试样表面出现颗粒弹射现象并伴有声响，且每次颗粒弹射时出现应力降低现象。型煤试样内部发生剪切错动，微裂纹稳定扩展，应力-应变曲线上凸，进入塑性屈服阶段，并且型煤屈服阶段较原煤更加显著。峰值强度以后，原煤试样应力迅速跌落，煤样中储存的弹性能瞬间释放并伴随巨大声响；型煤试样承载力开始下降，进入应变软化阶段。

根据原煤和型煤单轴压缩与局部偏心载荷压缩试验测定结果，可得不同载荷作用面积下原煤与型煤的峰值应力。表 6.5 给出了各组中不同载荷作用面积下原煤与型煤的峰值应力值，计算相同加载条件所得峰值应力的平均值，并对峰值应力平均值与载荷作用面积的关系进行拟合，如图 6.11 所示。

表 6.5　不同载荷作用面积原煤与型煤峰值应力值

峰值应力/MPa		S	$3S/4$	$S/2$	$S/4$
型煤	Group B1	9.11	7.14375	4.78547	1.696

续表

峰值应力/MPa		S	$3S/4$	$S/2$	$S/4$
型煤	Group B2	10.62	4.18338	4.65217	2.048
	Group B3	10.88	8.66394	5.81188	2.304
	Group B4	6.8	7.81812	6.87828	2.688
	平均	9.3525	6.9522975	5.53195	2.184
原煤	Group R1	44.9	27.10053	15.79605	12.928
	Group R2	31.59	39.86784	22.87428	11.984
	Group R3	48.17	35.39871	32.33858	10
	Group R4	32.7	36.29025	23.1942	9.936
	平均	39.34	32.6926575	23.5507775	11.212

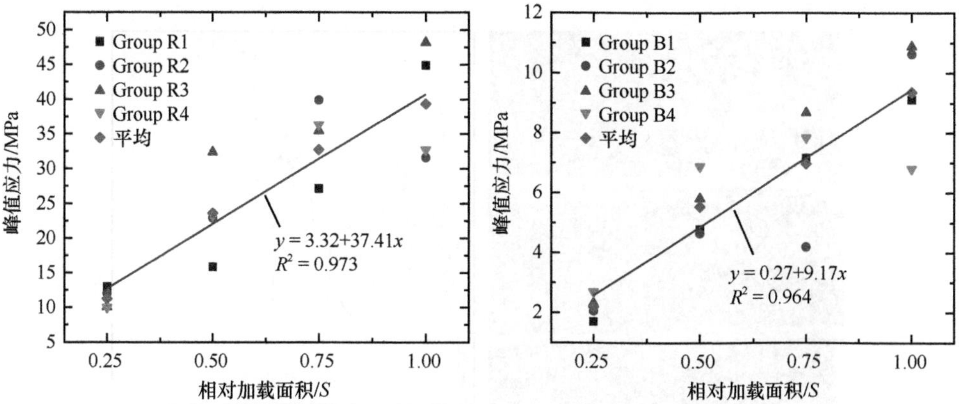

图 6.11　不同加载面积原煤与型煤峰值应力关系

　　由图 6.11 可知，原煤试样与型煤试样的峰值应力均随着载荷作用面积的增加逐渐增大。由拟合结果可知，两种煤样峰值应力与加载面积可采用相同的函数关系进行拟合，均为一次函数关系且拟合度较高。这是因为载荷作用面积越小，煤岩内部单位面积产生的偏应力越大，并且因偏应力产生的裂纹扩展路径缩小，裂纹复杂程度减小，裂纹更容易贯穿试样而造成试样破坏；随着载荷作用面积的增大，煤岩体内部单位面积偏应力减小，裂纹扩展演化空间范围增大，裂纹复杂程度增大，试样更难以发生破坏，煤岩等效峰值强度增大。

6.3　局部偏心载荷作用下原煤与型煤试样表面裂纹演化规律

6.3.1　常规单轴压缩下煤样表面裂纹演化规律

　　加载过程中采用高清数码摄像机对煤岩表面进行拍摄，利用 MATLAB 自编程序按时间提取照片，以便将裂纹演化扩展与应力值进行对应。对不同加载阶段煤岩表面裂纹进行识别，提取并标注裂纹的起裂位置（用 a、b、c 等字母表示）、裂纹出现顺序（用 1、2、3 等数字表示），裂纹扩展方向（箭头指向为裂纹扩展方向）。常规单轴压缩条件下临近破坏时刻原煤与型煤表面裂纹起裂、扩展过程如图 6.12 所示。原煤试样表面裂纹的起裂、演化受原生裂纹和表面晶体影响较大，裂纹大多从晶体边缘处起裂（a、e、f），向远离晶体方向扩展。a1、a3、e4、e5 裂纹起裂后扩展方向大致平行于加载方向，其余裂纹起裂后均朝向原生裂纹扩展，新生裂纹的分布较为杂乱，且加载过程中在晶体和原生裂纹处伴随颗粒弹射现象。型煤试样受载后表面裂纹的分布较为均匀，裂纹大多由试样端部起裂（a、b、e、d），裂纹扩展方向与加载方向近似平行，表现出明显的拉伸破坏模式。单轴压缩条件下，原煤试样表面新生裂纹的弯曲复杂程度和裂纹内部的粗糙程度均高于型煤试样。

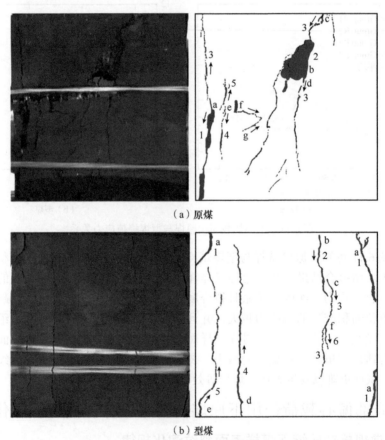

（a）原煤

（b）型煤

图 6.12　单轴压缩下煤样表面裂纹扩展规律

6.3.2　局部偏心载荷作用下煤样表面裂纹演化规律

改变加载面积进行原煤与型煤试样的局部偏心载荷试验，记录加载过程中表面裂纹的起裂和扩展过程，提取临近破坏时刻试样表面裂纹分布情况。裂纹的起裂位置和扩展过程的表示方法与图 6.12 一致，如图 6.13 所示。

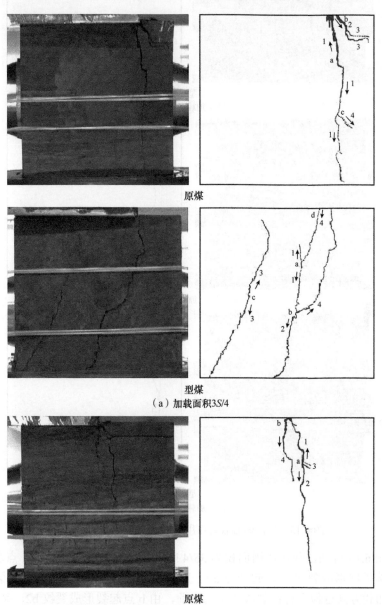

原煤

型煤

（a）加载面积 3S/4

原煤

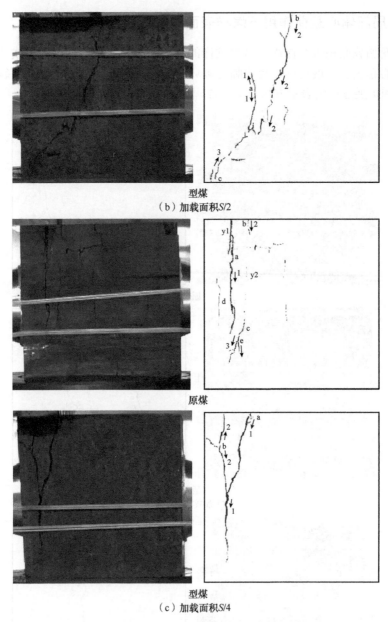

型煤
（b）加载面积S/2

原煤

型煤
（c）加载面积S/4

图6.13　局部偏心载荷作用下煤样表面裂纹扩展规律

　　由图6.13可知，载荷作用面积为3S/4时，原煤表面裂纹首先由a点起裂，向试样两端扩展形成裂纹a1，起裂点a位于加载区与非加载区交界面处，裂纹扩展方向与加载方向近似平行；裂纹1贯通之前，由b点起裂形成裂纹b2，裂纹b2扩展过程中分叉形成裂纹b3，裂纹b3为两条近似平行裂纹，横向扩展至试样右边界，裂纹 b2-b3 并非试样主控裂纹，试样仍能承载，裂纹 a1 继续扩展，之后由 c 点分叉形成裂纹 c4；裂纹 a1 向下贯通后试样达到峰值强度，裂纹 a1 扩展方向与加载方向近似平行，且基本在加载区与非加载区交界面区域演化发展。对于型煤试样表面裂纹首先由加载区下方 a 点起裂，向上下扩展形成裂纹 a1，a1 向下扩展至 b 点后继续向下扩展形成裂纹 b2；裂纹 b2 向下扩展过程中，新生裂纹由 c 点起裂向上下扩展形成裂纹 c3；接着，试样端部加载区与非加载区临界点 d 处起裂向下扩展形成裂纹 d4，与 a 点连接；同时，b 点分叉出裂纹 b4，并向上扩展，b4 扩展至试样顶端后，b2-b4 形成贯穿裂纹，试样达到峰值强度；主控裂纹 b2-b4 位于加载区域，裂纹 b2 扩展演化方向与加载方向夹角约为 14°，裂纹 b4 先以与加载方向呈 56° 夹角向上扩展，裂纹扩展至加载区与非加载区交界处时改为与加载方向近似平行角度向上扩展。

载荷作用面积为 S/2 时，原煤表面裂纹由 a 点起裂形成裂纹 a1，a1 向加载区与非加载区分界点 b 扩展；a1 接近 b 点后，a 点向下开裂形成裂纹 a2，a2 扩展至试样底部之前，a 点起裂分叉形成裂纹 a3；裂纹 a1 扩展至试样端部 b 点后，b 点起裂向下扩展形成裂纹 b4；a2 继续向下扩展，至底部后裂纹贯穿，试样达到峰值强度，发生破坏；主控裂纹 a1-a2 扩展方向近似与加载方向平行，且裂纹基本在加载区与非加载区交界面处演化扩展。对于型煤试样，裂纹首先由加载区中部 a 点位置起裂，向上下扩展形成裂纹 a1；裂纹 a1 向下扩展过程中，由加载区和非加载区交界面 b 点起裂，向下扩展形成裂纹 b2；裂纹 b2 向下扩展过程中，裂纹由试样端部 c 点起裂，并向上扩展形成裂纹 c3，裂纹 b2、c3 相交后裂纹贯穿，试样发生破坏；主控裂纹 b2-c3 位于加载区域，b2 扩展演化方向与加载方向角度约为 12°，c3 扩展演化方向与加载方向角度约为 43°。

载荷作用面积为 S/4 时，原煤表面裂纹由原生裂纹 y1 端点 a 起裂向下扩展形成裂纹 a1；随着加载的进行，裂纹由试样端部加载区与非加载区分界点 b 处起裂向下扩展形成裂纹 b2，接着原生裂纹 y2 末端 c 处起裂形成裂纹 c3，c3 扩展过程中，形成裂纹 d4；随着裂纹扩展演化，裂纹 b2、原生裂纹 y2、裂纹 c3 相连通，裂纹贯穿试样，试样破坏；主控裂纹 b2-y2-c3 处于加载区与非加载区交界面区域，扩展演化方向与加载方向近似平行。对于型煤试样，裂纹首先由试样端部加载区与非加载区交界点 a 处起裂，向下扩展形成裂纹 a1；裂纹 a1 扩展过程中，新生裂纹由加载区上部 b 点起裂，并向上下端部扩展形成裂纹 b2，b2 向下扩展过程中与裂纹 a1 相交；裂纹 a1 继续向下扩展至试样端部后形成贯穿裂纹，试样发生破坏，主控裂纹 a1 与裂纹 b2 相交前扩展方向与加载方向夹角约为 17°，裂纹 a1 与裂纹 b2 相交后，裂纹 a1 沿与加载方向近似平行的方向向下扩展。

由以上分析可知，局部偏心载荷作用下原煤试样、型煤试样表面裂纹均表现为起裂、扩展渐进式演化过程，且裂纹扩展路径表现出分叉和曲折化，体现出裂纹扩展的穿晶和绕晶破坏。原煤试样表面主控裂纹的扩展方向与加载方向近似平行，且主控裂纹基本位于加载区与非加载区交界面区域；型煤试样表面主控裂纹扩展方向与加载方向呈一定角度，且裂纹均处于加载区范围内。型煤表面裂纹与加载方向呈一定角度扩展的原因可能与其制作过程有关，型煤是在腔体中压制而成，横向方向的压实度小于轴向方向的压实度，裂纹易沿横向方向扩展。

6.4 局部偏心载荷作用下煤岩损伤分形特征

6.4.1 分形理论概念

数学家芒德布罗（Mandelbrot）认为，地理曲线如此复杂，以至于它们的长度常常是无限的，或者更精确地说，是不可定义的。然而，许多都具有统计上的"自相似"，这意味着每一部分都可以被视为整体按一定比例的缩小图像。据此，Mandelbrot 在 1973 提出了分形几何的思想。目前，关于分形的概念还未给出明确的定义，常用的是法尔康纳（Falconner）对分形几何的相关描述。自然界中普遍存在分形现象，欧氏几何难以对形态上杂乱无章的对象进行很好的描述，但这些形态上看似杂乱无章的事务都具有一定的自相似性，该类事务可称为分形事务，常见的分形事务如 Koch 集、Sierpinski 地毯、Cantor 集等，如图 6.14 所示。

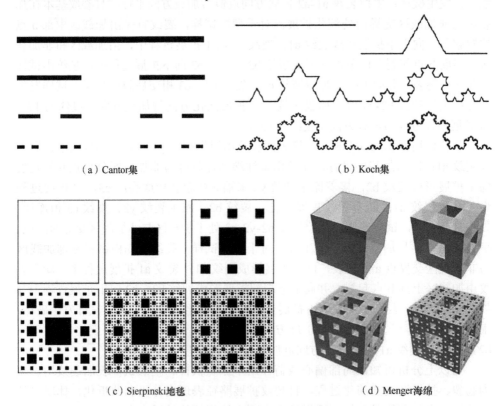

（a）Cantor集　　　　　　　　　　　（b）Koch集

（c）Sierpinski地毯　　　　　　　　　（d）Menger海绵

图 6.14　经典分形几何图形

　　煤岩材料内部存在不同空间、不同时间形成的尺寸各异的孔隙、裂隙。原生微裂隙的存在使煤岩宏观力学特性表现为非线性、非均匀的特点。因此，煤岩同时具有连续介质和离散介质的性质。研究表明，岩石是一类分形物体，岩石剖面分形维数为 1～2，岩石粗糙面分形维数为 2～3，现有力学理论大多是基于维数为整数的欧氏空间为假设建立的，难以对煤岩的本质问题进行准确描述，只能进行近似表征。因此，研究岩石的分形特征对岩石力学问题的分析求解具有重要意义。

　　为了便于研究材料的分形特性，引入分形维数这一重要参量，分形维数大小与对象的尺寸无关。如果原图可由 B 个与原图相似的尺寸为 $1/A$ 的小图形组成，则 $A^D=B$，$D=\ln B/\ln A$，D 即要求的分形维数。针对不同的研究对象，需要选择不同的分形维数计算方法，其中周期图法、最大似然法、网格法与盒计数法是较为常见的分形维数计算方法。随着分形理论在材料损伤表征中的不断应用与发展，各国学者提出了多种分形维数的计算模型，主要包括：

　　（1）Hausdorff 计算模型 D：

$$D=\lim \frac{\ln N(\delta)}{\ln(1/\delta)} \tag{6.2}$$

　　（2）信息维数 D_i：

$$D_i=\lim_{\delta \to 0} \frac{\sum_{i=1}^{N} p_i \ln p_i}{\ln \delta} \tag{6.3}$$

　　（3）关联维数 D_g：

$$D_g = \lim_{\delta \to 0} \frac{\ln C(\delta)}{\ln(1/\delta)} \tag{6.4}$$

式中，

$$C(\delta) = \frac{1}{N^2} \sum_{i,j=1}^{N} H(\delta - |x_i - x_j|) = \sum_{i=1}^{N} p_i^{~2} \tag{6.5}$$

　　（4）相似维数 D_s：

$$D_s = \frac{\ln N}{\ln(1/r)} \tag{6.6}$$

若 r_i 不全等，则 $\sum_{i=1}^{N} r_i^{D_s} = 1$。

　　（5）容量维数 D_c：

$$D_c = \lim_{\varepsilon \to 0} \frac{\ln N(\varepsilon)}{\ln(1/\varepsilon)} \tag{6.7}$$

（6）盒计数法：盒计数法因其原理简单、易于实现在分形维数求解中得到广泛应用，根据求解问题的维数不同，盒子可以是线段、正方形方格或者小的正方体。计算时以等尺寸的盒子覆盖待求解物理量，通过采用不同的盒子尺寸，研究覆盖物体所需盒子数与盒子尺寸的关系，并将该关系定义为分形维数 D。盒子数与盒子尺寸关系可用式（6.8）表示。

$$\lg N(\delta) = \lg a - D\lg \delta \tag{6.8}$$

式中，N 为格子数量；a 为常数；D 为分形维数；δ 为格子尺寸。

6.4.2　分形理论在煤岩损伤中的应用

煤岩是一种脆性材料，其最终的宏观断裂与其内部孔隙和微裂隙的发育、扩展、贯通有着密切联系，因此煤岩的损伤演化过程得到了广泛的研究，已有研究表明煤岩损伤过程是一个自相似过程，基于此分形理论已广泛应用于煤岩损伤过程的研究[128-134]。曹树刚等开展了三轴压缩条件下含瓦斯煤岩的力学试验，认为煤岩表面裂纹的分形维数值与其应变值呈二次函数关系；彭守建等以含瓦斯煤为研究对象，开展了室内剪切试验，计算了剪切面上的分形维数值，分析了分形维数与剪应力之间的关系，认为通过分形维数可定量描述煤岩剪切损伤过程；李果等利用 CT 扫描技术实现了破坏后煤样的三维重构，分析了煤岩内部裂隙的空间分布规律，并通过自编的分形维数计算程序求解了煤岩体三维分形维数，认为破坏越严重的煤岩其分形维数值越小；张文清等借助霍普金森压杆开展了不同加载速率下煤岩冲击试验，分析了煤岩破碎块度的分形特征，认为煤岩破碎块度的分形维数值随着应变率的提高逐渐增大，二者近似呈对数函数规律；Li 等研究了煤岩受载速率与分形维数之间的关系，得出随着加载速率的提高，碎片的大小和质量均表现出较大的分形维数，煤样破碎较彻底，碎块长度、宽度、厚度和质量较均匀；Huang 等借助扫描电子显微镜研究了四种不同岩石类型（泥岩、砂岩、石灰岩和玄武岩）的力学性能、分形维数和均匀性之间的关系，得出不同单轴抗压强度和弹性模量的岩石具有不同的自相似性，当单轴抗压强度或弹性模量增大时，岩石微观结构的分形维数减小，岩石的均质性与分形维数一致，即均质性越高，分形维数越大。

为研究局部偏心载荷作用过程中煤岩表面裂纹的扩展演化分形规律，提取不同加载时刻煤岩表面裂纹，采用盒计数法利用基于 Python 语言自编软件实现煤岩表面裂纹分形维数计算，如图 6.15 所示。以加载面积 $3S/4$ 为例计算不同加载时刻的分形维数值，原煤不同加载时刻的分形维数值计算过程如图 6.16 所示。对不同加载阶段分形维数的计算结果进行汇总，如表 6.6 所示。

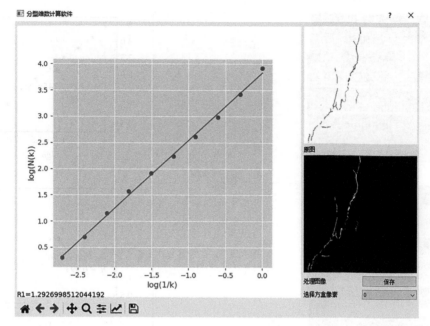

图 6.15 分形维数软件计算窗口

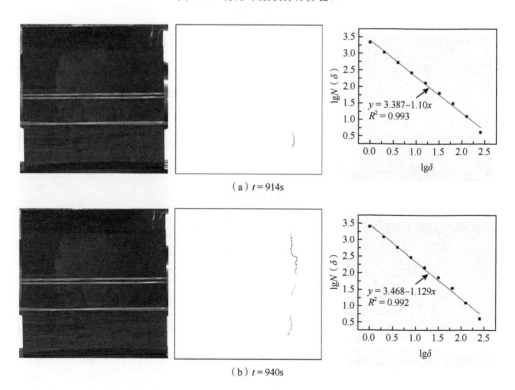

（a）$t = 914\text{s}$

（b）$t = 940\text{s}$

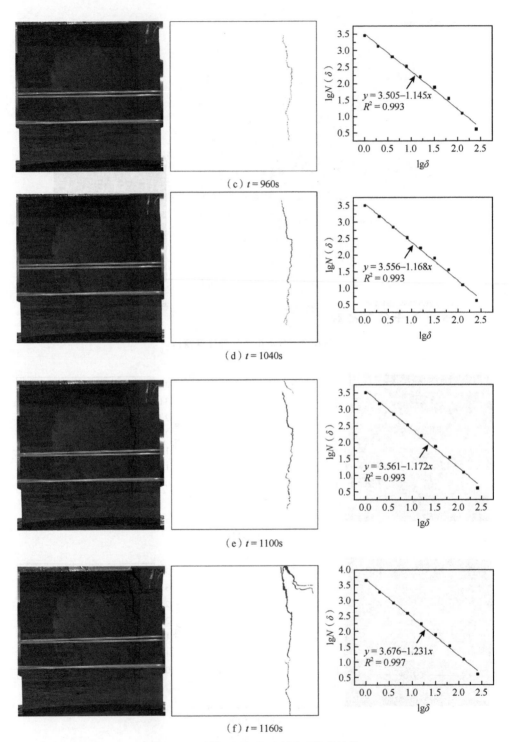

（c）$t = 960s$

（d）$t = 1040s$

（e）$t = 1100s$

（f）$t = 1160s$

图 6.16　原煤不同加载时刻分形维数计算

表 6.6　原煤不同加载时刻分形维数值

时间/s	应变/%	拟合方程	相关系数 R^2	分形维数 D
914	2.33	$y=3.387-1.10x$	0.993	1.10
940	2.46	$y=3.468-1.129x$	0.992	1.129
960	2.55	$y=3.505-1.145x$	0.993	1.145
1040	2.93	$y=3.556-1.168x$	0.993	1.168
1100	3.22	$y=3.561-1.172x$	0.993	1.172
1160	3.50	$y=3.676-1.231x$	0.997	1.231
1299	4.16	$y=3.610-1.391x$	0.998	1.391

　　由图 6.16 和表 6.6 可知，不同时刻原煤表面裂纹覆盖的正方形格子尺寸 δ 与正方形格子数目 $N(\delta)$ 具有较好的线性关系，其中原煤试样的拟合曲线相关系数均在 0.992 以上，表明局部偏心载荷作用下原煤试样表面裂纹扩展演化均具有分形特征。

　　同样地，以 $3S/4$ 加载时型煤不同加载时刻表面裂纹为例，计算局部偏心载荷作用下型煤试样表面裂纹演化的分形维数。型煤试样不同加载时刻表面裂纹分形维数计算过程如图 6.17 所示。不同加载时刻型煤分形维数计算结果如表 6.7 所示。

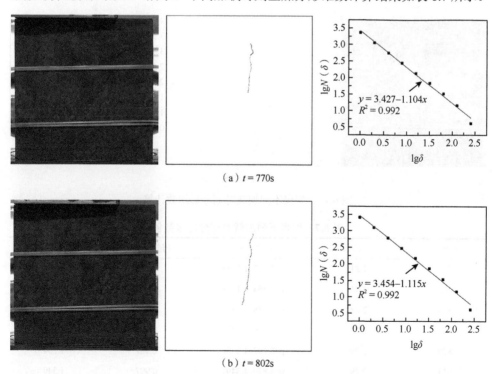

（a）$t=770$s

（b）$t=802$s

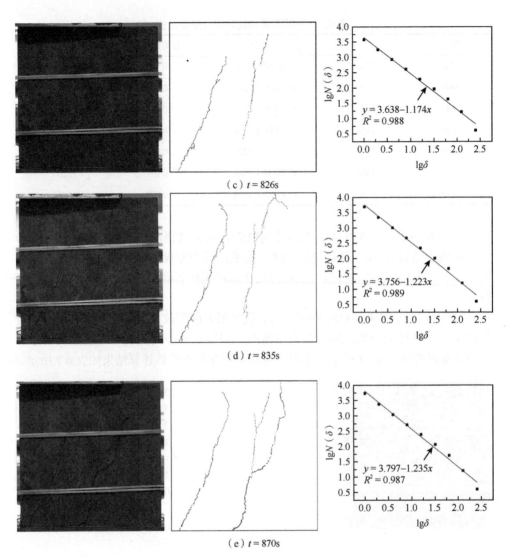

（c）$t = 826$s

（d）$t = 835$s

（e）$t = 870$s

图 6.17　型煤不同加载时刻分形维数计算

表 6.7　型煤不同加载时刻分形维数值

时间/s	应变/%	拟合方程	相关系数 R^2	分形维数 D
770	1.81	$y=3.427-1.104x$	0.992	1.104
802	1.96	$y=3.454-1.115x$	0.992	1.115
826	2.08	$y=3.638-1.174x$	0.988	1.174
835	2.12	$y=3.756-1.223x$	0.989	1.223
870	2.29	$y=3.797-1.235x$	0.987	1.234
913	2.49	$y=3.870-1.349x$	0.997	1.349

由图 6.17 和表 6.7 可知，不同时刻型煤表面裂纹覆盖的正方形格子尺寸 δ 与正方形格子数目 $N(\delta)$ 具有较好的线性关系，其中型煤试样的拟合曲线相关系数均在 0.987 以上，表明局部偏心载荷作用下型煤试样表面裂纹扩展演化均具有分形特征。为了研究原煤与型煤分形维数与轴向应变的规律，根据表 6.6 和表 6.7 中数据绘制原煤与型煤分形维数与轴向应变的关系曲线，如图 6.18 所示。

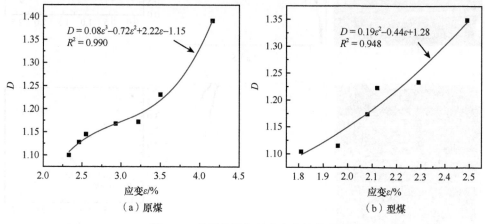

图 6.18 分形维数与轴向应变的关系

对试验数据进行拟合可得原煤表面裂纹的分形维数 D 与应变 ε 的关系满足式 (6.9)，相关系数 $R^2 = 0.990$。

$$D = 0.08\varepsilon^3 - 0.72\varepsilon^2 + 2.22\varepsilon - 1.15 \tag{6.9}$$

型煤表面裂纹的分形维数 D 与应变 ε 的关系满足式 (6.10)，相关系数 $R^2 = 0.948$。

$$D = 0.19\varepsilon^2 - 0.44\varepsilon + 1.28 \tag{6.10}$$

由此可知，煤样表面裂纹的分形维数随着应变的增加逐渐增大，呈显著的非线性关系，其中原煤试样表面裂纹的分形维数与轴向应变呈三次函数关系，型煤试样表面裂纹的分形维数与轴向应变呈二次函数关系。

分形维数与裂纹复杂程度、分岔情况等呈正相关，可通过分形维数的大小实现对裂纹扩展演化规律的定量表征。为了探讨不同加载面积条件下原煤与型煤试样在破坏时刻表面裂纹演化规律的异同性，利用自主编制的差分盒维数计算软件计算不同载荷作用面积下，临近破坏时刻原煤试样与型煤试样表面的分形维数。不同加载面积下原煤试样计算结果如图 6.19 所示，型煤试样计算结果如图 6.20 所示。

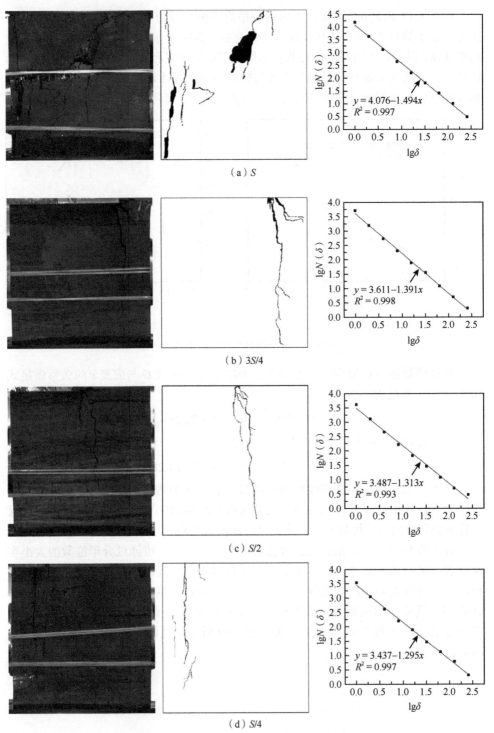

（a）S

（b）$3S/4$

（c）$S/2$

（d）$S/4$

图 6.19　临近破坏时刻原煤表面裂纹分形维数

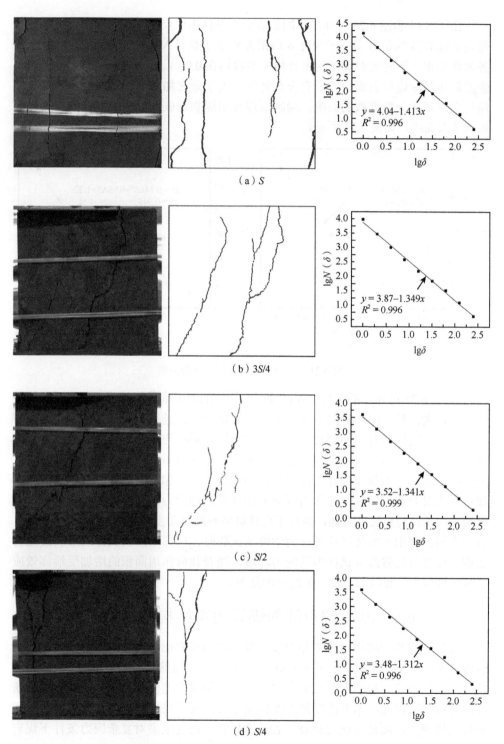

图 6.20　临近破坏时刻型煤样表面裂纹分形维数

由图 6.19 和图 6.20 可知，不同加载面积条件下原煤与型煤试样临近破坏时刻覆盖表面裂纹的正方形格子尺寸 δ 与正方形格子数目 $N(\delta)$ 具有较好的线性关系，各加载面积，不同类型煤样的拟合相关系数均在 0.99 以上，说明不同加载面积下临近破坏时刻煤样表面裂纹具有分形特征。为了研究加载面积对临近破坏时刻原煤与型煤试样分形维数的影响，绘制原煤与型煤临近破坏时刻分形维数与加载面积的关系曲线，如图 6.21 所示。

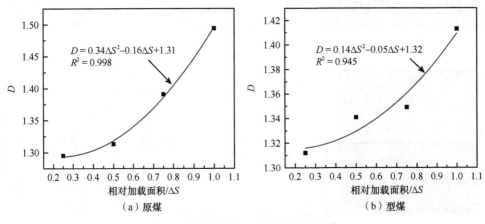

图 6.21　分形维数与加载面积的关系

由图 6.21 可知，原煤与型煤试样表面裂纹的分形维数随着载荷作用面积的增加逐渐增大，呈现出明显的非线性关系。对试验数据进行拟合可知，原煤试样与型煤试样临近破坏时表面裂纹的分形维数与加载面积均呈二次函数关系，且原煤试样的拟合相关系数略高于型煤试样。随着载荷作用面积的增大，煤样表面裂纹分形维数值逐渐增加，煤样表面裂纹的演化、扩展更加复杂。一方面，局部偏心载荷作用时载荷作用区与非作用区交界面处存在切应力，切应力的存在加速了此区域主控裂纹的扩展、贯通，缩短了煤样破坏时间及非主控裂纹的演化扩展时间。另一方面，采用立方体试样进行力学性质试验时，端部效应因试样的形状改变将加剧。端部效应将改变试样内的应力环境，随着载荷作用面积的增加受端部效应影响区域增大，裂纹的演化、扩展更加复杂。

6.5　基于超声波的煤岩内微结构演化规律

关于煤岩损伤破坏过程中超声波传播规律的研究已取得了丰硕的成果，但已有成果大多基于均布载荷作用下取得 [135-139]，而关于局部偏心载荷作用下煤岩超声波波速演化规律、局部偏心载荷作用下原煤与型煤波速演化规律异同性方面的研究鲜见报道。因此，本节借助超声波检测系统研究了局部偏心载荷作用下原煤与型煤试样超声波波速变化规律及二者的差异性，研究成果对复杂应力条件下煤岩损伤机理研究和煤岩力学理论的丰富具有重要意义。

煤岩在外载荷作用下微结构会成核、扩展、贯通直至宏观破坏，在此过程中会伴随有声、电、磁等信号，这些信号可以反映岩石类材料内部损伤的演变过程，而在实际应用中通常用杨氏模量、声发射信号、超声波波速等宏观参数的变化间接表征煤岩的损伤过程。随着煤岩所受外力的变化，煤岩波速也随之变化，其反映了煤岩内部微结构（损伤）的变化。因此，可建立超声波波速与反映煤岩损伤参数的关系：

$$D_{\mathrm{w}} = 1 - \left(\frac{v_i}{v_0} \right)^2 \qquad (6.11)$$

式中，D_{w} 为损伤变量；v_i 为应力作用 i 时刻煤岩波速；v_0 为煤岩受载荷前的初始波速。

煤岩材料受到外载荷作用后内部微结构会产生不同程度的损伤，损伤产生过程中伴随有不同程度的声学特性和超声波传播参数的变化，通过建立超声波波速与煤岩类材料损伤变量的关系，计算煤岩类材料受载时内部结构数量变化因子，进而间接对煤岩材料损伤量进行统计。

6.5.1　单轴压缩下煤岩内超声波波速变化规律

在煤岩加载过程中同时进行超声波波速的测量，原煤与型煤在单轴压缩条件下超声波波速与轴向应变的关系如图 6.22 所示。由图可知，在加载的前期和中期原煤与型煤的超声波波速基本保持不变，说明此期间原煤与型煤均没有损伤的发生。随着加载应力的进一步增加，超声波波速逐渐降低，说明此时煤岩内部损伤开始发生，裂纹形成并逐步扩展、贯通直至试样发生整体破坏。原煤加载初期有一段波速增加阶段，超声波波速曲线可分为加载强化区（AB 段）、加载弱化区（BC 段）和加载失稳区（CD 段）3 个不同的阶段。在加载强化区，原煤超声波波速随着压力的增加而增大，而增速逐渐减小，在 B 点（相当于峰值应力的 24.1%）达到最大波速值。这是由于原煤在加载初期时其丰富的孔裂隙结构在应力作用下不断闭合，波速随应力的增加而增大。随着应力继续增加，BC 段超声波波速减小，此时随着应力的增加原煤内部出现少量的微裂隙，导致超声波波速降低。在 C 点，当加载应力达到峰值应力的 56.4% 时原煤波速降低至初始波速。随着应力的继续增加，进入加载失稳区后波速迅速减小，降低速率逐渐增大直至试样破坏。C 点以后，原煤中的微裂隙迅速扩展、演化、贯通导致试样破坏，超声波波速迅速降低。型煤超声波波速与应力的变化关系存在加载弱化区（BC 段）和加载失稳区（CD 段）2 个阶段。型煤是经过煤粉二次压制而成的，内部的孔隙、裂隙大多已受压闭合，型煤的超声波波速传播规律不存在增加阶段。型煤加载过程中的 BC 段较长，当加载应力达到峰值应力的 84% 时进入加载失稳区。

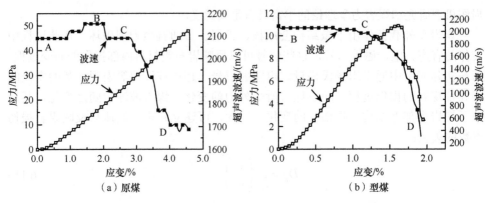

图 6.22　常规单轴压缩条件下原煤与型煤波速应变关系曲线

6.5.2　局部偏心载荷作用下煤岩损伤演化规律

煤岩内部微裂隙在外部载荷作用下扩展、演化、贯通并引发宏观破坏，试验测得的超声波波速随着煤岩损伤破坏的增加逐渐减小，将测得的超声波波速代入式（6.11）可得局部偏心载荷作用下煤岩损伤量 D_w，根据不同加载时刻所求损伤量值可绘制损伤量-应力关系曲线，如图 6.23 所示。

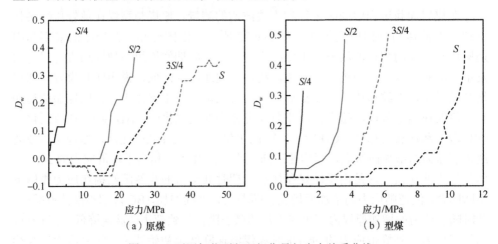

图 6.23　不同加载面积下损伤量与应力关系曲线

由图 6.23 可知，不同加载面积下，随着加载应力的增加原煤与型煤的损伤量均表现为逐渐增加的趋势，这是因为随着应力的增大微裂纹逐渐形成、扩展，形成裂隙簇，发生裂隙贯穿，最终形成宏观破坏。加载初期，原煤加载面积为 3S/4、S 时损伤变量存在负值，试样存在初始压密阶段；原煤加载面积为 S/4、S/2 以及型煤试样的各加载面积条件下均未监测到损伤量小于零的情况，这可能是因为加载面积较小时原煤内部产生偏应力大，较小应力情况下试样内部即产生新生裂纹，难以捕捉到原有裂隙压密对波速产生的影响；型煤试样是压制而成的，基本不存在微裂隙结构，超声波监测设备难以捕捉到其微弱的压密阶段。

从图 6.23 中可以看出，不同加载条件下各损伤量-应力关系曲线的形状总体呈上凹形，表明煤岩在外载荷作用下有加速破坏的趋势。随应力的增加损伤量变化可分为三个阶段：初始损伤阶段、损伤稳定演化发展阶段、急剧损伤阶段。第一阶段为初始损伤阶段，煤岩主要处于初始微裂隙的压密和微裂隙调整阶段，损伤变量值接近于零；第二阶段为损伤稳定演化发展阶段，煤岩由微裂隙稳定发展阶段进入塑性变形阶段，试样中不断有新的微裂纹及孔洞产生，原有微结构开始逐渐扩展，损伤变量逐渐增大；第三阶段为急剧损伤阶段，试样中微结构迅速扩展、汇合、贯通，试样发生宏观破坏，损伤变量迅速增大。载荷作用面积的改变不会影响原煤与型煤损伤发展的三阶段特征，但会影响各阶段的持续时间，载荷作用面积越小煤岩初始损伤阶段和损伤稳定演化发展阶段的时间越短，煤岩进入加速损伤阶段所需外载荷越小，煤岩峰值强度越小。

6.6　局部偏心载荷作用下煤岩破坏模型

采用立方体试样进行力学性质试验时，端部效应因试样的形状改变将加剧[140-142]。通过加载面积的变化实现将均布载荷改变为局部偏心载荷时，加载面积不同导致试样端面承载范围不同，加载面积不同将改变试样内的应力环境，从而使试样的变形过程变化为几个经典变形过程的组合，表现出明显不同于均布载荷作用时的变形特点。对于原煤试样和型煤试样，原煤试样内的微结构数量、微结构尺度、微结构的复杂程度均远大于型煤，故在承受相同载荷时原煤的有效承载面积将小于实际的承载面积；由于微结构数量、尺度、形态复杂程度的明显增加，受相同载荷作用时原煤内微结构尖端产生的应力集中也将明显大于型煤，微结构尖端的应力集中将对裂纹的演化起引导作用，这一作用将导致原煤试样裂纹的发生、发展变得更复杂。

局部偏心载荷作用时，试样的受力状态可简化为如图 6.24 所示模型，即包括单轴压缩部分和间接受载作用部分，而两部分间的临界区域则为一个因局部偏心载荷作用形成的剪切作用带。由于剪切作用带为受局部载荷影响区和不受局部载荷影响区的临界区，故该带内存在明显的因局部载荷边界导致的应力集中，临界区应力性质和形式的变化导致该区域比单一种类应力更易于出现试样易破裂区。另外，由于采用方形试件，施载压头与试样端部的摩擦效应更大，在端部效应影响区内试样内距端部不同距离处的横向应变将随距离的增加而不均匀增大，这将导致端部效应影响区内试样截面间存在剪切应力，使试样更容易被"撕裂"而在端部出现更多的裂纹。因此，局部偏心载荷作用下临界区端部首先产生微裂纹，微裂纹随应力的增大继续演化、扩展形成宏观破裂缝是试样破坏的主要原因。

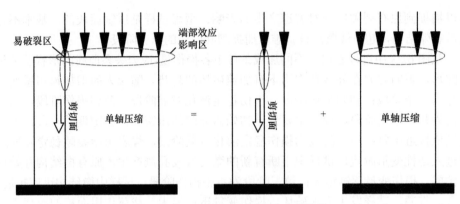

图 6.24　局部偏心载荷作用力学模型

6.7　煤岩对局部循环冲击载荷作用的力学响应

根据恒定冲量的循环冲击试验方案和煤岩内微结构变化因子计算公式，分别对每组煤岩试样受 n 次冲击载荷作用后其内微结构累积变化因子 M_n 进行计算，掌握试样在局部冲击载荷作用下其内微结构在不同区域、不同方向上的演化规律，并分析局部冲击的冲量大小、冲击加载面积与煤岩内微结构演化的耦合关系。

6.7.1　局部循环冲击次数对煤岩内微结构演化影响

由于 M11～M14、M21～M24 和 M31～M34 三个冲量水平的循环冲击试验组试样内微结构演化规律基本相似，因此本节仅以 M21～M24 组（冲量 $I=2.910\,\text{N}\cdot\text{s}$）冲击试验为例进行分析。型煤试样内微结构累积变化因子 M_n 在沿冲击方向对面 1 方向上与循环冲击次数的关系如图 6.25 所示。由图 6.25 可知，常规全冲击和局部冲击两种加载条件下，试样在沿冲击方向的 M_n 均随着循环冲击次数的增加呈非线性递增直至完全破坏，且试样破坏时 M_n 均发生显著增加，表明煤岩体在循环冲击载荷作用下其内微结构在尺度和数量上发生了明显变化。

对于常规全冲击，在沿冲击方向上 5 个测点区域的 M_n 均随循环冲击次数的增加呈现快速增大—平缓发展—急剧增大—平稳增大的四段式非线性变化趋势，其形状近似为倾斜的"M"形曲线。这主要是由于煤岩试样是具有复杂初始微结构的多孔介质材料，当试样受到初次冲击时其内初始微结构在数量和尺度上会发生较大调整，称此阶段为初始微结构调整阶段；继续对试样进行冲击，由于试样内初始微结构调整结束，试样进入一个相对稳定的状态，加之受缓冲吸能效应的影响，试样内微结构的演化呈平缓发展趋势，称此阶段为缓冲吸能阶段；随着循环冲击次数的进一步增加，由于多次冲击作用对试样的累计损伤达到一定程度，试样内微结构经缓慢调整后突然急剧变化，试样发生较大损伤失稳破坏，称此阶段为失稳溃垮阶段。试样 M_n 经前三段演化后，达到一个较大的值（$M_n=0.8$ 左右），此时试样已发生较大的损伤破坏，继续对试样进行冲击，试样内微结构数量和尺寸进一步发生调整，表现为缓慢增大且其增大梯度明显小于第三阶段，称此阶段为残余软化阶段。

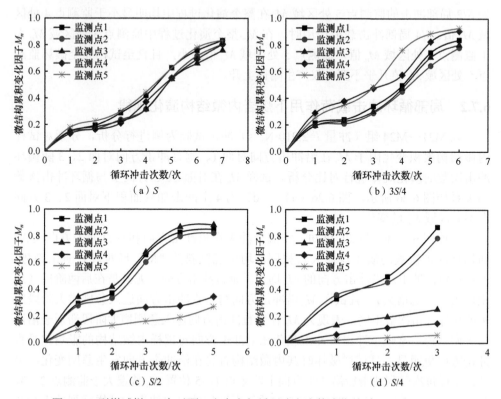

图 6.25　型煤试样 M_n 在对面 1 方向上与循环冲击次数演化关系（I=2.910 N·s）

对于局部冲击载荷作用，3S/4、S/2 局部冲击的冲击区域、临界区域的 M_n 随循环冲击次数的发展趋势与常规全断面冲击时基本一致，均呈现出快速增大—平缓发展—急剧增大—平稳增大的倾斜的"M"形四段式演化模式；S/4 局部冲击载荷作用的冲击区域、临界区域的 M_n 随循环冲击次数的增加呈快速增大—平缓发展—急剧增大的倒"S"形三段式演化模式；3S/4 局部冲击载荷作用的非冲击区域的 M_n 也表现出倾斜的"M"形四段式演化模式；而 S/2、S/4 局部冲击非冲击区域的 M_n 仅呈现出"快速增大—平缓发展"前两阶段的演化，这表明 3S/4 局部冲击载荷作用的非冲击区域由于占整个区域的比例较小，受冲击区域和边界效应的双重影响，其内微结构的演化表现出与冲击区域相似的特征；而 S/2、S/4 局部冲击载荷作用时，由于非冲击区域所占比例较大，整体受冲击区域影响不大，尤其是远离冲击作用区域部分，其内微结构演化仅发生了微小调整。另外，非冲击区域 M_n 明显小于冲击区域、临界区域的 M_n 值，且随循环冲击次数的增加差值越来越大，这表明冲击区域和临界区域受冲击载荷影响较大，而非冲击区域受冲击载荷影响相对较小。由 $S/2$、$S/4$ 局部冲击载荷作用的非冲击区域监测点 M_n 演化曲线可知，非冲击区域内各位置距冲击区域越远 M_n 值越低，即受冲击载荷的影响越小，如 $S/2$ 局部冲击的监测点 5 处区域 M_n 在整个演化过程中均明显小于监测点 4 处区域 M_n 值；$S/4$ 局部冲击载荷作用时，在 M_n 整个演化过程中监测点 3 处区域 M_n 大于监测点 4 处区域 M_n 值，监测点 5 处区域 M_n 值最小，且直至试样完全破坏监测点 5 处区域 M_n 值几乎不变，仅产生略微上升。

6.7.2 局部循环冲击载荷作用下煤岩内微结构演化规律

以 M21～M24 组（冲量 $I=2.910\ \text{N}\cdot\text{s}$）冲击试验为例进行分析，分别对试样内微结构累积变化因子 M_n 在沿冲击方向对面 1、垂直冲击方向对面 2、3 随循环冲击次数的演化规律进行对比分析。试样 M_n 在对面 2、3 方向上与循环冲击次数的关系如图 6.26 所示，图 6.26（a）～（d）为 4 个冲击加载面积下对面 2、3 方向上不同区域 M_n 的变化。

对比图 6.25 和图 6.26 可知，常规全冲击在沿冲击方向和垂直冲击方向上 M_n 随循环冲击次数的演化规律大致相同，均呈现倾斜的"M"形四段式演化趋势，但试样每次冲击后沿冲击方向的 M_n 均大于垂直冲击方向，尤其是在后两阶段（急剧增大—平稳增大），且试样 M_n 沿冲击方向与垂直冲击方向进入急剧增大阶段所需的循环冲击次数不同，表现为 M_n 在垂直冲击方向进入急剧增大阶段滞后于沿冲击方向，说明常规全冲击时冲击载荷在沿冲击方向对试样内微结构的影响比垂直冲击方向更明显，且试样破坏时其内微结构首先在沿冲击方向发生急剧变化。另外，试样每次受到冲击后沿冲击方向上监测点 1、5 位置 M_n 普遍大于监测点 2、3、4 位置，这主要是由于监测点 1、5 位置靠近试样的自由边界，试样受到冲击载荷后这两个监测点位置相较于监测点 2、3、4 位置更容易发生损伤破坏，导致监测点 1、5 位置处 M_n 随循环冲击次数的演化更为剧烈。由图 6.26（a）可知，各监测点 M_n 在垂直冲击方向上随循环冲击次数的演化规律与距直接受冲击面（对面 1 外面）的距离密切相关，表现为受到相同冲击载荷后 M_n 随着距受冲击面距离的增大

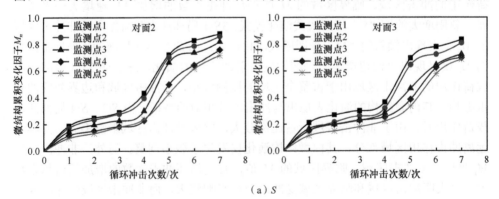

（a）S

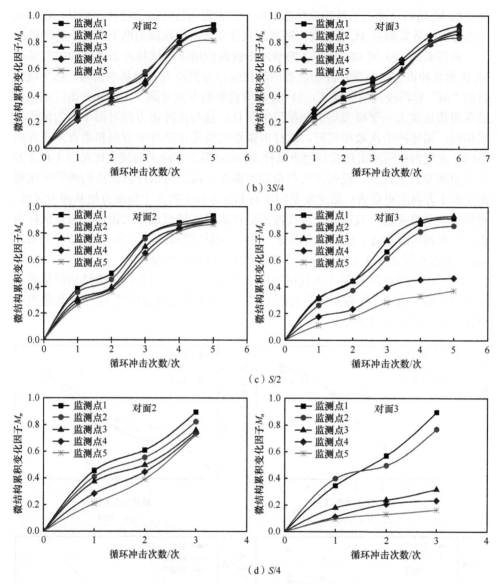

图 6.26　不同方向上 M_n 与循环冲击次数演化关系

而减小，如沿对面 2、3 方向上监测点 1～5 位置处的 M_n 依次减小（监测点 1 紧邻直接受冲击面，而监测点 5 距受冲击面距离最远）。

由图 6.26（b）可知，3S/4 局部冲击时各监测点位置 M_n 在沿冲击方向和垂直冲击方向上随循环冲击次数的演化规律大致相同，均呈现倾斜的"M"形四段式演化趋势，且冲击区域、临界区域和非冲击区域 M_n 差别不大。各监测点位置 M_n 在对面 2、3 方向上的离散性与对面 1 方向上相比更小，即垂直冲击方向上各监测点位

置处的 M_n 随循环冲击次数的演化相对集中，表现出较好的一致性。另外，在垂直冲击方向上各监测点 M_n 也表现出随着距直接受冲击面距离的增大而减小的趋势。

由图 6.26（c）可知，在 $S/2$ 局部冲击载荷作用下，试样冲击区域和临界区域 M_n 在垂直冲击方向随循环冲击次数的演化规律与沿冲击方向基本相同，都呈现倾斜的"M"形四段式演化模式，且 M_n 在垂直冲击方向对面 3 上的非冲击区域也仅呈现出快速增大—平缓发展前两阶段的演化，这与沿冲击方向对面 1 上的演化模式相同；循环冲击次数相同时，试样内微结构演化在沿冲击方向和垂直冲击方向不同，表现为相同冲击载荷作用下试样 M_n 在对面 2 方向上的演化比对面 1 和 3 方向上更明显、更剧烈，说明冲击载荷在对面 2 方向上对试样内微结构的影响比对面 1 和 3 方向上更显著。这主要是由于对面 2 方向上的 5 个监测点均从冲击区域、临界区域垂直穿过，且试样受多次冲击后在临界区域形成较大损伤，致使试样内微结构在该对面方向上发生较大调整。另外，根据图 6.26（c）和（d），$S/4$ 局部冲击时 M_n 在对面 2 和 3 上表现出与 $S/2$ 局部冲击时相似的规律。

为了进一步明确局部冲击载荷作用下试样在 3 个不同方向上微结构演化的差异规律，将不同冲击加载面积下对面 1、2、3 上 5 个监测点区域 M_n 的平均值进行对比分析，如图 6.27 所示。

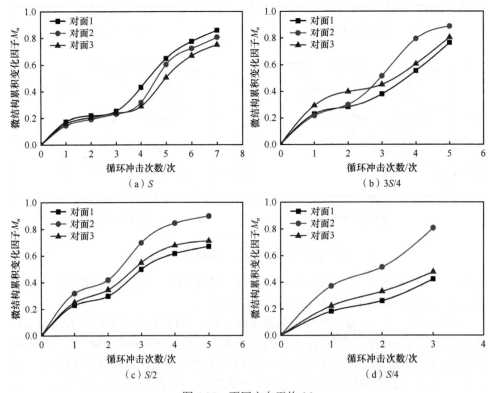

图 6.27　不同方向平均 M_n

由图 6.27 可知，常规全冲击时，试样受冲击载荷后沿冲击方向上 M_n 均大于垂直方向上 M_n，且随着循环冲击次数的增加其差值呈现增大趋势，这主要是由于试样沿冲击方向直接受冲击载荷的压缩作用，微结构在该方向上的变化相对更剧烈，而垂直冲击载荷方向上的微结构变化非直接作用导致，而是依赖于沿冲击方向产生的作用影响。

局部冲击载荷作用时与常规全冲击不同，试样在沿冲击方向各区域的平均 M_n 普遍小于其在垂直冲击方向，且沿对面 2 方向的 M_n 值大于沿对面 3 方向，并随着循环冲击次数的增加其差值逐渐增大，说明局部冲击时试样内微结构在垂直冲击方向演化得更剧烈，尤其是在垂直临界区域剪切带方向上（对面 2 方向上）。这主要是由于局部冲击时，在冲击区域和非冲击区域的交界面处（临界区域）形成一个剪切损伤带（平行于冲击方向），而对面 2 方向上 5 个监测点均垂直穿过该剪切带，在多次循环冲击扰动后该临界区域所受损伤比其他区域更大，导致试样在沿对面方向上微结构的演化更为显著；另外，对面 3 方向上监测点 5 区域在冲击载荷作用下受外部约束的反作用力的扰动较大，导致试样此区域微结构在沿对面 3 方向上演化相对剧烈（与对面 1 方向上的非冲击区域相比），但与直接受冲击区域相比仍较小。

6.8　煤岩对局部递增冲击载荷作用的力学响应

递增冲击载荷是指试样所受冲击的冲量（动量）是从小到大逐渐增加的。局部递增冲击载荷作用下煤岩内微结构的演化规律与其在恒定冲量的局部循环冲击载荷作用下不同，为了探究局部递增冲击载荷对煤样内微结构演化规律的影响，同时与恒定冲量的局部循环冲击载荷作用下煤岩内微结构演化规律进行对比分析，开展了煤岩局部递增冲击试验并根据前述公式分别对每组煤岩试样受 n 次冲击载荷作用后，试样内微结构累积变化因子 M_n 进行计算，分析试样不同区域 M_n 随循环冲击次数的演化规律。

6.8.1　局部递增循环冲击次数对煤岩内微结构演化影响

根据上文中所制定的局部递增冲击试验方案，对 M41～M44 组试样进行冲量递增的局部冲击试验并计算煤岩试样受递增冲击后的微结构累积变化因子 M_n。型煤试样内微结构累积变化因子 M_n 在沿冲击方向（对面 1 方向）上与循环冲击次数的关系如图 6.28 所示。由图 6.28 可知，常规全冲击和局部冲击两种加载条件下，试样不同监测区域在沿冲击方向的 M_n 均随着循环冲击次数的增加呈非线性递增直至完全破坏，且试样破坏时 M_n 均发生显著增加（整体或部分区域 $M_n > 0.8$），表明煤岩体在递增冲击载荷作用下其内微结构在尺度和数量上发生了明显变化。

常规全冲击时，沿冲击方向上 5 个测点区域的 M_n 均随循环冲击次数的增加呈现缓慢增加—急剧增大—平稳发展的三段式非线性变化趋势，其形状近似为倾

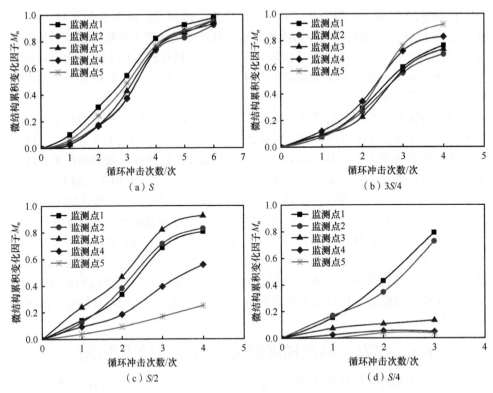

图 6.28 递增冲击下型煤试样 M_n 在对面 1 方向上与循环冲击次数演化关系

斜的"S"形曲线。其中，前两阶段缓慢增加—急剧增大阶段 M_n 与循环冲击次数呈开口向上的二次函数关系，曲线呈上凹状；平稳发展阶段 M_n 与循环冲击次数关系曲线呈对数函数状且 M_n 理论值无限接近于 1。这表明，在递增冲击条件下煤岩试样内微结构首先缓速调整，然后随着单次冲击能量的增加试样内微结构演化速度显著加快，但当试样损伤破坏到一定程度时虽然试样所受冲击的冲量继续增加，但试样加速破坏的趋势趋于缓和。这主要是由于试样在受到较低冲量冲击作用时，冲击能量过小而不能达到试样内微结构迅速发育的阈值，其内部孔裂隙等微结构仅发生了轻微调整；而随着单次冲击冲量的增加，冲击冲量达到或超出该阈值后试样内微结构则迅速发展，再加上多次冲击作用的累积效果，其数量和尺度均发生明显变化，此时 M_n 值急速增大；但由于 M_n 理论最大值为 1，当试样 M_n 加速增大到一定程度后（$M_n=0.8$ 左右），此时试样已发生较大损伤破坏，继续对试样施加更大冲量的冲击后 M_n 并不会继续加速增大，而呈现出平缓增大的趋势。

对于局部冲击载荷作用，$3S/4$ 局部冲击时沿冲击方向上 5 个测点区域的 M_n 随循环冲击次数的发展趋势与常规全冲击时基本一致，均呈现缓慢增加—急剧增大—平稳发展的倾斜的"S"形三段式非线性变化趋势。对比 $3S/4$ 局部冲击和常规全冲击 M_n 随循环冲击次数演化曲线可知，随着递增冲量循环冲击次数的增加，$3S/4$

局部冲击的临界区域和非冲击区域微结构演化剧烈，其 M_n 值大于冲击区域，其原因与恒定冲量循环冲击时相同；$S/2$ 局部冲击时，冲击区域、临界区域的 M_n 随循环冲击次数的变化趋势与常规全冲击时基本一致，呈倾斜的"S"形三段式发展趋势，而非冲击区域 M_n 随循环冲击次数呈现缓慢增加—急剧增大的两段式发展趋势，且试样破坏时的 M_n 均明显小于冲击区域和临界区域；试样不同区域 M_n 表现为临界区域最大、冲击区域次之、非冲击区域最小且随着循环冲击次数的增加三者之间的差值增大的趋势；$S/4$ 局部冲击时，试样冲击区域和临界区域 M_n 随循环冲击次数的增加呈指数函数式增加，表明试样内微结构在该区域发生迅速调整；非冲击区域 M_n 随递增冲量循环冲击次数的增加仅发生较小增大，且距冲击区域越远 M_n 变化越小，尤其是监测点 5 处区域几乎不发生变化，这与恒定冲量循环冲击时相似。

6.8.2　局部递增冲击载荷作用下煤岩内微结构演化规律

以 M41～M44 组递增冲击试验为例进行分析，分别对试样内微结构累积变化因子 M_n 在沿冲击方向对面 1、垂直冲击方向对面 2、3 随循环冲击次数的演化规律进行对比分析。试样 M_n 在对面 2、3 方向上与循环冲击次数的关系如图 6.29 所示，图 6.29（a）～（d）为 4 个冲击加载面积下对面 2、3 方向上不同区域的 M_n 变化。

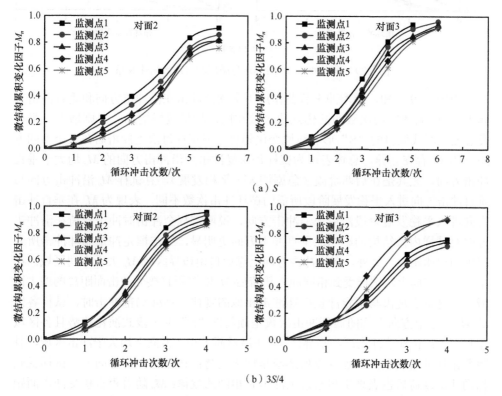

（a）S

（b）$3S/4$

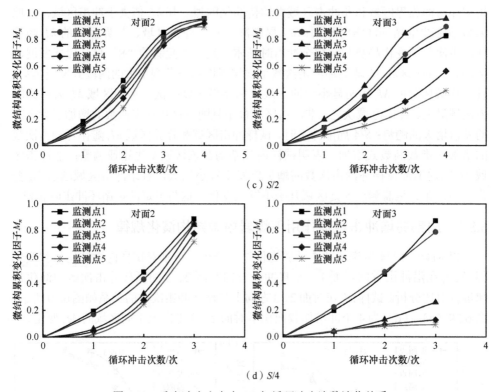

图 6.29 垂直冲击方向上 M_n 与循环冲击次数演化关系

由图 6.29 可知,递增冲击载荷作用下常规全冲击在沿冲击方向和垂直冲击方向上 M_n 随循环冲击次数的演化规律大致相同,均呈缓慢增加—急剧增大—平稳发展的三段式倾斜的"S"形非线性变化趋势,但试样每次受冲击后在三个不同方向上的 M_n 存在差异,总体表现为试样每次受冲击后沿冲击方向的 M_n 均大于垂直冲击方向,尤其是在后两阶段(急剧增大—平稳发展),且试样 M_n 沿冲击方向与垂直冲击方向进入平稳发展阶段所需的循环冲击次数不同,表现为 M_n 在垂直冲击方向进入平稳发展阶段滞后于沿冲击方向,说明常规全冲击时冲击载荷在沿冲击方向对试样内微结构的影响比垂直冲击方向更明显,这与恒定冲量循环冲击所表现出的规律相似。另外,在沿冲击方向上靠近自由边界区域 M_n 大于中间区域;在垂直冲击方向上,试样受到相同冲击载荷后 M_n 随着距直接受冲击面距离的增大而减小,这也表现出与恒定冲量循环冲击相似的规律。$3S/4$ 局部冲击时,试样各区域 M_n 在三个方向上均随循环冲击次数呈倾斜的"S"形三段式演化趋势且各区域差别不大;试样非冲击区和临界区 M_n 在沿对面 1 和 3 方向上均大于冲击区域,且随着循环冲击次数的增加其差值逐渐呈增大趋势;在垂直冲击方向上,试样受到相同冲击载荷后也表现出与常规全冲击时相同的规律:M_n 随着距直接受冲击面距离的增大而减小;$S/2$ 局部冲击时,试样冲击区域和临界区域 M_n 在垂直冲击方向随循环冲击次数的演化规律与沿冲击方向基本相同，均呈倾斜的"S"形三段式演化趋势；而非冲击区域 M_n 在对面 3 方向上随循环冲击次数的演化与在对面 1 方向上相同，均呈缓慢增加—急剧增大的前两阶段演化趋势且试样完全破坏时该区域 M_n 不大；$S/4$ 局部冲击时，试样各区域 M_n 在对面 3 方向上随循环冲击次数的演化规律与在对面 1 方向上基本一致，但 M_n 的值并不相同；试样 M_n 在沿对面 2 方向上随循环冲击次数的演化规律与沿对面 1 和 3 方向上的冲击区域、临界区域 M_n 演化基本一致，均随循环冲击次数的增加呈指数函数式增加。另外，$3S/4$、$S/2$、$S/4$ 三种局部递增冲击加载方式下，试样 M_n 在沿对面 2 方向上的 M_n 均整体大于其在对面 1 和 3 方向上，且其差值随着循环冲击次数的增加有逐渐增加的趋势。

6.9　煤岩对局部递减冲击载荷作用的力学响应

递减冲击载荷是指试样所受冲击的冲量（动量）是从大到小逐渐增加的，为了与递增冲击载荷形成相应对比，将对应冲击加载面积的递增冲击载荷试验组最大冲量的冲击作为递减冲击的首次冲击载荷，即将递增冲击试验组试样完全破坏时所施加冲击的冲量作为递减冲击试验组首次冲击时的冲量，如 M41 试验组第 6 次冲击时的冲量 $I=5.04\ \mathrm{N\cdot s}$，则 M51 试验组第 1 次冲击时的冲量 $I=5.04\ \mathrm{N\cdot s}$。分别对递减冲击试验组试样受 n 次冲击载荷作用后其内微结构累积变化因子 M_n 进行计算，分析递减冲击载荷作用下试样不同区域 M_n 随循环冲击次数的演化规律。

6.9.1　局部递减循环冲击次数对煤岩内微结构演化影响

根据上文所制定的局部递增冲击试验方案，对 M51～M54 组试样进行冲量递减的局部冲击试验并计算煤岩试样受递减冲击后的微结构累积变化因子 M_n。试样内微结构累积变化因子 M_n 在沿冲击方向（对面 1 方向）上与循环冲击次数的关系如图 6.30 所示。由图 6.30 可知，常规全冲击和局部冲击两种加载条件下，试样不同监测区域在沿冲击方向的 M_n 均随着循环冲击次数的增加呈非线性递增直至完全破坏，且试样破坏时 M_n 均发生显著增加（整体或部分区域 $M_n > 0.8$），表明煤岩体在递减冲击载荷作用下其内微结构在尺度和数量上发生了明显变化。

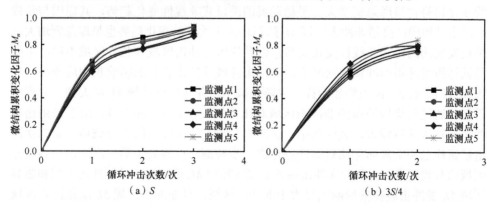

（a）S　　　　　　　　　　　　　　（b）$3S/4$

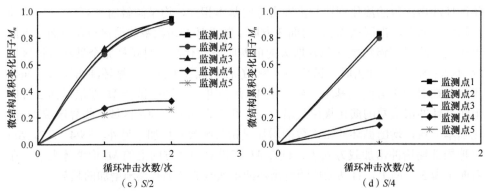

图 6.30   递减冲击下型煤试样 M_n 在沿冲击方向上与循环冲击次数演化关系

常规全冲击时，沿冲击方向上各测点区域的 M_n 均随循环冲击次数的增加呈现急剧增大—平稳发展的两段式非线性变化趋势，其关系为开口向下的二次函数关系，曲线为上凸状。这表明，在递减冲击载荷作用下，试样受到初次大冲量冲击后其内孔裂隙等微结构首先发生了剧烈演化，试样各区域 M_n 均显著增大；继续采用较小一级的冲量冲击试样，试样各区域 M_n 继续增大，但增大的梯度减小直至试样完全破坏停止冲击。这主要是由于试样在递减冲击载荷作用下，首次冲击载荷的冲量较大，远超出其内微结构迅速发育的冲量阈值，导致试样内微结构剧烈调整并发生较大破坏；继续对试样施加较小冲量的冲击载荷，此时试样内微结构迅速发育的冲量阈值比上一次受冲击前大幅度减小，试样进一步发生损伤破坏，但试样的累计损伤已达到一定程度（ M_n=0.8 左右），使得 M_n 继续增大的梯度趋于缓和，呈现出平缓增大的趋势。

对于局部冲击，3S/4 局部冲击时沿冲击方向上各测点区域的 M_n 随循环冲击次数的发展趋势与常规全冲击时基本一致，均呈现急剧增大—平稳发展的两段式非线性变化趋势。3S/4 局部冲击的临界区域和非冲击区域微结构演化剧烈，其 M_n 值大于冲击区域，这与循环冲击和递增冲击时规律一致，只是 M_n 随循环冲击次数演化的曲线形状不同。S/2 局部冲击时，冲击区域、临界区域的 M_n 随循环冲击次数的变化趋势也呈现急剧增大—平稳发展的两段式非线性变化趋势，其原因与常规全冲击时相同；虽然非冲击区域 M_n 随循环冲击次数的变化趋势也呈现急剧增大—平稳发展的两段式非线性变化趋势，但其原因与冲击区域和临界区域不同，主要是试样所受冲击的冲量逐次减小，非冲击区域受冲击载荷的影响也相应变小，导致 M_n 随循环冲击次数增加的梯度也随之减小，并非由该区域 M_n 增大到一定程度引起（通过与递增冲击的非冲击区域对比可知）；S/4 局部冲击时，由于采用递减冲击的首次冲量较大，试样在第一次冲击后即发生了较大的宏观破坏，第二次冲击后试样已完全破坏无法对试样进行进一步检测，仅得到了第一次冲击后各监测区域的有效数据；由第一次冲击后各监测区域的 M_n 值可知，试样冲击区域和临界区域 M_n 受冲击载荷的影响明显大于非冲击区域，且非冲击区域 M_n 随距冲击区域距离的增大而显著减小，达到一定距离后非冲击区域将不再受施加在冲击区域的冲击载荷的影响。

6.9.2　局部递减冲击载荷作用下煤岩内微结构演化规律

以 M51~M54 组递减冲击试验为例进行分析，分别对试样内微结构累积变化因子 M_n 在沿冲击方向对面 1、垂直冲击方向对面 2、3 随循环冲击次数的演化规律进行对比分析。试样 M_n 在对面 2、3 方向上与循环冲击次数的关系如图 6.31 所示，图 6.31（a）~（d）分别为 4 个冲击加载面积下对面 2、3 方向上不同区域的 M_n 变化规律。

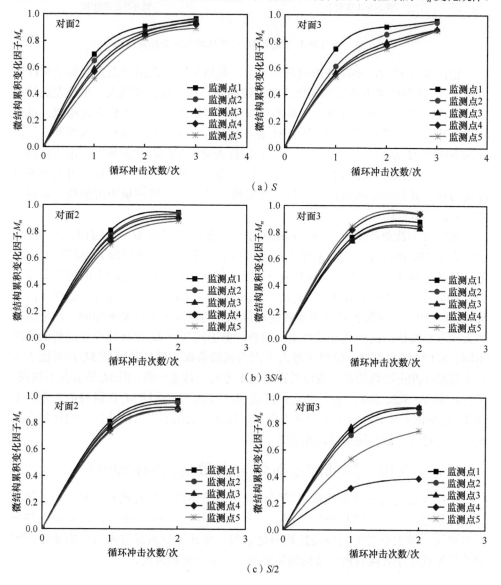

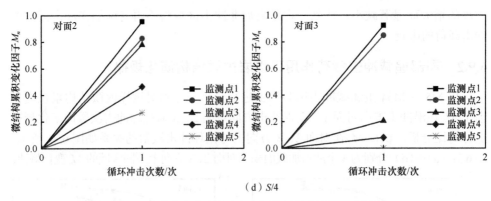

（d）S/4

图 6.31　垂直冲击方向上 M_n 与循环冲击次数演化关系

由图 6.31 可知，递减冲击载荷作用下，常规全冲击在沿冲击方向和垂直冲击方向上 M_n 随循环冲击次数的演化规律大致相同，均呈现急剧增大—平稳发展的两段式非线性变化趋势。与恒定冲量循环冲击和递增冲量冲击加载方式相似，试样每次受冲击后在三个不同方向上的 M_n 存在差异，总体表现为试样每次受冲击后沿冲击方向的 M_n 均大于垂直冲击方向，且试样内微结构的演化在垂直冲击方向滞后于沿冲击方向，说明冲击载荷对试样内微结构在沿冲击方向的影响作用大于垂直冲击方向。其他相应的规律也与恒定冲量循环冲击和递增冲量冲击加载方式时基本一致，不再赘述。

递减冲击载荷作用下，3S/4 局部冲击时，试样各区域 M_n 在对面 1、2 和 3 三个方向上均随循环冲击次数的增加呈急剧增大—平稳发展的两段式非线性变化趋势，且各区域 M_n 差别不大；试样各区域 M_n 在沿对面 1 和 3 方向上的规律基本一致，且试样非冲击区和临界区 M_n 均大于冲击区域。S/2 局部冲击时，试样各区域 M_n 在垂直冲击方向随循环冲击次数的演化规律与沿冲击方向基本相同，均呈急剧增大—平稳发展的两段式非线性变化趋势，但不同区域 M_n 出现该变化趋势的原因不同。S/4 局部冲击时，仅得到冲击一次的试验数据，试样各区域 M_n 在对面 3 方向上随循环冲击次数的演化规律与在对面 1 方向上基本一致，但 M_n 的值并不相同。另外，3S/4、S/2、S/4 三种局部递减冲击加载方式下，试样 M_n 在沿对面 2 方向上的 M_n 均整体大于其在对面 1 和 3 方向上，且其差值随着循环冲击次数的增加有逐渐增加的趋势，这与递增冲击加载时一致。

6.10　局部冲量对煤岩内微结构演化影响

不同冲量的局部冲击载荷对煤岩试样内微结构的演化有重要影响，为了探究局部冲量对煤岩内微结构演化影响，开展了不同冲量的局部循环冲击试验，并分别对单次冲量大小对煤岩内微结构演化影响、累计冲量对煤岩内微结构演化影响和冲量加载顺序对煤岩内微结构演化影响进行了分析和讨论。

6.10.1　单次冲量大小对煤岩内微结构演化影响

为了探究不同冲量的局部冲击载荷作用对煤岩内微结构演化的影响规律，在 2.058 N·s、2.910 N·s、3.564 N·s 三个冲量条件下对试样进行了循环冲击试验，取 M11～M14、M21～M24 和 M31～M34 试验组受第一次冲击后的试验结果为例进行分析。不同冲量的冲击载荷冲击试样 1 次后，试样不同区域的 M_n 演化规律如图 6.32 所示。

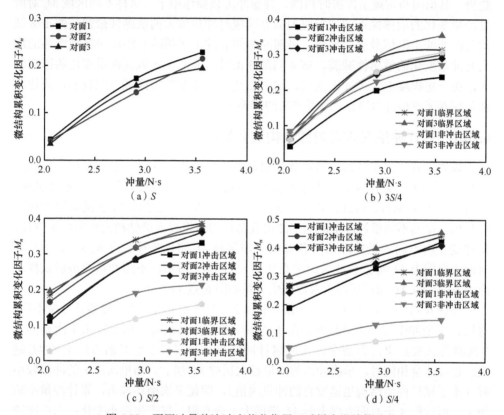

图 6.32　不同冲量单次冲击载荷作用下试样内微结构演化

由图 6.32 可知，常规全冲击时试样整个区域均为冲击区域，3 个对面方向上 M_n 均随冲击冲量的增大呈非线性增大，其演化曲线呈上凸状，即 M_n 增大梯度随冲量的增大呈略微减小趋势，表明当试样受到较小冲量的冲击载荷时，其内微结构仅发生微弱调整；当试样所受冲击载荷的冲量增大到一定程度时，其内微结构将迅速调整、演化；采用更大冲量冲击试样时，试样内微结构将发生更大的调整，但其调整的剧烈程度有所降低。这主要是由于较小冲量冲击试样时，冲量未能达到试样内微结构迅速发育的冲量阈值，此冲量阈值以下的冲量冲击试样对试样内微结构的影响很小（M_n 一般不超过 0.1）；当试样所受冲击的冲量达到或超过该冲量阈值时，试样内微结构将迅速发生较大调整，表现为 M_n 的急剧增大；但当试样所受冲击冲量超过该冲量阈值较多时，试样对冲击能量的吸收率将减小，用于试样内微结构演化的能量所占比例将下降，导致试样 M_n 随冲量增大的梯度将有所下降。另外，试样受相同冲量冲击后，对面 1 方向上的 M_n 均大于对面 2 和 3 方向。

局部冲击载荷作用时，冲击区域、临界区域和非冲击区域 M_n 在 3 个对面方向上随冲击冲量增大的演化趋势与常规全冲击时基本一致，呈上凸状的非线性增大趋势，其原因与常规全冲击时相同。局部冲击载荷作用下，试样不同区域 M_n 对所受冲量变化的敏感性不同，表现为临界区域对冲量增大的敏感性最强，冲击区域次之而非冲击区域最弱。另外，局部冲击的非冲击区域随着距冲击区域距离的增大对冲量变化的敏感性减弱。$3S/4$ 局部冲击时，非冲击区域受冲量变化的影响较大，在一定程度上大于冲击区域，这主要是由于该非冲击区域范围较小，两边分别是临界区域和自由边界，故受冲击的影响较大。

6.10.2 累计冲量对煤岩内微结构演化影响

煤岩试样受到循环冲击载荷作用时，其内微结构演化具有累积效应。局部冲击载荷作用下，累计冲量的大小对试样不同区域内微结构的演化具有重要影响。以常规全冲击 M11、M21、M31 和 $S/2$ 局部冲击 M13、M23、M33 试验组为例进行分析，探究不同累计冲量的局部冲击载荷作用对煤岩内微结构演化的影响规律。试样受 3 次不同冲量的冲击后各对面不同区域 M_n 演化规律如图 6.33（a）所示，对面 1 方向上 M_n 与累计冲量的关系如图 6.33（b）所示，不同冲量冲击后试样对面 1 不同区域 M_n 随循环冲击次数演化关系如图 6.33（c）所示。

由图 6.33 可知，不同冲量的循环冲击时，循环冲击次数不同则累计冲量不同。对比常规全冲击和 $S/2$ 局部冲击在 3 个不同冲量冲击载荷作用下冲击 1 次和冲击 3 次时的试验结果，常规全冲击时累计冲量越大，试样 3 个对面方向上的 M_n 越大；累计冲量相同时，单次冲击的冲量越大试样 M_n 越大。当单次冲击的冲量较小时（小于试样内微结构迅速发育的冲量阈值），即使多次循环冲击，累计冲量不断增大，但试样 3 个对面方向上的 M_n 仍增大十分有限，仅产生微小变化；当单次冲击的冲量较大时（大于试样内微结构迅速发育的冲量阈值），随着循环冲击次数的增大，累计冲量相应增大，试样 3 个对面方向上的 M_n 均发生明显增大。这主要是由于当单次冲击的冲量小于试样内微结构迅速发育的冲量阈值时，对试样施加的冲击载荷的能量大多被试样吸收耗散，只有很少一部分用于试样内微结构的演化，虽然多次冲击试样，但试样内微结构仅发生微小调整，此时的冲击可称为无效冲击；而当单次冲击的冲量达到该阈值时，冲击载荷的能量使试样内微结构迅速演化，多次冲击试样后试样内微结构在累计冲量的作用下迅速演化为宏观的损伤破坏，此时的冲击称为有效冲击。$S/2$ 局部冲击时，试样各区域 M_n 均随累计冲量的增大而增大，但各区域随累计冲量增大而增大的梯度不同，表现为临界区域最大、冲击区域次之而非冲击区域明显小于前两者，尤其是当单次冲击的冲量较小时这种现象尤为突出，其原因与上述常规全冲击时相同。另外，累计冲量相同时，单次冲击的冲量越大试样各区域 M_n 越大，且非冲击区域 M_n 与冲击区域和临界区域的差距随累计冲量的增大呈增大趋势。

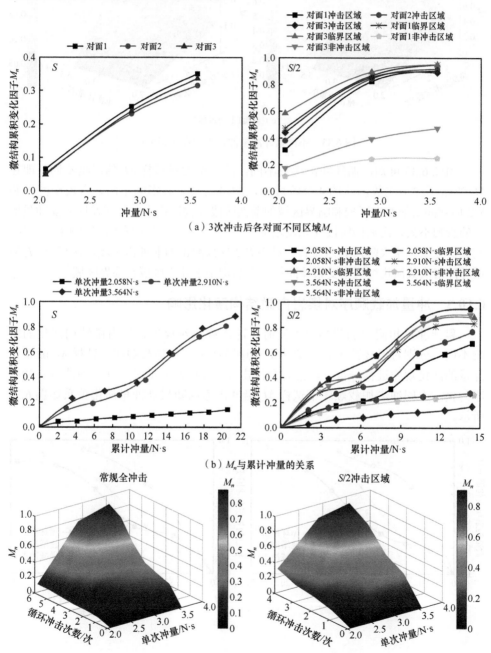

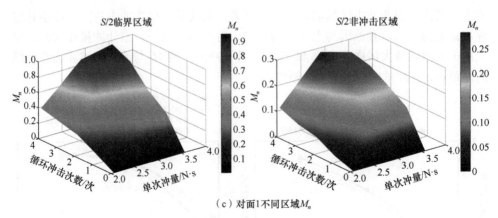

（c）对面1不同区域 M_n

图6.33 不同累计冲量冲击下试样 M_n 演化

由图6.33可知，循环冲击次数不同，冲量增大对试样 M_n 的影响不同，即在 M_n 随循环冲击次数演化的4个阶段中，冲量大小对其影响不同。常规全冲击和 $S/2$ 局部冲击的冲击区域和临界区域的前两阶段（快速增大—平缓发展）受冲量增大的影响不大，而后两阶段（急剧增大—平稳增大）受冲量增大的影响十分明显，尤其是在急剧增大阶段尤为显著。对于 $S/2$ 局部冲击的非冲击区域，在整个 M_n 随循环冲击次数演化过程中受累计冲量的影响均小于冲击区域和临界区域。

6.10.3 冲量加载顺序对煤岩内微结构演化影响

累计冲量相同而加载顺序不同时，冲击载荷对煤岩试样内微结构演化的影响不同。分别对循环冲击、递增冲击和递减冲击三种加载顺序下试样 M_n 随累计冲量的演化规律进行分析。以常规全冲击和 $S/2$ 局部冲击时三种不同冲击加载顺序为例，不同冲击加载顺序下试样 M_n 沿冲击方向随累计冲量演化关系如图6.34所示。

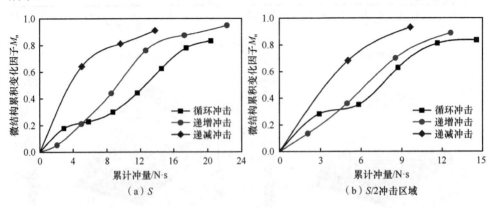

（a）S

（b）$S/2$冲击区域

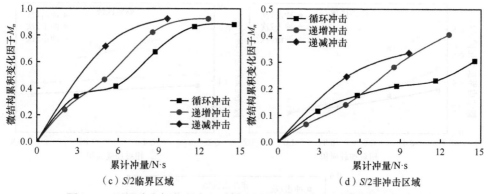

（c）$S/2$ 临界区域　　　　　　（d）$S/2$ 非冲击区域

图 6.34　不同冲击加载顺序下试样 M_n 沿冲击方向与累计冲量演化关系

由图 6.34 可知，常规全冲击和 $S/2$ 局部冲击时，试样内微结构均对由大到小的冲量加载顺序更为敏感。当累计冲量较小时，恒定冲量循环冲击对试样内微结构演化的影响大于递增冲量冲击，但当递增冲击的单次冲量值超过循环冲击的冲量值时，相同累计冲量条件下，递增冲击加载顺序对试样内微结构演化的影响更显著。3 种冲量加载顺序下，试样在常规全冲击时完全破坏所需的累计冲量均明显大于 $S/2$ 局部冲击，说明局部冲击加载时试样内微结构演化更剧烈，更容易发生宏观损伤破坏。相同累计冲量条件下，递减冲量的加载顺序明显比递增冲量的加载顺序对试样内微结构演化的影响大，更容易造成试样的宏观破裂，这主要是由于煤岩试样存在一个试样内微结构迅速发育的冲量阈值，单次冲击的冲量小于该阈值时冲击为无效冲击，冲击能量均被试样吸收耗散掉，而只有单次冲击的冲量值大于等于该阈值时，试样内微结构才能迅速演化，并扩展贯通形成宏观破坏；采用递增冲量加载顺序时，前期冲量较小的冲击并不能引起试样内微结构的调整，只有冲量达到其冲量阈值时，试样 M_n 才迅速增大；而采用递减冲量的加载顺序时，首次对完整试样进行冲击的冲量较大，已远超出了试样内微结构迅速发育的冲量阈值，试样内微结构发生急剧演化，并产生了一定程度的宏观破坏，且试样内微结构迅速发育的冲量阈值随试样破坏程度的变化而变化，此时由于试样已产生了较大破坏，相比上述完整试样内微结构迅速发育的冲量阈值将进一步降低，导致虽然随后再进行冲击时的冲量值依次下降，但试样随着破坏程度的增大其冲量阈值也随之降低，使得较低冲量的单次冲击同样能加剧试样的进一步破裂。这在工程上可以利用改变冲量加载顺序来达到高效破岩（煤）、提高煤层透气性等目的。

6.11　冲击加载面积与煤岩内微结构演化的耦合关系

局部冲击载荷作用下，不同的冲击加载面积对试样不同区域的微结构演化影响不同。以 M21～M24 组冲击试验为例，试样对面 1 方向上冲击区域、临界区域和非冲击区域 M_n 与冲击加载面积的关系如图 6.35（a）所示，其拟合关系如表 6.8 所示。

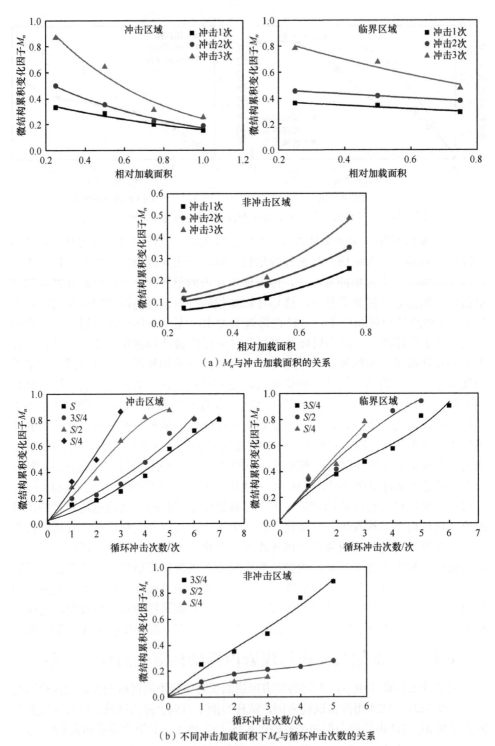

（a）M_n与冲击加载面积的关系

（b）不同冲击加载面积下M_n与循环冲击次数的关系

图 6.35　不同区域 M_n 与冲击加载面积和循环冲击次数的关系

表 6.8　不同区域 M_n 与冲击加载面积拟合关系

组号	监测区域	循环冲击次数/次	拟合公式	R^2
M21	冲击区域	1	$y=0.04515e^{-1.078}x$	0.9792
		2	$y=0.9796e^{-1.354}x$	0.9796
		3	$y=1.3845e^{-1.773}x$	0.9536
M22~M24	临界区域	1	$y=0.4084e^{-0.438}x$	0.9213
		2	$y=0.4989e^{-0.368}x$	0.9991
		3	$y=1.0435e^{-1.002}x$	0.9477
	非冲击区域	1	$y=0.0361e^{2.589}x$	0.9836
		2	$y=0.064e^{2.2031}x$	0.9798
		3	$y=0.0785e^{2.3175}x$	0.9385

　　由图 6.35 可知，相同冲量和循环冲击次数条件下，冲击区域和临界区域 M_n 均随冲击加载面积（区间为（0,S]）的增大而呈指数函数减小规律，且循环冲击次数越多冲击加载面积对其 M_n 的影响越大，表现为随着循环冲击次数的增多 M_n 随冲击加载面积的减小而增大的趋势变得更显著；而非冲击区域 M_n 随冲击加载面积的增大而呈指数函数增大，且循环冲击次数越多，M_n 随冲击加载面积增大而增大的趋势越显著，这与冲击区域和临界区域正好相反；说明试样受到相同冲量的冲击作用时，冲击加载面积越小冲击区域和临界区域内微结构演化越剧烈，而非冲击区域内微结构演化越不明显。这可能主要是由于冲量一定时，冲击加载面积越小，试样受到的局部冲击力越集中，冲击区域内微结构变化越大；临界区域由于紧挨冲击区域而受作用于冲击区域冲量的影响，在冲击区域和非冲击区域交界面处微结构变化剧烈，受冲击加载面积影响与冲击区域相似；非冲击区域随冲击加载面积的减小而增大，远离冲击区域的部分增多，且距冲击区域越远非冲击区域内微结构受冲击作用的影响越小。循环冲击次数增加引起冲击加载面积对试样各区域内微结构演化的影响更显著，主要是由于循环冲击对试样内微结构演化的累积效应。

　　M_n 与循环冲击次数的关系如图 6.35（b）所示，其拟合关系如表 6.9 所示。

表 6.9　不同区域 M_n 与循环冲击次数拟合关系

组号	冲击加载面积	监测区域	拟合公式	R^2
M21	S	冲击区域	$y=-0.0008x^3+0.0148x^2+0.0491x+0.0295$	0.9831
M22	$3S/4$	冲击区域	$y=0.0016x^3-0.0064x^2+0.114x+0.0265$	0.9773
		临界区域	$y=0.0047x^3-0.0429x^2+0.239x+0.0279$	0.9708
		非冲击区域	$y=-0.0033x^3+0.0224x^2+0.1385x+0.0269$	0.9832

续表

组号	冲击加载面积	监测区域	拟合公式	R^2
M23	$S/2$	冲击区域	$y=-0.0053x^3+0.0271x^2+0.1698x+0.0207$	0.979
		临界区域	$y=-0.002x^3-0.0038x^2+0.2568x+0.0195$	0.9791
		非冲击区域	$y=-0.0091x^2+0.0959x+0.0121$	0.9782
M24	$S/4$	冲击区域	$y=0.0102x^2+0.2464x+0.0182$	0.9832
		临界区域	$y=-0.0072x^2+0.2665x+0.025$	0.96
		非冲击区域	$y=-0.0087x^2+0.0763x+0.0009$	0.9988

由表 6.8 和表 6.9 可知，试样受相同冲量冲击作用时，冲击区域、临界区域和非冲击区域 M_n 与冲击加载面积均呈指数函数变化，其拟合度均在 0.92 以上，可以较好地描述试样内微结构演化与冲击加载面积的关系。常规全冲击、$3S/4$ 和 $S/2$ 局部冲击的冲击区域 M_n 与循环冲击次数呈三次函数关系，$3S/4$ 局部冲击的临界区域和非冲击区域、$S/2$ 局部冲击的临界区域 M_n 与循环冲击次数也呈三次函数关系；$S/4$ 局部冲击时，试样冲击区域、临界区域和非冲击区域 M_n 与循环冲击次数均呈二次函数关系，且 $S/2$ 局部冲击的非冲击区域与循环冲击次数也呈二次函数关系。各拟合曲线拟合度均在 0.96 以上，说明拟合关系可以很好地描述不同冲击加载面积下试样内微结构演化与循环冲击次数的关系。

6.12 局部冲击载荷作用下型/原煤试样内微结构演化对比

为了对比分析不同冲击加载面积下型煤试样和原煤试样内微结构演化规律，以原煤为对象，进行了与 M21～M24 组试验相同冲击加载条件的原煤组试验 R11～R14。

6.12.1 循环冲击次数对型煤和原煤试样内微结构演化差异分析

原煤试样 M_n 在沿冲击方向上与循环冲击次数演化关系如图 6.36 所示。根据研究结果分析，常规全冲击时原煤试样 M_n 在对面 1 方向上的演化模式与型煤试样不同，在原煤试样 M_n 随循环冲击次数的演化过程中，测点 4 和 5 所监测区域 M_n 随循环冲击次数呈平缓发展—急剧增大两段式演化，其他三个测点所监测区域 M_n 仅出现略微增大，而型煤试样整个冲击区域 M_n 均随循环冲击次数的增加呈倾斜的 "M" 形四段式演化模式，说明常规全冲击时原煤试样仅在测点 4 和 5 区域发生了部分破坏，而型煤试样发生了整体破坏。原煤试样局部冲击时，$3S/4$ 和 $S/2$ 局部冲击的冲击区域 M_n 随循环冲击次数变化不大，整体呈平缓发展趋势，这与型煤试样冲击区域 M_n 呈倾斜的 "M" 形四段式演化模式不同，$S/4$ 局部冲击的冲击区域和临界区域 M_n 均随循环冲击次数的增加呈快速增大—平缓发展—急剧增大的倒 "S" 形三段式演化模式，这与型煤试样相同；$3S/4$ 和 $S/2$ 局部冲击的临界区域和

$3S/4$ 局部冲击的非冲击区域 M_n 均随循环冲击次数的增加呈平缓发展—急剧增大两段式演化，这与型煤试样基本一致，只是微结构演化模式不同；$S/2$ 和 $S/4$ 局部冲击的非冲击区域 M_n 在整个冲击过程中几乎不发生变化，这与型煤试样所表现出的趋势也基本一致。

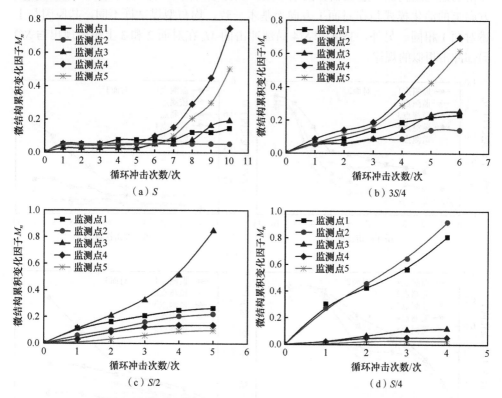

图 6.36　原煤试样 M_n 在沿冲击方向上与循环冲击次数演化关系

出现这种型煤试样与原煤试样 M_n 演化模式不同的主要原因是，原煤试样内部存在多种尺度的原生孔隙、裂隙，其内微结构更为复杂，且原煤非均质性更强、脆性也很大，这是人工压制的型煤试件所不具备的。当原煤试样受到循环冲击时，其内部原生裂隙尖端处出现应力集中，循环冲击到一定次数时裂隙扩展，裂隙扩展区域微结构发生显著变化，试样沿该区域发生破坏，其他区域微结构变化较小，而型煤试样均质性较好且脆性比原煤试样差，因此其规律性也相对较好。

原煤试样在对面 2、3 方向上 M_n 随循环冲击次数演化关系如图 6.37 所示。由研究分析可知，常规全冲击和 $S/2$ 局部冲击时，原煤试样在对面 2 方向上 M_n 随循环冲击次数的演化模式与型煤试样相同，呈倾斜的"M"形四段式演化模式，且 5 个测点所监测区域 M_n 均发生剧烈变化，试样破坏时 M_n 在对面 2 方向上的值大于其在对面 1 和 3 方向，这主要是由于在平行对面 2 方向上存在大量原生微结构，这些原生微结构的存在对原煤试样内微结构的演化具有重要影响，在外部载荷作用下原煤试样内微结构演化和宏观裂纹的扩展通常发生在这些原生结构周边；在冲击载荷作用下这些微结构迅速发育，形成平行于对面 2 的宏观结构面，$S/2$ 局部冲击的宏观结构面一般在临界区域形成，试样最终沿结构面破坏；而 M_n 在对面 3 方向上的演化模式与在对面 1 方向上基本一致，均与型煤试样不同，其原因与上述对面 1 相同。另外，$3S/4$ 和 $S/4$ 局部冲击的 M_n 在对面 2 和 3 上也表现出与 $S/2$ 局部冲击相似的规律。

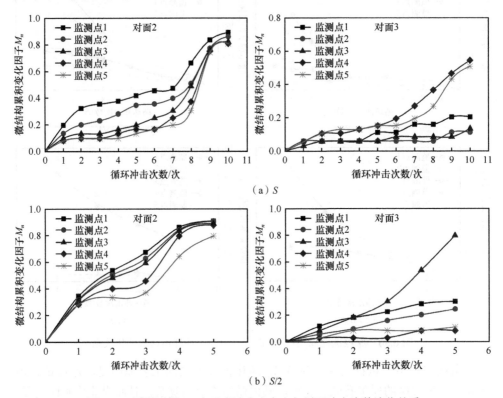

图 6.37　原煤试样 M_n 在垂直冲击方向上与循环冲击次数演化关系

6.12.2　冲击加载面积对型煤和原煤试样内微结构演化差异

原煤试样对面 1 不同区域 M_n 与冲击加载面积耦合关系如图 6.38 所示。由前述研究和分析可知，相同冲量和循环冲击次数条件下，原煤试样和型煤试样冲击区域、临界区域和非冲击区域 M_n 随冲击加载面积演化规律基本一致，即在冲击区域和临界区域 M_n 均随冲击加载面积（区间为（0,S]）的增大而呈指数函数减小，在非冲击区域 M_n 随冲击加载面积的增大而呈指数函数增大；其不同主要体现在，原煤试样在冲击区域和临界区域 M_n 随冲击加载面积的减小而增大的趋势更显著，即相同冲击加载条件下，随冲击加载面积减小原煤试样 M_n 增大的梯度更大，说明原煤试样对冲击加载面积的变化更为敏感。这主要是由于，原煤试样内存在大量不同尺度的原生结构，其脆性更大、非均质性也更强，冲击加载面积减小后在原煤试样原生结构处的应力集中现象明显，引起微结构在此处发生剧烈演化。

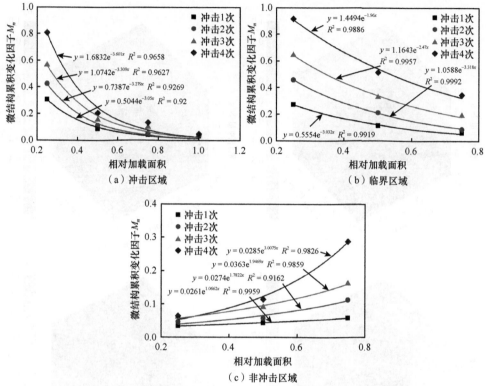

图 6.38　原煤试样对面 1 不同区域 M_n 与冲击加载面积耦合关系

6.13　局部冲击载荷作用下煤岩内微结构演化的局部化效应

煤岩体在局部冲击载荷作用下其内微结构演化与常规全冲击不同[143-147]，表现出明显的局部化效应，为了探究局部冲击载荷对煤岩体微结构演化的局部化效应，明确局部冲击载荷对煤岩体冲击区域、临界区域和非冲击区域微结构演化的影响程度，界定局部冲击载荷作用下煤岩体微结构演化局部化范围，对型煤和原煤试样在局部冲击载荷作用下其内微结构演化的局部化效应进行了对比分析。

6.13.1　局部冲击载荷作用对试样不同区域微结构演化影响

为了更全面、直观地获得局部冲击载荷作用下试样不同区域微结构演化规律，基于各对面监测点所测数据，借助 MATLAB 插值函数拟合对整个试样各个区域微结构随累计冲量的演化进行重构，并将重构结果进行四维可视化。以 M21～M24 和 R11～R14 组冲击试验为例，根据上述方法分别对型煤试样和原煤试样在对面 1

方向上的微结构演化空间分布进行四维可视化处理,其中试样直接受冲击面两边边长分别为空间坐标轴 X、Y,累计冲量为空间坐标轴 Z,不同颜色代表试样不同区域位置的微结构累积变化因子 M_n,如图 6.39 所示。

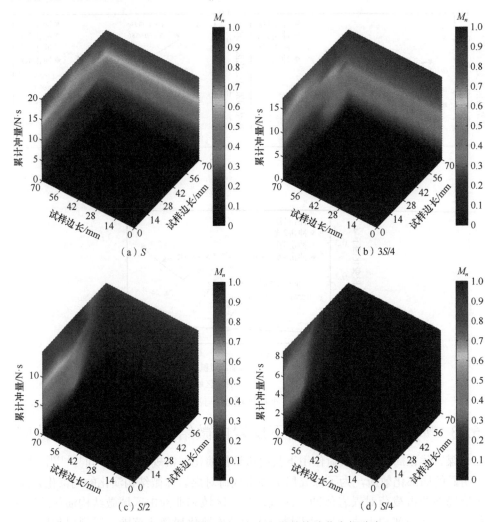

图 6.39 型煤试样对面 1 方向上微结构演化空间分布

由图 6.39 可知,常规全冲击时,相同累计冲量条件下型煤试样各区域微结构累积变化因子 M_n 差别不大,其差别主要为边界区域 M_n 略大于中间区域,说明常规全冲击下型煤试样微结构演化局部化不显著,且边界处区域微结构演化比中间区域更剧烈,这主要是由于靠近边界处区域紧邻自由空间,缺少周围煤岩体约束,在冲击载荷作用下更容易产生损伤变形。局部冲击时,相同累计冲量条件下型煤试样各区域微结构演化差别十分明显,临界区域 M_n 往往最大,冲击区域 M_n 略小于临界区域，非冲击区域 M_n 最小且距冲击区域越远非冲击区域 M_n 越小，这主要是由于临界区域处于冲击区域和非冲击区域交界处，在局部冲击载荷作用下会在临界区形成一个剪切带，此区域煤岩体最易失稳破坏，故其微结构演化最剧烈，而冲击区域由于直接受冲击载荷作用，其内微结构演化比非冲击区域更明显。但 $3S/4$ 局部冲击时，非冲击区域 M_n 大于冲击区域且随着累计冲量的增大非冲击区域 M_n 也大于临界区域，这主要是由于该冲击条件下非冲击区域所占比例较小，受冲击区域和边界效应的双重影响所致。

与型煤试样相比，原煤试样在常规全冲击时各区域 M_n 差别较大，尤其是在试样破坏前更明显，如图 6.40 所示。这说明，全冲击时原煤试样内微结构演化局部化更明显，这主要是由原煤的非均质性更大导致的。局部冲击时，原煤试样内微

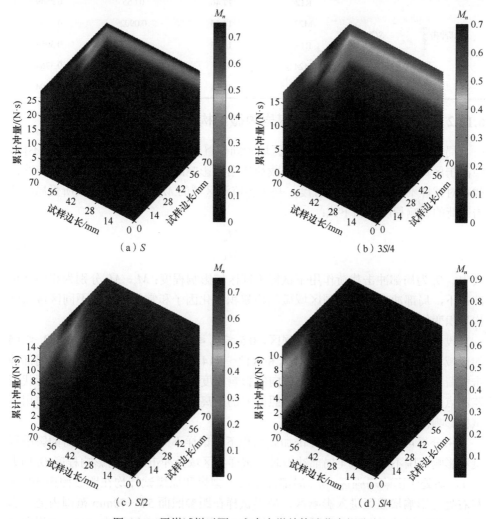

图 6.40　原煤试样对面 1 方向上微结构演化空间分布

结构随累计冲量演化的局部化规律与型煤试样基本一致，其不同之处主要表现在原煤试样破坏前垂直对面 1 方向上各监测点 M_n 方差均大于型煤试样，说明局部冲击载荷对原煤试样微结构演化的局部化效应更显著。试样破坏前对面 1 方向上各监测点 M_n 方差和标准差见表 6.10。

表 6.10　试样破坏前对面 1 方向上各监测点 M_n 方差和标准差

冲击模型	加载面积	试样编号	累计冲量/(N·s)	方差	标准差
常规全冲击	S	M21	20.37	0.001	0.0311
		R11	29.1	0.0835	0.2889
局部冲击	$3S/4$	M22	17.46	0.0041	0.0643
		R12	17.46	0.065	0.2549
	$S/2$	M23	14.55	0.0902	0.3003
		R13	14.55	0.0934	0.3057
	$S/4$	M24	8.73	0.1417	0.3764
		R14	11.64	0.1931	0.4394

6.13.2　局部冲击载荷作用下煤岩内微结构演化局部化范围

局部冲击载荷作用下，非冲击区域不同位置受冲载荷作用的影响程度不同，距冲击区域越远的位置受局部冲击载荷作用的影响越小。为了定量描述局部冲击载荷对试样不同区域的影响程度，基于各监测区域的 M_n 定义了该区域所受局部冲击载荷的影响程度，如下式：

$$D_I = \frac{M_a}{M_S} \tag{6.12}$$

式中，D_I 为局部冲击载荷作用下试样不同区域影响程度；M_a、M_S 分别为相同冲量冲击下，局部冲击试样不同区域微结构累积变化因子和常规全冲击不同区域微结构累积变化因子均值。

设定 $D_I > 1$ 的区域为影响增强区，$0.5 \leqslant D_I \leqslant 1$ 的区域为影响区，$0 < D_I < 0.5$ 的区域为非影响区。以 M22～M24 和 R12～R14 组局部冲击试验组为例，局部冲击载荷对试样不同区域沿对面 1 方向的影响程度如图 6.41 所示，图中横坐标代表监测点距试样受冲击一侧边界（参照面）的距离，表 6.11 为局部冲击载荷作用下试样影响范围划分。

由分析可知，不同局部冲击加载面积下，试样不同区域受冲击载荷的影响程度和影响范围不同。$3S/4$ 局部冲击时，试样各区域受冲击载荷的影响程度 D_I 均大于 1，均处于影响增强区；$S/2$ 局部冲击时，型煤和原煤试样均在距参照面 50mm 左右处由影响增强区进入影响区，型煤试样在距参照面 54～70mm 范围内处于影响区，而原煤试样在距参照面 60mm 处进入非影响区；$S/4$ 局部冲击时，型煤和原

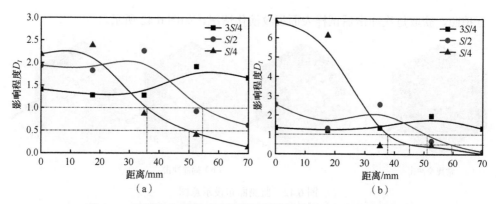

图 6.41　局部冲击载荷对试样不同区域沿对面 1 方向的影响程度

表 6.11　局部冲击载荷作用下试样影响范围划分

试样编号	影响范围（距参照面）/mm		
	影响增强区	影响区	非影响区
M22	0～70	—	
M23	0～54	54～70	
M24	0～36	36～50	50～70
R12	0～70	—	
R13	0～51	51～60	60～70
R14	0～38	38～45	45～70

煤试样均在距参照面 37mm 左右处由影响增强区进入影响区，又分别在距参照面 50mm 和 45mm 处由影响区进入非影响区。另外，在局部冲击载荷作用下，冲击加载面积越大试样影响增强区范围越大、非影响区范围越小，但冲击区域和临界区域受局部冲击载荷的影响程度相对越小。

6.14　不同冲击模式下煤岩表面裂纹的时空演化特征

为了清楚地阐明局部冲击载荷作用下煤岩试样各表面裂纹扩展演化规律，首先定义了试样在沿冲击方向和垂直冲击方向 3 个对面（6 个监测面）的编号。其中，常规全冲击时，沿冲击方向上直接受冲击面为对面 1-1，与对面 1-1 相对的为对面 1-2；垂直冲击方向上，沿着冲击方向之左监测面为 2-1，右监测面为 2-2，上监测面为 3-1，下监测面为 3-2。局部冲击时，沿冲击方向上监测面的定义与常规全冲击时一致；垂直冲击方向上，靠近冲击区域的面为监测面 2-1，远离冲击区域的面为监测面 2-2，上面为监测面 3-1，下面为监测面 3-2。其中，1-1 面与 1-2 面相对，2-1 面与 2-2 面相对，3-1 面与 3-2 面相对，如图 6.42 所示。试验过程中，按照上述试验方案每对试样冲击一次，分别用高清数码摄像机对试样 6 个监测面分别进行拍照，获取每次冲击后试样表面裂纹演化情况，如图 6.42 所示。

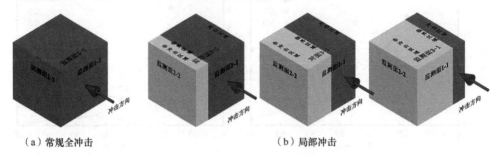

（a）常规全冲击　　　　　　　　　　　（b）局部冲击

图 6.42　监测面布设示意图

6.14.1　循环冲击载荷作用下煤岩表面裂纹的时空演化特征

以单次冲量为 2.910 N·s 的 C21～C24 试验组煤样为例，分析在不同循环冲击次数下型煤试样表面裂纹演化特征。由于局部冲击时三个冲击加载面积下（3S/4、S/2、S/4）试样表面裂纹演化特征相似，为避免重复描述，仅以 S/2 局部冲击时为代表对试样表面裂纹演化特征进行分析。

1）常规全冲击时试样表面裂纹演化特征

鉴于 3 组监测面上裂纹演化特征基本相似和篇幅的限制，不再逐一分析冲击载荷作用下 6 个监测面的裂纹演化特征，现分别取试样 3 个对面方向上（3 组对面）各一个监测面为代表，分析其表面的裂纹演化特征。

1-1 面裂纹随循环冲击次数演化特征：1-1 面为试样直接受冲击作用面，该监测面上裂纹随循环冲击次数演化特征如图 6.43 所示。试样在受第 3 次冲击后，1-1 面首先出现 3 条细小裂纹。3 条裂纹均出现在 1-1 面左下角位置，裂纹Ⅰ的起裂位置在 1-1 面中下部靠近边界区域，裂纹Ⅱ的起裂位置在裂纹Ⅰ左侧，裂纹Ⅲ的起裂位置在裂纹Ⅰ下部，3 条裂纹的萌生形态均呈锯齿状，为明显的拉伸作用裂纹，这是由于该面最先接触到冲击载荷，受冲击载荷直接影响首先出现裂纹。裂纹Ⅰ与水平方向呈 39° 夹角，裂纹Ⅱ与裂纹Ⅰ之间夹角为 24°，裂纹Ⅲ与裂纹Ⅱ之间夹角为 53°。3 条裂纹的扩展路径均呈 "S" 形曲折发展并伴有细小分叉，这主要与试样的非均质性有关。第 4 次冲击后，裂纹Ⅰ沿着第 3 次冲击后的方向斜向上扩展至试样边界，斜向下扩展并与裂纹Ⅱ、Ⅲ发生交会、贯通且裂纹Ⅰ的宽度增大；裂纹Ⅱ、Ⅲ也继续沿原来方向扩展、加宽，扩展方向总体不发生改变，只是扩展路径呈 "S" 形拐折向前发展。第 5 次冲击后，裂纹Ⅰ、Ⅱ、Ⅲ进一步扩展贯通，裂纹明显成倍加宽并在 3 条裂纹的交会处萌生出新的裂纹Ⅳ，裂纹Ⅳ起裂方向与裂纹Ⅰ基本一致（与水平方向呈 39° 夹角），裂纹长度约 10mm。

第 6 次冲击后，裂纹Ⅰ在靠近试样边界处宽度增加且周边出现微小裂纹；裂纹Ⅱ尖端处抵达试样边界并在临近试样边界位置衍生出细微裂纹，且裂纹Ⅱ在与

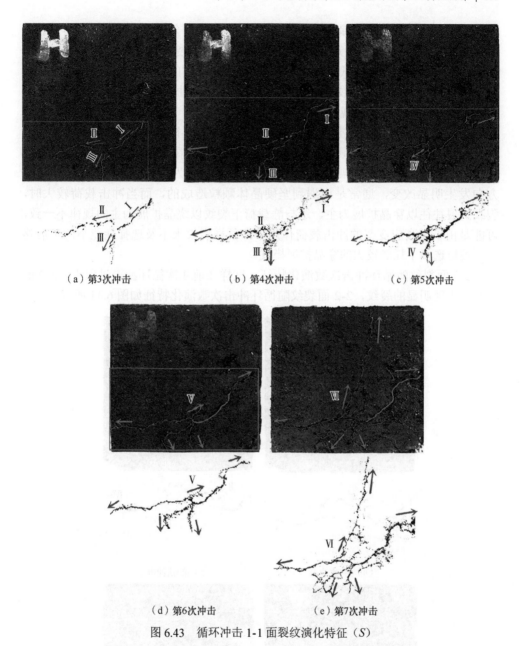

（a）第3次冲击　　　　　（b）第4次冲击　　　　　（c）第5次冲击

（d）第6次冲击　　　　　（e）第7次冲击

图 6.43　循环冲击 1-1 面裂纹演化特征（S）

裂纹 I、III 交会处反向衍生出裂纹 V，其方向与裂纹 II 一致只是扩展方向与裂纹 II 相反，其长度约 6mm；裂纹 III 扩展、加宽不明显；裂纹 IV 沿着初始萌生方向向前扩展后，扩展方向由与裂纹 I 方向一致变为平行于裂纹 III 且裂纹长度成倍增加，向试样下边界扩展。第 7 次冲击后，试样发生较大的宏观破坏，1-1 面内的裂纹数量和尺度发生明显变化；在数量上，除了上面所述的 4 条主裂纹外，还萌生出诸多细微小裂纹（不再一一编号），在裂纹Ⅱ与裂纹Ⅰ交会处萌生出一条明显长裂纹Ⅵ，其方向与裂纹Ⅱ呈73°夹角，裂纹Ⅵ沿扩展方向与裂纹Ⅴ发生交会并继续扩展，直至到达试样边界并贯穿试样；在尺度上，4条主裂纹的宽度均产生了明显增大并发展成宏观裂缝，且主裂纹周边的细小裂纹也进一步扩展、贯通、会合，试样在整体上发生较大损伤，表现出宏观破坏。

上述裂纹在随循环冲击次数的扩展演化过程中伴随有穿晶扩展和绕晶扩展，这主要是由试样内部的坚硬晶体颗粒造成的，当坚硬颗粒的强度大于胶结物的强度时，裂纹扩展以绕晶扩展为主，反之则以穿晶扩展为主。裂纹扩展过程中扩展方向发生明显改变，通常是由遇到坚硬晶体颗粒造成的，而当冲击载荷较大时，裂纹扩展往往以穿晶扩展为主，这与静载荷下裂纹以绕晶扩展为主的规律不一致，可能是由于在高应变率的冲击载荷作用下，试样裂纹来不及选择耗能小的扩展路径，被迫选择了耗能较大的穿晶扩展模式。

2-2面裂纹随循环冲击次数演化特征：试样在前3次循环冲击过程中，2-2面上并未出现明显的裂纹，2-2面裂纹随循环冲击次数演化特征如图6.44所示。

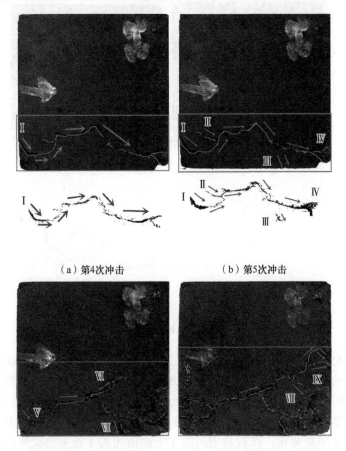

（a）第4次冲击　　　　　　　　　（b）第5次冲击

（c）第6次冲击　　　　　　　　（d）第7次冲击

图 6.44　循环冲击 2-2 面裂纹演化特征（S）

第 4 次冲击后，2-2 面沿冲击方向出现细小裂纹 Ⅰ，裂纹 Ⅰ 的起裂位置在靠近直接受冲击面（1-1 面）位置，其萌生形态呈锯齿状，扩展路径呈曲折发展的"S"形，为明显的拉伸作用裂纹，这主要是由于靠近 1-1 面位置最先接触到冲击载荷，受冲击载荷的影响相对较大。裂纹 Ⅰ 的起裂方向与冲击方向呈 51° 夹角，裂纹 Ⅰ 起裂后沿起裂方向扩展 6mm 后遇到坚硬颗粒，扩展方向发生改变，变为与冲击方向呈 8° 夹角，继续扩展 11mm 左右后遇到较大的晶体颗粒，扩展方向发生明显改变，变为与冲击方向呈 53° 斜向上继续扩展，然后扩展方向再次变为与冲击方向基本平行后扩展 14mm，最后扩展方向再次发生改变，变为与冲击方向呈 30° 左右后基本维持恒定，斜向下扩展至试样边界处。裂纹 Ⅰ 的扩展方向与冲击方向并不完全一致，但整体扩展方向与冲击方向呈锐角，这主要是由试样的非均质性造成的。

第 5 次冲击后，裂纹 Ⅰ 主裂纹方向和扩展路径没有发生明显变化，但裂纹宽度增加。裂纹 Ⅰ 周边衍生出新的细小裂纹 Ⅱ、Ⅲ、Ⅵ，裂纹 Ⅱ 起裂方向与裂纹 Ⅰ 基本一致，沿起裂方向扩展后与裂纹 Ⅰ 交会；裂纹 Ⅲ 起裂位置在裂纹 Ⅰ 下方靠近边界处，其扩展方向与冲击方向呈 53° 夹角，长度为 3mm 左右；裂纹 Ⅳ 的起裂位置在裂纹 Ⅰ 扩展路径的末端，由裂纹 Ⅰ 分岔衍生，沿冲击方向扩展至试样边界处。

第 6 次冲击后，试样在裂纹 Ⅲ、Ⅵ 位置处出现表面掉块并在裂隙 Ⅰ 附近萌生裂隙 Ⅴ，其方向与裂纹 Ⅰ 在交会处呈 80° 左右；裂纹 Ⅵ 在裂纹 Ⅰ 与冲击方向平行转为斜向下发展位置处起裂，并沿与冲击方向呈 30° 方向斜向上扩展；裂纹 Ⅰ 在裂纹 Ⅵ 起裂位置方向发生较大改变且萌生出多条明显裂纹，这可能是由于裂纹扩展至该位置时遇到较大的坚硬晶体颗粒，遭受冲击载荷后出现了较大的应力集中，导致裂纹扩展路径在此处转向而致新的裂纹萌生。裂纹 Ⅶ 在裂纹 Ⅲ 位置附近（裂纹 Ⅲ 由于表面掉块消失），与裂纹 Ⅲ 方向相同。

第 7 次冲击后，由于试样整体发生较大破坏，其表面裂纹演化较为剧烈，裂纹 Ⅰ 中部位置明显加宽，裂纹 Ⅱ、Ⅴ 周边衍生出多处细小微裂纹，裂纹 Ⅵ 沿起裂方向扩展一段距离后发生分岔，萌生出裂纹 Ⅷ 和 Ⅸ，裂纹 Ⅷ 和 Ⅸ 与裂纹 Ⅵ 的夹角分别为 72° 和 55°，且裂纹 Ⅵ 在扩展演化过程中方向也在靠近边界位置处发生较大转变，其宽度也有所增大。

3-1 面裂纹随循环冲击次数演化特征：试样 3-1 监测面在前 4 次冲击过程中未出现明显裂纹，因此从第 5 次冲击后进行分析，其表面裂纹随循环冲击次数演化特征如图6.45所示。由图6.45可知，裂纹由直接受冲击面（1-1面）沿冲击方向扩展，其萌生形态呈锯齿状，并在扩展过程中出现多个分岔。裂纹Ⅰ起裂位置在紧靠1-1面边界下角位置，扩展方向与冲击方向平行，扩展5mm左右后扩展方向转变为与冲击方向呈65°斜向上发展并出现分岔，萌生出裂纹Ⅱ和裂纹Ⅲ，裂纹Ⅱ由裂纹Ⅰ萌生起裂后沿平行于冲击方向拐折扩展一小段距离，裂纹Ⅲ由裂纹Ⅰ分岔位置沿裂纹Ⅰ方向继续向上扩展4mm后，其方向改变为与冲击方向呈8°夹角，继续扩展20mm后裂纹Ⅲ发生分岔，萌生出裂纹Ⅳ和Ⅴ；裂纹Ⅳ由分岔点起裂后沿与冲击方向呈32°方向扩展，扩展路径中存在多次小幅度拐折，裂纹Ⅴ由分岔点起裂后，保持与裂纹Ⅲ分岔前的方向一直向后扩展，并沿着该方向一直扩展35mm左右，扩展过程中裂隙Ⅴ扩展方向为高频率、小幅度近似呈"S"形的反复变化，这主要是由于裂纹尖端受力不均匀，加之冲击力的方向与裂纹尖端方向不一致导致的。

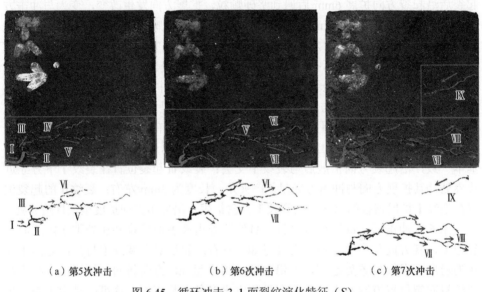

(a) 第5次冲击　　　　　　　(b) 第6次冲击　　　　　　　(c) 第7次冲击

图6.45　循环冲击3-1面裂纹演化特征（S）

　　第6次冲击后，3-2表面裂纹在数量和尺度上均有所增加，裂纹Ⅰ和Ⅲ宽度增大，裂纹Ⅱ和Ⅴ进一步扩展，裂纹Ⅳ并未发生明显变化。裂纹Ⅱ扩展方向转变为与冲击方向呈34°，并沿该方向扩展至试样边界处后终止；裂纹Ⅴ遇坚硬颗粒后，扩展方向发生较大改变，先向上发展然后演化为斜向下，变化后方向与冲击方向呈45°；裂纹Ⅴ分岔衍生出裂纹Ⅶ，裂纹Ⅶ起裂后沿与冲击方向呈16°方向扩展22mm左右后，方向变为与冲击方向平行后继续扩展至试样边界后终止。

　　第7次冲击后，裂纹Ⅶ分岔萌生裂纹Ⅷ，裂纹Ⅷ扩展一小段距离后与裂纹Ⅶ重新会合，裂纹Ⅶ与Ⅷ中间所包围的区域即较大的坚硬晶体颗粒，裂纹扩展过程中出现绕晶扩展模式；裂纹Ⅸ的萌生位置与其他裂纹距离较远，且扩展方向与冲击方向的反方向呈 20° 夹角，其长度为 18mm 左右，这主要是由于试样受多次冲击载荷作用后，内部孔裂隙结构剧烈演化，试样内部已发生较大损伤，在 1-2 面（与直接受冲击面相对的面）对试样的反作用力多次扰动后，裂纹 IX 在靠近 1-2 面边界处起裂并逆着冲击方向扩展。

　　根据常规全冲击时试样 1-1 面、2-2 面和 3-2 面裂纹随循环冲击次数的扩展演化特征，并结合试样内微结构演化规律可知，试样表面裂纹的扩展演化与其内微结构演化有着密切的联系，试样受到较小冲击载荷作用后，内部微结构首先发生调整和演化，当冲击载荷或循环冲击次数增大到一定程度后，试样内微结构发生较大演化后，其表面裂纹开始出现并随着循环冲击次数逐渐演化为宏观的裂缝直至试样完全破坏，这也说明煤岩表面裂纹的萌生、起裂和扩展本质上是其内部孔裂隙等微结构演化的总体反映。另外，循环冲击时，沿冲击方向对面（1-1 面）比垂直冲击方向对面（2-2 面、3-2 面）先出现裂纹（1-1 面第 3 次冲击时出现裂纹，2-2 面和 3-2 面分别为第 4 次和第 5 次）。

2）S/2 局部冲击时试样表面裂纹演化特征

　　S/2 局部冲击时，以 1-1 面（直接受冲击面）、2-1 面（冲击区域监测面）、2-2 面（非冲击区域监测面）、3-1 面（同时存在冲击区域、临界区域和非冲击区域）为监测对象，分析试样不同监测面裂纹随循环冲击次数的演化特征。

　　1-1 面裂纹随循环冲击次数演化特征：试样在前 2 次冲击过程中 1-1 面未出现明显裂纹，故从第 3 次冲击后进行分析，裂纹随循环冲击次数演化特征如图 6.46 所示。

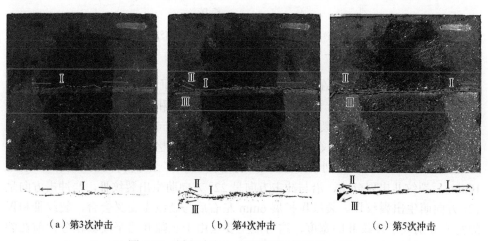

| （a）第3次冲击 | （b）第4次冲击 | （c）第5次冲击 |

图 6.46　循环冲击 1-1 面裂纹演化特征（S/2）

　　由图 6.46 可知，第 3 次冲击后在 1-1 面临界区域附近出现细小裂纹 I，裂纹 I 扩展演化方向与临界区域方向基本一致近似呈一条直线，其萌生形态呈锯齿状，为明显的剪切作用裂纹（Ⅱ型，即滑开型），这主要是由于 $S/2$ 局部冲击时冲击区域受到冲击载荷的冲击压力作用，而非冲击区域受 1-2 面的反作用力在临界区域形成剪切作用带，此处受平行于裂纹面的剪应力作用导致该区域附近产生剪切作用裂纹。第 4 次冲击后，裂纹Ⅰ宽度明显增大且在裂纹Ⅰ尖端处萌生出细小裂纹Ⅱ和Ⅲ，裂纹Ⅱ沿与裂纹Ⅰ呈 35° 方向扩展 6mm 左右后，方向转变为与裂纹Ⅰ呈 21° 后扩展至试样边界终止；裂纹Ⅲ沿裂纹Ⅰ原始方向扩展一段距离到达试样边缘。第 5 次冲击后，1-1 面裂纹数量没有发生变化，但裂纹的尺度均明显增大，尤其裂纹Ⅰ的宽度明显加宽。

2-1 面裂纹随循环冲击次数演化特征：循环冲击第 4 次后 2-1 面开始出现明显裂纹，其表面裂纹随循环冲击次数演化特征如图 6.47 所示。

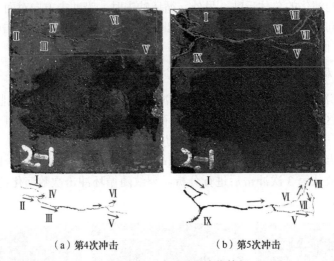

（a）第4次冲击　　　　　　　（b）第5次冲击

图 6.47　循环冲击 2-1 面裂纹演化特征（$S/2$）

由图 6.47 可知，试样在受第 4 次冲击后 2-1 监测面萌生出多条细裂纹并扩展演化，裂纹形态呈锯齿状，为拉伸作用裂纹。裂纹Ⅰ和Ⅱ均由紧邻直接受冲击面的边界处起裂，裂纹Ⅰ起裂后沿与冲击方向呈 16° 方向扩展，扩展中遇坚硬颗粒方向发生较小波动后，裂纹宽度变窄；裂纹Ⅱ起裂后整体扩展方向与冲击方向呈 8°，扩展中方向发生多次小的调整，扩展路径呈 "S" 形拐折向前发展，扩展约 10mm 后裂纹Ⅱ出现分岔，沿与冲击方向呈 22° 方向萌生出裂纹Ⅲ，与冲击方向呈 12° 方向萌生出裂纹Ⅳ。裂纹Ⅳ扩展 6mm 左右后与裂纹Ⅰ交叉会合，裂纹Ⅲ和Ⅳ的宽度分别大于裂纹Ⅱ的宽度，这可能主要是由于裂隙Ⅱ遇坚硬颗粒分岔前在裂隙尖端集聚了大量能量导致应力集中更为明显，在冲击载荷瞬间作用下能量沿较容易的扩展路径突然释放，导致裂纹Ⅲ和Ⅳ的宽度较大。裂纹Ⅲ扩展中其方向变化不大，仅出现小幅度 "S" 形波动，整体由与冲击方向呈 22° 逐渐趋于与冲击方向一致；裂纹Ⅲ扩展约 40mm 后出现分岔萌生裂纹Ⅴ和Ⅵ，裂纹Ⅴ与冲击方向呈

35° 夹角扩展 4mm 后，遇坚硬颗粒扩展方向转变为与冲击方向呈 4°，裂纹 Ⅵ 由分岔点起裂后沿与冲击方向呈 16° 方向扩展；裂纹 Ⅴ 和 Ⅵ 的宽度明显小于裂纹 Ⅲ 的宽度，主要是由于裂纹 Ⅲ 分岔后裂纹扩展的能量也被裂纹 Ⅴ 和 Ⅵ 分配，主裂纹分岔后分支裂纹扩展的能量相应也减少，致使分岔后裂纹的宽度明显小于主裂纹。

第 5 次冲击后，由于多次冲击的累计损伤，试样内部结构已发生了剧烈演化，表面裂纹也随之发生较大扩展，主要表现在裂纹的数量和尺度上。与第 4 次冲击后相比，裂纹 Ⅰ、Ⅱ、Ⅲ 的宽度均成倍增加并形成宏观裂缝，裂纹 Ⅴ 沿原来方向扩展至试样边界处，裂纹 Ⅵ 扩展方向变为与冲击方向呈 60° 后扩展 10mm 左右后出现分岔，衍生出裂纹 Ⅶ、Ⅷ，裂纹 Ⅶ 起裂扩展方向与裂纹 Ⅵ 呈 75°，随着进一步扩展，裂纹 Ⅶ 与裂纹 Ⅵ 夹角逐渐减小为 53°；裂纹 Ⅷ 起裂后基本沿裂纹 Ⅶ 原来的方向扩展直至试样边界。裂纹 Ⅸ 由紧靠 1-1 面边界处萌生，其扩展方向与冲击方向呈 36°，继续扩展过程中与冲击方向夹角逐渐增大并与裂纹 Ⅲ 交叉会合。

2-2 面裂纹随循环冲击次数演化特征：试样受 4 次循环冲击后试样 2-2 面未出现明显裂纹，仅在第 5 次冲击后出现细微小裂纹，如图 6.48 所示。

图 6.48　循环冲击 2-2 面裂纹演化特征（S/2）

由图 6.48 可知，试样冲击 5 次后冲击区域和临界区域已发生较大的宏观破坏，但是 2-2 面由于处于非冲击区域，距冲击区域较远而受冲击载荷的影响较小，试样受多次冲击后内部微结构剧烈演化，出现较大破坏时 2-2 面仅在靠近直接受冲击面处萌生 3 条细微小裂纹且裂纹的宽度较小，裂纹长度一般也不超过 15mm。3 条裂纹的起裂位置均在靠近 1-1 面边界处，裂纹形态均呈锯齿状，为拉伸作用裂纹。裂纹 Ⅰ、Ⅱ、Ⅲ 在扩展中出现尖端扩展停滞，“消失”一小段距离后在试样表面重新出现且方向与原裂隙方向基本一致，出现这种裂纹在试样表面扩展过程中突然“消失”而空白一段距离的现象，可能是由于表面裂纹扩展虽然是内部微结构演化的综合反映，但表面裂纹形态与内部微结构演化的形态并不完全一致，致使试样表面裂纹扩展时出现突然“消失”一段后又重新出现，实际上裂纹没有“消失”，而是“隐藏”在表面之下，在表面之下的试样内部扩展演化后又重新表现在试样表面裂纹扩展中。另外，裂纹 Ⅰ、Ⅱ、Ⅲ 与冲击方向的夹角均不大，基本与冲击方向一致。

3-1 面裂纹随循环冲击次数演化特征：S/2 局部冲击时，3-1 面分为冲击区域、临界区域和非冲击区域，如图 6.49 所示，3-1 面中线位置附近为临界区域，以临界区域为分界线，上部为非冲击区域，下部为冲击区域。

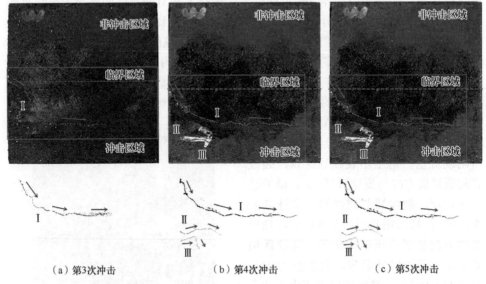

（a）第3次冲击　　　　　　　（b）第4次冲击　　　　　　　（c）第5次冲击

图 6.49　循环冲击 3-1 面裂纹演化特征（*S*/2）

由图 6.49 可知，第 3 次冲击后，3-1 面出现明显裂纹Ⅰ，裂纹Ⅰ的起裂位置在靠近 1-1 面的临界区域附近，裂纹Ⅰ起裂后扩展方向与冲击方向呈 36°，扩展 11mm 后方向发生转向，转变为与冲击方向呈 63° 后继续扩展 13mm，接着其扩展方向随着裂纹的扩展逐渐转变为与冲击方向大致相同；裂纹Ⅰ宽度在前段扩展中基本保持不变，在末端位置时其宽度明显减小，这主要是前段扩展时冲击载荷对裂纹提供的能量较大，而随着裂纹的扩展能量逐渐被消耗，到裂纹扩展后段能量已被消耗掉大半，致使后段裂纹宽度较小直至不再起裂扩展。

第 4 次冲击后，裂纹Ⅰ沿着原来的方向继续扩展且与第 3 次冲击后相比，裂纹前段的宽度明显增大数倍；在裂纹Ⅰ下部的冲击区域内萌生出新的裂纹Ⅱ和Ⅲ，裂纹Ⅱ和Ⅲ的起裂位置均在冲击区域靠近 1-1 面的边界处，裂纹的宽度均较小且随着扩展转向后其宽度进一步减小；裂纹Ⅱ起裂后其扩展方向沿着冲击方向呈高频率小幅度"S"形波动变化，但整体发展方向与冲击方向基本一致；裂纹Ⅲ起裂后扩展方向变化较大，在与冲击方向呈 20° 方向扩展 7mm 后遇坚硬颗粒突然转向，变为与冲击方向呈 71° 且其扩展方向也表现出高频率小幅度"S"形波动变化。

第 5 次冲击后，裂纹Ⅰ宽度显著增大并发展为宏观裂缝，且沿着原来的扩展方向进一步扩展一段距离后发生分岔，萌生出裂纹Ⅳ、Ⅴ；裂纹Ⅳ和Ⅴ与冲击方向分别呈 35° 和 37° 夹角。另外，在临界区域附近萌生出宽度较大的明显裂纹Ⅵ、Ⅶ，且其起裂位置也均在靠近 1-1 面的临界区域附近。裂纹Ⅵ起裂后扩展方向与冲击方向呈 6° 夹角，裂纹Ⅶ起裂后与冲击方向呈 16° 夹角且裂纹Ⅵ、Ⅶ分别扩展

20mm 左右后出现交叉会合合并后生成裂纹Ⅷ,裂纹Ⅷ宽度分别大于裂纹Ⅵ和Ⅶ且比两者之和还大,这主要是由于两裂纹合并后,裂纹扩展局部化效应更为明显,更多的冲击能量向裂纹会合点集聚,在此处形成明显的应力集中。裂纹Ⅷ的扩展方向在初始段沿合并前裂纹Ⅵ的方向扩展一段距离后,方向转变为与冲击方向大致相同,在冲击区域附近继续扩展直至扩展结束;裂纹Ⅷ的扩展路径总体上呈由远离临界区域向临界区域靠拢,且在裂纹扩展后段方向出现高频率小幅度"S"形波动变化,裂纹的宽度也呈台阶式突变式变小而与静载条件下的渐变式变化不同,这主要是由于在高速冲击载荷作用下,裂纹扩展来不及逐渐变化,而被迫选择突变式变化所致。

另外,裂纹由 1-1 面向 1-2 面扩展过程中,裂纹越往 1-2 面方向发展裂纹宽度越小,裂纹扩展方向变化频率越低,裂纹分岔频率也有所降低,这主要是由于试样从 1-1 面最先受到冲击载荷,靠近该面位置的裂纹扩展能量较大且冲击引起靠近 1-1 面的区域应变率较高,导致裂纹在距离 1-1 面较近的区域选择耗能较大的路径扩展。

6.14.2　递增冲击载荷作用下煤岩表面裂纹的时空演化特征

按照上述递增冲击试验方案对型煤试样进行冲击,并借助高清数码摄像机对各个监测面表面裂纹扩展演化特征进行观测,分析在不同循环冲击次数下型煤试样表面裂纹演化特征。鉴于递增冲击方式下常规全冲击时试样各监测面裂纹演化特征具有相似性,且局部冲击时三个冲击加载面积下($3S/4$、$S/2$、$S/4$)试样表面裂纹演化特征大体相同,为避免重复描述,递增冲击模式下仅以 $S/2$ 局部冲击时为代表对试样表面裂纹演化特征进行分析。递增冲击模式下,$S/2$ 局部冲击时所选监测面与循环冲击时相同,仍以 1-1 面(直接受冲击面)、2-1 面(冲击区域监测面)、2-2 面(非冲击区域监测面)、3-1 面(同时存在冲击区域、临界区域和非冲击区域)为监测对象,分析试样不同监测面裂纹随循环冲击次数演化特征。由于递增冲击模式下 1-1 面和 2-2 面表面裂纹演化特征与循环冲击时基本一致,故只对 2-1 面和 3-1 面表面裂纹演化特征进行分析。

1)2-1 面裂纹随循环冲击次数演化特征

递增冲击模式下,前 2 次冲击后试样 2-1 面未发现明显裂纹。由图 6.50 可知,第 3 次冲击后 2-1 表面出现一条沿冲击方向曲折扩展的裂纹Ⅰ,裂纹Ⅰ的起裂位置也在紧邻直接受冲击面的边界处且其形态呈锯齿状,为典型的拉开型裂纹,裂纹Ⅰ起裂后沿与冲击方向呈 13° 方向扩展 16mm 遇坚硬颗粒后扩展方向转变为近似平行于冲击方向,沿该方向扩展 14mm 后再次发生转向,转向后的扩展方向与冲击方向呈 21°,继续扩展 18mm 后扩展方向随着裂纹向后扩展逐渐转变为与冲击方向相同,进一步扩展后又偏离冲击方向。裂纹Ⅰ由起裂位置开始扩展过程中,裂纹的宽度整体上表现出突变式减小，突变的位置通常在裂纹扩展中遇坚硬颗粒转向处，转向后裂纹的宽度也随之突然减小。另外，在裂纹Ⅰ扩展的末段，其扩展路径也出现一段突然"消失"后又随之出现的现象。

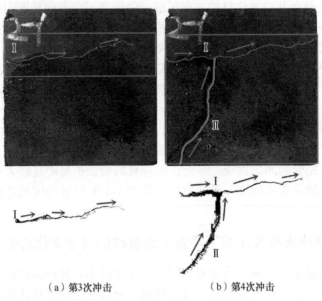

(a) 第3次冲击　　　　　　　(b) 第4次冲击

图 6.50　递增冲击时循环冲击 2-1 面裂纹演化特征（$S/2$）

第 4 次冲击后，2-1 面由于处于冲击区域表面裂纹扩展演化剧烈，主要表现为裂纹尺度数倍增大后形成宏观裂缝，试样破坏严重。与第 3 次冲击后相比，裂纹Ⅰ扩展方向再次调整为与冲击方向呈 17° 后向后扩展至试样 1-2 面边界处形成贯穿裂纹，其宽度也明显增大尤其是在靠近 1-1 面区域，随着距 1-1 面距离越来越远裂纹的宽度也越来越小。另外，在靠近 1-1 面的边界处萌生了裂纹Ⅱ，裂纹Ⅱ在靠近下边界位置起裂后沿与冲击方向呈 50° 斜向上扩展一段距离，扩展方向逐渐转变为与冲击方向呈 80°，继续扩展与裂纹Ⅰ呈近似垂直交会，且裂纹Ⅱ的宽度明显大于裂隙Ⅰ。裂隙Ⅱ扩展过程中，穿晶扩展所占比例明显较大，说明此时裂纹的穿晶扩展模式占主导地位，这可能是由于递增冲击时第 4 次冲击的冲量较大，且裂纹Ⅱ整体距离 1-1 面较近，试样应变率较大，促使裂纹扩展的能量也较大，致使在高速冲击载荷作用下，裂纹没有充足时间来选择耗能较少的绕晶扩展路径，而被迫选择耗能较大的穿晶扩展模式扩展。

2）3-1 面裂纹随循环冲击次数演化特征

$S/2$ 局部冲击时，3-1 面上同时存在冲击区域、临界区域和非冲击区域，如图 6.51 所示。

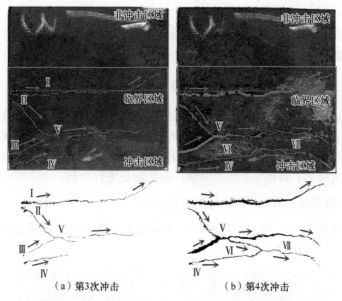

（a）第3次冲击　　　　　　　　　　（b）第4次冲击

图 6.51　递增冲击时循环冲击 3-1 面裂纹演化特征（$S/2$）

由图 6.51 可知，前 2 次冲击后 3-1 面没有出现明显裂纹，第 3 次冲击后 3-1 面突然出现多条细小裂纹且裂纹宽度均较小。裂纹 Ⅰ 和 Ⅱ 的起裂位置在靠近 1-1 面边界处的临界区域附近，裂纹 Ⅰ 的扩展方向总体上与冲击方向一致，但扩展过程中出现多次小的"S"形波动，沿该方向扩展约 56mm 后，扩展方向转变为与冲击方向呈 30° 且转向后裂纹 Ⅰ 的宽度明显减小，并出现短距离的"消失"现象。裂纹 Ⅱ 起裂后沿与冲击方向呈 41° 斜向 2-1 面方向扩展，扩展路径相对较平直，转向和分岔很少且裂纹穿晶扩展所占比例较大。裂纹 Ⅲ 的起裂位置在靠近 1-1 面边界处的冲击区域且距离 2-1 面较近，其扩展方向与冲击方向呈 25°，沿该方向扩展 18mm 后与裂纹 Ⅱ 交会合并生成裂纹 Ⅴ；与裂纹 Ⅱ 相似，裂纹 Ⅲ 也相对平直，分岔、转向较少。裂纹 Ⅳ 从紧邻 2-1 面与 1-1 面的交界边角处起裂，沿与冲击方向呈 12° 方向扩展，扩展路径呈小幅度的"S"形波折趋势，且在扩展过程中时而出现一段"消失"的空白区域，随后沿着原来方向继续扩展。裂纹 Ⅴ 从裂纹 Ⅱ、Ⅲ 的会合点萌生后，扩展方向总体与冲击方向一致，但扩展路径明显比裂纹 Ⅱ 和 Ⅲ 更为粗糙，裂纹穿晶扩展比例更低，裂纹扩展方向的变化频率更高且分岔频率也更高。

第 4 次冲击后，裂纹 Ⅰ 明显加宽形成宏观裂缝，在靠近 1-2 面的后半段继续沿原来方向扩展至试样边界。裂纹 Ⅱ、Ⅲ 均成倍加宽并在交会处形成宽度更大的宏观裂缝，裂纹 Ⅳ 沿原来方向继续扩展且扩展路径相对较为平直，未出现较大的拐折；裂纹 Ⅴ 在裂纹 Ⅱ、Ⅲ 的交会点处加宽后出现分岔萌生裂纹 Ⅵ，裂纹 Ⅵ 萌生后沿与冲击方向呈 18° 方向"S"形拐折扩展 14mm 与裂纹 Ⅳ 交会合并后生成裂纹 Ⅶ；裂纹 Ⅶ 的宽度明显小于裂纹 Ⅳ 和 Ⅵ，其扩展方向为与冲击方向呈 6°，且随着裂纹的进一步扩展其路径逐渐向靠近 1-2 面和 2-1 面的顶角处发展，最终贯穿整个试样。裂纹Ⅶ的扩展路径出现多次小幅度的"S"形拐折，穿晶扩展所占比例下降，绕晶扩展模式占主导地位，裂纹整体形态较裂纹Ⅳ也更为粗糙。

6.14.3　递减冲击载荷作用下煤岩表面裂纹的时空演化特征

按照上述递减冲击试验方案对型煤试样进行冲击，并借助高清数码摄像机对各个监测面表面裂纹扩展演化特征进行观测，分析在不同循环冲击次数下型煤试样表面裂纹演化特征。与递增冲击模式相同，递减冲击模式也仅以 S/2 局部冲击时为代表对试样 2-1 面和 3-1 面表面裂纹演化特征进行分析。

1）2-1 面裂纹随循环冲击次数演化特征

递减冲击模式下，由于首次冲击的冲量较大，第 1 次冲击后试样 2-1 面便出现明显裂纹，如图 6.52 所示。

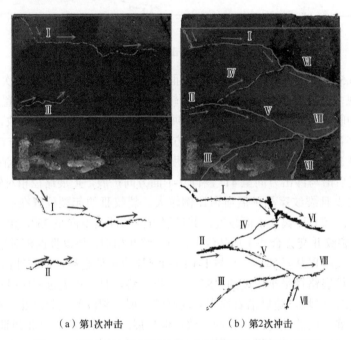

（a）第1次冲击　　　　　　　　　（b）第2次冲击

图 6.52　递减冲击时循环冲击 2-1 面裂纹演化特征（S/2）

由图 6.52 可知，第 1 次冲击后 2-1 表面出现 2 条沿冲击方向曲折扩展的裂纹Ⅰ和Ⅱ，裂纹Ⅰ由靠近 1-1 面和 3-1 面的顶角位置起裂后沿与冲击方向呈 56°方向扩展 14mm，随后扩展方向转变为沿冲击方向继续扩展 23mm，再次转为与冲击方向呈 50°扩展一小段距离，然后又沿冲击方向"S"形拐折发展。裂纹Ⅱ由靠近 1-1 面的中间位置起裂，起裂后整体上沿与冲击方向 10°左右高频率小幅度"S"形拐折发展。

　　由于试样在第 1 次大冲量的冲击时内部微结构剧烈演化，虽然表面裂纹数量不多且尺度也不大，但此时内部已产生了较大的损伤破坏。因此，第 2 次冲击后试样 2-1 表面出现了多条尺度较大的裂纹。相比第 1 次冲击后，裂纹 Ⅰ 前段（靠近 1-1 面）的宽度明显增大，发育为宏观裂缝，后段进一步扩展、贯通；裂纹 Ⅱ 扩展出现分岔后萌生出裂纹 Ⅳ、Ⅴ；裂纹 Ⅲ 由邻近 3-2 面的边界处起裂，扩展路径呈"上凸"形二次函数状，冲击方向随着裂纹的扩展由与冲击方向呈 48° 逐渐转变为与冲击方向呈 12°；裂纹 Ⅳ 沿与冲击方向呈 28° 斜向 3-1 面方向扩展，约扩展 30mm 后与裂纹 Ⅰ 交会合并为裂纹 Ⅵ；裂纹 Ⅴ 沿与冲击方向呈 18° 斜向 3-2 面方向扩展 32mm 后与裂纹 Ⅲ 交会，两者合并后生成裂纹 Ⅷ；裂纹 Ⅵ 与冲击方向呈 19°，斜向 3-2 面方向扩展约 23mm 后到达试样 1-2 面处的后边界扩展终止，且裂纹 Ⅵ 宽度明显大于裂纹 Ⅰ 和 Ⅳ，甚至大于其之和；裂纹 Ⅶ 由靠近 3-1 面的下边界处萌生，其扩展方向与冲击方向呈 72°，沿该方向扩展 19mm 后与裂纹 Ⅷ 交会合并；3 条裂纹合并后衍生出裂纹 Ⅷ，其宽度明显较大。另外，由于第 2 次冲击后 2-1 面多处出现尺度较大的宏观裂纹，破坏相对较大导致试样 2-1 面在裂纹 Ⅵ、Ⅶ、Ⅷ 附近区域存在部分掉块现象。

2）3-1 面裂纹随循环冲击次数演化特征

　　$S/2$ 局部递减冲击时，由于冲量较大冲击 2 次后试样已发生较大破坏，3-1 面裂纹随循环冲击次数演化特征如图 6.53 所示。

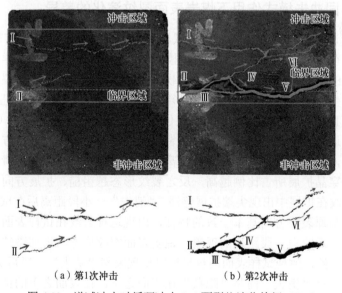

（a）第 1 次冲击　　　　　　　（b）第 2 次冲击

图 6.53　递减冲击时循环冲击 3-1 面裂纹演化特征（$S/2$）

　　由图 6.53 可知，第 1 次冲击后 3-1 面在冲击区域、邻近区域分别出现一条明显裂纹，裂纹Ⅰ的起裂位置在靠近1-1面的边界处，起裂后裂纹Ⅰ的扩展路径整体与冲击方向较为吻合，只是在扩展过程中出现几次小的"S"形波动，其宽度由起裂位置随着向后方延伸逐渐减小，裂纹形态相对平滑。裂纹Ⅱ的起裂位置在靠近1-1面的临界区域附近，其扩展方向总体上与冲击方向呈15°（斜向2-1面方向），扩展路径形态相对平滑，穿晶扩展模式占主导地位。

第2次冲击后，试样沿临界区域破断成两半且冲击区域裂纹扩展明显。裂纹Ⅰ宽度明显加宽，并呈"S"形拐折向1-2面方向扩展，裂纹Ⅰ越向后发展其宽度越小，且扩展方向小幅度变化频率越高，此时绕晶扩展模式占主导地位；裂纹Ⅱ在临界区域处出现分岔萌生出裂纹Ⅲ，裂纹Ⅲ的扩展路径沿着临界区域，且裂纹Ⅲ在第4次冲击后迅速发育为宏观裂缝；裂纹Ⅱ在原来扩展路径中出现分岔萌生裂纹Ⅳ，裂纹Ⅳ沿与冲击方向呈44°方向扩展8mm后与裂纹Ⅲ发生交会合并后生成裂纹Ⅴ，裂纹Ⅴ的宽度明显增加并沿冲击方向"S"形拐折向1-2面方向发展，直至完全贯穿整个试样，其扩展路径在临界区域附近；裂纹Ⅱ继续沿原来扩展方向向后发展与裂纹Ⅰ发生交叉，并在交叉点出现分岔萌生裂纹Ⅵ，裂纹Ⅳ与冲击方向呈11°夹角且宽度明显小于裂纹Ⅱ，其扩展路径呈小幅度、高频率的"S"形拐折趋势且裂纹形态较为粗糙。另外，在整个递减冲击过程中，3-1面裂纹整体均在冲击区域和临界区域萌生、扩展，以致最后演化为宏观的裂缝和断裂，非冲击区域几乎没有出现明显裂纹，仅在靠近临界区域处有细微的小裂纹衍生。

6.14.4 不同冲击模式作用下煤岩表面裂纹演化的差异

综上所述，三种冲击加载模式下试样表面裂纹的演化特征具有较高的相似性，同时也存在一定的差别。不同冲击模式和冲击加载面积下，试样表面裂纹扩展演化特征的相似性主要表现在：冲击载荷作用下，型煤试样表面裂纹主要为拉伸作用裂纹（Ⅰ型拉开型裂纹），裂纹形态呈锯齿状，总体扩展路径呈"S"形拐折趋势；垂直冲击方向对面裂纹的起裂位置均在靠近直接受冲击面（1-1面）的边界处或附近区域；垂直冲击方向对面裂纹起裂后的整体扩展演化方向均与冲击方向呈锐角，其扩展路径大体表现为距离1-1面越近裂纹形态越平滑，裂纹宽度越大，裂纹穿晶扩展所占比例越高，反之裂纹形态越粗糙、扩展方向的变化频率也越高；裂纹在扩展中出现尖端扩展停滞、"消失"一小段距离后在试样表面重新出现且方向与原裂隙方向基本一致的特征，出现这种裂纹在试样表面扩展过程中突然"消失"后空白一段距离的现象，说明表面裂纹形态与内部微结构演化的形态并不完全一致，致使试样表面裂纹扩展时出现突然"消失"一段后又重新出现，实际上裂纹没有"消失"而是"隐藏"在表面之下，在表面之下的试样内部扩展演化后又重新表现在试样表面裂纹扩展中。裂纹在随循环冲击次数的扩展演化过程中，伴随有穿晶扩展和绕晶扩展，这主要是由试样内部的坚硬晶体颗粒造成的，当坚硬颗粒的强度大于胶结物的强度时，裂纹扩展以绕晶扩展为主，反之则以穿晶扩展为主。裂纹扩展过程中扩展方向发生明显改变，通常是由遇坚硬晶体颗粒造成的。

常规全冲击时，三种冲击模式下，沿冲击方向对面（1-1 面）先出现明显裂纹，而垂直冲击方向对面（2-1 面、2-2 面、3-2 面、3-2 面）出现明显裂纹相对延后，主要表现为与垂直冲击方向对面相比，沿冲击方向对面出现明显裂纹所需的循环冲击次数较少或所需累计冲量较小，这与前文所得结论沿冲击方向试样内微结构演化比垂直冲击方向更剧烈具有较好的一致性。另外，各监测面出现明显裂纹具有突然性，表现为达到一定循环冲击次数或累计冲量后试样表面突然出现明显裂纹，而在此之前的冲击均没有导致试样表面形成明显裂纹，这表明试样表面裂纹的扩展演化与其内微结构演化有着密切的联系，试样受到较小冲击载荷作用后内部微结构首先发生调整和演化，当冲击载荷或循环冲击次数增大到一定程度后，试样内微结构发生较大演化后，其表面裂纹开始出现并随循环冲击次数增加逐渐演化为宏观裂缝直至试样完全破坏，这也说明煤岩表面裂纹的萌生、起裂和扩展本质上是其内部孔裂隙等微结构演化的总体反映。局部冲击时，三种冲击模式下，在整个冲击过程中裂纹基本均在冲击区域和临界区域萌生、扩展，然后逐渐演化为宏观的裂缝和断裂，而非冲击区域几乎没有出现明显裂纹（如 2-2 面、3-1 面和 3-2 面的非冲击区域），仅在靠近临界区域附近有细微的小裂纹衍生，表现出明显的局部化效应。

三种冲击模式下试样表面裂纹演化特征的差异主要表现在：循环冲击模式下，各监测面裂纹随循环冲击次数扩展演化相对比较缓慢且裂纹扩展路径形态较为粗糙，尤其是在远离直接受冲击作用面（1-2 面），裂纹宽度较小且呈高频率、小幅度"S"形拐折扩展趋势；递增冲击模式下，各监测面出现裂纹的数量较循环冲击时少，但裂纹的尺度相对较大且试样出现裂纹再次冲击试样后，表面裂纹将剧烈演化，裂纹迅速加宽、扩展、贯通并形成宏观裂缝，这主要是由于试样表面出现裂纹时，其内微结构已经发生了剧烈演化，再次提高冲量对试样进行冲击，试样将产生更大的破坏，表现在试样表面则为裂纹剧烈演化，但冲量较大导致原有的裂纹进一步加宽、贯通；递减冲击模式下，由于首次冲击的冲量较大，试样首次冲击时冲击区域和临界区域萌生出裂纹，且试样破坏时冲击区域和临界区域表面裂纹数量较多，尺度较大，形成多条贯穿试样的宏观裂缝，这主要是由于初次较大冲量冲击时试样内微结构演化剧烈，已经产生了较大的损伤，再次冲击后出现一冲即溃的演变模式，表现在试样表面即裂纹的剧烈扩展、贯通，乃至宏观裂缝的形成。

6.15　局部冲击载荷与煤岩表面裂纹时空演化的耦合关系

6.15.1　冲量大小与煤岩表面裂隙时空演化的耦合关系

局部冲击载荷作用下，单次冲量大小和累计冲量对煤岩试样表面裂纹的扩展演化具有重要影响。为了更有针对性地分析累计冲量对煤岩表面裂纹演化的影响，以 $S/2$ 局部冲击时试样 3-1 面为对象进行分析。单次冲量大小不同时，试样表面裂纹出现所需的循环冲击次数不同，当单次冲击的冲量较小时试样表面出现明显裂纹所需的循环冲击次数较多；当单次冲击冲量达到一定程度时，试样受一次冲击其表面即可出现明显裂纹且裂纹的扩展路径形态也更为平滑，裂纹总体的扩展方向与冲击方向的夹角也更小，如递减冲击模式的首次冲击。单次冲击的冲量较大时，裂纹扩展方向变化频率和分岔频率较低，穿晶扩展比例较高且试样表面裂纹发育为宏观裂缝时所需的累计冲量较低；另外，局部冲击时单次冲击的冲量越大，试样表面裂纹扩展所表现出的局部化效应越明显，主要表现为裂纹的萌生、扩展、融合、分岔、贯通等演化均发生在冲击区域和临界区域，而非冲击区域直至试样完全破坏几乎不出现任何裂纹，单次冲击的冲量越大这种现象越明显。这主要是由于局部冲击时单次冲击的冲量越大，冲击区域和临界区域内微结构的演化越剧烈，导致试样在该区域表面形成裂纹并扩展演化；在高速冲击下，冲击能量来不及向非冲击区域传递，大部分的冲击能量被冲击区域和临界区域吸收，进而为试样该区域表面裂纹扩展演化提供了足够能量，而非冲击区域由于所吸收的冲击能量较小其内微结构仅发生较小调整，不足以满足萌生裂纹且单次冲击的冲量越大，试样非冲击区域所吸收能量所占比例越小。

单次冲击的冲量相同时，累计冲量越大试样表面裂纹扩展演化越剧烈，如循环冲击模式下，试样表面裂纹随循环冲击次数逐渐扩展演化并最终形成宏观破坏。但是，当单次冲击的冲量不同时，并不是累计冲量越大试样表面裂纹的扩展演化程度越剧烈；如 $S/2$ 局部冲击时，采用 $2.91\,\text{N}\cdot\text{s}$ 的冲量对试样循环冲击 3 次后，试样 3-1 表面仅萌生出 1 条细小裂纹，其累计冲量为 $8.73\,\text{N}\cdot\text{s}$，而采用 $4.12\,\text{N}\cdot\text{s}$ 的冲量对试样冲击 1 次，试样 3-1 表面就出现了 2 条尺度较大的裂纹，表明冲量的累积不能等效为单次冲击能量的机械加和。这可能与裂纹起裂的冲量阈值有关，即当单次冲击的冲量达到该冲量阈值时，试样表面即出现裂纹起裂并扩展，反之试样表面将不出现裂纹起裂。另外，该冲量阈值并不是固定不变的，而是随着多次冲击后试样内微结构的不断调整而逐渐减小，即试样的初始损伤程度（或试样受下次冲击前的损伤程度）不同该冲量阈值的大小不同，表现为随初始损伤程度的增大而逐渐减小。

6.15.2 不同冲击加载面积下煤岩表面裂纹的时空演化特征

以单次冲量为 $2.910\,\text{N}\cdot\text{s}$ 试验组煤样为例，不同冲击加载面积下试样完全破坏（发生宏观破坏）时垂直冲击方向对面（选取 3-1 面）裂纹演化特征如图 6.54 所示。

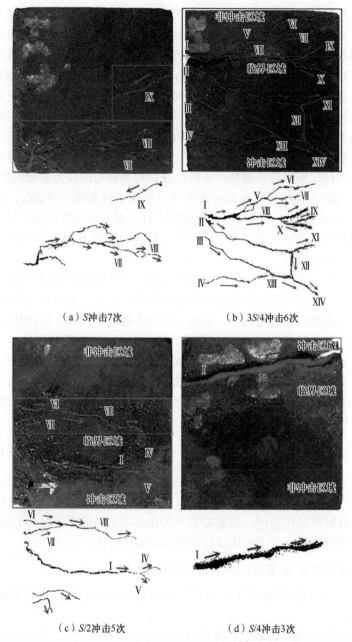

（a）S冲击7次　　　　　　　　　　（b）3S/4冲击6次

（c）S/2冲击5次　　　　　　　　　　（d）S/4冲击3次

图 6.54　循环冲击不同冲击加载面积下试样表面裂纹演化特征

　　不同冲击加载面积下，试样表面裂纹萌生、起裂的位置不同。常规全冲击时，试样表面裂纹的起裂位置通常在试样靠近直接受冲击面的顶角位置处，裂纹起裂后沿着邻近试样边界的区域扩展演化；局部冲击时，试样裂纹的起裂位置普遍在靠近直接受冲击面的冲击区域或临界区域附近，裂纹起裂后也基本在冲击区域、临界区域附近进行扩展演化。这主要是由于常规全冲击时试样整体受到的冲击载荷相对均匀，但试样边界区域由于没有周围煤体的约束，试样内微结构演化到一定程度时首先在靠近直接受冲击面边界起裂，然后在邻近边界（沿冲击方向）的区域扩展演化；局部冲击时，冲击区域受冲击载荷的直接作用其内微结构演化剧烈，而试样表面裂纹的起裂、扩展是其内微结构演化的宏观反映，临界区域处于冲击区域和非冲击区域的特殊交界带而受剪切作用，在剪切应力作用下该区域更容易萌生裂纹并沿冲击方向迅速扩展，而非冲击区域由于受冲击载荷的影响较小，其内微结构仅发生较小调整，不足以在试样表面形成较为宏观的裂纹。另外，$3S/4$ 局部冲击时，试样破坏时非冲击区域也出现了较为细小的裂纹，这可能是由于 $3S/4$ 局部冲击的非冲击区域所占比例较小且一侧紧邻临界区域，另一侧为试样边界缺少煤体的约束，导致在多次循环冲击的动力扰动下 $3S/4$ 局部冲击的非冲击区域也出现了细小裂纹。

局部冲击时，相对冲击加载面积越大试样破坏时表面裂纹数量越多，且分布范围越广泛，反之试样表面裂纹分布相对越集中。另外，相对冲击加载面积越小，试样破坏时表面裂纹的尺度越大，裂纹分岔频率越低，裂纹扩展路径形态越平滑，裂纹穿晶扩展所占比例越高。这主要是由于，相对冲击加载面积越小试样局部所受冲击载荷相对越集中，导致试样表面裂纹扩展能量也相对更为集中，集中能量的高速冲击过程中裂纹来不及转变扩展方向、发生分岔、绕晶扩展而选择耗能较小的扩展路径，只能被迫选择耗能较大的扩展方式，此时通常试样表面裂纹数量较少，但尺度较大且多为宏观裂缝。

6.16 局部冲击载荷作用下型煤与原煤表面裂纹演化对比

为了对比分析不同冲击加载面积下型煤试样和原煤试样表面裂纹演化规律，以原煤为对象进行了冲击加载条件的原煤组试验，以单次冲量为 $2.910\ \mathrm{N \cdot s}$ 的 A21～A24 组原煤试样为例，选取常规全冲击和 $S/2$ 局部冲击时 3-1 面为代表面，分析在不同循环冲击次数下原煤试样表面裂纹演化特征。

1）常规全冲击时原煤试样表面裂纹演化特征

常规循环冲击载荷作用下原煤试样 3-1 面裂纹随循环冲击次数演化特征如图 6.55 所示。

与型煤试样相比，原煤试样非均质性更强且脆性也更大，其内部赋存较多的原生孔隙、裂隙，表面也存在些许原生裂纹（如图 6.55 中的裂纹Ⅲ）。但由于原煤试样整体强度较大，循环冲击第 6 次后，3-1 面表面萌生了 3 条新裂纹（裂纹Ⅰ、Ⅱ、Ⅳ），3 条裂纹的起裂位置均在靠近 1-1 面的边界处，裂纹形态与型煤试样相同均呈锯齿状，为拉伸作用裂纹（Ⅰ型裂纹），裂纹Ⅰ、Ⅱ的扩展方向整体上与冲

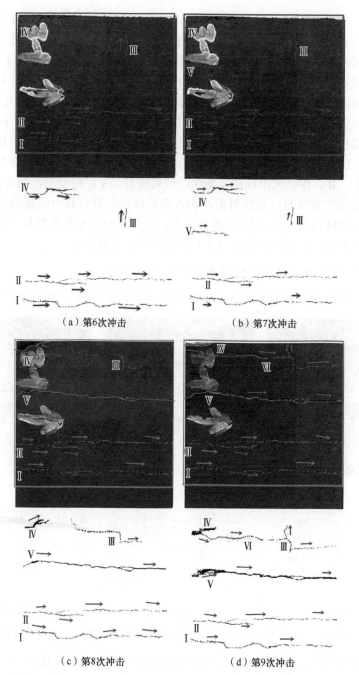

图 6.55 常规全冲击时原煤试样 3-1 面裂纹随循环冲击次数演化特征

击方向平行，裂纹扩展路径形态较为平滑，仅出现小幅度"S"形波折；裂纹的分岔频率较低，仅在裂纹 Ⅱ 出现一次明显分岔。裂纹 Ⅲ 为原生裂隙，其方向与冲击方向垂直，多次循环冲击后均未发生明显扩展，这主要是由于裂纹Ⅲ的萌生方向与冲击方向垂直，受冲击载荷的影响较小，扩展演化缓慢。裂纹Ⅳ在靠近2-1面的边界处呈"S"形缓慢扩展且裂纹宽度较小。第7次冲击后，裂纹Ⅰ、Ⅱ、Ⅲ、Ⅳ均未出现明显扩展变化，仅在靠近1-1面边界处萌生出细微小裂纹Ⅴ，裂纹Ⅴ的扩展方向也基本与冲击方向平行。第8次冲击后，裂纹Ⅲ扩展方向发生较大转变，在裂纹的两尖端位置拐向后沿与冲击方向平行的方向分别向1-1面和1-2面扩展，但裂纹的宽度明显小于裂纹Ⅲ的初始宽度；裂纹Ⅴ沿冲击方向发生明显扩展，由1-1面向1-2面扩展并最终贯穿整个试样，且裂纹的宽度也明显增加。第9次冲击后，裂纹Ⅰ、Ⅱ、Ⅳ仍未出现明显变化，但裂纹Ⅲ、Ⅴ扩展剧烈，同时在靠近1-1面的边界处萌生裂纹Ⅵ，裂纹Ⅵ沿冲击方向扩展后与裂纹Ⅲ合并形成贯穿试样的裂纹且裂纹宽度增大。由于第10次冲击后，试样沿裂纹Ⅴ和裂纹Ⅲ、Ⅵ形成贯穿破坏，试样破碎严重，因此不再对3-1面裂纹进行观测分析。

2）S/2局部冲击时原煤试样表面裂纹演化特征

S/2局部冲击时，原煤试样3-1面裂纹随循环冲击次数演化特征如图6.56所示。

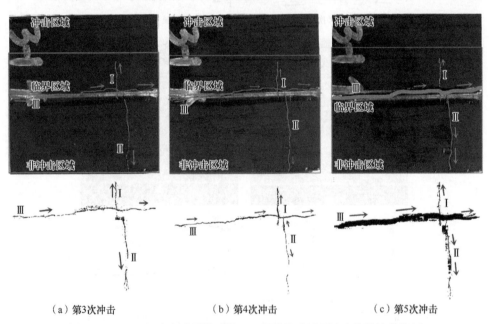

（a）第3次冲击　　　　　　（b）第4次冲击　　　　　　（c）第5次冲击

图6.56　S/2局部冲击时原煤试样3-1面裂纹随循环冲击次数演化特征

第3次冲击后，原煤试样3-1面表面出现新生裂纹（裂纹Ⅲ），裂纹Ⅰ、Ⅱ为原生裂纹。与型煤试样相比，原煤试样在S/2局部冲击时仅在临界区处出现剪切作用裂纹（Ⅱ型裂纹），裂纹的扩展方向与冲击方向基本一致，仅沿临界区域出现小幅度的"S"形波动，裂纹Ⅲ的扩展路径形态较型煤试样更为平滑，裂纹的分岔频率较低，裂纹穿晶扩展所占比例较大；裂纹Ⅲ前段（靠近 1-1 面段）的宽度大于后段，且前段更为平滑后段则出现多处小幅度"S"形拐折，裂纹形态较前段更粗糙。第 4 次冲击后，原生裂纹Ⅰ、Ⅱ仍未出现明显扩展，其原因是裂纹方向与冲击方向垂直，裂纹尖端的应力集中方向与冲击方向也垂直，导致其受冲击的影响不大；裂纹Ⅲ与第 3 次冲击后相比，仅在尺度上发生了调整，裂纹的宽度变大。第 5 次冲击后，裂纹Ⅲ进一步扩展贯通，裂纹宽度成倍加宽并沿临界区域形成宏观裂缝，试样沿裂纹Ⅲ几乎断裂成两半，而 3-1 面的其他区域未见明显裂纹。这主要是因为原煤试样的脆性更大，一旦在局部冲击载荷作用下形成沿冲击方向的裂纹（弱面），便会在裂纹的尖端形成很强的应力集中，再次受到高速冲击载荷作用后，裂纹沿冲击方向迅速扩展、贯通，形成宏观的裂缝，而其他区域很难再萌生新的裂纹。

综上，在常规全冲击和局部冲击载荷作用下，原煤和型煤试样表面裂纹随循环冲击次数的演化特征具有很大的相似性，如裂纹形态均呈锯齿状，裂纹的起裂位置均在靠近直接受冲击面的边界处，裂纹的扩展方向均与冲击方向呈锐角，裂纹扩展中均出现穿晶扩展与绕晶扩展相结合的扩展模式；随着循环冲击次数的增加，裂纹的萌生和扩展具有突然性，裂纹的宽度整体上表现为沿冲击方向逐渐减小的趋势；裂纹的扩展路径均呈现小幅度的"S"形拐折发展趋势，且裂纹扩展方向发生转变的位置往往是在坚硬晶体颗粒处；另外，裂纹在靠近直接受冲击面段更平滑而在扩展的后段则相对粗糙，表现为裂纹扩展方向在前段的变化频率较低而在后段则呈高频率、小幅度的"S"形发展趋势。

原煤和型煤试样表面裂纹随循环冲击次数演化特征的差异性主要表现在：原煤试样表面裂纹变化频率、形态粗糙度、分岔频率、穿晶扩展比例均较低，原煤试样整体上是一条主裂隙贯穿上下，不像型煤试样会形成多个分岔。这可能是由于与型煤相比，原煤试样非均质性更强，包含较多的原生孔裂隙结构（弱面）、坚硬晶体颗粒，而使冲击过程中能量在原生裂纹（弱面）、坚硬晶体颗粒等处汇聚，进而沿着耗能较小的路径扩展。

6.17　局部冲击载荷作用下煤岩表面裂纹演化的局部化效应

煤岩在局部冲击载荷作用下其表面裂纹演化与常规全冲击时不同，表现出明显的局部化效应[148-153]。常规全冲击时，随着循环冲击次数的增加各监测面表面先后萌生裂纹并扩展、贯通，最终形成宏观裂缝后试样发生破坏；局部冲击时，试样表面裂纹演化的局部化效应明显，表现为试样冲击区域监测面（2-1 面）表面裂纹随循环冲击次数扩展演化剧烈，而非冲击区域监测面（2-2 面）表面几乎不出现裂纹，或试样发生宏观破坏时仅出现细微裂纹；对于 3-1 面或 3-2 面（同时存在冲击区域、临界区域和非冲击区域），裂纹的起裂位置通常在靠近 1-1 面的冲击区域或临界区域附近，而非冲击区域则在整个循环冲击过程，直至试样发生宏观破裂基本不出现宏观裂纹，或仅在靠近临界区域附近区域出现裂纹的扩展演化。

另外，在不同冲击模式下，试样受局部冲击载荷后其表面裂纹演化的局部化效应不同，递减冲击模式下试样表面裂纹演化的局部化效应最明显，递增冲击模式次之，循环冲击最小，这与前文所述的试样内微结构对由大到小的冲量加载顺序更为敏感相吻合；单次冲击的冲量越大试样表面裂纹演化的局部化效应越明显，这主要是由于单次冲击的冲量只有达到裂纹起裂的冲量阈值时裂纹才能起裂并扩展，且冲量越大裂纹起裂后的扩展路径越平滑，分岔频率越低，裂纹扩展方向与冲击方向越一致，致使裂纹仅在冲击区域和临界区域扩展的局部化现象越明显。冲击加载面积不同，试样表面裂纹演化所表现出的局部化效应也有所不同，整体表现为随着冲击加载面积的减小，试样表面裂纹起裂、扩展演化的区域范围逐渐趋于集中，裂纹扩展演化的局部化效应增强。与型煤试样相比，原煤试样在局部冲击载荷作用下表面裂纹演化的局部化效应更明显，表现为裂纹的形态也更为平滑，裂纹萌生、扩展的区域范围更集中，试样破坏时表面裂纹的数量更少，整体上是一条主裂纹沿冲击方向贯穿整个试样，不像型煤试样会形成多个分岔。

6.18　本 章 小 结

通过开展原煤与型煤两种试样的常规单轴压缩试验与局部偏心载荷压缩和局部冲击载荷试验，借助分形理论与定义的基于超声波波速的损伤因子研究了两种加载模式下原煤试样与型煤试样表面裂纹起裂、演化规律与内部损伤规律；基于煤岩试样受冲击载荷前后超声波波速变化，定义了试样内微结构累积变化因子 M_n，并在不同冲击加载面积下对 M_n 与循环冲击次数、单次冲量大小、冲击加载顺序、冲击能量累积效果、冲击加载面积等的耦合关系进行了研究，探讨了局部冲击载荷作用下煤岩体微结构演化的局部化效应，对比分析了局部冲击载荷作用下型煤与原煤试样内微结构演化的异同，对局部冲击载荷对试样不同区域影响程度 D_l 进行了定义和划分，并界定了其影响范围；开展了不同局部冲击条件下（循环冲击次数、单次冲量大小、冲击加载顺序、冲击加载面积）煤岩试样表面裂纹扩展的细观演化试验，对局部冲击载荷作用下煤岩表面裂纹扩展演化特征进行了观测，描述了试样具有代表性监测面的裂纹演化特征，分析了不同冲击模式、不同冲量、不同冲击加载面积下试样表面裂纹的扩展演化特征，并探讨了局部冲击载荷作用对煤岩表面裂纹演化的局部化效应。主要得到如下结论：

（1）局部偏心载荷作用下原煤试样与型煤试样的应力-应变曲线均表现出典型的阶段性特征，原煤试样压密阶段的应变值高于型煤试样，两种试样的峰值应力随着载荷作用面积的增大逐渐增加，二者呈线性函数关系。

（2）常规单轴压缩条件下，随着试样变形的增加，原煤与型煤试样超声波波速整体上呈逐渐降低趋势，原煤试样波速-应变曲线可分为加载强化区、加载弱化区和加载失稳区三个阶段，而型煤试样仅包含加载弱化区和加载失稳区两个阶段。

局部偏心载荷压缩过程中，加载面积的改变不会影响原煤与型煤试样内微结构损伤演化的三阶段特征，只缩短各阶段的持续时间。

（3）常规单轴压缩条件下，原煤试样表面新生裂纹的弯曲复杂程度、裂纹内部的粗糙程度均高于型煤试样。局部偏心载荷条件下，原煤试样表面主控裂纹的扩展方向与加载方向近似平行，且主控裂纹基本位于加载区与非加载区交界面区域；型煤试样表面裂纹扩展方向与加载方向呈一定角度且裂纹均处于加载区范围内。

（4）局部偏心载荷条件下，两种煤样表面裂纹均具有很好的分形特征，随轴向应变的增加两种煤样分形维数均逐渐增大，且原煤试样表面的分形维数与应变呈三次函数规律。型煤试样表面的分形维数与应变呈二次函数规律。原煤与型煤试样在临近破坏时刻表面裂纹的分形维数随加载面积的增加逐渐增大，表现为二次函数规律。

（5）局部偏心载荷条件下，煤岩受力状态包含单轴压缩部分和不受载荷部分，两部分间相互影响产生剪切作用带，剪切作用带的存在是非载荷作用区产生损伤变形的主要原因。局部偏心载荷作用下，临界区应力性质和形式的变化以及端部效应的影响，是临界区端部首先产生微裂纹，继而演化扩展导致试样破坏的主要原因。

（6）循环冲击条件下，常规全冲击时，型煤试样在沿冲击方向和垂直冲击方向上 M_n 随循环冲击次数均呈现出快速增大—平缓发展—急剧增大—平稳增大的倾斜的"M"形四段式演化模式，但冲击载荷在沿冲击方向对试样内微结构的影响比垂直冲击方向更明显；局部冲击时，型煤试样 M_n 在冲击区域、临界区域和非冲击区域随循环冲击次数的演化特征明显不同，且 M_n 在沿冲击方向和垂直冲击方向上的演化特征也明显不同。与常规全冲击相比，局部冲击载荷作用下煤岩体内微结构演化表现出更明显的各向异性和局部性。

（7）递增冲击、递减冲击条件下，试样在沿冲击方向和垂直冲击方向 M_n 均随循环冲击次数的增加呈非线性增大，但增大的趋势与循环冲击时各不相同。递增冲击条件下，对于常规全冲击，沿冲击方向和垂直冲击方向上各测点区域的 M_n 均随循环冲击次数呈现缓慢增加—急剧增大—平稳发展的三段式非线性变化趋势，其形状近似为倾斜的"S"形曲线；对于局部冲击，冲击区域、临界区域 M_n 随循环冲击次数演化规律与常规全冲击时一致，非冲击区域随循环冲击次数呈现缓慢增加—急剧增大的两段式发展趋势，且试样破坏时的 M_n 均明显小于冲击区域和临界区域；试样不同区域 M_n 表现为临界区域最大，冲击区域次之，非冲击区域最小，且随着循环冲击次数的增加，三者之间的差值增大。递减冲击条件下，常规全冲击时，三个对面方向上各测点区域的 M_n 均随循环冲击次数呈现急剧增大—平稳发展的两段式非线性变化趋势；局部冲击时，冲击区域、临界区域和非冲击区域的 M_n 随循环冲击次数的变化趋势也呈现急剧增大—平稳发展的两段式非线性变化趋势，但各区域随循环冲击次数的变化梯度不同。

（8）不同冲量冲击载荷作用下，常规全冲击和局部冲击的冲击区域、临界区域、非冲击区域的 M_n 均随冲量的增大呈非线性增大趋势，但其增大的梯度不同；局部冲击载荷作用下，随着冲量的增大临界区域受影响最大，冲击区域次之，非冲击区域受影响最小。另外，试样受循环冲击次数不同，冲量增大对 M_n 的影响不同。

（9）常规全冲击时，累计冲量越大试样 3 个对面方向上的 M_n 越大；累计冲量相同时，单次冲击的冲量越大试样 M_n 越大；局部冲击时，试样各区域 M_n 均随累计冲量的增大而增大，但各区域增大随累计冲量增大而增大的梯度不同，表现为临界区域最大、冲击区域次之，而非冲击区域明显小于前两者。累计冲量相同，加载顺序不同时冲击载荷对煤岩试样内微结构演化的影响不同，试样内微结构均对由大到小的冲量加载顺序更为敏感；3 种冲量加载顺序下，试样在常规全冲击时完全破坏所需的累计冲量均明显大于局部冲击时。

（10）相同冲量和循环冲击次数条件下，冲击区域和临界区域 M_n 均随冲击加载面积的增大而呈指数函数减小，而非冲击区域 M_n 随冲击加载面积的增大而呈指数函数增大，且循环冲击次数越多冲击加载面积对各区域 M_n 的影响越大。

（11）相同冲击加载面积下，型煤和原煤试样内微结构演化趋势大致相同，但原煤试样内微结构更为复杂，其非均质性更强，脆性也更大，导致原煤试样内微结构演化的各向异性更显著，且原煤试样受冲击加载面积变化的影响更大，对冲击加载面积也更为敏感。

（12）局部冲击载荷作用下，煤岩体内微结构演化表现出明显的局部化效应。常规全冲击下，型煤试样内微结构演化局部化效应不显著，而局部冲击时型煤试样各区域微结构演化差别十分明显，临界区域 M_n 往往最大，冲击区域 M_n 略小于临界区域，非冲击区域 M_n 最小且距离冲击区域越远非冲击区域 M_n 越小；原煤试样内微结构演化的局部化效应比型煤试样更显著。另外，局部冲击下，冲击加载面积越大试样影响增强区范围越大，非影响区范围越小，但冲击区域和临界区域受局部冲击载荷的影响程度相对越小。

（13）冲击载荷作用下，型煤与原煤试样表面均产生了特征复杂的新生裂纹，裂纹的起裂方向、裂隙扩展方向几乎全部与冲击方向呈锐角分布；试样临界区域萌生的裂纹为剪切作用裂纹（Ⅱ型裂纹）、冲击区域裂纹为拉伸作用裂纹（Ⅰ型裂纹），裂纹形态主要呈锯齿状且粗糙度较大；裂纹扩展中遇坚硬晶体颗粒呈现穿晶扩展与绕晶扩展相结合的扩展模式，总体扩展路径呈"S"形拐折趋势且裂纹扩展方向发生转变、裂纹出现分岔通常是在遇到坚硬晶体颗粒的位置发生。

（14）垂直冲击方向对面裂纹的起裂位置均在靠近直接受冲击面（1-1 面）的边界处或附近区域，裂纹起裂后的扩展路径大体表现为距离 1-1 面越近裂纹形态越平滑，裂纹宽度越大，裂纹穿晶扩展所占比例越高；反之，裂纹形态越粗糙，扩展方向的变化频率也越高。

（15）裂纹在扩展中出现尖端扩展突然"消失"空白一小段距离后又在试样表

面重新出现的现象，且方向与原裂隙方向基本一致，这说明煤岩试样表面裂纹扩展与其内微结构演化存在一定的差异，致使试样表面裂纹扩展时出现突然"消失"一段后又重新出现，而实际上裂纹没有"消失"而是"隐藏"在表面之下，在表面之下的试样内部扩展演化后又重新表现在试样表面裂纹扩展中。

（16）在三种冲击模式下，常规全冲击时，沿冲击方向对面（1-1面）先出现明显裂纹，而垂直冲击方向对面（2-1面、2-2面、3-2面、3-2面）出现明显裂纹相对延后；局部冲击时，在整个冲击过程中裂纹基本均在冲击区域和临界区域萌生、扩展，然后逐渐演化为宏观的裂缝和断裂，而非冲击区域几乎没有出现明显裂纹（如2-2面、3-1面和3-2面的非冲击区域），仅在靠近临界区域附近有细微的小裂纹衍生，表现出明显的局部化效应。

（17）各监测面出现明显裂纹具有突然性，表现为达到一定循环冲击次数或累计冲量后，试样表面突然出现明显裂纹，而在此之前的冲击均没有导致试样表面形成明显裂纹；这表明，试样表面裂纹的扩展演化与其内微结构演化有着密切的联系，试样受到较小冲击载荷作用后，内部微结构首先发生调整和演化，当冲击载荷或循环冲击次数增大到一定程度后，试样内微结构发生较大演化后，其表面裂纹开始出现并随循环冲击次数逐渐演化为宏观的裂缝直至试样完全破坏，这也说明煤岩表面裂纹的萌生、起裂和扩展本质上是其内微结构演化的总体反映。

（18）三种冲击模式下，试样表面裂纹演化特征具有一定的差异：循环冲击模式下，各监测面裂纹随循环冲击次数扩展演化相对比较缓慢且裂纹扩展路径形态较为粗糙；递增冲击模式下，各监测面出现裂纹的数量较循环冲击时少，但裂纹的尺度相对较大，且试样出现裂纹后再次冲击试样其表面裂纹将剧烈演化，裂纹迅速加宽、扩展、贯通，形成宏观裂缝；递减冲击模式下，试样首次冲击后，冲击区域和临界区域萌生出裂纹，且试样破坏时冲击区域和临界区域表面裂纹数量较多且尺度较大，形成多条贯穿试样的宏观裂缝。

（19）单次冲击的冲量大小不同，试样表面裂纹出现时所需的循环冲击次数不同；随着单次冲击的冲量增大，裂纹的扩展路径形态整体变得相对平滑，且裂纹扩展方向与冲击方向的夹角变小，裂纹扩展方向变化频率和分岔频率变低，试样表面裂纹发育为宏观裂缝时所需的累计冲量减小，而穿晶扩展比例相对升高；当单次冲击的冲量不同时，并不是累计冲量越大试样表面裂纹的扩展演化程度越剧烈，冲量的累积不能等效为单次冲击能量的增加。

（20）局部冲击时，相对冲击加载面积越大试样破坏时表面裂纹数量越多，且分布范围越广泛；反之，试样表面裂纹分布相对越集中；相对冲击加载面积越小，试样破坏时表面裂纹的尺度越大，裂纹分岔频率越低，裂纹扩展路径形态越平滑，裂纹穿晶扩展所占比例越高。

（21）原煤试样表面裂隙演化特征与型煤试样并不完全一致，其相似性主要表现在：裂纹形态均呈锯齿状，裂纹的起裂位置均在靠近直接受冲击面的边界处，裂纹的扩展方向均与冲击方向呈锐角，裂纹扩展中均出现穿晶扩展与绕晶扩展相结合的扩展模式，扩展路径均呈小幅度的"S"形拐折发展趋势；其差异性主要表现在：原煤裂纹方向变化频率、穿晶扩展比例、形态粗糙度、分岔频率均较低，原煤试样破坏时整体上是一条沿冲击方向的主裂缝贯穿试样，而型煤试样裂纹演化更复杂，裂纹形态也更粗糙，通常在演化过程中出现多次交会、分岔、合并、贯通，最终演化为宏观破坏。

（22）煤岩体在局部冲击载荷作用下其表面裂纹演化与常规全冲击时不同，表现出明显的局部化效应。局部冲击时，试样表面裂纹的起裂位置、扩展演化路径基本均处于非冲击区域和临界区域附近，而非冲击区域则在整个循环冲击过程，直至试样发生宏观破裂基本不出现明显裂纹；在不同冲击模式下，试样受局部冲击载荷后其表面裂纹演化的局部化效应不同，递减冲击模式下试样表面裂纹演化的局部化效应最明显，递增冲击模式次之，循环冲击最小；随着冲击加载面积的减小，试样表面裂纹起裂、扩展演化的区域范围逐渐趋于集中，裂纹扩展演化的局部化效应增强；与型煤试样相比，原煤试样在局部冲击载荷作用下试样表面裂纹演化的局部化效应更明显，表现为裂纹的形态更为平滑，裂纹萌生、扩展的区域范围更集中，试样破坏时表面裂纹的数量更少，总体沿冲击方向呈现一条贯穿整个试样的主裂纹，不像型煤试样有多个分岔出现。

第 7 章　非均匀载荷作用下煤体的变形场演化特征

岩土工程中的许多灾害问题都可归结为煤岩的变形破坏问题[154-159]。原煤具有多孔隙性、各向异性和非均匀性特征，制备标准试样难度较大且成功率低。因此，常采用经二次成型制备的型煤试样代替原煤试样进行相关实验研究。由于二次成型煤样不能完全反映原煤的内部结构特征，采用其为试验用样是否能够得到可准确反映原煤特征的相关规律而饱受质疑。在相同外界力学条件下，两种试样的表面变形场演化规律是否一致，型煤试样是否可以准确地表征原煤试样的变形场演化规律，均值得深入研究。局部偏心载荷是一种非均布载荷，受到局部偏心载荷作用的试样内将产生显著的局部化效应，如变形的局部化、应力集中等，它可以在一定程度上放大载荷对试样产生的影响。因此，值得对比分析原煤与型煤试样在局部偏心载荷作用下的变形场演化规律。煤岩体在变形破坏过程中，一个不可忽视的问题就是变形局部化问题。因此，国内外学者采用不同的手段研究了煤岩受载变形破坏过程中的局部化现象，其中白光数字图像相关方法因其具有全场、无接触、高自动化的优势在岩石变形局部化研究中得到了广泛的应用。近年来，分形理论在岩石力学领域已引起了广泛的关注，通过将分形理论与岩石力学相结合的方法可以解决许多岩石损伤断裂等非线性复杂问题，如岩石损伤破坏演化规律、细观裂隙特征和破断面特征定量描述、岩石破断碎屑分布特征等。但是，目前涉及岩石表面裂纹演化分形特征的研究主要集中于静载条件下的裂纹扩展分形特征方面，而冲击载荷条件下岩石裂纹演化特征与静载条件不同，且以强度低、脆性大、孔裂隙结构发育的煤岩为对象开展的关于裂纹分形特征的研究鲜见报道。同时，探究冲击载荷作用下的裂纹扩展分形特征又是掌握煤岩损伤变形与破断机理的关键。因此，本章基于分形理论，以型煤和原煤试样为研究对象，对比分析不同冲击加载条件下（冲击加载面积、冲量大小、循环冲击次数）煤岩试样表面裂纹的分形特征，对局部冲击载荷作用下煤岩破断面形貌进行三维重构，并对破断面的分形特征进行分析。

7.1　数字图像相关方法

7.1.1　数字图像相关方法基本原理

数字图像相关方法是一种获取物体表面位移场或应变场的非接触光测试验方法，测量精度受限于物体表面分布斑点或人工创造的散斑场。数字图像相关方法是一种比较成熟的方法，其基本原理是基于"灰度不变假设"对不同变形图像中相同的像素点进行跟踪。一般在试样变形前的图像中选择一个小区域，使用选定的相关函数，在变形后的图像中搜索与之匹配的区域，匹配成功后就得到了该区域的位移信息，进而可计算应变信息。采用数字图像相关方法计算煤岩表面位移和应变的过程如图 7.1 所示。首先，从待测基准图像中选择参考子集 $f(x, y)$，参考子集 $f(x, y)$ 是以待测点 $P(x, y)$ 为中心，大小为边长 $2M+1$ 像素的正方形区域，同时从变形后的图像中选取搜索子集，搜索子集大小为边长 $2N+1$ 像素的正方形区域，且满足 $N>M$，定义大小为 $2N+1$ 像素的 $g(x', y')$ 为变形子集，变形子集以每个像素点为中心且属于搜索子集；然后，利用选定的相关函数计算参考子集与搜索子集中的每一个变形子集的相关性，得到相关系数分布图，分布图中极值点对应的变形子集即目标子集，目标子集的中心点 $P'(x', y')$ 即待测点 $P(x, y)$ 变形后的位置。变形后图像上点 $P'(x', y')$ 的坐标可根据变形前图像上与之匹配点 $P(x, y)$ 的坐标求出 0。

$$\begin{cases} x' = x + u + \dfrac{\partial u}{\partial x}\Delta x + \dfrac{\partial u}{\partial y}\Delta y \\[2mm] y' = y + v + \dfrac{\partial v}{\partial x}\Delta x + \dfrac{\partial v}{\partial y}\Delta y \end{cases} \tag{7.1}$$

式中，u、v 为分别为待匹配区域中心点 O 在 x、y 方向上的位移分量；Δx、Δy 分别为点 P 与点 O 在 x、y 方向上的距离；$\partial u/\partial x$、$\partial u/\partial y$、$\partial v/\partial x$、$\partial v/\partial y$ 为待匹配区域位移分量的梯度。

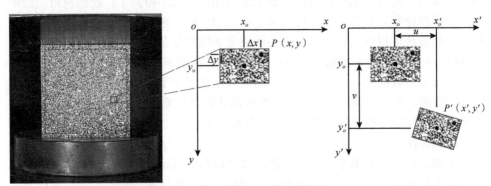

图 7.1　数字图像相关方法原理示意图

使用选定的相关函数，成功搜索到参考图像中坐标 $P(x, y)$ 变形后对应的点 $P'(x', y')$ 时，就可以求出变形后该区域的水平位移 u 和竖直位移 v。对其他点进行相同的搜索匹配，即可得到研究区域全场位移，由全场位移可以确定全场应变。

7.1.2　相关函数

为了保证匹配前后两区域具有较高的相关性，需定义相关函数 $C_{f,g}$ 来衡量变形前后匹配区域的相似程度，相关函数 $C_{f,g}$ 可表示如下：

$$C_{f,g} = \text{Corr}\{f(x, y), g(x', y')\} \tag{7.2}$$

式中，Corr 是表示 $f(x, y)$ 与 $g(x', y')$ 相似程度的函数。

为了评估参考子集与变形子集之间的相似度（或差异度），必须预先定义相关函数，这在数字图像相关方法中起着至关重要的作用。选取不同的相关函数，相关性计算的精度与速度会有所不同，计算所得结果也会存在一定的差异性。根据相关函数定义的不同，可将其分为基于互相关的相关函数与基于距离的相关函数两大类，常用的相关函数表达式如下。

（1）直接互相关函数：

$$C_{c1} = \sum_{i=1}^{n} \left[f(x_i, y_i) \cdot g(x_i', y_i') \right] \tag{7.3}$$

（2）均值互相关函数：

$$C_{c2} = \frac{1}{n} \sum_{i=1}^{n} \left[f(x_i, y_i) \cdot g(x_i', y_i') \right] \tag{7.4}$$

（3）归一化互相关函数：

$$C_{c3} = \sum_{i=1}^{n} \frac{f(x_i, y_i) \cdot g(x_i', y_i')}{f_s \cdot g_s} \tag{7.5}$$

（4）零均值归一化互相关函数：

$$C_{c4} = \sum_{i=1}^{n} \frac{\left[f(x_i, y_i) - f_m \right] \times \left[g(x_i', y_i') - g_m \right]}{\Delta f \cdot \Delta g} \tag{7.6}$$

（5）平均距离相关函数：

$$C_{d1} = \frac{1}{n} \sum_{i=1}^{n} \left| f(x_i, y_i) - g(x_i', y_i') \right| \tag{7.7}$$

（6）平均距离和相关函数：

$$C_{d2} = \sum_{i=1}^{n} \left[f(x_i, y_i) - g(x_i', y_i') \right]^2 \tag{7.8}$$

（7）归一化平方距离和相关函数：

$$C_{d3} = \sum_{i=1}^{n} \left[\frac{f(x_i, y_i)}{f_s} - \frac{g(x_i', y_i')}{g_s} \right] \tag{7.9}$$

（8）零均值归一化平方距离和相关函数：

$$C_{d4} = \sum_{i=1}^{n} \left[\frac{f(x_i, y_i) - f_m}{\Delta f} - \frac{g(x_i', y_i') - g_m}{\Delta g} \right] \tag{7.10}$$

式中，n 为参考子集中像素点个数，

$$f_m = \frac{1}{n} \sum_{i=1}^{n} f(x_i, y_i) , \quad g_m = \frac{1}{n} \sum_{i=1}^{n} g(x_i', y_i') , \quad f_s = \sqrt{\sum_{i=1}^{n} \left[f(x_i, y_i) \right]^2} , \quad g_s = \sqrt{\sum_{i=1}^{n} \left[g(x_i', y_i') \right]^2} ,$$

$$\Delta f = \sqrt{\sum_{i=1}^{n}\left[f(x_i,y_i)-f_{\mathrm{m}}\right]^2}, \quad \Delta g = \sqrt{\sum_{i=1}^{n}\left[g(x'_i,y'_i)-g_{\mathrm{m}}\right]^2}。$$

实际应用过程中，为尽可能地降低光照的影响，大多选取匹配精度较高的零均值归一化互相关函数，对零均值归一化互相关函数变形可得

$$C_{f,g} = \frac{\displaystyle\sum_{x=-M}^{M}\sum_{y=-M}^{M}\left[f(x,y)-f_{\mathrm{m}}\right]\left[g(x',y')-g_{\mathrm{m}}\right]}{\sqrt{\displaystyle\sum_{x=-M}^{M}\sum_{y=-M}^{M}\left[f(x,y)-f_{\mathrm{m}}\right]^2}\sqrt{\displaystyle\sum_{x=-M}^{M}\sum_{y=-M}^{M}\left[g(x',y')-g_{\mathrm{m}}\right]^2}} \tag{7.11}$$

根据零均值归一化互相关函数中对 f_{m}、g_{m} 的定义，对于式（7.11）中 f_{m}、g_{m} 可按下式计算：

$$\begin{cases} f_{\mathrm{m}} = \dfrac{1}{(2M+1)^2}\displaystyle\sum_{x=-M}^{M}\sum_{y=-M}^{M}f(x,y) \\[4mm] g_{\mathrm{m}} = \dfrac{1}{(2M+1)^2}\displaystyle\sum_{x=-M}^{M}\sum_{y=-M}^{M}g(x',y') \end{cases} \tag{7.12}$$

7.1.3 数字图像相关方法研究发展

数字图像相关方法自提出以来，经过各国学者的不断研究推进已在力学研究的诸多方面取得了成功应用。经过 30 多年的发展，数字图像相关方法已经成为试验力学领域中一种重要的非接触测量方法。近年来，由于数字图像相关方法具有实验装置和标本制备简单、对测量环境要求低、测量灵敏度高和分辨率范围广等优点，得到了越来越多的关注，并在各个科学领域和工程应用中得到越来越多的应用。数字图像相关方法的一些重大应用主要表现在：1970 年，Leendertz 首次将数字散斑方法应用于固体表面位移的测量；1983 年，Peters 等将白光散斑的随机特性与新开发的视频数字数据采集程序相结合，对刚体动力学问题开展室内实验得到了刚体的角速度和线速度；1985 年，Chu 等提出了实验力学中数字图像相关方法的理论并开发了一个计算机程序，用于确定物体表面由于变形而产生的位移分量和变形梯度；1986 年，金观昌介绍了数字散斑干涉仪的原理并将其应用于工业中变形的无损检测中；1988 年，Sriram 和 Hanagud 提出了一种测量初始平面结构平面位移的全场投影散斑技术，推导并改进了一种数字散斑相关函数及其分析方法；1989 年，高建新简化了相关迭代方法，给出了新的相关函数，提出了计算大变形的简捷有效的方法；1994 年，芮嘉白等提出了一种新的数字散斑相关方法十字搜索法，并基于概率与统计的角度对原有相关系数进行了优化；1992 年，Sutton 等以薄壁有机玻璃为试验对象，对单裂纹试样的近端变形场进行了试验研究，将数字散斑方法引入断裂力学领域；1999 年，刘诚和高淑梅将 CCD 相机与计算机结

合，提出了一种新的数字散斑计量方法，可直接提取自然光照所得图像的变形信息；2011 年，Yang 等提出了一种基于粒子群优化算法的亚像素关联搜索方法，该方法具有全局最优和并行搜索的特点，与遗传算法相比可以完成亚像素相关搜索，计算量小且搜索精度高；2014 年，席涛等提出了一种基于变形预测的数字图像相关方法，在保证结果准确的情况下大大提高了计算速度；2016 年，殷志强等利用数字散斑方法开展了不同瓦斯压力下煤岩三点弯曲断裂特性研究；2017 年，Hao 等研究了高温环境下噪声对数字图像相关方法的影响，提出了将主成分分析应用于高温大气环境下的数字图像相关测量以减小噪声影响；2020 年，Bai 等认为形状函数不匹配一直是数字图像相关中非均匀变形测量系统误差的主要来源，在分析一阶形状函数对多项式影响的基础上，提出了一种新的易于实现的位移后处理算法来弥补形状函数不匹配引起的误差。

7.2　局部偏心载荷模式煤岩变形场演化特征

7.2.1　常规单轴压缩条件下原煤与型煤变形场演化特征

图 7.2 为常规单轴压缩条件下原煤与型煤的轴向应力-应变曲线及不同加载阶段变形场观测位置。常规单轴压缩条件下，原煤与型煤试样均表现为四个阶段：初始压密阶段、弹性阶段、塑性屈服阶段、峰后阶段。为了对比分析不同加载阶段煤岩表面变形场演化规律，在不同加载阶段各取一个观测点位（图中 A、B、C、D 四点），对比分析不同观测点位的煤岩变形场。

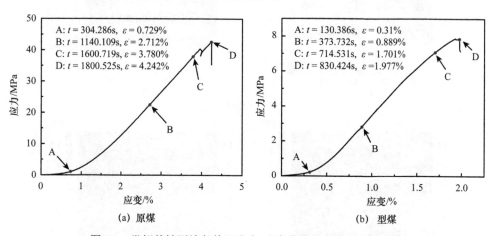

图 7.2　常规单轴压缩条件下应力-应变曲线及变形场观测位置

常规单轴压缩条件下，原煤与型煤最大剪切变形场演化规律如图 7.3 所示。原煤试样与型煤试样最大剪切变形值均随着加载应力的增大而逐渐增加。型煤试样最大剪切变形场演化具有典型的阶段性特征，可分为均匀变形阶段［图 7.3（b）A，

图 7.3（b）B]、局部化阶段［图 7.3（b）C］和破坏阶段［图 7.3（b）D］，原煤试样因其自身微结构复杂性和硬脆性特征导致其最大剪切变形场演化的阶段性特征不明显。初始压密阶段，原煤表面存在的原生微裂隙的非均匀闭合导致其局部产生明显的最大剪切变形场集中现象，型煤试样由于是压制成型煤样，均质程度较好且无明显原生微裂隙，因此其压密阶段的最大剪切变形场［图 7.3（b）A］分布较为均匀。

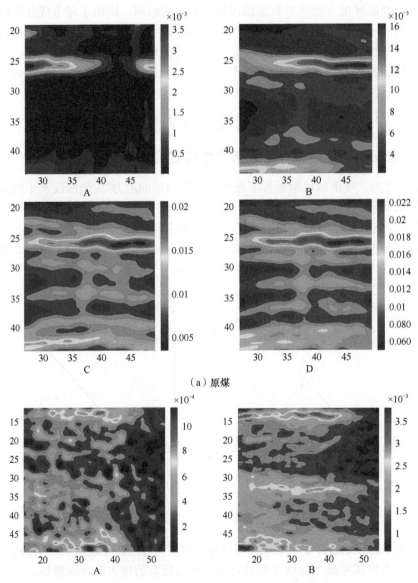

（a）原煤

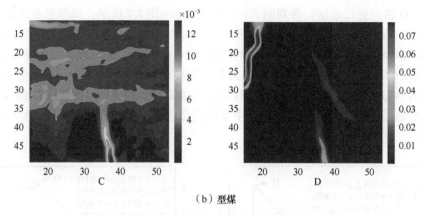

（b）型煤

图 7.3　常规单轴压缩条件下最大剪切变形场演化规律

从弹性阶段至破坏时刻原煤试样已闭合的原生裂隙处仍存在较为明显的剪切变形集中现象，这可能是由已闭合裂隙的剪切错动引起的；从弹性阶段开始，随着原有微裂隙的闭合，原煤试样表面变形场分布逐渐均匀化，且直至试样破坏并未见形成明显的局部化带，这可能是由于试验使用的原煤试样硬脆性高，试样仅经历短时的屈服阶段即发生瞬间的爆裂崩解，试样表面未形成明显的剪切拉伸裂纹；由试样破坏后的残留煤块 [图 7.3（b）] 和试样在 D 时刻的横向切应变场图 [图 7.4（c）] 可知试样发生了 X 型剪切破坏，这也解释了试样未见明显局部化带的现象。对于型煤试样，因其软塑性特征，试样进入屈服阶段后即表现出局部化现象，随着加载应力的增加试样局部化现象增强直至试样破坏，由图 7.3（b）D 可知试样发生拉伸-剪切复合型破坏。

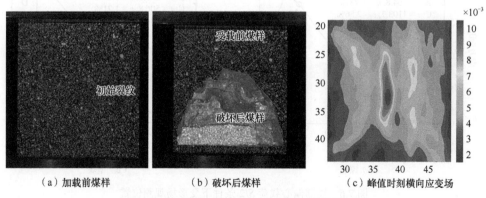

（a）加载前煤样　　　　　　（b）破坏后煤样　　　　　　（c）峰值时刻横向应变场

图 7.4　常规单轴压缩条件下原煤 X 型剪切破坏

7.2.2　局部偏心载荷作用下原煤与型煤变形场演化特征

对于局部偏心载荷作用下煤岩变形场演化规律同样选取四个加载阶段的 A、

B、C、D 四点进行观察，各观测点位置如图 7.5～图 7.7 所示。局部偏心载荷作用下不同加载面积时原煤和型煤轴向应力-应变曲线均表现出较好的阶段性特征，同常规单轴压缩一样也可分为初始压密阶段、弹性阶段、塑性屈服阶段和峰后阶段。塑性屈服阶段原煤的应力-应变曲线大多存在波动情况而型煤的应力-应变曲线比较平滑；峰后阶段原煤应力-应变曲线垂直跌落而型煤的应力呈缓慢下降趋势。应力-应变曲线的变化特征反映了试验中采用的原煤试样的硬脆性与型煤试样的软塑性特征。

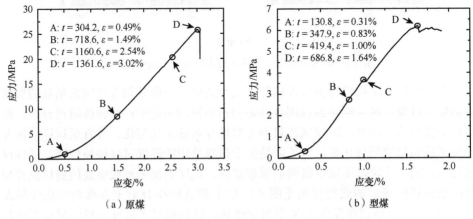

（a）原煤 　　　　　　　（b）型煤

图 7.5　局部偏心载荷 3S/4 条件下变形场观测位置

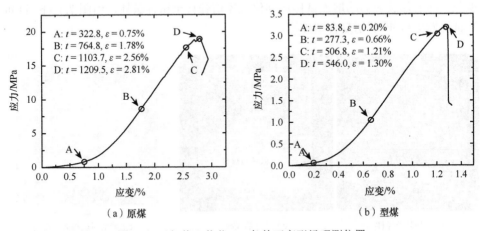

（a）原煤 　　　　　　　（b）型煤

图 7.6　局部偏心载荷 S/2 条件下变形场观测位置

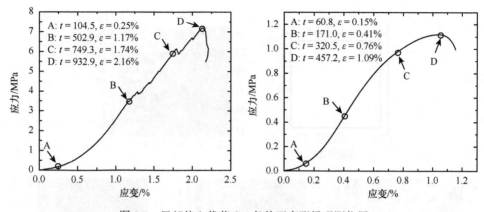

图 7.7　局部偏心载荷 $S/4$ 条件下变形场观测位置

　　局部偏心载荷作用下原煤与型煤最大剪切变形场演化规律如图 7.8～图 7.10 所示。因试验过程中并未刻意设置刚性垫片的位置,所以试样局部受载区域可能位于试样左侧,也可能位于试样的右侧,为便于观察绘制了不同加载面积的示意图。

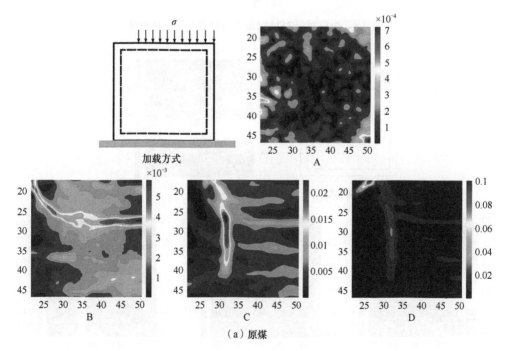

（a）原煤

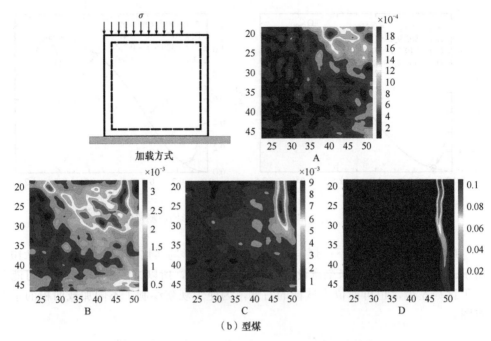

（b）型煤

图 7.8　加载面积 3S/4 时最大剪切变形场演化规律

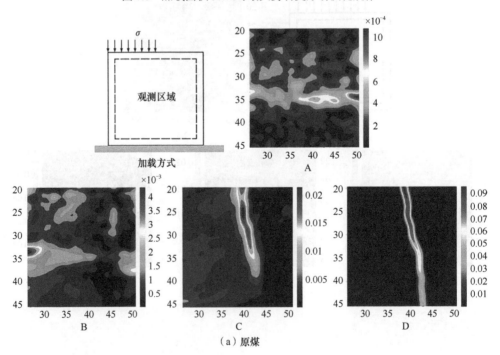

（a）原煤

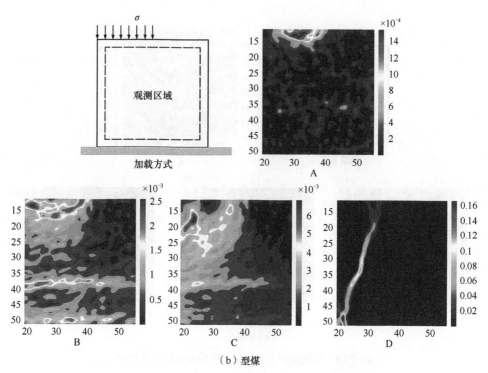

（b）型煤

图 7.9　加载面积 $S/2$ 时最大剪切变形场演化规律

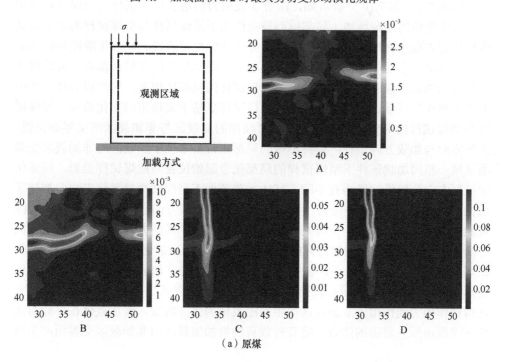

（a）原煤

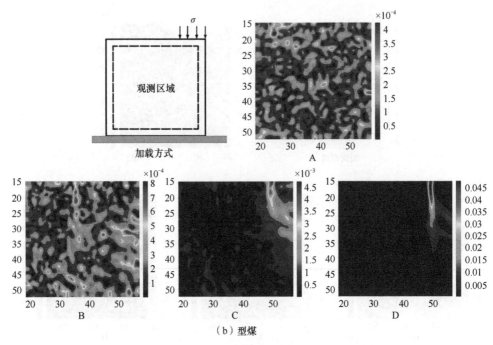

（b）型煤

图7.10 加载面积S/4时最大剪切变形场演化规律

由图7.8～图7.10分析可知，随着加载应力的增加原煤试样与型煤试样的最大剪切应变值均逐渐增加，局部偏心载荷作用下原煤试样与型煤试样的最大剪切变形场均表现出典型的阶段性特征，可分为均匀变形阶段、局部化阶段和破坏阶段。原煤试样在常规单轴压缩条件下不明显的局部化效应在局部偏心载荷作用下显现较为明显，偏应力的存在加剧了原煤试样的局部化现象，局部偏心载荷作用下"软塑性"型煤试样较"硬脆性"原煤试样更易于表现出局部化效应。原煤试样与型煤试样的局部化带均起始于试样端部的加载区与非加载区的交界面位置，扩展方向与加载方向平行，最终形成的局部化带基本位于加载区与非加载区交界面区域；相同加载条件下型煤试样的局部化带起始位置与原煤试样类似，局部化带扩展方向与原煤试样略有不同，3S/4加载条件下型煤试样局部化带均向加载区域偏斜，以S/2加载条件最甚。型煤局部化带与加载方向呈一定角度扩展的原因可能与其制作过程有关，型煤是在腔体中压制而成，横向方向的压实度小于轴向方向的压实度，裂纹易沿横向方向扩展，导致形成的局部化带易向加载区域偏斜。原煤试样在S/4加载条件下，初始压密阶段加载区与非加载区均出现明显的剪切变形带，这是因为局部偏心载荷导致加载区与非加载区交界面存在剪切作用力，在剪切作用力的作用下非加载区原生裂隙表现为张开现象，而加载区在外载荷条件下表现出原生裂隙的闭合，随着外载荷的增加加载区与非加载区交界面产生剪切错动，非加载区应力得到释放，非加载区剪切变形带逐渐减弱。

7.2.3　统计指标修正与局部化分析

通过 7.2.2 节对变形场演化特征分析可定性地给出原煤与型煤试样在常规单轴压缩与局部偏心载荷作用下变形局部化演化规律的异同性。早期学者研究发现，可引入统计指标描述变形场不均匀性特征，实现定量分析岩石在加载过程中变形局部化的启动及演化特征，统计指标如下：

$$S_{w} = w_{s} \times S' \tag{7.13}$$

式中，S' 为某一时刻变形场的方差；w_{s} 为变形局部化"空间特征"的一种加权。

$$S' = S'(X_{k}) = \sqrt{\frac{1}{n-1} \sum_{k=1}^{n} (X_{k} - \bar{X})^{2}} \tag{7.14}$$

式中，X_{k} 为变形场中每个点（共 n 个点）的应变值；$\bar{X}$ 为 X_{k} 的平均值，即

$$\bar{X} = \frac{1}{n} \sum_{k=1}^{n} X_{k} \tag{7.15}$$

$$w_{s} = S'(X_{k}^{*}) = \sqrt{\frac{1}{n-1} \sum_{k=1}^{n} (X_{k}^{*} - \bar{X}^{*})^{2}} \tag{7.16}$$

式中，X^{*} 为经过空间化处理的变形场，是变形场各点应变值的矩阵与一个元素全为 1，大小为 $m \times m$ 的矩阵 B（卷积核）的卷积，即

$$X^{*} = X \otimes B \tag{7.17}$$

统计指标 S_{w} 可以表征变形场量值空间分布的不均匀程度，当岩石试样出现变形集中时，试样表面变形不均匀程度增加，S_{w} 曲线斜率将发生较大转折，可以采用 S_{w} 曲线转折点进行岩石变形局部化启动判断。

通过自编 Python 程序提取不同加载时刻最大剪切变形场各像素点应变值，根据前述公式计算得到统计指标 S_{w} 并进行归一化处理。随着加载时间的增加统计指标逐渐增大，峰值强度之前曲线斜率逐渐增加，临近峰值时刻曲线斜率才出现较大转折点，并且 S_{w} 曲线并不能很好地反映出应力曲线上的应力波动特征，如图 7.11（a）所示，当应力曲线发生波动时 S_{w} 曲线斜率并未发生明显变化，这可能导致局部化启动点判断失误。通过尝试，找到一种能够较好地反映应力曲线波动的统计指标计算方法，对统计指标计算方法进行修正，修正统计指标按下式计算，即

$$S_{w}^{*} = \frac{(w_{s} + S)}{2} \tag{7.18}$$

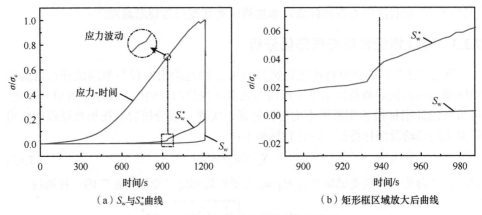

（a）S_w与S_w^*曲线　　　　　　　（b）矩形框区域放大后曲线

图 7.11　$S/2$ 加载时统计指标变化规律

由图 7.11 可知，利用式（7.18）计算所得的修正统计指标曲线 S_w^* 既包括 S_w 曲线斜率的变化特征，也可明显地反映出应力曲线上应力值的波动特征。利用上述公式计算不同加载条件下的原煤试样与型煤试样变形场统计指标，并归一化处理后得到 S_w^* 曲线，如图 7.12 和图 7.13 所示。

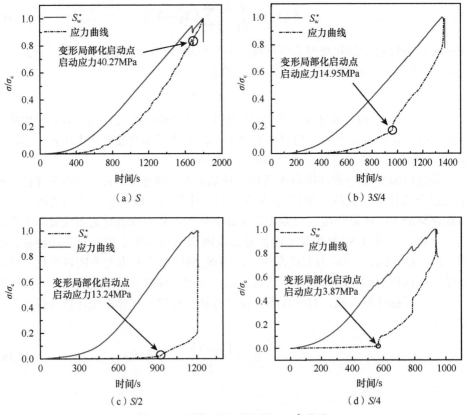

（a）S　　　　　　　　　　　　　　（b）$3S/4$

（c）$S/2$　　　　　　　　　　　　　（d）$S/4$

图 7.12　原煤不同加载面积下 S_w^* 曲线

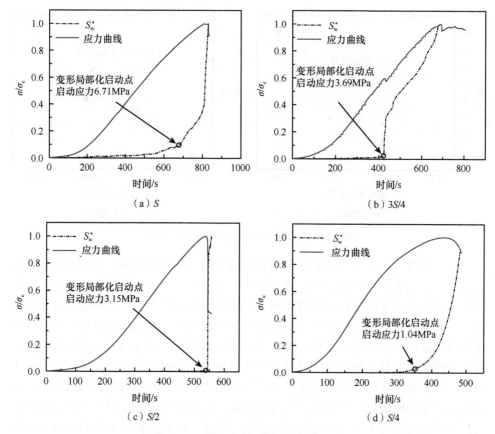

图 7.13　型煤不同加载面积下 S_w^* 曲线

统计指标 S_w^* 表征了试样表面应变场的非均匀演化（局部化）过程。由图 7.12 和图 7.13 可知，常规单轴压缩和局部偏心载荷条件下原煤试样与型煤试样的 S_w^* 曲线均表现出明显的阶段性特征。在试件均匀变形阶段，S_w^* 值较小且变化缓慢，而在后期的非均匀变形阶段 S_w^* 值急剧增加。常规单轴压缩条件下，原煤试样与型煤试样的 S_w^* 曲线分别在 1678 s 与 680 s 处发生转折，试样的变形局部化开始启动，启动应力分别为 40.27 MPa 和 6.71 MPa；局部偏心载荷 3S/4 条件下，原煤试样与型煤试样的 S_w^* 曲线分别在 962 s 与 423 s 处发生转折，试样的变形局部化开始启动，启动应力分别为 14.95 MPa 和 3.69 MPa；局部偏心载荷 S/2 条件下，原煤试样与型煤试样的 S_w^* 曲线分别在 928 s 与 521 s 处发生转折，试样的变形局部化开始启动，启动应力分别为 13.24 MPa 和 3.15 MPa；局部偏心载荷 S/4 条件下，原煤试样与型煤试样的 S_w^* 曲线分别在 565 s 与 353 s 处发生转折，试样的变形局部化开始启动，启动应力分别为 3.87 MPa 和 1.04 MPa。绘制启动应力与相对加载面积关系曲线，如图 7.14 所示。

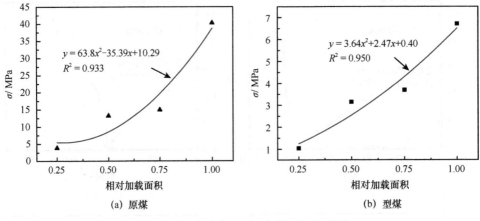

图 7.14　启动应力与相对加载面积关系图

由图 7.14 可知，原煤试样与型煤试样的变形场局部化启动应力随载荷作用面积的增加逐渐增大且呈现出明显的非线性关系。对试验数据进行拟合可知，原煤试样与型煤试样变形场局部化启动应力与相对加载面积均呈二次函数关系，且型煤试样的拟合相关性系数略高于原煤试样。随着载荷作用面积的减小，煤岩局部化启动所需应力逐渐减小，煤岩更易于形成局部化带，这是因为局部偏心载荷作用时载荷作用区与非作用区交界面处存在剪应力，剪应力的存在加速了此区域主控裂纹的扩展、贯通，从而加速了煤岩局部化带的形成。局部化启动点过后，统计指标曲线急剧增加，局部化效应逐渐增强，而煤岩表面应变场产生局部化效应的根本原因是煤岩内部微裂纹的演化扩展。因此，可以根据局部化启动点判断煤岩破坏，为边坡工程失稳预警提供一种新的思路。

7.2.4　局部化带位移演化规律

通过计算获得试样破坏后的最大剪切变形场云图，将最大剪切变形场云图与试样最终破坏模式比对，在最大剪切变形场云图上确定出变形局部化带位置与范围，在局部化带两侧各选取一区域作为监测区域，两监测区域距离局部化带边缘 2 mm，将监测区域位移进行沿局部化带方向与垂直局部化带方向分解，两监测区域分解后位移求和即可得到局部化带的相对张开位移量与相对滑动位移量。求解加载过程中不同时刻上述两监测区域的位移值，即可获得局部化带在形成过程中相对位移的变化演化规律。计算过程中规定沿变形局部化带顺时针的位移错动为正，沿变形局部化带外法线的位移张开为正，计算示意图如图 7.15（a）所示，不同加载条件下原煤与型煤试样的计算结果如图 7.16 和图 7.17 所示。

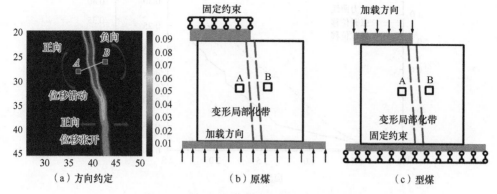

图 7.15　变形局部化带位移演化分析示意图

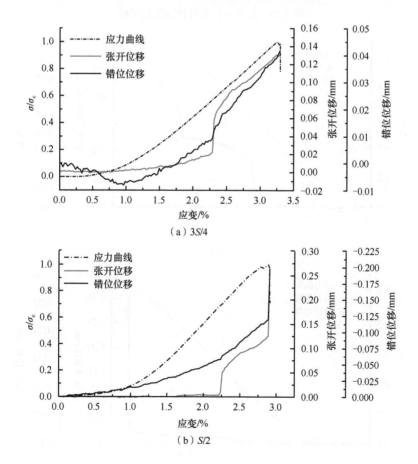

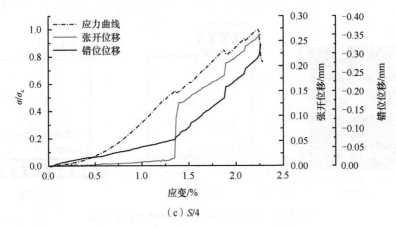

（c）S/4

图 7.16 原煤位移张开错动演化规律

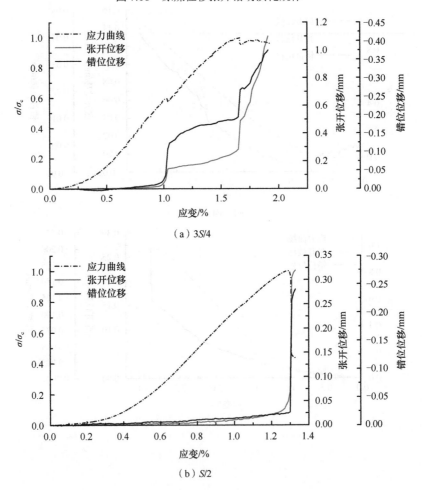

（a）3S/4

（b）S/2

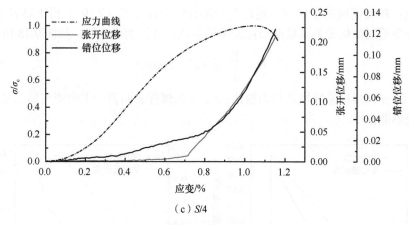

图 7.17　型煤位移张开错动演化规律

　　分析可知，煤岩变形局部化带的位移张开、错动演化规律与加载过程中应力变化特征相对应，应力波动或峰值点处均表现出位移量值的突增。随着应力的增加，原煤与型煤试样变形局部化带两侧位移的张开、错动量值整体呈增加趋势，且可分为加载初期的稳定增长和临近破坏时刻加速增加两个阶段。两种煤样变形局部化带均表现出位移张开演化滞后于位移错动且加载初期位移错动值大于位移张开值。一方面，局部偏心载荷的施加使加载区与非加载区交界面处存在剪切应力，加载区与非加载区应力的非对称性引起煤样表面非均匀变形；另一方面，加载初期试样轴向变形大于横向变形，轴向变形引起的位移错动值大于横向变形引起的位移张开值。加载过程中，局部化带两侧位移张开值均为正值，表明局部化带宽度随着加载应力的增加逐渐增大且局部化带位移错动方向不一，原煤试样位移错动方向取决于非加载区域测点位移方向，型煤试样位移错动方向取决于加载区测点位移方向，出现上述现象的原因是两种煤样的边界条件不同。

　　分析可知，原煤试样加载时加载板由下至上移动，刚性垫片起固定约束作用，固定约束的存在限制了加载区 A 测点的位移，导致非加载区 B 测点上向位移值大于加载区 A 测点上向位移值，形成沿局部化带逆时针的位移错动；型煤试样加载时加载板由上至下移动，刚性垫片起加载板作用，非加载区 B 测点是在加载区与非加载区之间剪切应力作用下发生向下移动，导致加载区 A 测点下向位移值大于非加载区 B 测点下向位移值，形成沿局部化带逆时针的位移错动。

7.2.5　煤岩变形能的演化特征

　　对试样破坏前的最大剪切变形场云图进行二值化处理，得到变形场的变形局部化带范围和变形局部化带外范围。在试样加载全过程中，变形局部化带外介质基本保持为弹性状态。利用自编 Python 程序获得不同加载时刻变形局部化带外区域各像素点的位移、应变信息，将局部化带外区域中各个点的主应变值取平均值表示试样在此区域的主应变。通过变形能计算公式 [式 (7.19)] 得出煤岩不同加载时刻变形局部化带外区域变形能密度的量值，并绘制成曲线，如图 7.18 所示。

$$U = \frac{E}{2}(e_1^2 + e_2^2 - 2\mu e_1 e_2) \tag{7.19}$$

式中，E、μ 为煤样弹性模量与泊松比；e_1、e_2 为煤样表面第一主应变与第二主应变；U 为变形能密度。

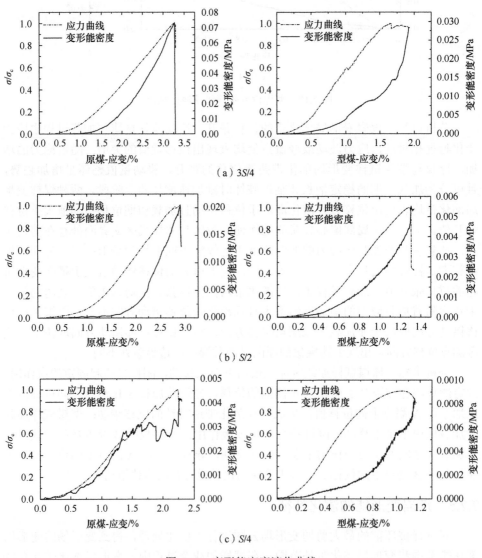

（a）$3S/4$

（b）$S/2$

（c）$S/4$

图 7.18 变形能密度演化曲线

由图 7.18 可知，相同载荷作用面积下原煤试样的变形能密度峰值大于型煤试样，随着加载面积的减小原煤与型煤存储的弹性能逐渐减小。随着加载应力的增加，不同载荷作用面积下原煤试样与型煤试样的变形能密度逐渐增加，在初始压密阶段变形能密度呈线性增加，变形能密度积累缓慢；进入弹性阶段后变形能密度呈非线性增加，变形能密度快速增加。图 7.18 中加载面积 $S/4$ 的原煤试样变形能密度波动较为剧烈，可能是因为加载面积小导致原煤试样中偏应力大，微裂隙非稳定性扩展剧烈，微裂隙演化消耗压机提供的机械能波动较大，导致机械能转化为试样弹性能波动较大。

7.3　局部冲击煤岩表面裂纹扩展的分形特征

煤岩类材料内部天然孔裂隙结构、节理等缺陷的存在，导致其表现出非连续性、非均质性和各向异性的特点[160-163]。众多学者将煤岩视为分形物体，在进行煤岩的断裂破坏研究中发现煤岩的破断面剖面线分形维数为 1～2，而破断粗糙面分形维数为 2～3，其断裂破坏表现出明显的分形特征。由于煤岩类材料的失稳破断是一个极其复杂的过程，破断后的断面形貌呈现出十分不规则的形态，维数为整数的欧氏空间理论和定律不能对其进行有效描述，导致难以准确地掌握岩石的破断机理。因此，运用分形理论对煤岩类材料的力学特性和损伤变形、失稳破断等进行深入分析和探究，对推动岩石力学和断裂力学的发展具有十分重要的意义。

7.3.1　基于 MATLAB 的煤岩裂纹扩展分形计算

煤岩表面裂纹不仅形态复杂，而且裂纹的色彩与煤体颜色接近。因此，想要清楚准确地将裂纹从图片中直接提取出来较为困难。鉴于此，借助 MATLAB 提取所拍摄的高清裂纹照片中每个像素点的像素值，并将提取的像素值通过设置一定的阈值进行变换，从而获得清晰的裂纹照片。试样裂纹图片在处理前，裂纹部分与非裂纹部分的像素值（0～255）有较大差别。其原理为：裂纹提取时，根据煤样裂纹图片中裂纹像素值低于非裂纹部分的像素值，首先对试样裂纹图片中各个像素值进行逐一提取，若某一点的像素低于所设定的裂纹像素阈值（crack pixel threshold，CPT），则将该点像素值设置为 0，这样将所有像素值为 0 的像素点连接起来，便可获得所要提取的裂纹，从而实现对试样裂纹图片中裂纹的提取。定义裂纹 RGB 的阈值分别为 $R_{\text{threshold}}$、$G_{\text{threshold}}$、$B_{\text{threshold}}$，则裂纹判定提取准则为

$$\begin{cases} R_{\text{P}} = 0, & R(x, y) < R_{\text{threshold}} \\ G_{\text{P}} = 0, & G(x, y) < G_{\text{threshold}} \\ B_{\text{P}} = 0, & B(x, y) < B_{\text{threshold}} \end{cases} \tag{7.20}$$

式中，R_{P}、G_{P}、B_{P} 分别为图像中各像素点的 R、G、B 值。

提取裂纹具体操作时，令 CPT=$R_{\text{threshold}}$=$G_{\text{threshold}}$=$B_{\text{threshold}}$。CPT 分别为 10、20、30、35、40、50、60 时的裂纹提取图片如图 7.19 所示。由图 7.19 可知，CPT 的

取值越小所提取出的有效裂纹点就越少；反之，若 CPT 取值过大则会提取出裂纹图片中不是裂纹的噪点，从而影响所提取出裂纹的准确性。但是，当 CPT 的取值过小时，则会遗漏掉大量裂纹点导致不能对裂纹点进行有效提取。因此，在对试样表面裂纹进行提取时，通过反复调试 CPT 的取值，最终设置 CPT 为 35，从而在误差允许范围内从试样裂纹图片中提取出有效裂纹。

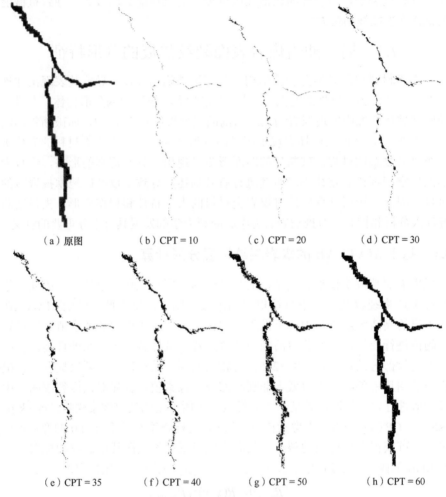

图 7.19　不同 CPT 下煤样裂纹提取图

7.3.2　基于 MATLAB 的盒维数法分形维数计算

盒维数法计算分形维数需要借助计算机编程来实现。通过自主编制的计算程序，并通过 MATLAB 软件对裂纹图片直接进行分形维数的计算。利用 MATLAB 软件编程计算分形维数的基本步骤如下：

（1）根据所提取出试样裂纹的具体尺寸，将其放入边长为 2^n（n 为自然数）的正方形画布中；

（2）通过编程逐一提取图片中各个像素点的像素值并保存为数据矩阵；

（3）根据盒维数法对提取的图片数据矩阵进行分形维数的计算，获得裂纹的分形维数。

7.4　局部循环冲击次数与煤岩表面裂纹分形维数的关系

以前述循环冲击试验组（I=2.91 N · s）为例，每次对试样进行冲击后分别按 7.3.2 节方法计算试样表面裂纹的分形维数，探究循环冲击次数与煤岩试样表面裂纹分形维数的耦合关系。

7.4.1　常规全冲击时试样表面裂纹分形维数演化特征

常规全冲击时，试样各个监测面表面裂纹的分形维数随循环冲击次数表现出相似的规律，因此仅以 1-1 面（直接受冲击面）为代表进行分析。对不同循环冲击次数下 1-1 面表面裂纹的分形维数进行计算，如图 7.20 所示。

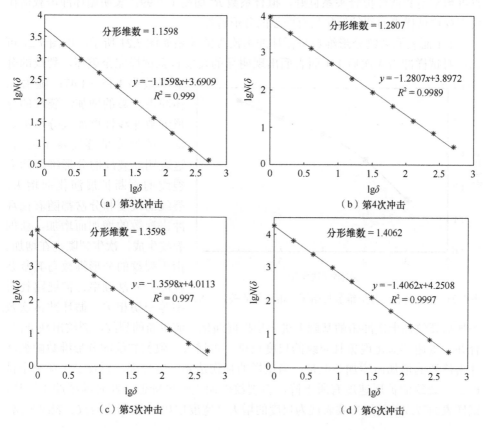

（a）第3次冲击　　　　　　　　　　　（b）第4次冲击

（c）第5次冲击　　　　　　　　　　　（d）第6次冲击

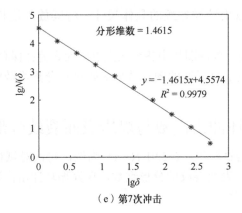

（e）第7次冲击

图 7.20　不同循环冲击次数下 1-1 面裂纹分形维数

　　由于试样 3 次冲击后 1-1 面才出现明显裂纹，第 7 次冲击后试样发生了明显的宏观破坏，终止冲击试验。因此，以 3～7 次冲击后表面裂纹为例进行分析。由图 7.20 可知，不同循环冲击次数下煤岩试样表面裂纹的分形维数均为 1～2，裂纹盒维数双对数线性拟合关系良好，拟合系数 R^2 均高于 0.99，表明循环冲击载荷作用下煤样试样表面裂纹演化具有明显的分形特性。

　　1-1 面表面裂纹分形维数与循环冲击次数的关系如图 7.21 所示。由图 7.21 可知，对试样冲击 3 次后 1-1 面表面出现明显的裂纹直至试样完全破坏，裂纹的分

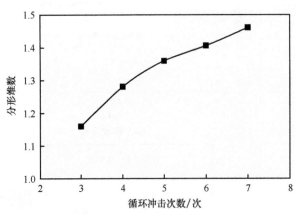

图 7.21　1-1 面裂纹分形维数与循环冲击次数的关系（S）

形维数为 1.15～1.47；随着循环冲击次数的增加，裂纹的分形维数非线性增加且分形维数增加的梯度呈逐渐减小趋势。这表明，裂纹的分形维数随着裂纹的不断扩展演化而增大，裂纹的尺度和分岔都随着循环冲击次数的增加而增加，新的裂纹生成，次生裂隙也在增加。由于裂纹的分形维数与其复杂程度、分岔频率、扩展路径形态等密切相关，循环冲击次数增加后裂纹在上次冲击的基础上进一步扩展演化，萌生新的裂纹，裂纹出现分岔、合并、贯通等演化现象且裂纹的尺度也进一步增大，致使裂纹的分形维数随循环冲击次数的增加而增加。但是，当试样的损伤达到一定程度，裂纹已贯穿整个试样后，裂纹的扩展速度有所下降，新裂纹的萌生速度降低，此时继续冲击试样，试样表面裂纹的扩展主要表现为尺度的增大（宽度增加），而新生裂纹、裂纹分岔、

裂纹合并相对较少，致使裂纹分形维数随循环冲击次数增加的梯度有所下降。

7.4.2　局部冲击时试样表面裂纹分形维数演化特征

对于局部冲击载荷作用，以 $S/2$ 局部冲击时试样 3-1 监测面表面裂纹为代表进行分析。$S/2$ 局部冲击时试样 3-1 面在第 3 次冲击后出现明显裂纹，第 5 次冲击后试样出现宏观破坏，终止试验。试样受 3～5 次冲击后 3-1 面表面裂纹的分形维数计算结果如图 7.22 所示。

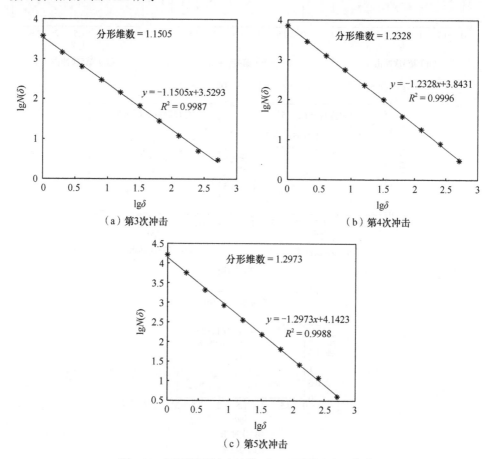

（a）第3次冲击　　　　　　　　　　（b）第4次冲击

（c）第5次冲击

图 7.22　不同循环冲击次数下 3-1 面裂纹分形维数

由图 7.22 可知，局部冲击载荷作用下试样表面裂纹的分形维数与常规全冲击时具有相似性，其分形维数值均为 1～1.5 且裂纹的盒维数双对数线性拟合相关系数均在 0.99 以上，说明拟合效果良好，即常规全冲击与局部冲击载荷作用下煤岩表面裂纹演化均具有明显的分形特性。

另外，对 $S/2$ 局部冲击时 1-1 面（直接受冲击面）、2-1 面（冲击区域）、2-2

面（非冲击区域）表面裂纹的分形维数随循环冲击次数的演化特征进行计算，计算结果如图 7.23 所示。

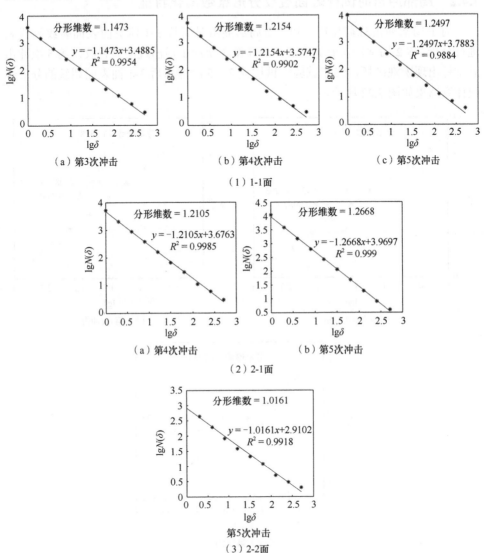

（a）第3次冲击　　　　　　（b）第4次冲击　　　　　　（c）第5次冲击

（1）1-1面

（a）第4次冲击　　　　　　　　　　（b）第5次冲击

（2）2-1面

第5次冲击

（3）2-2面

图 7.23　$S/2$ 局部冲击时试样表面裂纹分形维数

为了明确 $S/2$ 局部冲击时不同监测面表面裂纹在相同循环冲击次数下的分形维数差异，将各监测面表面裂纹的分形特征进行对比分析，试样不同监测面表面裂纹分形维数随循环冲击次数的演化关系如图 7.24 所示。

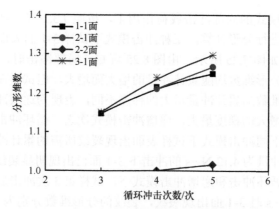

图 7.24　不同监测面裂纹分形维数与循环冲击次数的关系

由图 7.24 可知，局部冲击时，相同循环冲击次数下试样受冲击区域表面裂纹的分形维数明显大于非冲击区域（1-1 面、2-1 面和 3-1 面的分形维数明显大于 2-2 面），3-1 面表面裂纹的分形维数最大，2-1 面次之，1-1 面略小于 2-1 面，表明 3-1 面表面裂纹最为复杂，裂纹的扩展路径较为粗糙，裂纹演化中分岔频率、扩展方向变化频率、裂纹的数量和尺度等整体而言相对大于试样其他表面，而 2-2 面表面裂纹仅仅发生了轻微扩展且尺度较小。这主要是由于 3-1 面同时存在冲击区域、临界区域和非冲击区域，受局部冲击载荷作用时，3-1 面受力较为复杂，冲击区域受压应力作用，临界区域受剪应力作用，导致裂纹起裂后的演化路径相对粗糙，致使该面分形维数较大；1-1 面为直接受冲击面，局部冲击时临界区域受剪应力较大，在剪切应力的作用下，试样首先沿临界区域形成一条形状相对平滑的裂纹而其他区域无明显裂纹，导致该面分形维数小于 3-1 面；而 2-2 面全部处于非冲击区域，受冲击作用的影响最小，多次冲击后其表面仅出现微小裂纹或无裂纹出现，该面分形维数最小。

由上述分析可知，常规全冲击条件下，相同循环冲击次数时试样表面裂纹的分形维数大于局部冲击时，且试样破坏时常规全冲击时试样表面裂纹的分形维数大于局部冲击时，这主要是由于常规全冲击时试样所有监测面均在冲击区域，虽然试样表面裂纹的尺度不大（长度和宽度），但裂纹的数量、分岔频率、扩展方向变化频率等均相对较大，裂纹整体相对粗糙且裂纹的起裂、扩展范围较广，形态更为复杂，导致常规全冲击时试样表面裂纹的分形维数较大。这也表明，试样表面裂纹分形维数的大小是由裂纹的数量、尺度、形态粗糙度、分岔频率、扩展方向变化频率等综合因素共同作用决定的，而并非单一某个因素的结果。

7.4.3　冲量与煤岩表面裂纹分形维数的耦合关系

以前述试验为例，分析不同冲击模式下，单次冲击的冲量和累计冲量与试样表面裂纹分形维数的关系。以 3-1 面为代表面，在循环冲击、递增冲击和递减冲击三种冲击加载模式的局部冲击载荷作用下，按照 7.3.2 节盒维数法对试样表面裂纹的分形维数进行分形计算，三种冲击模式下试样 3-1 面表面裂纹分形维数与累计冲量的关系如图 7.25 所示。由图 8.25 可知，局部冲击时，不同冲击模式下试样表面裂纹的分形维数均随累计冲量的增大而增大，但试样在不同冲击模式下表面裂纹的分形维数随累计冲量增大的梯度不同，表现为递减冲击模式下试样表面裂纹分形维数增大的梯度最大，递增冲击模式次之，循环冲击模式最小。单次冲量大小不同，不同冲击模式下试样表面出现裂纹所需的累计冲量不同，递减冲击时试样在首次冲量为 4.12 N·s 的冲击下 3-1 面已出现明显裂纹，裂纹的分形维数为 1.2283，而循环冲击和递增冲击模式下，试样第 3 次冲击后累计冲量分别为 8.73N·s、8.53N·s 时 3-1 面出现裂纹，裂纹的分形维数分别为 1.1505 和 1.1857；表明单次冲击的冲量大小对试样表面裂纹的分形维数有重要影响，累计冲量相同时，单次冲击冲量越大试样表面裂纹演化越剧烈，裂纹的分形维数相对越大，这与试样表面裂纹起裂的冲量阈值有关，当单次冲击的冲量低于该冲量阈值时，试样表面不出现裂纹的起裂，但冲量阈值并非固定不变而是随冲击不断降低，当冲击到一定次数，裂纹起裂的冲量阈值降低到冲击的冲量以下，试样表面裂纹开始起裂、扩展演化。另外，由试样表面裂纹的分形维数随累计冲量的演化规律可知，累计冲量相同时递减冲击模式下试样表面裂纹的分形维数最大，试样表面裂纹尺度和数量均较大，试样的破坏程度相对较高，这与前文所述的累计冲量相同，加载顺序不同时试样内微结构均对由大到小的冲量加载顺序更为敏感；递减冲击模式下，试样表面裂纹的扩展演化更为剧烈相吻合。

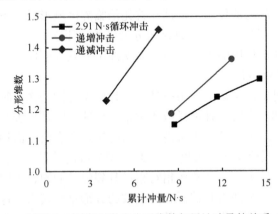

图 7.25　试样 3-1 面表面裂纹分形维数与累计冲量的关系（S/2）

7.4.4　冲击加载面积与煤岩表面裂纹分形维数的耦合关系

不同冲击加载面积下，试样表面裂纹的萌生、扩展演化区域不同，其分形维数也存在较大的差异。以前述试验组试样为例，根据 7.3.2 节盒维数法计算 4 种不同冲击加载面积下试样受 3 次循环冲击后 3-1 面表面裂纹的分形维数，计算结果如图 7.26 所示。由图 7.26 可知，单次冲量为 2.91 N·s 循环冲击 3 次后，不同冲击加载面积下试样表面裂纹的分形维数随冲击加载面积的减小而增大，说明相同累计冲量下，冲击加载面积越小试样表面裂纹扩展演化越剧烈，裂纹的尺度相对越大其分形特征越显著。$S/4$ 局部冲击时试样表面裂纹的分形维数明显大于其他三个冲击加载面积，这主要是由于 $S/4$ 局部冲击时试样受 3 次冲击后沿临界区域形成尺度较大的宏观贯穿裂缝，导致其分形维数明显大于其他冲击加载面积；常规全冲击时，由于冲击加载面积较大，试样受 3 次冲击后表面仅有细小裂纹，虽然裂纹扩展路径形态粗糙且扩展方向变化频率较高，但由于尺度很小致使其分形维数较小；$3S/4$ 和 $S/2$ 局部冲击时，试样表面裂纹由临界区域起裂后沿冲击方向扩展，虽然裂纹的扩展路径形态较常规全冲击时平滑，但裂纹的尺度（宽度）均显著大于常规全冲击时，使得裂纹整体的分形维数均略大于常规全冲击时。

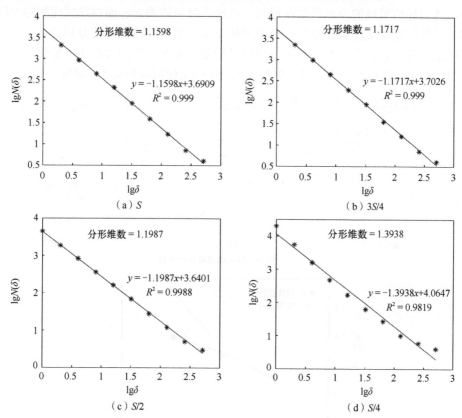

图 7.26　不同冲击加载面积下 3-1 面表面裂纹分形特征

7.4.5　型煤与原煤试样表面裂纹分形维数对比

以前述原煤试验组为例，选取典型组原煤试样为代表，根据 7.3.2 节盒维数法计算原煤试样 3-1 面表面裂纹分形维数随循环冲击次数的演化特征，如图 7.27（1）所示，并与前述型煤试样 3-1 面表面裂纹分形演化特征进行对比分析，型煤与原煤试样表面分形维数随循环冲击次数的演化特征如图 7.27（2）所示。由图可知，原煤试样表面裂纹的分形维数随循环冲击次数的增加呈非线性增加，与型煤试样不同，原煤试样表面裂纹分形维数随循环冲击次数增加的梯度有明显增大的趋势。分析可知，随着循环冲击次数的增加新生微裂纹得到孕育和发展，裂纹的尺度和复杂程度增大，分形维数增加；当裂纹扩展贯通演化到一定程度后，继续冲击试样后裂纹的演化速度增大，尤其是在原煤试样接近临界破断时，裂纹尺度显著增大，次生裂纹也迅速扩展，致使裂纹分形维数大幅增加，这与型煤试样不同，可能是由于原煤试样的脆性较大且含有复杂的原生结构，非连续性也更显著，试样临界破断时，再次冲击试样将导致其表面裂纹剧烈演化，突然形成宏观裂缝而破断，进而导致裂纹的分形维数在最后一次冲击时急剧增大，而型煤试样则相对缓和。另外，原煤试样的裂纹分形维数整体上大于型煤试样的裂纹分形维数，说明原煤试样冲击后产生的裂纹相比于型煤试样更为复杂，原因可能在于原煤试样非均质性更强、脆性也更大，包含更多、更复杂的坚硬颗粒和原生孔裂隙结构。

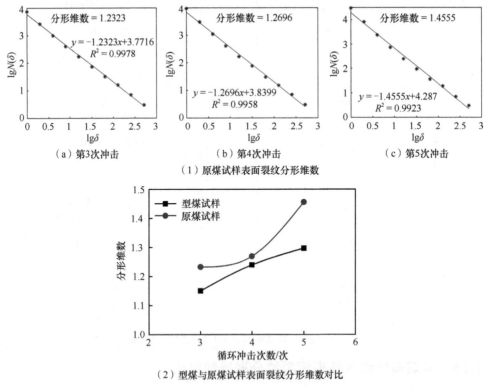

（a）第3次冲击 　　　　（b）第4次冲击 　　　　（c）第5次冲击

（1）原煤试样表面裂纹分形维数

（2）型煤与原煤试样表面裂纹分形维数对比

图 7.27　不同循环冲击次数下型煤与原煤 3-1 面裂纹分形特征

7.5　局部冲击载荷作用下煤岩破断面形貌的三维重构

7.5.1　破断面形貌的三维重构方法

煤岩类材料断口表面形貌具有复杂、粗糙和随机的特征，对其进行定量描述是评价其力学行为的基础[164-167]。局部冲击载荷作用下试样通常沿临界区域发生不规则破断，形成凸凹不平的粗糙断裂面，而想要清楚直观地获得粗糙破断面的形貌，则需首先获取破断面各个位置的凸凹起伏度数据，然后根据实测所得数据借助 MATLAB 软件对粗糙破断面的形貌进行三维重构。

将精度为 0.001mm 的位移监测装置安装在自主研发的三维移动自动测控细观试验装置上，通过定量移动位移监测装置探针的位置实现对局部冲击载荷作用下煤岩试样破断面凸凹度的测量，如图 7.28 所示。进行测量时，首先在破断面的一个顶角选取一个参考点，然后以该参考点为初始点沿冲击方向逐点进行测量，在 70mm×70mm 的测量范围内每隔 1mm 测量一次，共获得 70×70 个监测点的数据。最后基于各个监测点的实测

图 7.28　试样破断粗糙面观测试验概况

数据，借助 MATLAB 软件对局部冲击载荷作用下煤岩试样破断面的形貌进行三维重构，生成的粗糙破断表面形貌如图 7.29 所示（以 3S/4 局部冲击试样破断面为例）。

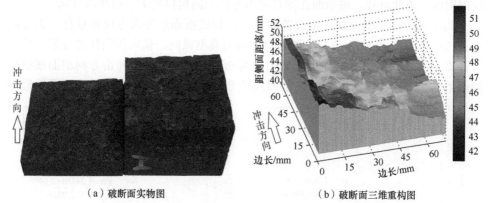

（a）破断面实物图　　　　　　　　　　（b）破断面三维重构图

图 7.29　局部冲击载荷作用下煤岩试样破断面三维形貌

根据图 7.29，从局部冲击载荷作用下试样破断面的三维重构图中可以清楚地看出，试样在循环冲击作用下沿临界区域（受剪切作用带）发生破断形成杂乱无章的凸凹面，凹凸程度各异，破断面表面整体起伏不大，在 10mm 范围内上下波动，但上下起伏波动频率较大，这与试样表面裂纹扩展的高频率、小幅度"S"形拐折演化模式相吻合。

7.5.2 局部冲击载荷作用下煤岩破断面特征

剖面分析法是分析破断面形态特征的一种重要方法，分别从上述破断面形貌实测数据中等间距提取 10 条均匀分布的纵向剖面线（沿冲击方向）和横向剖面线（垂直冲击方向）数据，对局部冲击载荷作用下煤岩试样破断面的形态特征进行分析，典型的纵向、横向剖面线如图 7.30 所示。

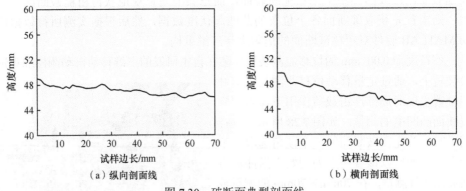

图 7.30　破断面典型剖面线

由图 7.30 可知，局部冲击载荷作用下煤岩试样破断面横向剖面线（垂直冲击方向）波动起伏较大，呈现高频率、小幅度上下起伏，而纵向剖面线（沿冲击方向）凸凹起伏相对平缓但也出现多处小幅度波折，只是波折起伏的频率和幅度小于横向剖面线。由此可知，破断面在垂直冲击方向上的粗糙度大于沿冲击方向。

为了进一步明确局部冲击载荷作用下试样破断面沿冲击方向和垂直冲击方向的粗糙程度，按照 7.3.2 节盒维数法对破断面典型纵向、横向剖面线的分形维数进行计算，计算结果如图 7.31 所示。由图可知，试样破断面沿冲击方向剖面线的分形维数为 1.2094，垂直冲击方向剖面线的分形维数为 1.2416。试样破断面垂直冲

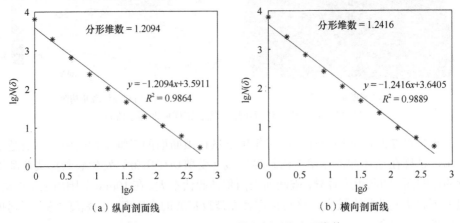

图 7.31　典型的纵向、横向剖面线分形维数

击方向剖面线的分形维数明显大于沿冲击方向，说明试样破断面在垂直冲击方向更为粗糙，破断面表面的起伏变化更大（起伏幅度、起伏频率）。

7.6　局部冲击载荷作用下煤岩破断面分形特征

7.6.1　破断面三维分形维数计算方法概述

煤岩类材料发生破断后，其破断粗糙表面呈现复杂、随机、无规则的特性，导致难以通过与尺度相关的表面粗糙度对破断面形貌进行描述，而基于分形理论的破断粗糙表面分形特征可以很好地描述粗糙表面的形貌特征，为岩石断裂力学的研究提供了一种新途径。目前，涉及粗糙表面分形特征的研究主要集中在粗糙表面剖面线形貌的分形描述上，长期以来对整个粗糙表面形貌的分形描述一直没有找到精确、理想的方法，甚至 Mandelbrot 也提出用剖面线分形维数加 1 的方法来近似描述粗糙表面的分形维数。而实际上，粗糙破断面表面的形貌非常复杂，表现为空间上的多变性、各向异性和局域特征，采用破断粗糙表面某条剖面线的分形维数或若干条剖面线的平均分形维数来描述整个表面分形特征是不合理的。码尺法、盒维数法、覆盖法等是常用的分形维数计算方法，但仅适用于复杂无规则的曲线，而对于粗糙表面则不可能用一定尺度的正方形、三角形或圆等二维欧氏几何体来直接覆盖粗糙破断面。而目前采用间接覆盖的方法来估算粗糙破断面分形维数的计算方法主要有：三角形棱柱表面积法和投影覆盖法，但这两种方法均是通过近似计算粗糙表面的表面积来近似计算其分形维数。与上述两种方法相比，周宏伟等提出的计算粗糙表面分形维数的立方体覆盖法，可以更真实地求出粗糙表面的分形维数，但立方体覆盖的起始点位置对覆盖整个断面所需立方体的数量影响明显，于是作者在粗糙表面分形维数的立方体覆盖法的基础上进行了改进。本书基于上述两种粗糙表面分形维数计算方法，同时考虑了进行立方体覆盖时的起始点位置和立方体覆盖粗糙表面时最高点为整数时的情况，对上述计算粗糙表面分形维数的立方体覆盖法进行了进一步完善，提出了粗糙表面分形维数计算的二次改进立方体覆盖法。

7.6.2　粗糙表面分形维数计算的二次改进立方体覆盖法

在计算粗糙表面分形维数时，三角形棱柱表面积法和投影覆盖法在估算分形维数时都是通过近似估算粗糙表面的表面积，进而求得其分形维数，这种近似将导致所得粗糙表面的分形维数误差较大，而从理论意义上讲这两种方法也不属于真正意义上的覆盖法，而应属于改进的码尺法。而粗糙表面分形维数计算的二次改进立方体覆盖法的原理与盒维数法计算复杂无规则曲线分形维数的原理相似，以边长为 δ 的立方体将所测粗糙表面完全覆盖，在第 (i, j) 单元区域内（即垂直投影为 $\delta \times \delta$ 的正方形区域），该正方形区域的 4 个角点处分别对应 4 个高度 $h(i,$

j)、$h(i+1, j)$、$h(i, j+1)$ 和 $h(i+1, j+1)$（其中，$i \geq 1$，$j \leq n-1$，n 为每个边的测点数）。先计算求得每个单元区域所需的立方体数量 $N_{\delta \times \delta}(i, j)$，其计算公式如式（7.21）；然后求和得到整个粗糙表面所需立方体数目 $N(\delta)$，其计算公式如式（7.22）。改变立方体边长 δ 的尺度按上述方法再次对粗糙表面进行覆盖，重新计算完全覆盖整个粗糙表面所需立方体的总数，最后根据不同立方体尺度 δ 与完全覆盖粗糙表面所需的立方体总数 $N(\delta)$ 的关系 $N(\delta) \sim \delta^{-D}$（$D$ 为分形维数），求得该粗糙表面的分形维数。

$$N_{\delta \times \delta}(i, j) = \text{INT}\left(\frac{\max(h(i, j), h(i, j+1), h(i+1, j), h(i+1, j+1))}{\delta} \right.$$
$$\left. - \frac{\min(h(i, j), h(i, j+1), h(i+1, j), h(i+1, j+1))}{\delta} + 1 \right) \quad (7.21)$$

$$N(\delta) = \sum_{i,j=1}^{n-1} N_{i,j} \quad (7.22)$$

式中，INT（）为向下取整函数。

由式（7.21）可知，在第（i, j）单元区域内对粗糙表面进行覆盖时总是从该区域最低角点处开始的，但不同单元区域最低点的高度不同，这就导致各个单元区域覆盖起始点的初始条件不一致，不能准确地反映粗糙表面的真实粗糙程度。因此，改进的立方体覆盖法对每个单元区域（i, j）的覆盖起始点的高度进行了统一，此时完全覆盖粗糙表面所需的立方体总数 $N_{\delta \times \delta}(i, j)$ 为

$$N_{\delta \times \delta}(i, j) = \text{INT}\left(\frac{\max(h(i, j), h(i, j+1), h(i+1, j), h(i+1, j+1))}{\delta} + 1 \right)$$
$$- \text{INT}\left(\frac{\min(h(i, j), h(i, j+1), h(i+1, j), h(i+1, j+1))}{\delta} \right) \quad (7.23)$$

由式（7.23）可知，改进的立方体覆盖法忽略了单元区域（i, j）最高角点高度恰好为覆盖立方体边长 δ 整数倍的情况，而对每个单元区域（i, j）所需的立方体数量都进行了向下取整并加 1，导致按照公式所计算的立方体总数 $N_{\delta \times \delta}(i, j)$ 大于完全覆盖粗糙表面实际所需的立方体数量。因此，本书针对该问题，考虑了单元区域（i, j）最高角点高度恰好为覆盖立方体边长 δ 整数倍的情况，提出了粗糙表面分形维数计算的二次改进立方体覆盖法，如下式所示。

$$N_{\delta \times \delta}(i, j) = \text{CEIL}\left(\frac{\max(h(i, j), h(i, j+1), h(i+1, j), h(i+1, j+1))}{\delta} \right)$$
$$- \text{INT}\left(\frac{\min(h(i, j), h(i, j+1), h(i+1, j), h(i+1, j+1))}{\delta} \right) \quad (7.24)$$

式中，CEIL（）为向上取整函数。

但是若单元区域 (i, j) 最高角点高度等于最低角点高度时，即该单元区域为一平面时，式（7.24）中 $N_{\delta \times \delta}(i, j)$ 为 0，而此时实际上需要一个立方体覆盖该单元区域。因此，针对上述问题，根据下式进行分情况表示。

$$\begin{cases} \text{max value} = \max(h(i, j), h(i, j+1), h(i+1, j), h(i+1, j+1)) \\ \text{min value} = \min(h(i, j), h(i, j+1), h(i+1, j), h(i+1, j+1)) \\ N_{\delta \times \delta}(i, j) = 1 \qquad\qquad\qquad\qquad\qquad \text{max value} = \text{min value} \\ N_{\delta \times \delta}(i, j) = \text{CEIL}\left(\dfrac{\text{max value}}{\delta}\right) - \text{INT}\left(\dfrac{\text{min value}}{\delta}\right) \quad \text{max value} \neq \text{min value} \end{cases} \quad (7.25)$$

以粗糙表面沿 YOZ 平面的一段剖面曲线 [6 个单元区域 (i, j)] 为例，分别采用立方体覆盖法、改进的立方体覆盖法和粗糙表面分形维数计算的二次改进立方体覆盖法三种粗糙表面分形维数计算方法对其进行覆盖计数，覆盖结果对比如图 7.32 所示。图中曲线代表所测粗糙表面的一段剖面曲线，方格代表覆盖粗糙表面的立方体。

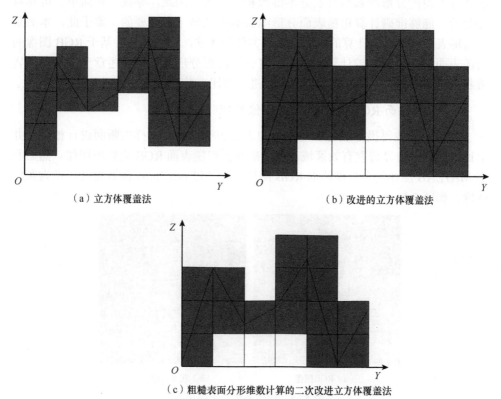

（a）立方体覆盖法　　　　　　　　　　　（b）改进的立方体覆盖法

（c）粗糙表面分形维数计算的二次改进立方体覆盖法

图 7.32　三种立方体覆盖法的区别

由图 7.32 可知，采用立方体覆盖法完全覆盖该段剖面曲线所需的立方体个数为 14 个，采用改进的立方体覆盖法所需的立方体个数为 19 个，而采用粗糙表面分形维数计算的二次改进立方体覆盖法所需的立方体个数为 15 个，则采用粗糙表面分形维数计算的二次改进立方体覆盖法进行覆盖的结果与改进的立方体覆盖法差异明显，结合覆盖法的原理可知，粗糙表面分形维数计算的二次改进立方体覆盖法更为合理。

7.6.3 基于 RGB 图像的粗糙表面分形维数等效计算方法

计算粗糙表面分形维数时，首先要获得粗糙表面的数据，然后才能基于不同的分形维数计算方法求得其分形维数。采用直接测量法测量粗糙表面各个测点位置的凸凹起伏高度，虽然精度高（0.001mm）但测量过程烦琐、耗时；借助激光扫描仪所得的粗糙表面的数据精度相对较低（大多在 0.1～1mm）且费用较高；而直接采用粗糙表面灰度图像和二值图像对粗糙表面进行分形维数近似计算的方法，由于从图像中直接获取的粗糙表面形貌数据与实际物体相差甚远，导致采用该方法计算所得的分形维数与真实分形维数相差较大。因此，寻找一种简单、可靠且高效的，能够准确计算粗糙表面分形维数的方法是十分必要的。鉴于此，本书基于粗糙表面分形维数计算的二次改进立方体覆盖法，提出了一种基于 RGB 图像的粗糙表面分形维数等效计算方法，并将计算所得分形维数与前述章节中根据煤岩破断粗糙表面的实测数据所得分形维数进行对比，验证该方法的可靠性和准确性。

1）粗糙表面 RGB 图像与灰度图像处理

利用高清数码摄像机对上述局部冲击试验中所得的试样破断面进行拍摄，并沿试样断面的边界截取有效区域，获取破断面粗糙表面 RGB 真彩色图像。然后利用 MATLAB 图像处理功能读取 RGB 图像，并通过 rgb 2gray 函数将其转换为灰度图像，如图 7.33 所示。

（a）RGB图像　　　　　　（b）灰度图像

图 7.33　破断面粗糙表面图像

2）粗糙表面 RGB 图像数据提取及等效变换

利用 MATLAB 提取试样破断粗糙表面 RGB 图像中每个像素点对应的 RGB

值，并将所提取的各像素点的 RGB 分量值保存为一个 $m \times m \times 3$ 的矩阵（图像共有 $m \times m$ 个像素），各个像素点的 R 值、G 值、B 值分别为 $R(i, j)$、$G(i, j)$、$B(i, j)$。按照下式对各像素点的 R 值、G 值、B 值进行归一化处理，使其均处于 [0,1] 区间内。

$$\begin{cases} R_1(i, j) = \dfrac{R(i, j)}{255} \\ G_1(i, j) = \dfrac{G(i, j)}{255} \\ B_1(i, j) = \dfrac{B(i, j)}{255} \end{cases} \qquad (7.26)$$

将 RGB 图像三个归一化后的分量 $R_1(i, j)$、$G_1(i, j)$、$B_1(i, j)$ 分别看成一个三维矢量的三个分量，得到一个颜色单元体如图 7.34 所示。

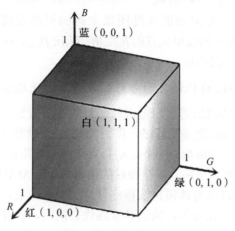

图 7.34　颜色单元体

RGB 图像中每个像素点的 $R_1(i, j)$、$G_1(i, j)$、$B_1(i, j)$ 值均在这个颜色单元体内。将 $R_1(i, j)$、$G_1(i, j)$、$B_1(i, j)$ 看成三个分向量进行矢量合成并计算其矢量合成后向量的模，如下式。

$$\begin{cases} \vec{P}(i, j) = \vec{R}_1(i, j) + \vec{G}_1(i, j) + \vec{B}_1(i, j) \\ H_1(i, j) = \dfrac{\left| \vec{P}(i, j) \right|}{\left| \vec{P}(i, j) \right|_{\max} - \left| \vec{P}(i, j) \right|_{\min}} \end{cases} \qquad (7.27)$$

式中，$\left| \vec{P}(i, j) \right|_{\max}$、$\left| \vec{P}(i, j) \right|_{\min}$ 分别为 $\vec{P}(i, j)$ 的模的最大值和最小值；$H_1(i, j)$ 为矢量合成后向量 $\vec{P}(i, j)$ 的模与其模的最大值的比值。

将 $H_1(i, j)$ 作为试样破断面粗糙表面的起伏度因子，利用该起伏度因子构建试样粗糙表面 RGB 图像的等效起伏度关系，如下式。

$$\begin{cases} H_{\mathrm{RGB}}(i,j) = H_1(i,j) \cdot \Delta h(i,j) = H_1(i,j) \cdot (h(i,j)_{\max} - h(i,j)_{\min}) \\ \quad = (h(i,j)_{\max} - h(i,j)_{\min}) \dfrac{\left| \vec{P}(i,j) \right|}{\left| \vec{P}(i,j) \right|_{\max} - \left| \vec{P}(i,j) \right|_{\min}} \end{cases} \quad (7.28)$$

式中，$H_{\mathrm{RGB}}(i,j)$ 为基于粗糙表面 RGB 图像求得的粗糙表面单元点的起伏高度；$h(i,j)_{\max}$ 和 $h(i,j)_{\min}$ 分别为试样破断面表面实测最大、最小起伏高度。

另外，为了与基于 RGB 图像的粗糙表面单元点起伏高度进行对比，同时也采用类似的等效处理方法对粗糙表面灰度图像像素点的等效起伏高度进行计算，其计算公式如下式所示。

$$H_{\mathrm{GRA}}(i,j) = \frac{G_{\mathrm{V}}(i,j)}{G_{\mathrm{V}}(i,j)_{\max} - G_{\mathrm{V}}(i,j)_{\min}} \Delta h(i,j) = \frac{G_{\mathrm{V}}(i,j) \cdot (h(i,j)_{\max} - h(i,j)_{\min})}{G_{\mathrm{V}}(i,j)_{\max} - G_{\mathrm{V}}(i,j)_{\min}} \quad (7.29)$$

式中，$H_{\mathrm{GRA}}(i,j)$ 为基于粗糙表面灰度图像求得的粗糙表面单元点的起伏高度；$G_{\mathrm{V}}(i,j)$ 为粗糙表面灰度图像单元点的灰度值；$G_{\mathrm{V}}(i,j)_{\max}$、$G_{\mathrm{V}}(i,j)_{\min}$ 分别为图像像素点灰度值的最大值和最小值。

3）基于 RGB 图像的粗糙表面分形维数计算方法验证

根据前述章节中实测所得的粗糙破断面形貌实测数据，编制粗糙表面分形维数计算的二次改进立方体覆盖法程序，借助 MATLAB 软件计算出煤岩试样基于实测数据的粗糙破断面分形维数。另外，根据上述公式对粗糙表面的 RGB 图像和灰度图像的像素值进行等效变换，将变换后的像素值导入 MATLAB 利用粗糙表面分形维数计算的二次改进立方体覆盖法程序计算其分形维数，并与基于实测数据的破断面分形维数进行对比分析，验证其准确性。同时，计算没有进行等效变换的粗糙破断面 RGB 图像和灰度图像的分形维数，对比分析等效变换前后 RGB 图像和灰度图像的分形维数的差异。采用上述不同分形维数计算方法所得的粗糙破断面分形维数结果如图 7.35 和表 7.1 所示。

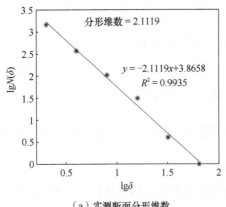

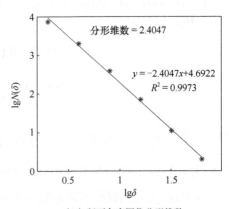

（a）实测断面分形维数　　　　　　　　　（b）断面灰度图像分形维数

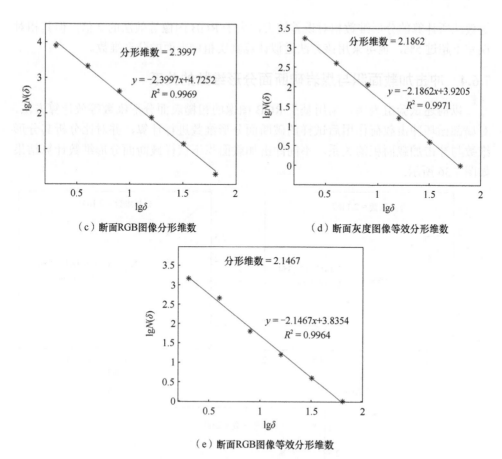

（c）断面RGB图像分形维数　　　　　　（d）断面灰度图像等效分形维数

（e）断面RGB图像等效分形维数

图 7.35　不同分形维数计算方法所得粗糙破断面分形维数结果

表 7.1　不同分形维数计算方法对比验证

分维计算方法	实测法	灰度图像法	RGB 图像法	灰度图像等效法	RGB 图像等效法
分形维数	2.1119	2.4047	2.3997	2.1862	2.1467
相对误差/%	0	13.86	13.63	3.52	1.65

由图 7.35 和表 7.1 可知，采用本书提出的基于 RGB 图像的粗糙表面分形维数等效计算方法所得的粗糙表面分形维数与实测法结果十分接近，其相对误差仅为 1.65%，表明 RGB 图像分形维数等效法是一种准确可靠的计算试样破断面分形维数的方法，采用该方法所得的粗糙表面的分形维数可以很好地反映真实粗糙表面的分形特征，且该方法操作简单、可高效准确地计算粗糙表面分形维数。而直接采用灰度图像和 RGB 图像（不进行等效计算）计算粗糙表面分形维数的方法误差较大，其相对误差大于 10%，说明不经过等效处理的灰度图像和 RGB 图像的分形维数不能真正反映真实粗糙表面的分形特征。与 RGB 图像等效法相比，灰度图像

等效法所计算的分形维数相对误差较大，大于 RGB 图像等效法的 2 倍，但其相对误差不超过 5%，也可采用该方法近似计算真实粗糙表面的分形维数。

7.6.4　冲击加载面积与煤岩破断面分形维数的关系

以前述试验组为例，采用基于 RGB 图像的粗糙表面分形维数等效计算方法，对局部循环冲击载荷作用后试样的破断面分形维数进行计算，并对比分析其分形维数与冲击加载面积的关系。不同冲击加载面积下试样破断面分形维数计算结果如图 7.36 所示。

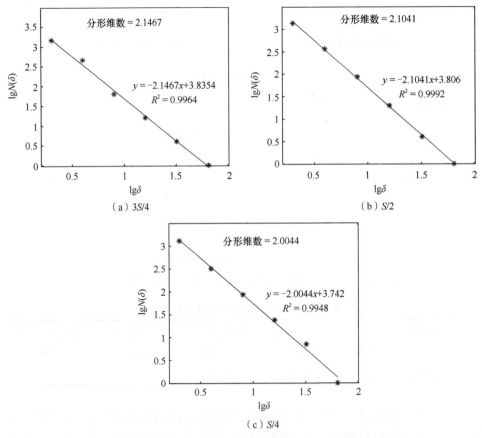

图 7.36　不同冲击加载面积下试样破断面分形维数计算结果

由图 7.36 可知，局部循环冲击载荷作用下试样破断面存在明显的分形特征，其分形维数均为 2～3；在对数坐标系中，$N(\delta)$ 与 δ 存在很好的线性关系且相关拟合系数均在 0.99 以上，说明采用粗糙表面分形维数计算的二次改进立方体覆盖法计算粗糙表面的分形维数是可行的。相同单次冲击冲量加载条件下，局部冲击的加载面积不同试样破断后粗糙破断面的分形维数不同，表现为相同单次冲击冲量加载下，冲击加载面积越小试样粗糙破断面的分形维数越小，说明冲击加载面积越小试样破断面表面相对越平滑；反之，冲击加载面积越大破断面表面整体相对越粗糙。这可能主要是由于单次冲击的冲量相同时，冲击加载面积越小试样冲击区域所受冲击载荷越集中，而处于冲击区域与非冲击区域之间的临界区域受到的剪切作用力就越大；临界区域在高速冲击力作用下裂纹扩展、贯通来不及选择耗能较小的扩展路径，而被迫选择沿临界区域穿晶扩展的模式，形成相对平直规整的宏观贯穿裂缝并进一步发育为破断面，临界区域所受的冲击剪切作用力越大这种现象越显著，所形成的破断面整体就相对越平滑。

另外，相同单次冲击冲量的循环冲击时，冲击加载面积不同试样完全破断形成破断面所需的循环冲击次数不同，这也是冲击加载面积与煤岩表面裂纹分形维数的耦合关系和冲击加载面积与煤岩破断面分形维数的耦合关系不同的原因；其区别主要是，在研究冲击加载面积与煤岩表面裂纹分形维数的耦合关系时，不同冲击加载面积下试样的循环冲击次数和单次冲量均相同，而在探究冲击加载面积与煤岩破断面分形维数的耦合关系时，由于不同冲击加载面积下试样受相同单次冲量的冲击后发生破断的循环冲击次数不同，即试样破断时所受累计冲量不同。

7.7　本章小结

本章借助数字图像相关方法研究了原煤与型煤在局部偏心载荷作用下的变形场演化规律；以煤岩表面裂纹演化试验中获得的煤样表面裂纹图片为基础，利用自编的基于 MATLAB 的盒维数法分形维数计算程序，系统研究了局部冲击载荷作用下循环冲击次数、冲量大小、冲击加载面积与煤岩表面裂纹分形维数的耦合关系；为了清楚直观地获得局部冲击载荷作用下试样粗糙破断面的形貌，通过实测试样破断面的凸凹程度对煤岩破断面形貌进行了三维重构，并分析了局部冲击载荷作用下煤岩破断面的特征；提出了一种粗糙表面分形维数计算的二次改进立方体覆盖法并编制该方法的分形维数计算程序，借助 MATLAB 软件计算了粗糙破断面分形维数；提出了一种基于 RGB 图像的粗糙表面分形维数等效计算方法并对比验证了该方法的可靠性和准确性；最后，利用提出的基于 RGB 图像的粗糙表面分形维数等效计算方法，对局部循环冲击载荷后试样的破断面分形维数进行了计算，并对比分析了其分形维数与冲击加载面积的耦合关系。主要得到如下结论：

（1）不同载荷作用面积下，型煤试样最大剪切变形场演化过程均表现出典型的阶段性特征（均匀变形阶段、局部化阶段和破坏阶段），而原煤试样仅在局部偏心载荷作用下表现出与型煤试样类似的阶段性特征。局部偏心载荷作用下，"软塑性"特征的型煤试样较"硬脆性"特征的原煤试样更易于表现出局部化效应，二者形成的局部化带基本位于加载区与非加载区交界面区域。

（2）修正了原有描述变形场不均匀性特征的统计指标，找到了一种能够较好地反映"硬脆性"特征原煤应力曲线波动的统计指标计算方法，不同加载面积条件下原煤试样与型煤试样的修正统计指标曲线均表现出典型的双阶段特性。原煤试样与型煤试样变形场局部化启动应力随着载荷作用面积的增加而增大，均呈二次函数关系，且型煤试样的拟合相关系数略高于原煤试样。

（3）原煤与型煤试样变形局部化带的位移张开、错动演化规律与加载过程中应力变化特征相对应，应力波动或峰值点处均表现出位移量值的突增。原煤与型煤试样变形局部化带两侧张开、错动位移曲线可分为加载初期的稳定增长和临近破坏时刻加速增加两个阶段。两种煤样变形局部化带位移的张开量值滞后于位移错动量值，且加载初期位移错动量值大于位移张开量值。

（4）相同载荷作用面积下，原煤试样的变形能密度峰值大于型煤试样，随着加载面积的减小原煤与型煤存储的弹性能逐渐减小。随着加载应力的增加，两种煤样变形能密度逐渐增加，在初始压密阶段，变形能密度呈线性增加，变形能密度积累缓慢；进入弹性阶段后，变形能密度呈非线性增加，变形能密度积累速率增加。

（5）不同循环冲击次数下，煤岩试样表面裂纹的分形维数均为1～2，裂纹的盒维数双对数线性拟合相关系数均在0.99以上，不同盒子尺度的对数与覆盖所需盒子数的对数呈现出良好的线性特性，说明循环冲击载荷作用下煤岩试样表面裂纹演化具有明显的分形特性。

（6）常规全冲击时，随着循环冲击次数的增加裂纹的分形维数呈非线性增加，且分形维数增加的梯度呈逐渐减小的趋势。表明裂纹的分形维数随着裂纹的不断扩展演化而增大，裂纹的尺度和分岔都随着循环冲击次数的增加而增加，新裂纹生成的同时次生裂隙也在增加。局部冲击时，相同循环冲击次数下试样不同监测面表面裂纹的分形维数不同，表现为受冲击区域表面裂纹的分形维数明显大于非冲击区域。常规全冲击下，相同循环冲击次数时试样表面裂纹的分形维数大于局部冲击时，且试样破坏时常规全冲击时试样表面裂纹的分形维数大于局部冲击时。

（7）局部冲击时，不同冲击模式下试样表面裂纹的分形维数均随累计冲量的增大而增大，但试样在不同冲击模式下表面裂纹的分形维数随累计冲量增大的梯度不同，表现为递减冲击模式下试样表面裂纹分形维数增大的梯度最大，递增冲击模式次之，循环冲击模式最小；单次冲击的冲量大小对试样表面裂纹的分形维数有重要影响，累计冲量相同时，单次冲击冲量越大试样表面裂纹演化越剧烈，裂纹的分形维数相对越大；另外，累计冲量相同时，递减冲击模式下试样表面裂纹的分形维数最大，试样表面裂纹尺度和数量均较大，试样的破坏程度相对较高。

（8）不同冲击加载面积下，试样表面裂纹的萌生、扩展演化区域和演化程度不同，其分形维数也存在较大的差异。相同单次冲击冲量和累计冲量条件下，不同冲击加载面积下试样表面裂纹的分形维数随冲击加载面积的减小而增大，说明相同累计冲量下，冲击加载面积越小试样表面裂纹扩展演化越剧烈，裂纹的尺度相对越大其分形特征越显著。

（9）原煤试样表面裂纹的分形维数与循环冲击次数的耦合关系与型煤试样相

似，均随循环冲击次数的增加呈非线性增加，但原煤试样表面裂纹分形维数随循环冲击次数增加的梯度有明显增大的趋势；原煤试样的裂纹分形维数整体上大于型煤试样的裂纹分形维数，说明原煤试样冲击后产生的裂纹相比于型煤试样更为复杂，原因可能在于原煤试样非均质性更强、脆性更大，包含更多、更复杂的坚硬颗粒和原生孔裂隙结构。

（10）根据局部冲击载荷作用下试样破断面的三维重构图，试样在循环冲击作用下沿临界区域（受剪切作用带）发生破断，形成杂乱无章的凸凹面，凹凸程度各异，破断面表面整体起伏不大，在 10mm 范围内上下波动，但上下起伏波动频率较大，这与试样表面裂纹扩展的高频率、小幅度"S"形拐折演化模式相吻合；试样破断面垂直冲击方向剖面线的分形维数明显大于沿冲击方向，说明试样破断面在垂直冲击方向上的粗糙度大于沿冲击方向。

（11）提出了一种粗糙表面分形维数计算的二次改进立方体覆盖法，解决了改进的立方体覆盖法在立方体计数上存在的问题，并运用该法分析了局部冲击载荷作用下煤岩试样破断面的分形特征；局部循环冲击载荷作用下，试样破断面存在明显的分形特征，其分形维数均为 2～3；在对数坐标系中，$N(\delta)$ 与 δ 存在很好的线性关系，拟合相关系数均在 0.99 以上，说明采用粗糙表面分形维数计算的二次改进立方体覆盖法计算粗糙表面的分形维数是可行的。

（12）提出了一种基于 RGB 图像的粗糙表面分形维数等效计算方法，并将运用该方法计算所得的分形维数与实测数据所得分形维数进行对比，其相对误差仅为 1.65%，表明 RGB 图像分形维数等效法是一种准确可靠的计算试样破断面分形维数的方法，采用该方法所得的粗糙表面的分形维数可以很好地反映真实粗糙表面的分形特征，且该方法操作简单、可高效准确地计算粗糙表面分形维数。

（13）相同单次冲击冲量加载条件下，局部冲击的加载面积不同试样破断后的粗糙破断面的分形维数不同，表现为相同单次冲击冲量加载下，冲击加载面积越小试样粗糙破断面的分形维数越小，说明冲击加载面积越小，试样破断面表面相对越平滑；反之，冲击加载面积越大，破断面表面整体相对越粗糙。

第8章 非均匀载荷作用下煤体的声发射特征与损伤演化规律

煤岩受载破坏是其内部微裂纹萌生、扩展演化、贯通至宏观断裂的过程，微裂纹萌生、演化过程中将应变能以弹性波的形式释放出去，形成声发射现象。每一个声发射信号都是对煤岩体微裂纹扩展、演化信息的反映，通过对接收到的声发射信号分析处理，即可定量地表征煤岩破坏过程中内部微裂纹的萌生、扩展演化过程，确定煤岩不同受载条件下的破裂失稳前兆判据，实现工程失稳的预测预报。

自美国学者 Obert 最早发现岩石声发射现象并将其应用于矿山矿柱稳定性监测以来，各国学者开展了大量的煤岩受载破坏过程中声发射特征研究并取得了丰硕的研究成果。这些成果大多基于单轴压缩、三轴压缩、循环加卸载、动静组合等均布载荷条件下得出，而关于局部偏心载荷作用下煤岩声发射特性的研究鲜见报道。前述章节研究表明，煤岩受到局部偏心载荷这一非典型载荷作用时其表面裂纹扩展演化规律、变形场演化规律、变形局部化特征等均不同于均布载荷作用时煤岩表现出的规律。因此，有必要进一步研究煤岩受到非均匀载荷作用时内部微裂纹的萌生演化规律，探究非均匀载荷作用下煤岩的致损机理。本章将开展局部偏心载荷和局部冲击载荷作用下煤岩声发射特性研究，试验过程中采用多通道声发射监测系统对煤岩破坏过程进行监测，开展声发射信号参数的经历分析、参数分布分析、参数关联分析、时空演化规律分析，据此对非均匀载荷作用下煤岩损伤劣化过程与时空演化规律进行探索和研究。

8.1 声发射参数与影响因素

8.1.1 声发射参数

常用的声发射参数主要包括振铃计数、幅值、绝对能量等，各参数的定义如图 8.1 所示，主要包括声发射事件、声发射振幅、声发射幅值、撞击时刻、声发射门槛值、上升时间、声发射持续时间、声发射振铃计数。

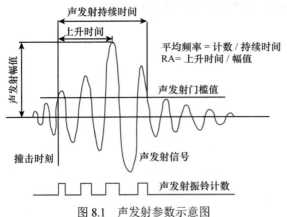

图 8.1 声发射参数示意图

8.1.2　声发射参数的影响因素

声发射信号是材料损伤破坏过程中能量释放的真实反映，一切影响材料能量释放量的因素均会对声发射信号产生一定的影响。对于煤岩材料来说，影响其声发射信号的因素主要包括煤岩的性质、赋存环境、受载条件、煤岩尺寸等。

煤岩的性质：不同性质的煤岩具有不同的孔隙率、密度、弹性模量、泊松比等，受载后表现出的力学特性也不同，伴随煤岩破坏释放的声发射信号也具有差异性。例如，杨慧明和张明明开展了具有不同冲击倾向性煤的单轴声发射特性对比研究，认为煤的声发射参数变化规律与其性质有较大关系。

煤岩赋存环境：煤体中瓦斯含量、水的含量、煤体温度等外界环境均会影响煤岩的力学特性，同样煤岩损伤破坏过程中的声发射信号也会表现出差异性。例如，Qian 等开展了不同浸水高度的煤试样单轴压缩过程中声发射特性研究，认为完全水浸煤和非浸泡煤的声发射活动相对集中，主要发生在不稳定的裂隙扩展阶段和峰后破坏阶段；部分浸泡煤试样，特别是 25% 水浸高度和 50% 水浸高度的煤试样，在裂缝扩展稳定阶段产生明显的声发射活动，在不稳定扩展阶段和峰后阶段产生更多的声发射活动；张永力等通过 RFPA 数值模拟与声发射试验监测认为温度的升高会在煤体中产生新生裂隙，从而有助于瓦斯的抽采；Zhang 等对比分析了煤与岩石试样在加热破裂过程中的声发射信号异同性，认为温度对煤与岩石声发射信号均会产生影响。

煤岩受载条件：声发射参数值的大小受加载方向、加载条件、加载速率等的影响。尤其是加载速率，对于具体的岩石，适宜的加载速率可以更好地反映声发射信号特征。例如，张朝鹏等开展了垂直煤岩层理与平行煤岩层理两种加载方向下煤岩的声发射特性研究，得出平行层理加载煤岩整个过程中声发射振铃计数和能量释放更加强烈。

煤岩尺寸：声发射信号在煤体内传播过程中会受到煤中原生裂隙的影响而产生一定的衰减，煤岩尺寸越大包含的原生裂隙可能越多，对信号强度的折减可能越大。例如，Wen 等通过数值模拟手段研究了不同高径比对煤岩损伤演化声发射特性的影响，认为煤岩尺寸效应对声发射特性的影响主要表现在声发射触发时间、强声发射应变范围、声发射强度三个方面。

8.2　试验系统与方案

8.2.1　试验系统介绍

局部偏心载荷作用下煤岩声发射特性试验研究采用的实验设备主要包括加载系统与声发射监测系统。加载系统为 TAW-3000 微机控制电液伺服压力机，该压力机具有多种加载方式、设备精度高、稳定性强、灵敏性高等优点。声发射监测采用全数字化 PCI-Ⅱ 声发射监测系统,该系统由美国 PAC 公司生产,主要包括 PCI-Ⅱ 主机、采集卡、AEwin 信号采集与分析软件、8 个前置放大器与 8 个声发射传感器。声发射监测前需要对系统中的基础参数进行设定,本次试验中将声发射门槛值设置为 45 dB,前置增益设置为 40 dB,频率范围设定为 1 kHz~1 MHz,采样频率为 100 万采样点/s,预触发 256。图 8.2 为本次试验使用试验设备,图 8.3 为声发射试验系统连接示意图。

图 8.2 岩石力学实验系统与声发射监测系统

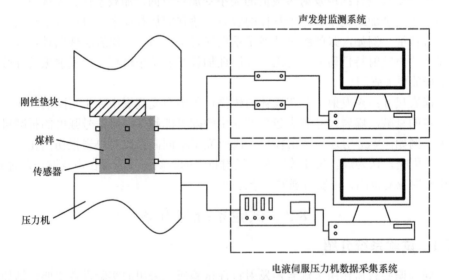

图 8.3 声发射试验系统连接示意图

8.2.2　试验方案

试验采用原煤试样，煤样尺寸均为 70 mm×70 mm×70 mm，煤样制作工艺见前文所述。试验前对煤样进行初选，获取煤样超声波波速值，保证每组中试样波速值差异在 100 m/s 以内。本次试验共使用原煤试样 12 块，分为 3 组，每组 4 块试样，分别开展加载面积为 S、$3S/4$、$S/2$、$S/4$（S 为煤样侧面面积 $S=4900$ mm²）的单轴压缩试验。通过改变刚性垫块的位置实现不同面积的加载，为减少层理效应对煤岩力学特性与声发射特性的影响，每次加载方向均与煤岩层理方向垂直。为了实现煤岩受载过程中损伤定位，每块煤样共布设 8 个声发射传感器［图 8.4（b）中 1~8］，每个侧面 2 个均位于侧面中心线上，分别距煤样顶底边 15 mm。为增加声发射传感器与煤样表面的耦合效果，采用橡皮带将传感器固定于煤样表面，并在传感器与煤样之间涂抹凡士林。刚性垫块与煤样间涂抹凡士林，尽量减少端部摩擦效应对声发射信号的影响。加载系统与声发射监测系统为两个独立操作系统，为保证二者采集数据的时间对应性，每次试验应保证二者同时开始记录。采用位移加载模式，加载速率为 0.1 mm/min。受载煤样的传感器布设如图 8.4 所示。

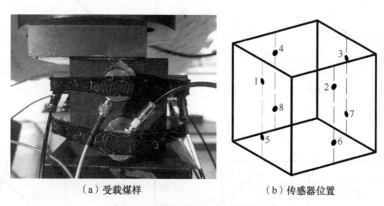

　　　　（a）受载煤样　　　　　　　　　　（b）传感器位置

图 8.4　受载煤样与传感器布设

8.3　局部偏心载荷作用下煤岩损伤过程声发射特征

8.3.1　局部偏心载荷作用下声发射参数经历分析

声发射信号参数经历分析方法是通过图形分析方法对声发射参数值随时间的变化规律进行分析，借此研究煤岩受载后内部微裂纹的萌生、扩展演化过程，借助声发射信号参数经历分析方法可达到如下目的：评价裂纹演化剧烈程度、凯塞效应与费利西蒂效应验证、恒载声发射评价、确定煤岩破坏起裂点。本书采用图形分析方法分析常规单轴压缩与局部偏心载荷压缩作用下煤岩损伤破坏过程中振铃计数率与时间的关系（图 8.5）、撞击率与时间的关系（图 8.6）、能率与时间的关系（图 8.7），研究两种加载模式下煤岩损伤破坏规律的异同性。

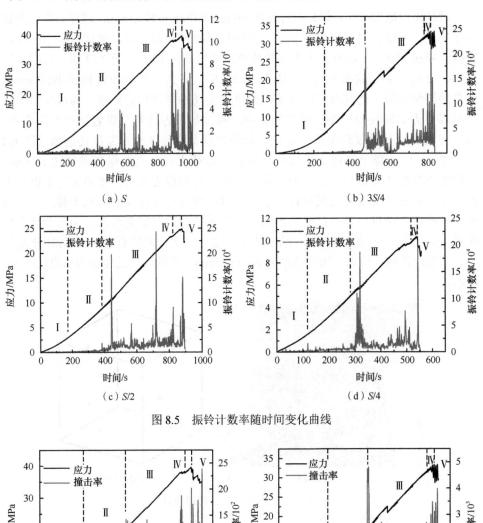

图 8.5　振铃计数率随时间变化曲线

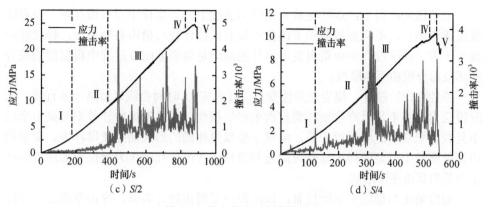

图 8.6 撞击率随时间变化曲线

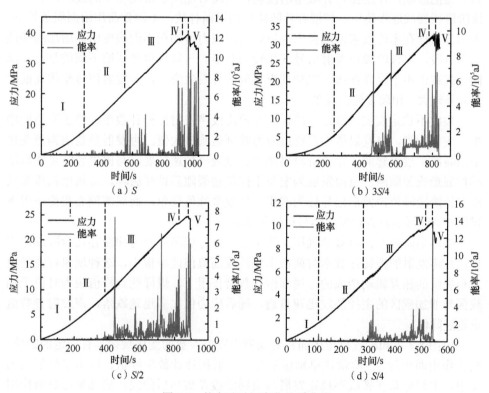

图 8.7 能率随时间变化关系曲线

由图 8.5～图 8.7 可知，煤样在受到常规单轴压缩或局部偏心载荷压缩破裂过程中均会产生声发射，声发射的振铃计数率、撞击率、能率与载荷变化具有较好的一致性，应力曲线发生波动之处基本都伴随着声发射的变化。煤样在常规单轴压缩或偏心载荷压缩过程中声发射参数随着时间的变化大致可以分为以下 5 个阶段（图中Ⅰ～Ⅴ）：

初始压密阶段 I：煤样受载初期应力曲线上凹，煤样中原有微孔隙、微裂隙受压逐渐闭合，不同加载面积下煤样声发射振铃计数与撞击数均很少，释放能量接近于零，该阶段产生少量声发射信号的原因是微裂隙闭合过程中粗糙面的咬合破坏及部分粗糙面的摩擦。

弹性变形阶段 II：煤岩在弹性变形阶段时应力-时间曲线近似呈一条直线，此阶段应力大小不足以产生新的裂纹而未产生损伤，声发射振铃计数率与撞击率很小且较为平稳，能率接近于零，能量主要以弹性能的形式储存在煤样中。少量的声发射信号主要是煤样在原有裂隙处的滑移或者内部孔隙压力抵抗外部压力而产生少量的基质变形形成。

裂纹萌生与稳定扩展阶段 III：该阶段声发射振铃计数率、撞击率均出现了较为明显的波动，伴随振铃计数率的波动，声发射能量也出现相应的波动，表明在该阶段新裂纹逐步萌生、扩展并伴随能量的不断释放。不同载荷作用面积条件下，大部分试样在本阶段末期均会出现短时间的应力增加很小而应变明显增加的塑性变形阶段，在该阶段声发射信号变化较为明显。与常规单轴压缩不同的是，局部偏心载荷作用下煤样在该阶段初期声发射信号发生突变，声发射信号整体高低起伏差异较大，出现多峰值现象。

裂纹不稳定发展与贯通阶段 IV：在该阶段声发射振铃计数率、撞击率急剧增加、变化剧烈，声发射能率在峰值应力时刻达到最大值。声发射参数的剧烈变化是由裂纹扩展引起的，在该阶段煤样中大量裂纹加速扩展，与原生裂隙贯通后继续扩展形成裂隙网，进而发展为宏观主控贯通裂隙后试样破坏。常规单轴压缩煤样在该阶段峰值声发射信号较为密集，呈现多峰值现象，而局部偏心载荷作用下煤样在该阶段表现为声发射信号单峰值现象。

破坏后阶段 V：常规单轴压缩作用下，煤样破坏后应力曲线存在台阶跌落现象，且声发射的振铃计数率与撞击率保持较高值但能率很小，这种现象可能是由宏观裂纹的相互错动造成的；局部偏心载荷作用下，煤样达到峰值应力时位于加载区与非加载区的主控裂纹迅速贯通，峰后应力值大多迅速跌落，声发射参数值也迅速降低。

由图 8.7 可知，载荷作用面积对煤岩声发射参数的变化规律具有一定的影响。载荷作用面积为 S，即常规单轴压缩时声发射振铃计数率峰值、撞击率峰值较为集中，主要分布在裂纹不稳定发展与贯通阶段及破坏后阶段；局部偏心载荷作用时煤岩声发射振铃计数率、撞击率表现出高低起伏、差值较大，声发射振铃计数率、撞击率曲线呈现多峰值现象且峰值点较为分散，在裂纹萌生与稳定扩展阶段、裂纹不稳定发展与贯通阶段均有出现。常规单轴压缩时煤样受载均匀，煤样内部颗粒在均布载荷作用下发生挤压、滑移、摩擦，产生少量的声发射信号，随着载荷的继续增加煤样内部薄弱位置产生微裂纹，由于煤样具有一定的均质性，微裂纹在煤样内部多处产生但各处的微裂纹并不会很快贯通，声发射振铃计数率、撞击率较为平稳，随着载荷的进一步增加形成主控裂纹的微小裂纹相互贯通，声发射振铃计数率、撞击率迅速增大至峰值点。局部偏心载荷作用时在加载区与非加载区之间存在应力集中现象，原煤主控裂纹均出现在加载区与非加载区之间，裂纹扩展具有较强的方向性，裂纹萌生与相互间的贯通较为迅速。伴随裂纹非均匀的快速起裂、相互贯通，声发射振铃计数率与撞击率呈现多峰值现象。常规单轴压缩作用下煤岩能率激增次数少于局部偏心载荷作用下煤岩能率激增次数，且峰值能率大于局部偏心载荷作用下（$3S/4$、$S/2$）煤岩峰值能率，说明常规单轴压缩较局部偏心载荷作用下煤样能量的释放是一种猛烈且突然的破坏。这可能是因为局部偏心载荷作用下在加载区与非加载区存在应力集中现象，且裂纹扩展存在一定的方向性，受载过程中能量还未积累到较高程度时形成主控裂纹的微小裂纹即开始扩展、贯通并释放能量，随着应力的增加主控裂纹中其余微小裂纹开始扩展、贯通，直至所有微裂纹相互贯通形成主控裂纹后试样破坏，每一次微裂纹的扩展贯通均伴随着声发射能率的激增。对于常规单轴压缩作用下煤样中微破裂分布较为离散，煤样中应力集中程度低，只有能量增加到一定程度时微裂隙才开始扩展、贯通并快速释放能量，加剧试样的破坏。$S/4$ 加载时煤样峰值能率出现较高值的原因可能是，煤样受载面积小导致偏应力集中，煤样裂隙起裂后快速扩展贯通导致试样破坏，瞬间释放大量能量。

为了研究局部偏心载荷对煤岩损伤破坏过程中声发射累计振铃计数变化的差异，统计不同载荷作用面积下煤样达到峰值强度时累计振铃计数，绘制不同相对加载面积下累计振铃计数图，如图 8.8 所示。由图 8.8 可知，局部偏心载荷作用时随着载荷作用面积的增加，煤样峰值强度时刻累计振铃计数与累计能量释放均逐渐增大，且局部偏心载荷作用时的累计振铃计数均大于常规单轴压缩时的累计振铃计数。受局部偏心载荷作用的煤样可以分为两部分

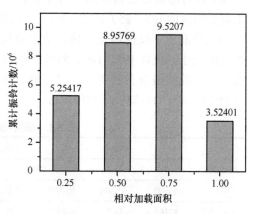

图 8.8　不同相对加载面积下累计振铃计数

考虑，即加载区与非加载区，加载区与非加载区存在剪切作用带，加载区可视为常规单轴压缩，非加载区受剪切作用带的影响产生部分损伤。剪切作用带中裂纹的产生和扩展活动更加频繁，产生的声发射振铃计数较多，加载区煤样随着应力的增加微裂纹也会萌生、扩展，产生部分声发射振铃计数，剪切作用带与加载区的共同作用导致局部偏心载荷作用时煤样振铃计数均高于常规单轴压缩作用下的振铃计数。随着载荷作用面积的增加，加载区煤样体积增大，其内部裂纹萌生与扩展活动增加，导致随着载荷作用面积的增加煤样声发射振铃计数逐渐增大。

8.3.2 局部偏心载荷作用下声发射参数分布分析

声发射参数的分布分析是指采用统计分析的方法对声发射撞击数或事件数开展分布规律的研究。一般采用绘制分布图的方法，可研究撞击数或事件数在声发射幅值、峰频、持续时间、上升时间、振铃计数等取值范围内的分布情况。声发射参数分布分析可用于声发射源强度的评价、声发射源类型的鉴别。本书通过统计绘制幅值-撞击数分布图与峰频-撞击数分布图研究了局部偏心载荷对煤样声发射参数分布的影响。

1）声发射幅值分布规律分析

不同载荷作用面积下声发射幅值统计分布如表 8.1 所示。由表 8.1 可知，加载面积为 S 的常规单轴压缩条件下煤样声发射低幅值区间 [45，65）占比 83%，中高幅值区间 [65，85）占比 14.1%，高幅值区间 [85，100）占比 2.9%；加载面积为 $3S/4$ 的局部偏心载荷压缩条件下煤样声发射低幅值区间 [45，65）占比 86.8%，中高幅值区间 [65，85）占比 11.7%，高幅值区间 [85，100）占比 1.5%；加载面积为 $S/2$ 的局部偏心载荷压缩条件下煤样声发射低幅值区间 [45，65）占比 85.1%，中高幅值区间 [65，85）占比 13.1%，高幅值区间 [85，100）占比 1.8%；加载面积为 $S/4$ 的局部偏心载荷压缩条件下煤样声发射低幅值区间 [45，65）占比 85.1%，中高幅值区间 [65，85）占比 13%，高幅值区间 [85，100）占比 1.9%。由此可知，不同加载面积下煤样声发射撞击数主要集中在低幅值区间，且随着幅值增加撞击数逐渐减小，仅在 [95，100）幅值区间撞击数略有增加。常规单轴压缩与局部偏心载荷压缩幅值分布差别在于局部偏心载荷试验的高幅值撞击数占比均小于常规单轴压缩试验的高幅值区间撞击数。

表 8.1 幅值-撞击计数统计

| 统计区间 | 不同幅值撞击数和占比 | | | | | | | |
| | S | | $3S/4$ | | $S/2$ | | $S/4$ | |
	撞击数	占比/%	撞击数	占比/%	撞击数	占比/%	撞击数	占比/%
[45，50）	87165	34.7	168878	37.9	234638	36.9	128794	37.4
[50，55）	59525	23.7	110128	24.8	153444	24.1	82752	24.0
[55，60）	37654	15.0	66639	15.0	94299	14.9	50438	14.6
[60，65）	24063	9.6	40541	9.1	58706	9.2	31262	9.1
[65，70）	15352	6.1	24073	5.4	36735	5.8	19584	5.7
[70，75）	9871	3.9	14732	3.3	22993	3.6	12456	3.6
[75，80）	6399	2.5	8574	1.9	14374	2.3	7967	2.3
[80，85）	4153	1.6	5009	1.1	8887	1.4	4884	1.4

续表

统计区间	不同幅值撞击数和占比							
	S		$3S/4$		$S/2$		$S/4$	
	撞击数	占比/%	撞击数	占比/%	撞击数	占比/%	撞击数	占比/%
[85，90)	2755	1.1	2915	0.7	5176	0.8	2954	0.9
[90，95)	1726	0.7	1634	0.4	2922	0.5	1658	0.5
[95，100)	2867	1.1	1887	0.4	3264	0.5	1825	0.5

　　根据表 8.1 数据绘制不同加载面积下煤样幅值-撞击数分布图，如图 8.9 所示。由图 8.9 可知，不同加载面积下撞击数随着幅值的增加表现出类似规律，撞击数均随着幅值的增加而逐渐减少，低幅值撞击数多而高幅值撞击数少。撞击数在高幅值 [95，100) 区间有所增加，且加载面积为 S 的常规单轴压缩撞击数的增幅大于局部偏心载荷作用对应的撞击数的增幅。

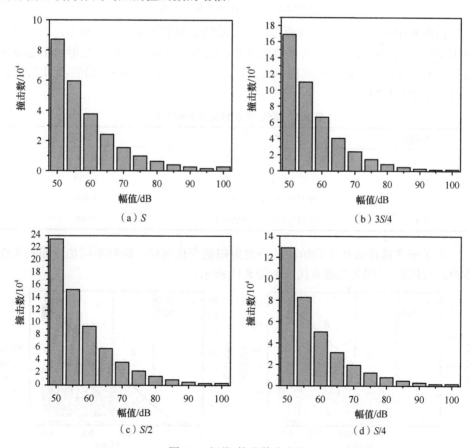

图 8.9　幅值-撞击数分布图

为进一步分析不同加载面积条件下声发射幅值分布规律，取各幅值统计区间右侧值为横坐标，撞击数为纵坐标，绘制幅值-撞击数散点图，并对不同加载面积条件下幅值-撞击数分布规律进行数据拟合，结果如图8.10所示。

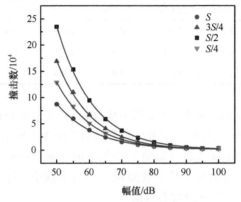

图8.10　幅值-撞击数拟合曲线

由图8.10可知，不同加载面积下撞击数随着幅值的增加逐渐减小，二者关系可用指数函数关系表示；随着幅值的增加，常规单轴压缩煤样声发射撞击数降低速率小于局部偏心载荷作用煤样声发射撞击数。不同加载面积下幅值-撞击数拟合曲线方程如表8.2所示。

表8.2　幅值-撞击数拟合曲线方程

相对加载面积	拟合曲线方程	相关系数
S	$y=6.27\times10^6\exp(-0.085x)$	0.998
$3S/4$	$y=1.97\times10^7\exp(-0.095x)$	0.999
$S/2$	$y=2.33\times10\exp(-0.092x)$	0.999
$S/4$	$y=1.38\times10^7\exp(-0.093x)$	0.999

为了研究煤样破坏不同阶段的声发射幅值变化规律，绘制不同加载面积条件下声发射幅值-时间关系散点图，如图8.11所示。

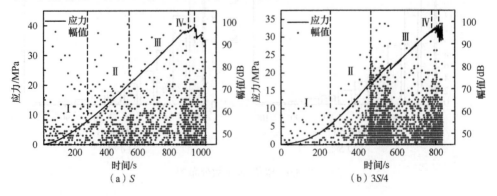

（a）S　　　　　　　　　　（b）$3S/4$

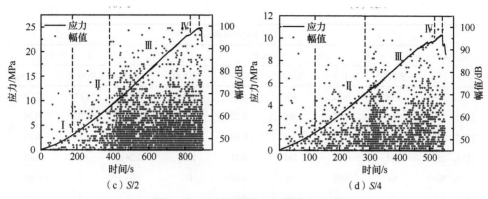

图 8.11　不同加载阶段幅值分布规律

由图 8.11 可知，不同加载面积下煤样声发射幅值与应力均具有较好的对应关系，随着加载应力的增加高幅值撞击数逐渐增多，幅值外包络线的走势与应力曲线基本一致。常规单轴压缩与局部偏心载荷作用下煤样声发射幅值随着应力的增加分布情况有所不同，常规单轴压缩煤样随着应力的增加声发射幅值分布比较均匀，在各加载阶段均存在高幅值撞击信号且各加载阶段高幅值撞击信号数量相差不大；局部偏心载荷作用下，煤样声发射幅值分布在加载后期较为密集，且高幅值撞击信号主要集中在加载后期的 Ⅲ、Ⅳ 阶段，在初始压密阶段 Ⅰ 基本不存在高幅值撞击信号。煤样在局部偏心载荷作用下声发射高幅值撞击信号分布规律与均布载荷作用下的声发射高幅值撞击信号分布规律的差异性可用于现场煤岩受载环境的判定，进而有利于煤岩损伤破坏的预测预判。

2）声发射峰频分布规律分析

以 25 kHz 为间隔对煤样受载过程中声发射峰频值进行统计，各峰频区间撞击数及占比如表 8.3 所示。根据表 8.3 中不同统计区间的撞击数绘制峰频统计分布图，如图 8.12 所示。

表 8.3　峰频-撞击数统计

统计区间	不同峰频撞击数和占比							
	S		3S/4		S/2		S/4	
	撞击数	占比/%	撞击数	占比/%	撞击数	占比/%	撞击数	占比/%
[0，25)	3991	1.59	1416	0.32	5313	1.19	7954	2.31
[25，50)	113964	45.31	225753	50.73	177452	39.82	222310	64.52
[50，75)	9491	3.77	17429	3.92	13261	2.98	11087	3.22
[75，100)	66499	26.44	93122	20.92	118147	26.51	49237	14.29
[100，125)	52546	20.89	100162	22.51	119916	26.91	49235	14.29
[125，150)	1567	0.62	1652	0.37	3184	0.72	691	0.20
[150，175)	2211	0.88	3021	0.68	3277	0.74	2002	0.58

续表

统计区间	不同峰频撞击数和占比							
	S		$3S/4$		$S/2$		$S/4$	
	撞击数	占比/%	撞击数	占比/%	撞击数	占比/%	撞击数	占比/%
[175，200)	298	0.12	461	0.10	1112	0.25	218	0.06
[200，225)	75	0.03	960	0.22	2275	0.51	1032	0.30
[225，250)	239	0.10	394	0.09	408	0.09	723	0.21
[250，275)	561	0.22	485	0.11	1087	0.24	69	0.02
[275，300)	54	0.02	92	0.02	111	0.03	3	0.00
[300，325)	34	0.01	55	0.01	62	0.01	11	0.00
[325，350)			0	0.00	1	0.00	0	0.00
[350，375)			0	0.00	1	0.00	1	0.00
[375，400)			0	0.00	0	0.00	0	0.00
[400，425)			2	0.00	1	0.00	0	0.00
[425，450)			2	0.00			0	0.00
[450，475)			1	0.00			0	0.00
[475，500)			3	0.00			1	0.00

由表 8.3 和图 8.12 可知，不同载荷作用面积时煤样声发射峰频分布规律基本一致，峰频撞击数分布存在三处峰值，分别为 [25，50)、[75，100)、[100，125)，其中峰频区间 [25，50) 撞击数约占累计撞击数的一半。不同的是，常规单轴压缩时峰频值范围为 [0，325)，小于局部偏心载荷作用时峰频值范围，局部偏心载荷作用时峰频值超过 325kHz 时仍存在少量的撞击数；在 [75，100) 和 [100，125) 两区间的峰频撞击数分布也存在一定的差异，常规单轴压缩时 [75，100) 和 [100，

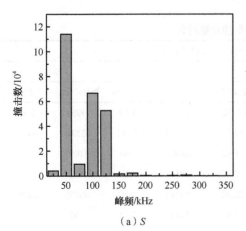

（a）S

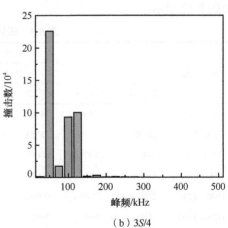

（b）$3S/4$

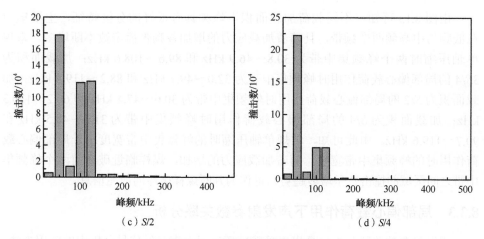

图 8.12　峰频-撞击数分布图

125）两区间的峰频撞击数差值较大，而局部偏心载荷作用时 [75，100）和 [100，125）两区间的峰频撞击数基本相等。为了研究不同加载阶段煤样声发射峰频分布特征，更好地分析煤样破坏前兆信息，绘制不同加载面积下煤样峰频-时间散点图，如图 8.13 所示。

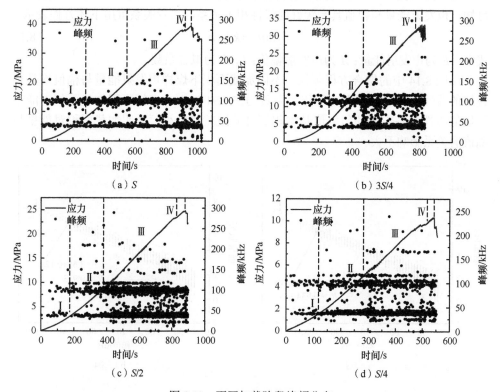

图 8.13　不同加载阶段峰频分布

由图 8.13 可知，不同载荷加载面积下峰频具有很好的分区特征，主要集中在低频与中高频两个频带，且随着加载应力的增加各频带撞击数不断增多。常规单轴压缩时两个峰频集中带为 30.8～46.9 kHz 和 89.6～108.6 kHz；加载面积为 3S/4 的局部偏心载荷作用时峰频集中带为 32.0～49.7 kHz 和 88.2～119.8 kHz；加载面积为 S/2 的局部偏心载荷作用时峰频集中带为 30.6～47.4 kHz 和 60.2～120.3 kHz；加载面积为 S/4 的局部偏心载荷作用时峰频集中带为 31.2～48.5 kHz 和 90.7～119.6 kHz。由此可知，常规单轴压缩时的峰频集中带宽度小于局部偏心载荷作用时的峰频集中带宽度。随着加载应力的增加，煤样临近破坏前两个峰频集中带之间区域的撞击数呈增多趋势，可作为判断煤样破坏的前兆信息。

8.3.3　局部偏心载荷作用下声发射参数关联分析

声发射参数关联分析也是煤岩受载破坏过程中声发射信号分析中的常用方法，通过对声发射特征参数的关联分析可以找到声发射源特征，从而能实现鉴别不同声发射源的作用。

1）声发射能量-幅值关联分析

将声发射能量参数取对数后绘制能量-幅值关联图，如图 8.14 所示。由图 8.14 可知，声发射能量与幅值具有较好的线性相关关系，二者关系可用下述方程表示。

$$\ln E = kA - b \tag{8.1}$$

式中，E 为声发射能量；A 为声发射幅值；k、b 为拟合系数。

由图 8.14 中的拟合方程可知，不同加载面积下煤样声发射能量与幅值均具有较好的线性规律，各拟合方程相关系数均在 0.91 以上。表征不同加载面积下能量与幅值线性关系方程的斜率值基本相等且截距差值很小，说明加载面积对能量与幅值的关系影响不大。

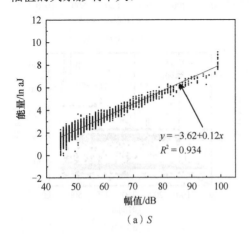

（a）S

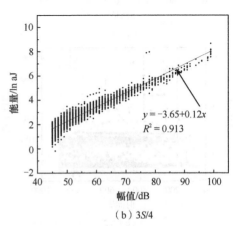

（b）3S/4

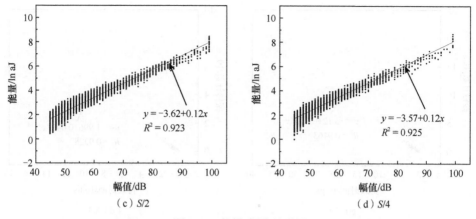

（c）$S/2$　　　　　　　　　（d）$S/4$

图 8.14　能量-幅值关联图

2）声发射振铃计数-持续时间关联分析

图 8.15 为不同加载面积下煤样声发射振铃计数与持续时间关联分析图。由图 8.15 可知，不同加载面积下煤样声发射振铃计数与持续时间具有较好的线性相关关系，二者规律可用下述公式表征。

$$N = kT - a \tag{8.2}$$

式中，N 为声发射振铃计数；T 为声发射信号持续时间；k、a 为拟合系数。

由图 8.15 可知，声发射信号持续时间分布较为集中。加载面积为 S 时声发射信号持续时间主要分布在 $0 \sim 10 \times 10^4\ \mu s$；加载面积为 $3S/4$ 时，声发射信号持续时间主要分布在 $0 \sim 6.5 \times 10^4\ \mu s$；加载面积为 $S/2$ 时，声发射信号持续时间主要分布在 $0 \sim 6 \times 10^4\ \mu s$；加载面积为 $S/4$ 时，声发射信号持续时间主要分布在 $0 \sim 3 \times 10^4\ \mu s$。随着载荷作用面积的减小，声发射信号持续时间分布集中程度逐渐增加。

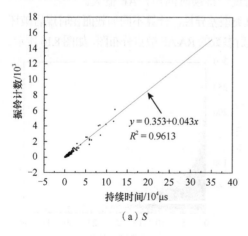

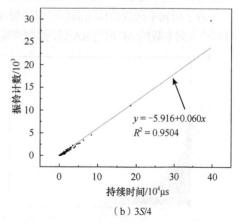

（a）S　　　　　　　　　（b）$3S/4$

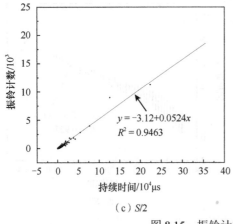

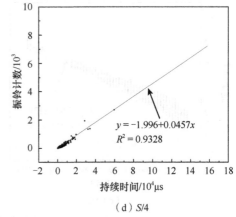

（c）S/2 （d）S/4

图 8.15　振铃计数-持续时间分布图

3）RA-AF 关联分析

　　煤岩体中微裂纹的成核、演化、扩展、贯通是一切工程岩体失稳的根本原因，煤岩体受载后主要发生张拉破坏与剪切破坏两种模式，判断煤岩体受载后裂纹的破坏模式是研究煤岩体损伤破坏机理的前提条件。通过煤岩受载过程中声发射监测一方面可以定位给出煤岩损伤发生部位，另一方面通过对声发射参数特性分析找出裂纹形成模式。裂纹分类描述系统（JCMS）分析方法是常用的煤岩裂纹分类方法，该方法利用煤岩破坏过程中监测到的声发射平均频率 AF 与 RA 值关系进行分类。AF 为声发射参数的平均频率，其值等于振铃计数与持续时间的比值；RA 值是声发射参数中上升时间与幅值的比值。已有研究成果表明，剪切裂纹形成过程中能量主要存储于横波中，而横波的传播速度小于纵波的传播速度，导致大能量（振幅峰值）到达时间延长，上升时间增加，RA 值大；拉伸裂纹形成过程中能量主要存储于纵波中，振幅峰值到达时间短，持续时间短，AF 值大。

　　为了研究不同载荷作用面积时煤岩裂纹类型差异性，计算不同加载面积时煤岩破坏时刻声发射参数的 AF 值与 RA 值，绘制声发射参数的 RA-AF 散点分布图，如图 8.16 所示。

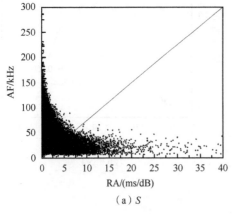

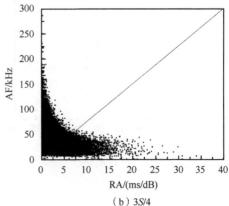

（a）S （b）3S/4

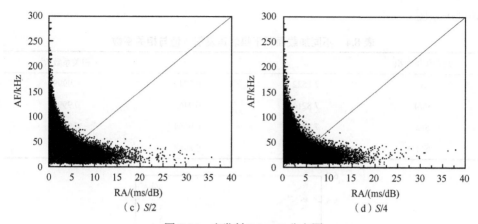

$$（c）S/2 \qquad （d）S/4$$

图 8.16　声发射 RA-AF 分布图

由图 8.16 可知，不同加载面积下声发射 RA-AF 规律大致相同，随着 RA 值的不断增加 AF 值不断减小。不同载荷作用面积下煤岩均为拉-剪复合破坏且张拉裂纹占主导，不同的是常规单轴压缩高 RA 值撞击数占比大于局部偏心载荷作用下高 RA 值撞击数占比，说明常规单轴压缩下煤岩破坏剪切裂纹的占比大于局部偏心载荷作用时煤岩中剪切裂纹的占比。

8.3.4　局部偏心载荷对 b 值影响分析

b 值是最早由日本学者石本提出的反映地震学中地震震级与频度关系的参数，在此基础上 Gutenberg 与 Richter 等学者对 b 值定义进行推广应用，提出了著名的 G-R 关系公式用于 b 值的计算。

$$\lg N = a - bM \tag{8.3}$$

式中，M 为震级；N 为震级大于等于 M 的地震个数；a、b 为常数，b 的大小即可反映地震活动强度，也就是通常所说的地震活动的 b 值。

同地震发生机理与地震波的传播规律类似，煤岩破坏过程中也伴随着内部裂纹的成核、演化并最终形成宏观裂纹，G-R 关系公式也被广泛应用于煤岩体破坏过程中的预测预判。煤岩声发射 b 值可以反映煤岩受载过程中内部微裂纹的尺度演化，可将煤岩受载过程中 b 值的突变作为煤岩宏观破坏的前兆。

本次计算声发射 b 时将式（8.3）中的震级 M 用声发射振幅代替，式（8.3）转换为

$$\lg N = a - b(A_{dB}/20) \tag{8.4}$$

式中，A_{dB} 为声发射幅值。

不同加载面积下煤岩声发射 b 值计算时震级间隔均为 5dB。表 8.4 为不同加载面积下煤岩声发射 b 值与相关系数，图 8.17 为不同加载面积下煤岩声发射幅值与

频度关系图。

表 8.4　不同加载面积下煤岩声发射 b 值与相关系数

载荷作用面积	a	b	相关系数 R^2
S	7.1522	0.7749	0.9999
$3S/4$	7.8216	0.9462	0.9993
$S/2$	7.8894	0.9054	0.9986
$S/4$	7.5981	0.8962	0.9985

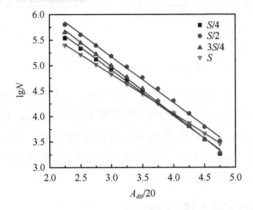

图 8.17　不同加载面积下声发射频度-幅值关系

由图 8.17 和表 8.4 可知，不同加载面积下煤岩声发射幅值与频度之间均表现出良好的线性关系，各线性相关系数均在 0.99 以上，均满足 G-R 关系公式。由表 8.4 可知，局部偏心载荷作用下煤岩声发射 b 值随着载荷作用面积的减小而逐渐降低，这可能是因为载荷作用面积越小，煤岩加载区与非加载区偏应力越大，煤岩宏观裂纹形成越迅速，小裂纹未得到充分扩展演化即转化为大裂纹，导致声发射 b 值的降低。常规单轴压缩时煤岩声发射 b 值小于局部偏心载荷作用时煤岩声发射 b 值，这可能是因为煤岩强烈的硬脆性特征，使其在受到均布载荷的单轴压缩时表现出瞬时崩裂破坏，受压破坏后煤样呈碎块状而局部偏心载荷作用时煤岩破坏具有一定的方向性，只存在一条主控裂纹，主控裂纹均位于加载区与非加载区交界面附近，受载后主控裂纹呈渐进式扩展贯通致煤样破坏。

已有研究表明，声发射 b 值的动态变化可以反映煤岩受载过程中内部裂纹开裂扩展尺度，可作为煤岩破坏判定的前兆信息。鉴于此，本书采用累计频度法与最小二乘法相结合求算不同加载时刻煤岩声发射 b 值，将峰值应力 σ_c 每隔 $10\%\sigma_c$ 记为一个统计区间，统计区间包括 $0\sim10\%\sigma_c$、$0\sim20\%\sigma_c$、$0\sim30\%\sigma_c$、$0\sim40\%\sigma_c$、$0\sim50\%\sigma_c$、$0\sim60\%\sigma_c$、$0\sim70\%\sigma_c$、$0\sim80\%\sigma_c$、$0\sim90\%\sigma_c$、$0\sim100\%\sigma_c$。在各区间利用式（8.4）采用累计频度法与最小二乘法计算区间 b 值，不同加载面积条件下

b 值计算信息如图 8.18 所示。

图 8.18 给出了不同加载面积条件下煤岩受载过程中声发射累计频度-幅值关系曲线与声发射 b 值曲线。声发射累计频度-幅值曲线反映了在统计区间中幅值高于指定幅值的声发射撞击数，b 值为频度-幅值曲线的坡度，反映了煤岩受载破坏过程中裂纹的尺度。b 值增加相当于低幅值撞击数增加，煤岩中小破裂占主导；b 值减小说明大幅值撞击数增加，煤岩中大尺度裂纹出现、增多。由图 8.18 中频度-幅

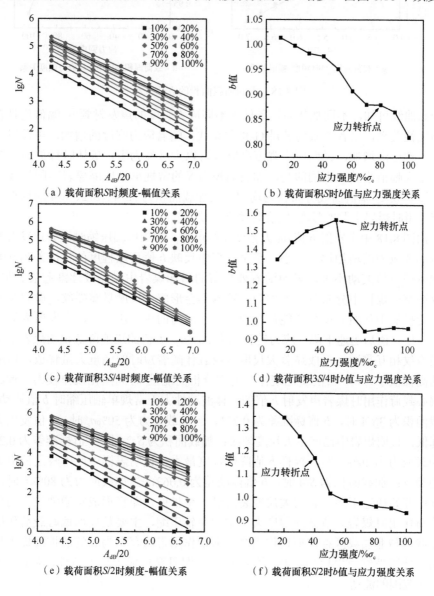

（a）载荷面积 S 时频度-幅值关系

（b）载荷面积 S 时 b 值与应力强度关系

（c）载荷面积 $3S/4$ 时频度-幅值关系

（d）载荷面积 $3S/4$ 时 b 值与应力强度关系

（e）载荷面积 $S/2$ 时频度-幅值关系

（f）载荷面积 $S/2$ 时 b 值与应力强度关系

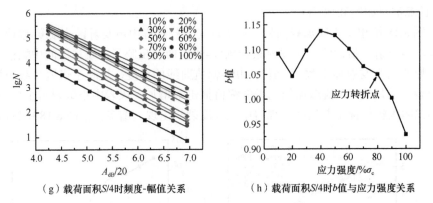

（g）载荷面积$S/4$时频度-幅值关系　　　（h）载荷面积$S/4$时b值与应力强度关系

图 8.18　不同加载面积的 b 值分析

值分布曲线可知，不同加载面积条件下不同应力强度的声发射频度-幅值均具有良好的线性关系，二者关系均满足 G-R 关系式；随着应力强度的增加，声发射高幅值撞击数逐渐增加，说明应力强度高时煤岩以大破裂为主，破坏时释放能量较大而产生大幅值事件。不同的是，加载面积为 S 的常规单轴压缩煤岩不同加载强度时声发射频度-幅值曲线分布较为均匀，而加载面积为 $3S/4$、$S/2$、$S/4$ 的局部偏心载荷作用时煤岩声发射频度-幅值曲线分布较为散乱。

由图 8.18 中声发射 b 值-应力强度曲线可知，常规单轴压缩时煤岩声发射 b 值随着加载应力的增加逐渐减小，整个过程中反映 b 值离散程度的标准差为 0.066，加载阶段 b 值波动不大，表明随着外载荷的增加煤岩中微裂纹逐渐起裂、扩展，裂纹在整个煤样中分布且较为均匀，基本不会形成大尺度贯穿裂纹，微裂纹萌生与稳定扩展中伴随着少量的能量释放，随着应力的进一步增大，声发射 b 值在经历一段稳定值后迅速下降，应力转折点为 $80\%\sigma_c$，b 值的迅速降低说明煤岩中大量的微裂纹相互贯通，形成显著大尺度裂纹且伴随着短时的能量大量释放，形成较多的高幅值事件，b 值的变化规律与前文分析的能量-时间演化规律较为一致。局部偏心载荷作用时煤岩声发射 b 值的整体波动性大于常规单轴压缩时 b 值波动性，加载面积为 $3S/4$ 时，b 值标准差为 0.271，当加载应力为 $50\%\sigma_c$ 时，b 值发生大幅度降低，说明煤岩中已产生大尺度裂纹；加载面积为 $S/2$ 时，b 值标准差为 0.213，当加载应力为 $40\%\sigma_c$ 时，煤样 b 值降低幅度最大，说明煤样中产生较之前更大尺度的裂纹；加载面积为 $S/4$ 时，b 值标准差为 0.063，当加载应力为 $80\%\sigma_c$ 时，煤样 b 值开始快速下降，表明大尺度裂纹进一步扩展，即将形成贯通裂纹。局部偏心载荷作用时煤岩 b 值波动程度大于常规单轴压缩，主要是局部偏心载荷作用时在加载区与非加载区存在剪切作用带，剪切作用带的存在为裂纹的扩展提供导向作用，使微裂纹萌生后来不及充分扩展演化即贯穿形成大尺度裂纹，从而造成 b 值较大范围的波动。

8.4 局部偏心载荷作用下煤岩损伤时空演化规律

单纯地分析煤岩受载过程中声发射的时序特征难以全面地研究煤岩损伤破坏演化过程，只有将煤岩受载过程中声发射定位与声发射参数时序特征结合起来才能够更加全面地研究煤岩损伤演化特征。国内外学者对声发射定位技术在煤岩损伤演化过程中的应用开展了大量的研究。例如，Xu 等[150]采用断铅试验验证了所提定位算法的精度能够满足微裂纹监测的要求，借此对试样中微裂纹的萌生、扩展和进化过程进行了分析；Li 和 Liu[151]应用声发射定位技术研究了单轴载荷作用下岩石破坏过程中微裂纹萌生、扩展和聚结的三维空间演化过程，认为弹塑性阶段空间相关长度的不同特征可以作为预测岩石破坏的一个指标；Zhou 等[152]提出了一种考虑折射的声发射源定位新方法，采用复变函数法求解了声发射源坐标并通过铅笔芯断裂实验对该方法进行了验证；赵兴东等[153]采用声发射定位直观反映出了单轴压缩、三轴压缩、巴西劈裂加载条件下试样内部裂纹的演化扩展过程；许江等[154]分析了声发射定位精度的影响因素，并分析了循环加卸载条件下煤岩声发射时空演化规律。

综上所述，各国学者对煤岩受载过程中声发射时空演化规律的研究主要集中在两个方面，一方面通过对定位方法的改进提高了声发射定位的精度；另一方面主要研究单轴压缩、三轴压缩、循环加卸载、冲击载荷等均布载荷作用下煤岩破坏过程中声发射时空演化规律，而关于局部偏心载荷作用下煤岩损伤过程中声发射的时空演化规律的研究鲜见报道。因此，本节主要研究局部偏心载荷这一非对称载荷条件下煤岩变形破坏全过程的声发射时空演化规律，以此来研究局部偏心载荷作用下煤岩损伤演化规律。

8.4.1 声发射定位原理

声发射定位采用时差定位原理，主要是根据布置在试样不同位置处的声发射探头接收到的信号时间不同计算声发射源信号的位置。声发射探头与声源间距离 d 可通过一个事件的到达时间 t 与波速 v 乘积得到，即 $d=vt$。

在三维坐标系中，结合声发射探头位置坐标与不同探头接收声发射信号的时间差即可计算出声发射源在三维坐标系中的位置，从而可实现声发射源的定位。

$$t_i - t_1 = \sqrt{(x_i - x_s)^2 + (y_i - y_s)^2 + (z_i - z_s)^2} - \sqrt{(x_1 - x_s)^2 + (y_1 - y_s)^2 + (z_1 - z_s)^2} \quad (8.5)$$

式中，t_1 为声发射信号源到达第一个探头的时间；x_1、y_1、z_1 为声发射第一个探头的位置坐标；t_i 为声发射信号源到达第 i 个探头的时间；x_i、y_i、z_i 为声发射第 i 个探头的位置坐标；x_s、y_s、z_s 为声发射信号源的坐标位置。

通过对式（8.5）中多个方程的联立求解即可以确定声发射信号源的位置坐标，实现声发射的空间定位。

8.4.2 煤岩声发射定位与裂纹演化规律

煤岩破坏是由内部微裂纹、微孔隙成核、扩展、贯通引起的，煤岩内部微裂纹的扩展演化伴随着能量的释放，由此产生声发射现象，通过对声发射信号的定位即可确定微裂纹起裂位置与演化规律。图 8.19 为加载面积为 S 时煤岩损伤破坏过程中应力、能率、能量随加载时间的变化规律。图 8.20 为不同应力强度下煤岩声发射定位结果。

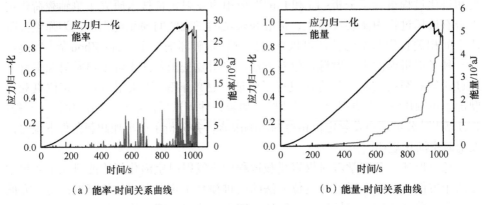

（a）能率-时间关系曲线　　　　　　　　（b）能量-时间关系曲线

图 8.19　加载面积 S 时煤岩能量释放规律

由图 8.19 和图 8.20 可知，在煤样加载初期（0～50%），声发射事件数较少且各区域均有声发射信号出现，累计声发射事件数为 2302，占声发射事件总数的27%，该阶段能率很低且并无明显波动，累计能量曲线也呈缓慢升高状态，说明该阶段并无新生裂隙的出现，定位所得声发射事件数多为原生裂隙、孔隙受压闭合或者原生裂隙错动摩擦引起。在峰值应力的 50%～90% 期间，声发射事件数逐渐增加，当应力强度为峰值应力的 50%～60% 时，煤样产生声发射事件数为 1219，当应力强度为峰值应力的 60%～70% 时，煤样产生声发射事件数为 914，当应力强度为峰值应力的 70%～80% 时，煤样产生声发射事件数为 686，当应力强度为峰值应力的 80%～90% 时，煤样产生声发射事件数为 726。该阶段声发射定位首先在煤样中部集中，然后逐渐向煤样上部、下部扩展；声发射能率存在小范围波动，累计释放能量逐渐增大，增长速率较慢且较稳定，表明该阶段煤样内部新生裂纹逐渐产生且稳定扩展。在峰值应力的 90%～100% 期间，煤样中声发射定位事件数为 1805，定位事件数占总事件数的 21%，声发射事件数在短时间内迅速增多，声发射能率呈现阶跃式变化，累计声发射能率迅速增加，表明该阶段煤样内部裂纹迅速扩展贯通，释放大量能量，煤样发生宏观破坏。

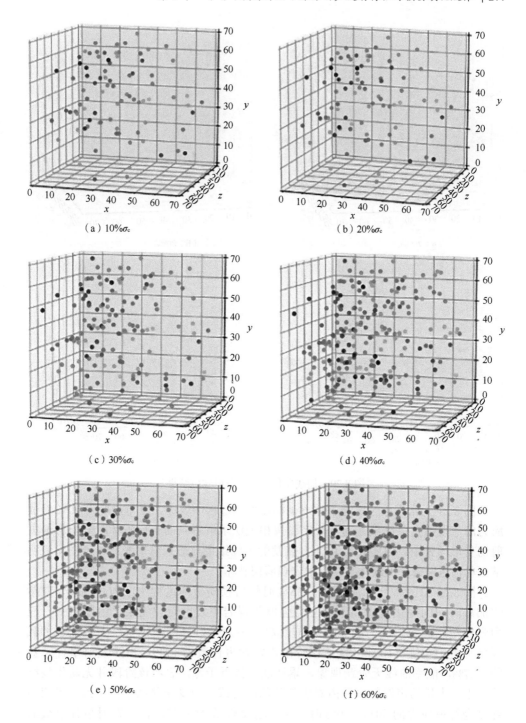

（a）10%σ_c

（b）20%σ_c

（c）30%σ_c

（d）40%σ_c

（e）50%σ_c

（f）60%σ_c

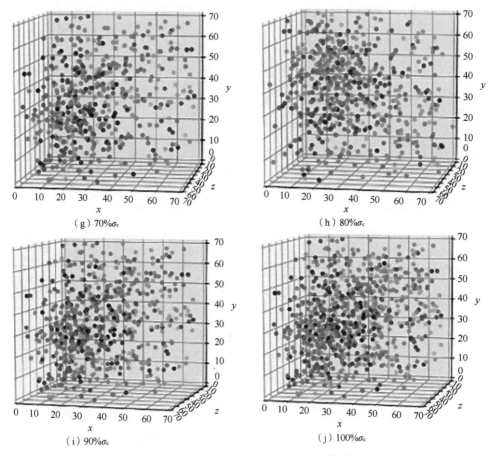

图 8.20　加载面积 S 时声发射定位结果

图 8.21 为常规单轴压缩条件下试样在加载过程中煤样、应力强度为 90% 峰值应力的声发射定位结果、通过数字图像相关法求解得到的临近破坏时刻煤样最大剪切变形场云图。由图 8.21 可知，声发射定位结果与最大剪切变形场云图均表明常规单轴压缩条件下煤样主要发生宏观剪切破坏。

图 8.22 和图 8.23 为加载面积 $3S/4$ 时煤岩损伤破坏过程中应力、能率、能量随加载时间的变化规律和不同应力强度下煤岩声发射定位结果。由图可知，应力强度在达到峰值应力的 50% 以前，煤样中声发射事件数很少，大多处于加载区域且集中在煤样中部区域；该阶段声发射事件数为 1949，占声发射事件总数的 13.7%，能率曲线无阶跃现象，累计能量接近于零，表明该阶段并无新生裂纹的产生，少量的声发射事件由原生裂隙的闭合或裂隙受压移动摩擦所致。当应力强度为峰值应力的 50%～60% 时，声发射事件数为 3747，占声发射事件总数的 26.4%，声发射事件大量出现于加载区与非加载区交界处，声发射能率表现出阶跃

（a）受载煤样

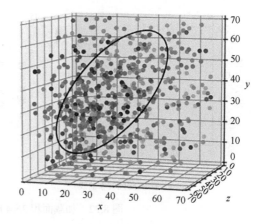

（b）声发射定位结果

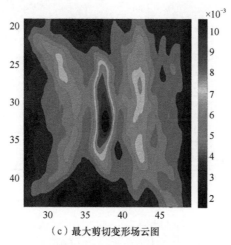

（c）最大剪切变形场云图

图 8.21　煤样破坏模式（S）

现象，出现整个加载阶段的能率峰值，累计能量也迅速增加，应力-时间曲线发生波动，应力出现小幅跌落后继续增加，表明该阶段已有新生裂隙的产生。当应力强度为峰值应力的 60%~100% 时，随着加载应力的增加声发射事件数逐渐增多，其中 60%~70% 区间内声发射事件数为 2778，占声发射事件总数的 19.5%，在 70%~80% 区间内声发射事件数为 1087，占声发射事件总数的 7.6%，在 80%~90% 区间内声发射事件数为 1873，占声发射事件总数的 13.2%，在 90%~100% 区间内声发射事件数为 2782，占声发射事件总数的 19.6%；在该阶段内，声发射定位信号主要出现在加载区且距离交界面越近声发射事件数越密集，非加载区受加载区影响也产生少量的声发射事件，声发射能率表现出多次阶跃现象，累计能量呈加速增长状态，表明交界面处已产生的裂纹持续扩展演化，而加载区也不断有新生裂纹的产生，交界面处裂纹的扩展贯通是导致试样破坏的根本原因。

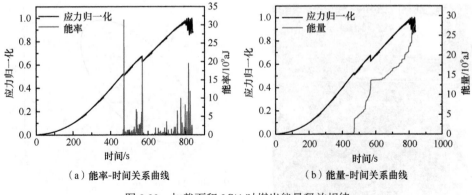

（a）能率-时间关系曲线　　　　　　　　（b）能量-时间关系曲线

图 8.22　加载面积 3S/4 时煤岩能量释放规律

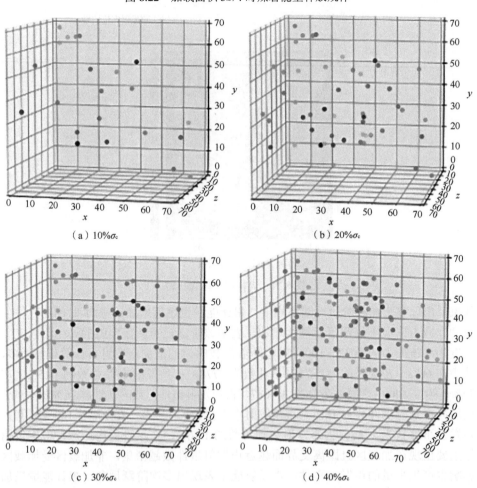

（a）10%σ_c　　　　　　　　　　（b）20%σ_c

（c）30%σ_c　　　　　　　　　　（d）40%σ_c

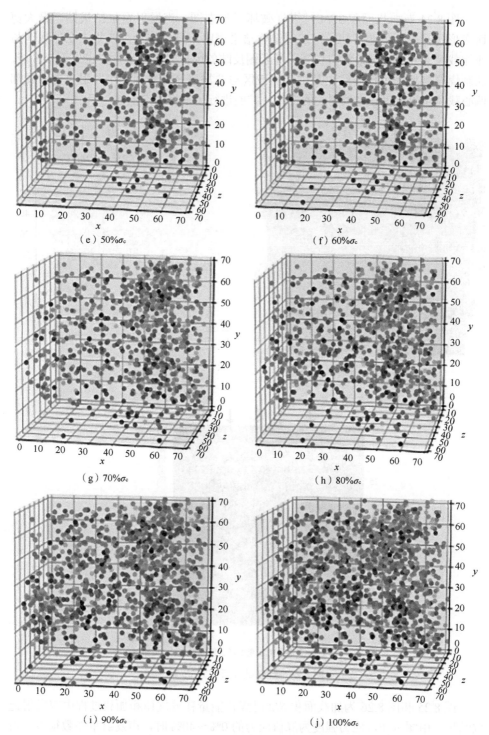

图 8.23　加载面积 3S/4 时声发射定位结果

图 8.24 为加载面积 3S/4 时煤样破坏后形态图、声发射定位结果图、最大剪切变形场云图。由图可知，声发射定位结果表明声发射信号主要集中在加载区与非加载区交界面处，最大剪切变形场云图反映的煤样局部化带位置也处于该区域，控制煤样破坏的主控裂纹也是位于加载区与非加载区交界面，声发射事件对局部偏心载荷作用下煤样主控裂纹的产生、扩展进行了很好的定位。

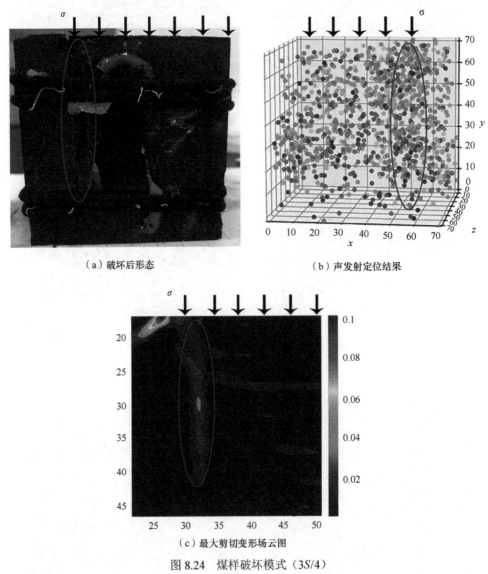

（a）破坏后形态 　　　　　　　　　（b）声发射定位结果

（c）最大剪切变形场云图

图 8.24 　煤样破坏模式（3S/4）

图 8.25 和图 8.26 为加载面积 S/2 时煤样能量释放规律和加载过程中声发射定位结果。由图可知，应力强度为峰值应力的 0%～40% 时，声发射事件数很少，占

声发射事件总数的 9.6%，声发射事件主要分布在煤样加载区中上部，该阶段能率并无阶跃现象且累计能量接近于零，表明该阶段声发射事件数主要由原生裂纹的闭合或者裂纹受压错动摩擦引起。随着应力水平的进一步提高，煤岩中声发射事件数逐渐增多，声发射事件主要分布在加载区且高幅值事件主要集中在靠近加载区与非加载区交界面区域，每次声发射事件的突然增多均伴随着声发射能率的阶跃现象。与加载面积 3S/4 不同的是，本次非加载区产生的声发射事件数明显增多。

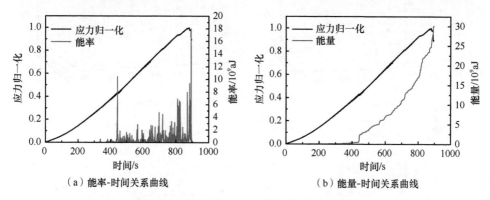

（a）能率-时间关系曲线　　　　　（b）能量-时间关系曲线

图 8.25　加载面积 S/2 时煤岩能量释放规律

　　图 8.27 为加载面积 S/2 时煤样破坏后形态、声发射定位结果、最大剪切变形场云图。由图可知，导致煤样破坏的主控裂纹位于加载区与非加载区交界面位置，主控裂纹与加载方向近似平行，声发射定位结果与煤样主控裂纹位置较为吻合，高振幅声发射事件主要集中在加载区与非加载区交界区域，声发射定位结果很好地反映了煤岩裂纹的扩展演化规律，最大剪切变形场云图中的变形局部化带位置与煤岩破坏主控裂纹位置基本吻合，表面最大剪切变形场云图可在一定程度上反映煤岩破裂主控裂纹位置。

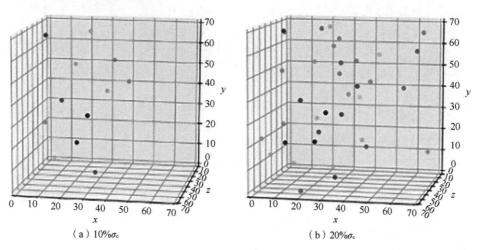

（a）10%σ_c　　　　　　　　　（b）20%σ_c

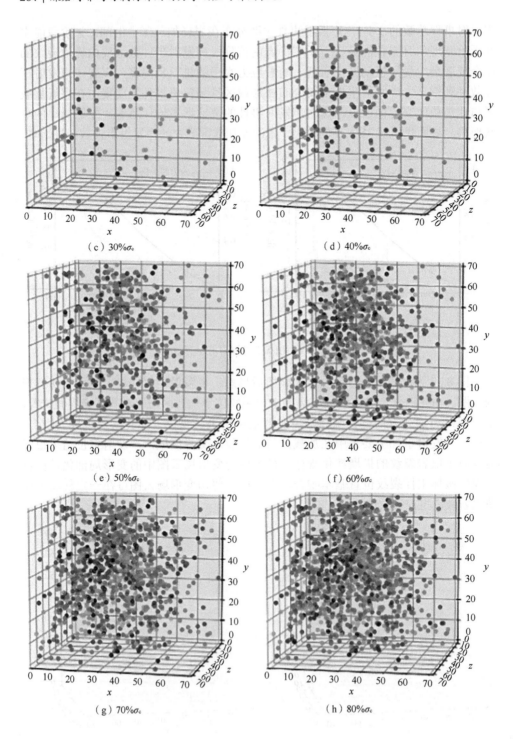

（c）30%σ$_c$

（d）40%σ$_c$

（e）50%σ$_c$

（f）60%σ$_c$

（g）70%σ$_c$

（h）80%σ$_c$

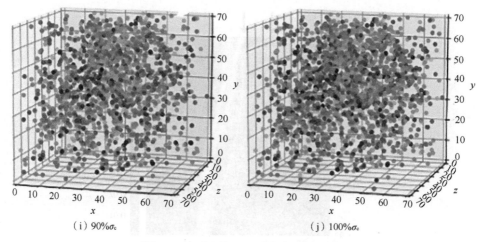

（i）90%σ_{c}　　　　　　　　　　（j）100%σ_{c}

图 8.26　加载面积 $S/2$ 时声发射定位结果

　　图 8.28 和图 8.29 为加载面积 $S/4$ 时煤样破坏过程中能量释放规律和煤样损伤破坏过程中声发射定位结果，由于储存原因缺失了应力强度大于 80% 峰值应力的数据，本次分析仅提供峰值应力 80% 之前数据，已有的数据量足以反映煤样定位效果。由图可知，加载初期（30%σ_{c}）煤样中声发射事件很少，主要分布在加载区上部，非加载区也存在少量的声发射信号，声发射能率无阶跃现象，累计能量接近于零，随着加载应力的增大声发射事件数逐渐增多，且声发射定位点主要集中在加载区中上部，煤样下部未见密集声发射定位信号，随着声发射事件数的增多，煤样声发射能率出现阶跃现象，累计能量迅速增大。

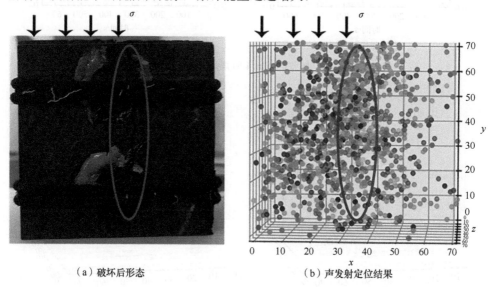

（a）破坏后形态　　　　　　　　　　（b）声发射定位结果

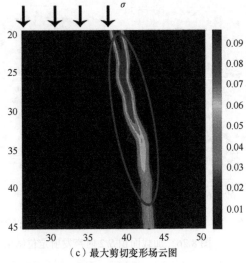

（c）最大剪切变形场云图

图 8.27　煤样破坏模式（*S*/2）

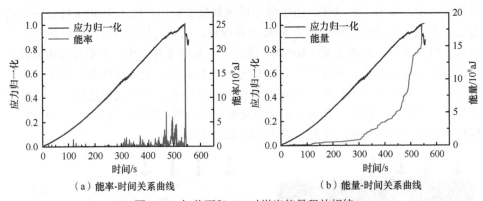

（a）能率-时间关系曲线　　　　　　　　　（b）能量-时间关系曲线

图 8.28　加载面积 *S*/4 时煤岩能量释放规律

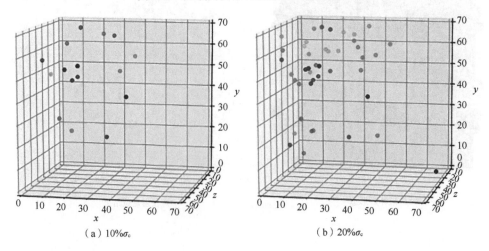

（a）10%*σ*c　　　　　　　　　　　　（b）20%*σ*c

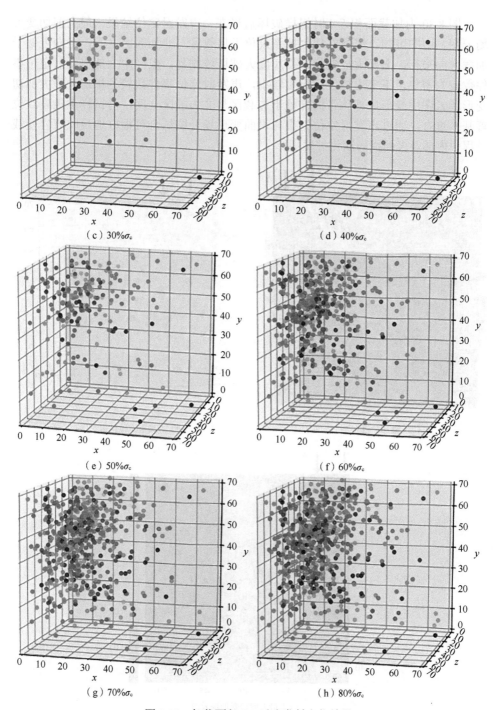

图 8.29 加载面积 $S/4$ 时声发射定位结果

图 8.30 为加载面积 $S/4$ 时煤样破坏后形态、声发射定位结果、最大剪切变形场云图。由图可知，煤样破坏主控裂纹位于加载区与非加载区之间，走向近似于加载方向平行，上部主控裂纹开裂尺度大破坏较剧烈，煤样中上部声发射定位事件数较为密集，下部主控裂纹尺度较小，声发射定位事件数较为稀疏；最大剪切变形场云图中变形局部化带同样处于加载区与非加载区之间，与试样主控裂纹位置基本重合，通过声发射定位结果与表面变形场云图结合可很好地反映煤岩受载过程中内部及表面损伤演化扩展规律。

（a）破坏后形态

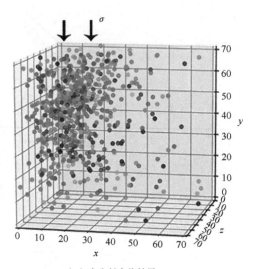

（b）声发射定位结果

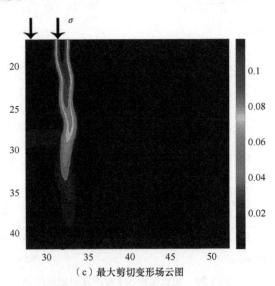

（c）最大剪切变形场云图

图 8.30　煤样破坏模式（$S/4$）

8.5　局部冲击载荷作用下煤岩损伤变形特性

与常规全冲击加载不同，煤岩在局部冲击载荷作用下不同区域的损伤变形特性不同，表现出明显的损伤、变形局部化效应。基于此，本节以煤岩试样为对象，借助动静态应变仪和红外热成像仪，对煤岩试样在局部循环冲击作用下的变形特性和试样表面温度场演化规律进行系统的试验研究，探究循环冲击次数、冲量大小、冲击加载面积对煤岩损伤变形的影响，分析局部冲击载荷作用下试样不同区域的温度场演化规律，并探讨局部冲击载荷对煤岩损伤变形的局部化影响。

8.5.1　试验概况

试验采用的设备主要包括摆锤式冲击加载试验装置、动静态应变仪和红外热成像仪，如图 8.31 所示。其中，冲击试验均在第 3 章所述的自主研制的摆锤式冲击加载试验装置上进行；所用动静态应变仪为 JTY-10 程控动静态电阻应变仪，其分辨率为 1με，量程为 $0\sim\pm25000$με；红外热成像仪为优利德生产的 uti-160A 型，灵敏度为 0.08，辐射系数为 0.92。试验时先通过摆锤式冲击加载试验装置对试样施加冲击载荷，然后借助动静态应变仪监测试样不同区域和不同方向上的变形演化规律，并结合红外热成像仪及其配套软件对试样不同区域温度场的演化进行实时观测。

（a）JTY-10程控动静态电阻应变仪　　　　　　（b）红外热成像仪

图 8.31　主要试验设备

试验所用煤样分别为第 3 章所述的型煤和原煤试样。为了研究局部冲击载荷作用下煤岩试样不同区域的损伤变形和温度场演化规律，采用不同的冲击模式（循环冲击、递增冲击、递减冲击），并在各个冲击模式下分别进行不同冲击加载面积（$S_1=S$、$3S/4$、$S/2$、$S/4$）的冲击试验，进行冲击试验的同时配合动静态电阻应变仪和红外热成像仪对试样进行观测。

1）局部冲击载荷作用下应变监测试验方案

局部冲击载荷作用下的应变监测试验方案参照第 3 章中的冲击试验方案，分别在不同冲击载荷作用面积下进行循环冲击、递增冲击和递减冲击，并监测冲击过程中试样不同区域（冲击区域、临界区域和非冲击区域）的变形；同时，为了与型煤试验组进行对比，又在循环冲击模式下设置了一组与型煤试验组相对应的原煤试验组，如表 8.5 所示。

表 8.5　应变监测试验方案

试样	冲击模式	组号	冲量 I/(N·s)	加载面积	循环冲击次数/次	试样	冲击模式	组号	冲量 I/(N·s)	加载面积	循环冲击次数/次
型煤	循环冲击	B11	2.91	S	10	型煤	递增冲击	B31	2.06～5.82	S	6
		B12		$3S/4$	8			B32	2.06～4.12	$3S/4$	4
		B13		$S/2$	7			B33	2.06～4.12	$S/2$	4
		B14		$S/4$	5			B34	2.06～3.56	$S/4$	3
原煤	循环冲击	B21	2.91	S	7	型煤	递减冲击	B41	5.04～3.56	S	4
		B22		$3S/4$	6			B42	4.12～2.91	$3S/4$	3
		B23		$S/2$	5			B43	4.12～2.91	$S/2$	3
		B24		$S/4$	3			B44	3.56～2.91	$S/4$	2

为了监测试样受冲击作用后在不同区域和不同方向上的应变，分别根据不同的冲击加载面积，在试样不同区域设置了多个应变监测点。常规全冲击时，分别在 2-1 面、2-2 面、3-1 面中心位置处沿冲击方向（纵向）和垂直冲击方向（横向）各设置一组监测点；局部冲击时，分别在 3-1 面的冲击区域、临界区域和非冲击区域横向和纵向各设置一组监测点，同时在 2-1 面和 2-2 面的中心位置处也沿冲击方向和垂直冲击方向分别设置一组监测点，测点位置及编号如图 8.32 所示。

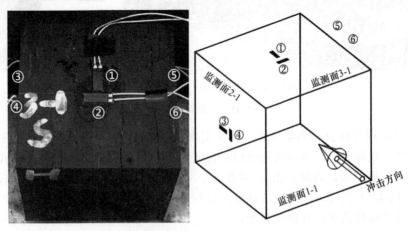

（a）常规全冲击

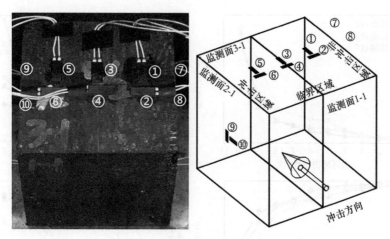

（b）S/2 局部冲击

图 8.32　应变监测点布设

2）局部冲击载荷作用下红外热成像试验方案

分别在不同冲击加载面积下进行循环冲击试验，并配合红外热成像仪对试样各区域的温度场变化进行观测，监测冲击过程中试样不同区域（冲击区域、临界区域和非冲击区域）的温度场变化。具体方案如表 8.6 所示。

表 8.6　红外热成像试验方案

试样	冲击模式	加载面积	组号	单次冲量 $I/(\text{N·s})$
型煤	循环冲击	S	H11	2.91
		$3S/4$	H12	
		$S/2$	H13	
		$S/4$	H14	

由于试样受冲击的时间十分短暂且试样受冲击后温度将很快消散，为了避免冲击后试样温度消散过快而导致监测不到试样不同区域温度变化，试验时采用红外热成像仪进行录像，然后提取出冲击时刻试样的红外热图像进行分析。

8.5.2　局部冲击载荷作用下煤岩的动力响应特征

1）循环冲击次数对煤岩损伤变形的影响

按照上述试验方案和监测点布设方案进行冲击试验，试样不同区域监测点的纵向应变（压缩）和横向应变（拉伸）随循环冲击次数的演化规律如图 8.33 所示。

常规全冲击时，监测点 1、3、5 分别位于试样 3-1 面、2-2 面和 2-1 面中心附近，用于监测试样沿冲击方向的纵向应变，监测点 2、4、6 也分别位于试样 3-1 面、

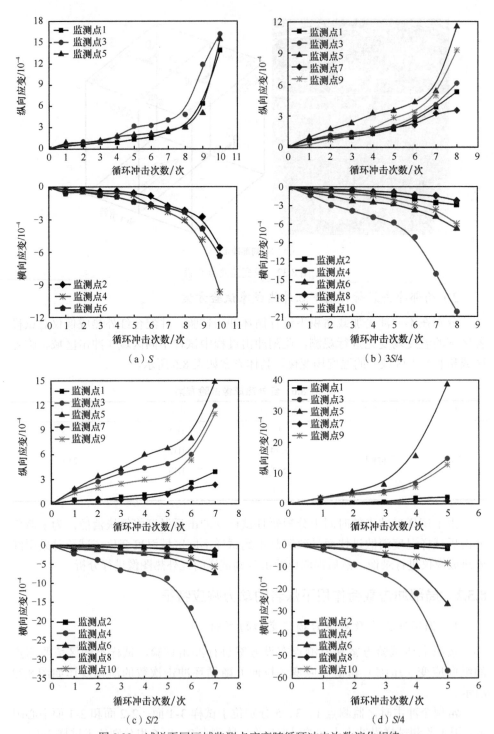

图 8.33 试样不同区域监测点应变随循环冲击次数演化规律

2-2 面和 2-1 面中心附近处，用于监测试样垂直冲击方向的纵向应变。由图 8.33（a）可知，常规全冲击时，试样的横向应变和纵向应变均随循环冲击次数的增加呈非线性形式增加，且其增大的梯度随循环冲击次数的增加有明显增大的趋势，尤其是当冲击达到一定次数时应变呈指数形式成倍增大。这说明，煤岩试样在循环冲击过程中其变形是一个渐变—突变的过程，当采用较低的冲量进行多次循环冲击时，在前期冲击过程中试样的纵向和横向应变仅在小范围内呈波动性增大，而当冲击达到一定次数时，试样的纵向和横向应变突然急剧增大，随之试样出现明显破坏。这可能与前文所提及的试样内微结构迅速发育的冲量阈值有关，当单次冲击的冲量小于该阈值时试样内微结构仅进行较小的调整，试样整体的变形也很小；但该阈值并不是恒定不变的，其与试样的初始损伤程度有关，随着循环冲击次数的不断增加试样的损伤程度不断增大，该阈值也会逐渐下降，当下降到所采用的单次冲击的冲量值以下时，再次受到冲击载荷作用后试样内微结构将剧烈演化，试样的纵向变形和横向变形也会表现出急剧增大的趋势，呈现"一冲即溃"的突变演化模式。在相同循环冲击次数下，试样 3 个面（3-1 面、2-2 面和 2-1 面）上的纵向和横向应变并不相同但差别不大，整体表现为其差值随着循环冲击次数的增加而逐渐增大的规律，这说明型煤试样均质性相对较好而各向异性也不明显。另外，相同循环冲击次数下试样各个监测面上的纵向应变测点数值总体上大于横向应变测点数值，表明冲击载荷作用下试样整体上纵向变形大于横向变形，这与前文所述的冲击载荷在沿冲击方向对试样内微结构的影响比垂直冲击方向更明显相吻合。

　　局部冲击时，监测点 1、3、5 分别为试样 3-1 面上非冲击区域、临界区域和冲击区域的纵向应变测点，监测点 2、4、6 分别为试样 3-1 面上非冲击区域、临界区域和冲击区域的横向应变测点，监测点 7、8 分别为 2-2 面上（非冲击区域）的纵向和横向应变测点，监测点 9、10 分别为 2-1 面上（冲击区域）的纵向和横向应变测点。由图 8.33（b）～（d）可知，局部冲击时试样各个区域的横向应变和纵向应变均随循环冲击次数的增加呈非线性形式增加，但相同循环冲击次数下不同区域的横向应变和纵向应变差异明显。对于 3-1 面上纵向应变监测点，相同循环冲击次数下冲击区域应变最大，临界区域次之，非冲击区域最小；对于 3-1 面上横向应变监测点，相同循环冲击次数下临界区域应变最大，冲击区域次之，非冲击区域最小；另外，循环冲击次数相同时，非冲击区域的纵向和横向应变与冲击区域和临界区域相差较大，且其差值随着循环冲击次数的增加而显著增大。对于不同监测面上的纵向和横向监测点，相同循环冲击次数下 3-1 面上冲击区域的监测点（监测点 5、6）的纵向和横向应变普遍大于 2-1 面上对应监测点（监测点 9、10）的应变值；3-1 面上非冲击区域的监测点（监测点 1、2）的纵向和横向应变也普遍大于 2-2 面上对应监测点（监测点 7、8）的应变值；这可能是由于，3-1 面上同时存在冲击区域、临界区域和非冲击区域，局部冲击载荷作用下 3-1 面上受力较为复杂，受冲击力影响也较大，且相较于监测点 7、8，监测点 1、2 的位置距

冲击区域更近，导致 3-1 面冲击区域和非冲击区域应变监测点的应变值普遍大于
2-1 面和 2-2 面对应的应变值。相同循环冲击次数下，临界区域的横向应变值明显
大于其他区域的应变值，表明局部冲击载荷作用下该区域发生的横向变形最明显，
这与前述试样表面裂纹的起裂位置往往出现在临界区域附近且试样也往往沿临界
区域发生破坏相呼应，其原因是局部冲击载荷作用下临界区域在剪应力作用下更
容易导致试样发生横向变形，而冲击区域受压应力产生的横向变形明显小于临界
区域。另外，局部冲击载荷作用下，试样受循环冲击的破坏时冲击区域和临界区
域的应变呈现突然增大的演变模式，与常规全冲击时相同，而非冲击区域的纵向
和横向应变普遍较小，尤其是 $S/4$ 局部冲击 2-2 面上的纵向和横向应变随循环冲击
次数的增加仅发生微小的波动直至试样破坏，其变形几乎不发生明显变化。

2）不同冲击模式下煤岩损伤变形特征

为了探究不同冲击模式下煤岩试样不同区域的变形特征，分别进行了循环冲
击、递增冲击和递减冲击三种冲击模式下的局部冲击试验，并对比分析试样在不
同冲击模式下的变形特征。以常规全冲击和 $S/2$ 局部冲击为例，递增冲击和递减
冲击模式下，试样不同区域监测点的纵向应变和横向应变随循环冲击次数的演化
规律如图 8.34 所示。

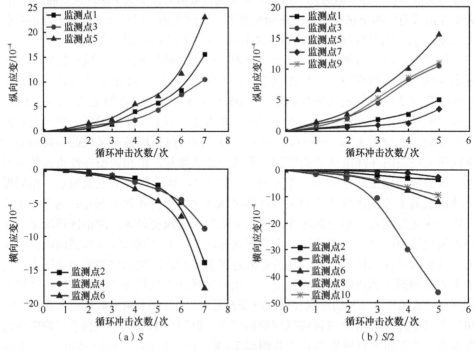

（a）S　　　　　　　　　　　　（b）$S/2$

（1）递增冲击

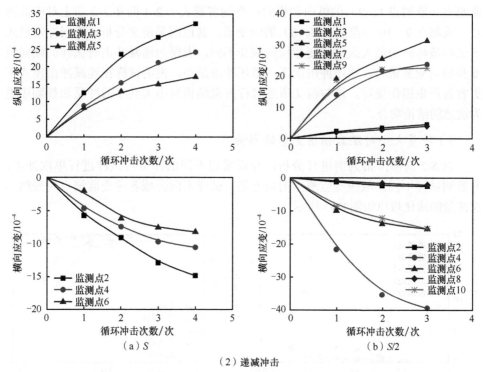

（2）递减冲击

图 8.34　不同冲击模式下试样应变随循环冲击次数演化规律

由图 8.34 可知，三种不同冲击模式下试样各区域的纵向应变和横向应变均随循环冲击次数的增加呈非线性形式增加，但不同冲击模式下试样纵向应变和横向应变随循环冲击次数增加的趋势不同，递增冲击模式与循环冲击模式试样应变随循环冲击次数增大的趋势相似，其增大梯度呈逐渐增大趋势，而递减冲击模式下试样应变随循环冲击次数增大的梯度呈逐渐减小趋势。与循环冲击模式相比，递增冲击模式下试样冲击区域和临界区域的纵向应变和横向应变在前几次冲击时随循环冲击次数递增的趋势更明显，表现为循环冲击时试样的纵向和横向应变随循环冲击次数仅在小范围内呈波动性增大，而递增冲击时试样的纵向和横向应变随循环冲击次数呈明显的梯度递增式增大，这主要是由于单次冲击的冲量逐渐增大，试样内微结构加速调整，试样的纵向应变和横向应变也相应呈明显的加速增大趋势。递减冲击模式下，试样冲击区域和临界区域在初次冲击时即产生较大的纵向应变和横向应变，再次对试样进行冲击其变形继续大幅度增大，但单次冲击的冲量减小，导致其增大的梯度有所下降，这与前文所述递减冲击载荷作用下试样冲击区域和临界区域内微结构的演化规律相吻合。

另外，局部冲击时三种冲击模式下，对于不同监测面上的纵向和横向监测点，相同循环冲击次数下 3-1 面上冲击区域的监测点（监测点 5、6）和非冲击区域的监测点（监测点1、2）的纵向和横向应变均普遍大于2-1面和2-2面上对应监测点（监测点9、10和监测点7、8）的应变值，其原因见前文分析。不同冲击模式下试样破坏时的最大纵向应变和横向应变不同，表现为递减冲击时试样的纵向应变和横向应变最大，递增冲击次之，循环冲击最小，说明试样在递减冲击模式下更容易产生损伤变形，这与前文所述试样内微结构对由大到小的冲量加载顺序更为敏感的结论吻合。

3）冲量大小对煤岩损伤变形的影响

以 $S/2$ 局部冲击为例进行分析，分别采用不同的冲量对试样进行单次冲击，并监测试样不同区域应变监测点的应变值，试样不同区域各应变监测点应变随单次冲量的演化规律如图 8.35 所示。

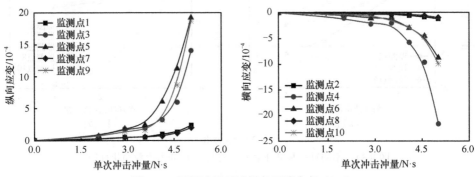

图 8.35 不同冲量下试样各区域应变（$S/2$）

由图 8.35 可知，局部冲击载荷作用下，试样各区域纵向应变和横向应变均随单次冲击冲量的增大呈渐变—突变的非线性增大趋势；当冲量较小时，试样各区域的纵向和横向变形随单次冲量的增大仅发生较小变化，当冲量增大到一定程度时，试样冲击区域和临界区域的纵向和横向变形均突然发生急剧增大，出现"一冲即溃"式的突变增大，这主要与前文所述的试样内微结构迅速发育的冲量阈值有关，其原因不再赘述，而非冲击区域纵向和横向变形总体变化均不大。试样不同区域随冲量增大而增大的梯度不同，冲击区域和临界区域纵向应变和横向应变随冲量增大而增大的梯度明显大于非冲击区域，说明局部冲击载荷作用下冲击区域和临界区域的变形对单次冲击冲量的增大较为敏感，而非冲击区域的变形受单次冲击冲量大小的影响不大。局部冲击时试样所受单次冲击的冲量越大，其不同区域的变形差异越明显。另外，临界区域的横向应变对单次冲击冲量的增大最为敏感，这与前文所述的局部冲击载荷作用下，试样临界区域内微结构的演化最为剧烈相呼应。

4）冲击加载面积对煤岩损伤变形的影响

以 B11～B14 试验组为例，不同冲击加载面积下试样 3-1 面上不同区域应变随循环冲击次数的演化特征如图 8.36 所示。

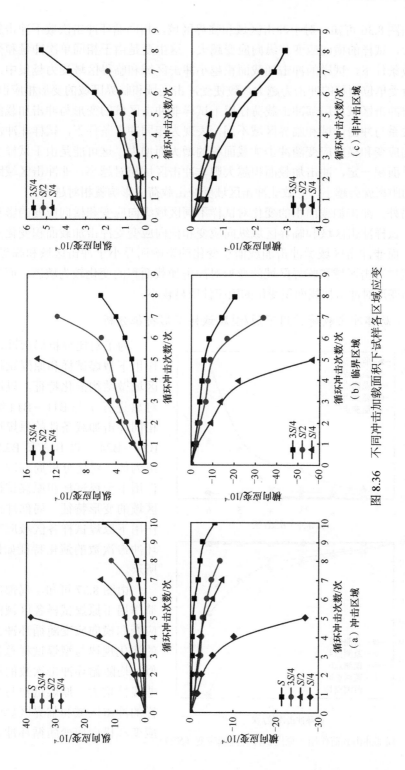

图 8.36　不同冲击加载面积下试样各区域应变

由图 8.36 可知，对于冲击区域和临界区域，相同循环冲击次数下冲击加载面积越大，试样的横向应变和纵向应变越大，这主要是由于相同单次冲量和循环冲击次数条件下，试样的冲击加载面积越小冲击区域和临界区域受力越集中，试样局部所受单位面积的冲击力越大，致使受冲击区域和临界区域的变形相应也越大；对于非冲击区域，局部冲击载荷作用下试样非冲击区域的变形与冲击加载面积的耦合关系与冲击区域和临界区域不同，表现为相同冲击条件下，试样非冲击区域的纵向应变和横向应变随冲击加载面积的增大而增大，这可能是由于试样受冲击面的总面积一定，冲击加载面积越大则非冲击区域相对越小，非冲击区域距冲击区域的距离就会越小，导致非冲击区域受冲击载荷的影响就相对越大。

另外，冲击加载面积的变化对试样不同区域纵向应变和横向应变的影响程度不同，试样冲击区域和临界区域纵向应变和横向应变受冲击加载面积变化的影响较大，而非冲击区域受冲击加载面积变化的影响明显小于冲击区域和临界区域，说明试样冲击区域和临界区域的变形对冲击加载面积的变化较为敏感，而非冲击区域的变形对冲击加载面积变化的敏感性明显较小。

5）局部冲击载荷作用下原/型煤试样变形特征分析

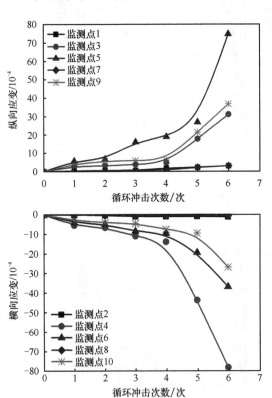

为了对比分析局部冲击载荷作用下型煤试样和原煤试样不同区域微结构演化特征，以原煤为对象进行了与 B11～B14 组试验相同冲击加载条件的原煤试验组 B21～B24。以 B13 和 B23 试验组为例，对比分析局部冲击载荷作用下型煤试样和原煤试样不同区域的变形特征。局部冲击载荷作用下原煤试样各区域应变随循环冲击次数的演化特征如图 8.37 所示。

由图 8.37 可知，局部冲击载荷作用下原煤试样各区域的纵向应变和横向应变随循环冲击次数的演化规律与型煤试样总体上相似，均随循环冲击次数的增加呈非线性增大。原煤试样与型煤试样的冲击区域和临界区域的纵向应变和横向应变随循环冲击次数

图 8.37　局部冲击载荷作用下原煤试样各区域应变（S/2）

均表现出明显的渐变—突变的变化趋势；非冲击区域的纵向应变和横向应变随循环冲击次数的变化不大，仅在较小范围内呈波动性增大。另外，相同循环冲击次数下原煤试样临界区域的横向应变明显大于冲击区域和临界区域，且随循环冲击次数的增加其差值呈递增趋势，这与型煤试样具有相似性。

另外，局部冲击载荷作用下，原煤试样各区域的纵向应变和横向应变随循环冲击次数的演化规律与型煤试样的不同主要表现在：

（1）与型煤试样相比，原煤试样冲击区域和临界区域的纵向应变和横向应变表现出更明显的渐变—突变的变化趋势，原煤试样冲击区域和临界区域应变在渐变阶段变化相对更小，仅出现较小幅度的增大，而在突变阶段其变形随循环冲击次数增加得更急剧；

（2）原煤试样非冲击区域的纵向应变和横向应变在整个循环冲击过程中随循环冲击次数增加而增加的幅度相对更小，与冲击区域和临界区域相比几乎可忽略不计；

（3）相同循环冲击次数下，原煤试样的最大纵向应变（冲击区域）和最大横向应变（临界区域）明显大于型煤试样；

（4）局部冲击载荷作用下，原煤试样各区域应变随循环冲击次数演化的局部化效应更明显，尤其是在"突变"阶段。这可能是由于，原煤试样的内部结构更复杂，包含较多的原生孔裂隙结构（弱面）、坚硬晶体颗粒，非均质性更强，脆性也更大，导致其在局部冲击载荷作用下的变形相对更为集中，冲击区域和临界区域的变形幅度在突变阶段也更大。

8.6　基于红外热成像的局部冲击对煤岩损伤的影响

煤岩等岩石类材料在不同受载条件下的损伤变形和破坏过程的研究已成为岩石力学中的一项重要内容。随着声发射技术、数字散斑技术、红外热成像技术、光弹技术等先进技术和监测手段在岩石力学试验中的应用，为岩石损伤变形、破坏的研究开拓了新思路。红外热成像仪是通过非接触探测物体红外辐射热能并将其转化为电信号，进而在显示器上生成热图像，计算出温度值的一种检测设备，它能快速、准确、实时地捕捉物体的能量并计算温度值，从而能高精度地探测物体温度场微小变化情况。因此，红外热成像技术被广泛应用于国民经济各行业并展示出了巨大的发展潜力。

岩石类材料受载条件下往往伴随有热辐射现象，被称为热力耦合效应，而发生在弹性变形阶段的热力耦合效应被称为热弹效应。因此，可根据热弹效应理论通过热成像技术对岩石类材料的损伤变形进行描述。多孔介质材料的红外辐射温度场是由于其应力状态变化引起内部微结构和微观粒子运动状态发生变化所带来的宏观表现。温度场的演化是多孔介质材料受力至破坏过程中的重要参考指标，并与多孔介质内部微结构的演化密切相关，国内外学者利用红外热成像技术对岩石和混凝土等材料的损伤和破坏开展了相关研究且成果丰富。目前，红外热成像技术已经成为岩石力学领域研究的良好手段。例如，Luong 率先将热成像技术应用于混凝土和岩石破裂过程方面的研究中，以混凝土和岩石产生损伤时的热辐射变化为参数，对混凝土和岩石在受载时出现损伤破裂的位置进行了判定；He 等对岩层开挖破坏过程中的红外热辐射现象进行了试验研究，认为不同深度岩层破坏过程中红外热辐射温度场的演化反映了应力的变化，且岩体的破坏过程可通过红外热图像来表征。

然而，上述研究主要集中于岩石类材料在静态加载过程中的红外热辐射现象，而关于岩石（煤岩）在动载荷作用下的红外热辐射特征的研究鲜见报道。另外，在对岩石类材料在加载过程中的红外热辐射强度的定量描述方面，大多学者普遍采用平均红外辐射温度作为定量指标，但是平均红外辐射温度仅能反映红外热辐射的总体强度，难以对整个热辐射温度场的空间分布及演化特征进行准确描述。鉴于此，本书利用红外热成像仪采集到的煤岩试样在局部冲击载荷作用下的红外热辐射图像，基于分形理论、熵理论和统计分析方法，将温度场分形（粗糙度）、熵值和方差作为定量特征指标，对煤岩试样在局部冲击加载过程中的红外辐射温度场进行定量描述，以获得局部冲击载荷作用下煤岩试样的红外辐射温度场演化特征。

8.6.1　红外视频温度动态监测成像与分析软件开发

煤岩试样在冲击载荷作用下的受力和变形特征与静载荷条件下不同，冲击载荷具有高速、瞬时作用的特点，导致红外热成像仪很难捕捉到试样受冲击时刻的

红外热辐射图像，且试样受冲击后其温度将很快消散。因此，为了能够有效准确地获得试样受冲击时刻的红外热辐射图像，同时避免试样温度消散过快的弊端，自主编制了红外视频温度动态监测成像与分析软件，通过该软件与红外热成像仪进行连接，在进行冲击试验时录制试样冲击过程中的红外热辐射视频，然后提取出冲击时刻试样的红外热图像进行分析。图 8.38 为局部冲击载荷作用下煤岩试样红外热成像视频录制试验概况图。

图 8.38　红外热成像试验概况图

1. 软件简介

红外视频温度动态监测成像与分析软件是与红外热成像仪相配套的成像软件，是对红外视频的二次加工成像，从二维和三维两个维度对所得到的红外视频进行分析，能够更直观地展现出视频中红外热图像的温度梯度，为技术人员与试验人员提供一个可靠的展示、分析和判断工具。

2. 软件功能概述

本软件共包括四大模块，分别为红外视频动态播放及截取、灰度成像、等温线云图成像和 3D 成像。其中，红外视频动态播放及截取是对输入的红外视频进行处理得到截取的图像等；灰度成像是将红外视频截取的图像转化为灰度图像进行分析或保存等；等温线云图成像是将红外视频截取的图像进行详细分析并生成等温线云图等，是本软件中最重要的功能；3D 成像是对红外视频截取的图像进行 3D 成像等，可以更加直观地看到图像中的温度梯度变化。

1）红外视频动态播放及截取

该模块包括红外视频的选取、红外视频分辨率检查、红外视频播放等功能，在打开软件时，应该首先选取 720×576（特定红外成像设备拍摄出的红外视频），然后进行红外视频的播放与截取，红外视频播放窗口如图 8.39 所示。

当进行视频截图之后，需要对视频中温度条对应的最高温度与最低温度进行详细设置，以便进行下一步分析，最高温度与最低温度分别对应视频播放中右侧温度条的最高数值与最低数值，如果不进行设置则默认最高温度是 30.0℃，最低温度是 10.0℃。

图 8.39　红外视频播放窗口

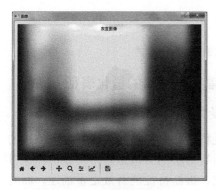

图 8.40　灰度图像转换窗口

2）灰度成像

红外热图像在进行成像时，原始图像实际上是灰度图像，每个点的温度对应一个灰度值，温度越高灰度值越大，越接近于白色，反之亦然。而我们所看见的彩色图像实际上是将灰度图像进行色彩转换后生成的伪彩色图像。在进行灰度图像分析时，就是将伪彩色图像进行转换得到原始的灰度图像，同时灰度图像也是进行后续分析的基础，灰度图像转换窗口如图 8.40 所示。

3）等温线云图成像

等温线云图成像即生成等温线云图。等温线云图成像与分析是编写软件的主要目的，通过对图像中每一点的温度进行分析绘制出等温线，同时还可以对等温线之间的区域进行填充，以便观察等温线中不同点之间的温度差异，如图 8.41 所示。

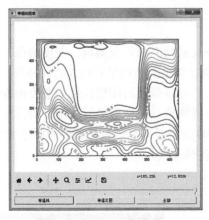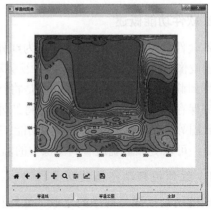

图 8.41　等温线云图成像窗口

4）3D 成像

3D 成像实际上是将 2D 图像中每一点的温度值读取出来，标记在一个三维的坐标轴中，利用 3D 生成的图像相较于 2D 图像能够更加直观地反映出红外热图像中温度的变化，如图 8.42 所示。

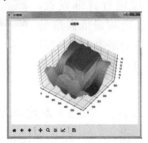

图 8.42　3D 成像窗口

8.6.2　局部冲击载荷作用下煤岩红外热辐射温度场的量化表征方法

1）基于分形理论的红外热辐射温度场量化表征方法

分形理论是实现对自然界中具有自相似性特征的复杂不规则事物进行描述的一种有效方法。通过分形几何、损伤力学和断裂力学的有机结合，将分形理论引入到岩石力学的研究中可实现对岩石损伤演化、破断特征的有效定量描述。而对于煤岩局部冲击载荷作用下的二维红外热图像而言，可参考 7.6.3 节，先借助自主开发的红外视频温度动态监测成像与分析软件，从红外热辐射视频中提取冲击时刻的热图像，然后界定图像的有效分析区域（热图像中试样所在区域），将该区域视为由每个像素点位置 (x, y) 和对应的红外热辐射温度值 $f(x, y)$ 构成的三维空间，然后采用 7.6.2 节中所提出的粗糙表面分形维数计算的二次改进立方体覆盖法对煤岩局部冲击载荷作用下的热图像序列辐射温度场的分形特征进行研究。

2）基于熵理论的红外热辐射温度场量化表征方法

德国物理学家克劳修斯（Clausius）于 1850 年首次提出了熵的概念，用于描述一个系统中的失序现象和热力学中能量在空间中分布的均匀程度，一个体系中能量分布越集中熵就越小，反之熵就越大，当能量完全均匀分布时熵值达到最大。其表达式为

$$S_{\mathrm{E}}(t) = -\sum_{n=1}^{N} P_n(t)\lg P_n(t) \tag{8.6}$$

式中，$S_{\mathrm{E}}(t)$ 为熵值；N 为系统的 N 个状态；$P_n(t)$ 为系统在 t 时刻对应状态下 n 事件的概率。

对熵进行归一化处理并用 H(0-1) 表示，如下式所示：

$$H = \frac{S_{\mathrm{E}}(t)}{\lg N} \tag{8.7}$$

对试样冲击时刻的热图像像素点中热辐射温度的最高差值进行等级划分，计算该幅热图像在此等级下的熵值，不同加载条件可能会造成试样表面温度场产生变化，而在数值上主要体现在熵值的变化上，当局部冲击载荷累积到一定程度时试样红外热辐射温度场产生分异现象，导致其表面辐射温度场的起伏变化从而引起熵的变化。红外热辐射温度场温度分布范围变大，试样表面能量差值有所上升，而反映在数据上则表现为熵值升高，反之，当试样红外热辐射温度场温度分布范围变小，即分布集中时熵值降低。

3）基于方差分析的红外热辐射温度场量化表征方法

方差是统计学中用于表征一个随机变量离散程度的统计量，它可以描述随机变量的取值与其数学期望的偏离程度。采用方差来定量表征煤岩试样表面任一点温度与数学期望的偏离程度，其计算公式如下：

$$S^2 = \frac{1}{n}\sum_{i=1}^{n}\left(X_i - X_0\right)^2 \tag{8.8}$$

式中，S^2 为方差；X_i 为第 i 个像素点（共 n 个像元）的辐射温度值；X_0 为 $X_i(i=1, 2, \cdots, n)$ 的平均值。

$$X_0 = \frac{1}{n}\sum_{i=1}^{n}X_i \tag{8.9}$$

8.6.3　局部冲击载荷作用下煤岩试样不同区域温度的量化表征

分别以 H11 常规全冲击试验组和 H13 局部冲击试验组为例，对比分析单次冲击的冲量为 2.91N·s 的循环冲击载荷作用下，常规全冲击和 S/2 局部冲击时试样红外热辐射温度场随循环冲击次数的空间演化。为了便于分析试样在冲击载荷作

用下的红外热辐射温度场演化特性，减少试样因各部位辐射率差异和环境辐射差异带来的影响，对每次冲击加载时刻所获得的热图像进行差值处理，即以试样受循环冲击载荷前的热图像中各个像素点的温度为初始值，然后提取出试样每次受冲击后的热图像每个像素点的温度并与该初始值相减，得到试样每次冲击的差值热辐射温度场。利用差值热辐射温度场对试样红外热辐射温度场随循环冲击次数的演化规律进行分析。

1）常规全冲击下试样红外热辐射温度场演化特征

图8.43给出了常规全冲击下试样3-1面差值热辐射温度场随循环冲击次数的演化图，图中冲击方向由上向下，上端面为1-1面（直接受冲击面）。

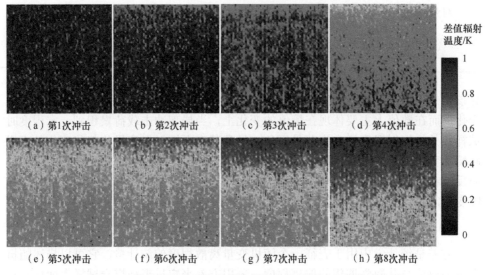

图8.43　常规全冲击下试样差值热图像随循环冲击次数演化图

由图8.43可知，试样受第1次冲击时其表面的红外热辐射变化很小，仅出现略微上升且试样整体热辐射温度分布较均匀，这可能与试样内部的初始微结构有关，当试样受冲量较小的初次冲击时，冲击能量大部分被试样内部的原始微结构所吸收，导致试样热辐射温度的变化很小，热辐射温度场分异现象也不明显。第2、3次冲击时，试样表面的红外热辐射整体上逐渐增强，试样不同区域开始出现热辐射温度的分化但分化现象不明显，仅在靠近直接受冲击面（1-1面）处出现热辐射温度高于其他区域。第4次冲击时，试样整体热辐射温度上升且不同区域温度分化明显，表现为试样热辐射温度在沿冲击方向逐渐下降，这主要是由于高速冲击载荷作用下试样直接受冲击面最先受到冲击动能并将其转化为内能或其他形式的能量，受冲击时其热辐射温度最高，而其他区域随距1-1面距离的增大受冲击动能的影响逐渐减小，其热辐射温度也随之降低。第5、6、7次冲击时，试样整体热辐射温度不断升高，热辐射温度场的分异现象更加明显，表现为靠近直接受冲击面的高温热辐射区域的热辐射温度随循环冲击次数上升明显，而距离冲击面较远区域热辐射温度变化不大。第 8 次冲击时，试样沿冲击方向出现多处破裂，试样破裂瞬间热辐射强度剧烈且试样整体热辐射温度升高明显，这主要是由于试样在多次循环冲击后形成的累计损伤已达到临界破坏，再次冲击试样导致其内部结构剧烈演化，并出现宏观破坏，试样热辐射温度上升。煤岩试样在整个循环冲击加载过程中，其表面（3-1 面）红外热辐射温度随循环冲击次数的增加呈逐渐上升趋势，且随着循环冲击次数的增加试样红外热辐射温度场出现明显的分异现象。试样表面红外热辐射温度场的演化特征是试样内部微结构演化的总体宏观反映，能够从能量变化的角度揭示煤岩试样在冲击载荷作用下的损伤破坏规律。

2）局部冲击载荷作用下试样红外热辐射温度场演化特征

图 8.44 给出了 $S/2$ 局部冲击时试样 3-1 面差值热辐射温度场随循环冲击次数的演化图，图中冲击方向由上向下，上端面为 1-1 面（直接受冲击面），右侧为冲击区域。

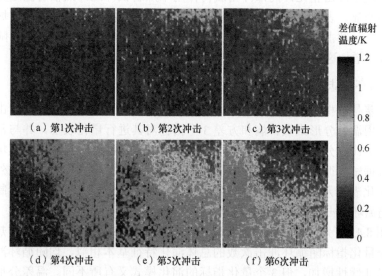

图 8.44　局部冲击载荷作用下试样差值热图像随循环冲击次数演化图

由图 8.44 可知，局部冲击载荷作用下整个循环冲击过程中，试样整体红外热辐射温度随循环冲击次数的增加逐渐升高且不同区域红外热辐射温度不同，表现为冲击区域热辐射温度高于非冲击区域，靠近直接受冲击面区域热辐射温度高于远离直接受冲击面区域，这主要是由于试样受冲击时冲击载荷的动能转化为试样的内能，直接受冲击面附近区域受冲击载荷的影响最大，该区域热辐射温度也最高而其他区域热辐射温度相对较低，尤其是远离直接受冲击面的非冲击区域，受冲击载荷影响最小，热辐射温度也最低；试样受冲击后热辐射温度并不会完全消散，而是随着循环冲击次数的增加而累积，且随着循环冲击次数增加热辐射温度高区域向热辐射温度低区域发生热传递，试样整体热辐射温度逐渐升高，热辐射温度场的分异现象也更加明显。试样受第 1 次冲击时，靠近上端面右侧的冲击区域热辐射温度略微升高，而其他区域热辐射温度几乎不变，这与试样内部微结构的演化规律相对应；试样受第 2 次冲击时，靠近 1-1 面的冲击区域热辐射温度升高且热辐射温度升高区域的范围逐渐向周围延伸；试样受第 3 次冲击时，试样冲击区域热辐射温度升高区域范围扩大，而非冲击区域热辐射温度升高不明显，表明热辐射温度场的分异现象逐渐明显；试样受第 4 次冲击时，试样冲击区域热辐射温度进一步升高，且热辐射温度升高区域范围继续扩大，试样冲击区域和非冲击区域热辐射温度差异明显，表现为冲击区域热辐射温度明显高于非冲击区域；试样受第 5、6 次冲击时，试样整体热辐射温度继续上升，热辐射温度场分异现象更为明显，试样表面热辐射温度场呈"倒三角"形态（靠近直接受冲击面的冲击区域热辐射温度最高，远离直接受冲击面的非冲击区域热辐射温度最低）。

与常规全冲击相比，局部冲击载荷作用下煤岩试样红外热辐射温度场的分异现象更为明显，表现为不仅靠近直接冲击面区域和远离直接受冲击面区域热辐射温度不同，且冲击区域和非冲击区域的热辐射温度也存在较大差异，且随着循环冲击次数的增加这种热辐射温度场的分异现象逐渐增强。

3）局部冲击载荷作用下试样红外热辐射温度场的量化表征

为了定量分析局部冲击载荷作用下试样红外热辐射温度场随循环冲击次数的演化，采用温差分形维数、熵和方差 3 个指标对其进行量化表征，并与常规全冲击时进行对比，分析局部冲击和常规全冲击时煤岩试样红外热辐射温度场演化的异同。根据试样循环冲击过程中每次冲击时的差值热图像，按照上述红外热辐射温度场量化表征方法，对其温差分形维数、熵和方差进行计算，分别绘制 3 个量化指标随循环冲击次数的变化曲线，如图 8.45 所示。

由图 8.45 可知，常规全冲击和局部冲击两种加载条件下，煤岩试样热辐射温度场 3 个量化指标随循环冲击次数的总体演化特征基本相似，均随循环冲击次数的增加呈非线性增加，但 3 个量化指标的演化模式又有所不同。温差分形维数和方差均随循环冲击次数的增加呈缓慢发展—加速上升两段式演化模式，在缓慢发展阶段，由于单次冲击的能量较小此阶段循环冲击的动能大部分被试样内部初始微结构吸收，而在试样表面热辐射温度变化很小，温度分布也相对均匀且集中而分异现象不明显，曲线变化较小；在加速上升阶段，随着循环冲击次数的增加试样内部微结构演化逐渐变得剧烈并开始出现宏观损伤破裂，试样不同区域受冲击载荷作用时的应力性质也发生变化，导致热辐射温度场出现分异现象并随循环冲击次数逐渐变得明显。热辐射温度场的熵随循环冲击次数呈现缓慢发展—快速上

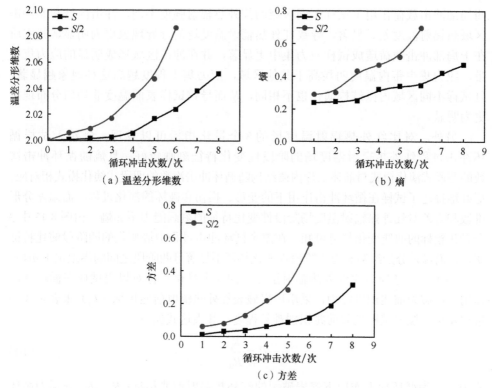

图 8.45 热辐射温度场 3 个量化指标随循环冲击次数变化曲线

升—平稳上升—加速上升四段式演化模式，在缓慢发展阶段，由于温度分布相对均匀且集中，热辐射温度场分异现象不明显，熵的演化与温差分形维数和方差的演化曲线相似均变化较小；在快速上升阶段，试样受冲击载荷作用后局部热辐射突然增强，热辐射温度场分异现象明显加剧，致使熵快速升高，这可能与试样内微结构迅速发育的冲量阈值有关，随着循环冲击次数的增加试样内部微结构迅速发育的冲量阈值由于累计损伤而逐渐降低，当单次冲击的冲量大于该阈值时，试样内微结构演化突然变得剧烈而试样不同区域内微结构的演化剧烈程度不同，导致试样表面热辐射温度变化不一，热辐射温度场出现明显分异，熵突然快速上升；在平稳上升阶段，虽然试样表面热辐射温度持续升高，但由于热辐射温度整体均在稳定上升，试样热辐射温度场分异现象并没有大幅度变化，熵表现出随循环冲击次数平稳上升的趋势；在加速上升阶段，试样累计损伤达到一定程度出现宏观破裂，各区域热辐射温度变化波动较大，导致热辐射温度场分异现象加剧，3 个指标的曲线均随循环冲击次数加速上升。

与常规全冲击时相比，局部冲击载荷作用下试样表面红外热辐射温度场的非均匀性更为显著。相同循环冲击次数下局部冲击时试样红外热辐射温度场的 3 个量化指标均大于常规全冲击时，且随着循环冲击次数的增加其差异逐渐变大，说明局部冲击载荷作用下试样不同区域的红外热辐射强度不同，冲击区域和非冲击区域热辐射温度差异显著，导致红外热辐射温度场的分异现象更为明显，其本质在于局部冲击载荷造成试样应力集中更显著，并在冲击区域形成明显的应力集中带，应力集中带内温度明显高于其他区域，应力集中程度越高这种现象越显著，且试样不同区域内微结构演化也不相同，从而导致试样表面温度非均匀分布现象更为明显。

另外，对比红外热辐射温度场的 3 个量化指标可以发现，熵对于试样循环冲击过程红外热辐射温度场的阶段性变化特征刻画较好，且熵随循环冲击次数的四段式演化模式与前述试样内微结构随循环冲击次数的四段式演化模式相对应，更好地描述了试样在循环冲击作用下的变形、损伤和破坏的演化过程；而温差分形维数和方差对红外热辐射温度场阶段性变化特征的刻画能力不如熵。由图 8.45 中 3 个量化指标的曲线变化趋势可知，在整个循环冲击过程中熵变化的四阶段演化特征明显，而温差分形维数和方差阶段性变化特征不显著且两阶段之间的界限也不明显。

为了更清楚地对比红外热辐射温度场的 3 个量化指标对煤岩试样在循环冲击作用下的破裂前兆识别能力，采用煤岩破裂红外热辐射前兆指标 (P_I) 来表示 3 个量化指标对煤岩试样破裂前兆识别难易程度，其表达式如下：

$$P_I = \frac{R_L}{R_W} \tag{8.10}$$

式中，P_I 为循环冲击作用下煤岩破裂的红外热辐射前兆指标；R_L、R_W 分别为循环冲击过程中试样红外热辐射温度场的 3 个量化指标在加速上升阶段最后一次冲击时上升的幅度和整个循环冲击的总上升幅度。

分别计算常规全冲击和 $S/2$ 局部冲击时煤岩试样红外热辐射温度场的 3 个量化指标的 P_I 值，计算结果如表 8.7 所示。

表 8.7　煤岩试样破裂红外热辐射前兆指标 P_I 值

量化指标	P_I	
	S	$S/2$
温差分形维数	0.26	0.49
熵	0.22	0.44
方差	0.42	0.56

由表 8.7 可知，常规全冲击和 $S/2$ 局部冲击时试样熵的 P_I 值最小，温差分形维数次之而方差最大，说明方差对煤岩试样在循环冲击作用下的破裂前兆识别能力更强，而熵虽然对试样在循环冲击过程中红外热辐射温度场的阶段性变化特征刻画较好，但对破裂前兆的识别能力不如温差分形维数和方差。

另外，由煤岩试样循环冲击加载时红外热图像和 3 个量化指标的分析结果可知, 温差分形维数、熵和方差均能够不同程度地定量反映煤岩在循环冲击加载过程中红外热辐射温度场的演化, 但 3 个定量指标在描述煤岩试样红外热辐射温度场演化时存在一定的差异: 对于温差分形维数和方差, 温度场的绝对温度值对其计算结果有较大影响, 以温度场的绝对温度值为参照基础计算得到的温差分形维数和方差受温度起伏变化的影响较大, 在试样受冲击载荷发生破裂时其表面红外热辐射温度整体明显上升且温度变化较大, 导致温差分形维数和方差显著上升; 而对于熵, 由于它只与温度场的相对分布离散程度有关而与温度值的绝对大小无关, 因此当红外热辐射温度场中温度等级数量划分一定且每个温度等级的概率分布相同时, 熵的值就是确定的而不受绝对温度值的影响。综上, 熵能较好地表征试样在循环冲击过程中红外热辐射温度场的阶段性变化特征, 而温差分形维数和方差则对循环冲击作用下煤岩试样的破裂红外热辐射前兆的识别能力更强。

8.7　局部冲击载荷对煤岩损伤变形的局部化影响

8.7.1　局部冲击载荷作用下煤岩变形局部化效应

煤岩在局部冲击载荷作用下其变形规律与常规全冲击时不同, 表现出明显的局部化效应。常规全冲击时, 相同循环冲击次数下试样各监测面之间的纵向应变和横向应变差别不大, 且随着循环冲击次数的增加, 其应变的差异不明显。而局部冲击时相同循环冲击次数下试样不同区域的纵向应变和横向应变差异明显, 表现为冲击区域应变最大, 临界区域次之, 非冲击区域最小; 循环冲击次数相同时, 非冲击区域的纵向应变和横向应变与冲击区域和临界区域相差较大且其差值随着循环冲击次数的增加而显著增大; 在试样整个循环冲击过程中, 非冲击区域的纵向应变和横向应变普遍较小, 尤其是当冲击加载面积较小时, 距离冲击区域较远的非冲击区域的纵向应变和横向应变随循环冲击次数的增加仅发生微小的波动, 直至试样破坏其变形几乎不发生明显变化, 而冲击区域和临界区域的纵向应变和横向应变随循环冲击次数明显增大, 尤其是在后半段呈递增式增大。

另外, 不同冲击模式下试样受局部冲击载荷后其变形的局部化效应不同, 递减冲击模式下试样破坏时不同区域的应变差异最大, 局部化效应最明显, 递增冲击模式次之, 循环冲击模式最小; 这与不同冲击模式下试样表面裂纹演化的局部化效应一致。冲击加载面积不同, 试样各区域变形所表现出的局部化效应也有所不同, 整体表现为随着冲击加载面积的减小, 相同冲量条件下 (单次冲击冲量、循环冲击次数) 试样冲击区域、临界区域与非冲击区域的应变差值逐渐增大, 试样变形的局部化效应增强。

局部冲击载荷作用下, 型煤试样与原煤试样的局部化效应不同, 原煤试样非冲击区域的纵向应变和横向应变在整个循环冲击过程中随循环冲击次数的增加而增加的幅度相对更小, 与冲击区域和临界区域相比几乎可忽略不计; 相同循环冲击次数下,原煤试样的最大纵向应变(冲击区域)和最大横向应变(临界区域)明显大于型煤试样。导致原煤在局部冲击载荷作用下变形的局部化效应更明显的原因可能是,原煤试样的非均质性更强,脆性更大,内部结构更为复杂,包含较多的原生孔裂隙结构(弱面)、坚硬晶体颗粒,导致其在局部冲击载荷作用下的变形相对更为集中,冲击区域和临界区域的变形幅度在循环冲击后期的突变阶段也更大。

8.7.2 局部冲击载荷作用下煤岩热辐射温度场局部化效应

由局部冲击载荷作用下煤岩红外热图像和热辐射温度场的 3 个量化指标可知,与常规全冲击相比,局部冲击载荷作用下煤岩试样红外热辐射温度场的分异现象更为明显,表现为不仅靠近直接冲击面区域和远离直接受冲击面区域热辐射温度不同,而且冲击区域和非冲击区域的热辐射温度也存在较大差异,且随着循环冲击次数的增加这种热辐射温度场的分异现象逐渐增强并逐渐演化为"倒三角"形态,表明煤岩试样在局部冲击载荷作用下热辐射温度场具有明显的局部化效应。

通过对比局部冲击和常规全冲击时红外热辐射温度场的温差分形维数、熵和方差 3 个量化指标发现,相同循环冲击次数下局部冲击时试样红外热辐射温度场的 3 个量化指标均大于常规全冲击时,且随着循环冲击次数的增加其差异逐渐变大,说明局部冲击载荷作用下试样表面红外热辐射温度场的非均匀性比常规全冲击时更为显著,试样不同区域的红外热辐射强度不同,冲击区域和非冲击区域热辐射温度差异显著,导致红外热辐射温度场的分异现象更为明显,热辐射温度场的局部化效应也就更加显著。另外,局部冲击载荷作用下煤岩试样红外热辐射温度场的局部化效应与前文所述的试样内微结构演化局部化效应、试样表面裂纹演化局部化效应以及试样变形局部化效应分别相互呼应,导致这种局部化效应的原因见前文所述,不再赘述。

8.8 本 章 小 结

本章以煤岩试样为对象,借助声发射仪、动静态应变仪和红外热成像仪,研究了不同载荷作用面积下煤岩常规单轴压缩声发射特征,通过声发射信号参数的经历分析、参数分布分析、参数关联分析、单一与动态 b 值、声发射定位等对比分析了常规单轴压缩与局部偏心载荷作用下煤岩时变损伤与损伤演化规律的异同性;对煤岩试样在局部循环冲击作用下的变形特性和试样表面红外热辐射温度场演化规律进行了系统的试验研究,探究了循环冲击次数、冲量大小、冲击加载面积和不同冲击模式对煤岩损伤变形的影响;为了能够有效准确地获得试样受冲击时刻的红外热图像,自主编制了红外视频温度动态监测成像与分析软件;提出了基于红外热成像的煤岩红外热辐射温度场量化表征方法,并采用温差分形维数、熵和方差 3 个量化指标对煤岩试样在局部冲击载荷作用下的红外热辐射温度场演化进行了量化表征；探讨了局部冲击载荷作用下煤岩损伤变形和热辐射温度场的局部化效应。所得主要结论如下：

（1）常规单轴压缩与局部偏心载荷作用下煤岩声发射参数随着时间的变化均可分为 5 个阶段：初始压密阶段、弹性变形阶段、裂纹萌生与稳定扩展阶段、裂纹不稳定发展与贯通阶段、破坏后阶段。

（2）声发射参数经历分析表明：常规单轴压缩时声发射信号分布较为集中，主要分布在裂纹不稳定发展与贯通阶段及破坏后阶段；局部偏心载荷作用时声发射信号表现出高低起伏、差值较大，信号曲线呈现多峰值现象且峰值点较为分散，在裂纹萌生与稳定扩展阶段、裂纹不稳定发展与贯通阶段均有出现。常规单轴压缩时煤岩能率激增次数少于局部偏心载荷作用时煤岩能率激增次数，且峰值能率大于局部偏心载荷作用时的峰值能率，说明常规单轴压缩较局部偏心载荷作用时煤样能量的释放是一种猛烈且突然的破坏。

（3）声发射参数分布分析表明：不同加载面积下撞击数均随着幅值的增加逐渐减小，二者关系可用指数函数关系表示；随着幅值的增加，常规单轴压缩煤样声发射撞击数降低速率小于局部偏心载荷作用下煤样声发射撞击数降低速率。常规单轴压缩煤样声发射幅值分布比较均匀，各加载阶段高幅值撞击数相差不大；局部偏心载荷作用时煤样声发射幅值分布在加载后期较为密集，且高幅值撞击信号主要集中在加载后期的 III、IV 阶段。常规单轴压缩与局部偏心载荷作用下煤岩均存在两个峰频集中带，常规单轴压缩的峰频集中带宽度小于局部偏心载荷作用下的峰频集中带宽度，两个峰频集中带之间区域撞击数呈现增多的趋势，可作为判断煤样破坏的前兆信息。

（4）声发射参数关联分析表明：常规单轴压缩与局部偏心载荷作用下煤样声发射能量与幅值、振铃计数与持续时间均具有较好的线性规律；RA-AF 关联分析表明，常规单轴压缩与局部偏心载荷作用下煤岩均为拉-剪复合破坏，不同的是常规单轴压缩高 RA 值撞击数占比大于局部偏心载荷高 RA 值撞击数占比，常规单轴压缩煤岩剪切裂纹的占比大于局部偏心载荷作用下煤岩中剪切裂纹的占比。

（5）单一 b 值分析结果表明，局部偏心载荷作用下煤岩声发射 b 值随着载荷作用面积的减小而逐渐降低，常规单轴压缩时煤岩声发射 b 值小于局部偏心载荷作用时煤岩声发射 b 值；动态 b 值分析结果表明，常规单轴压缩与局部偏心载荷作用下均存在 b 值转折点，且局部偏心载荷作用时声发射 b 值的整体波动性大于常规单轴压缩时 b 值波动性。

（6）借助声发射定位可直观地反映煤岩受载过程中裂纹由产生至贯通的动态演化过程。局部偏心载荷作用时煤岩破坏主控裂纹存在于加载区与非加载区间剪切作用带位置，声发射高幅值事件在此区域密集分布。

（7）常规全冲击时，试样的横向应变和纵向应变均随循环冲击次数的增加呈渐变—突变式非线性形式增加，且其随循环冲击次数增加的梯度均有明显增大趋势；相同循环冲击次数下，试样各个监测面上的纵向应变总体上大于横向应变，这与前文所述的冲击载荷在沿冲击方向对试样内微结构的影响比垂直冲击方向更明显相吻合。局部冲击时，相同循环冲击次数下试样不同区域的横向应变和纵向应变差异明显，对于纵向应变，冲击区域最大、临界区域次之、非冲击区域最小；而对于横向应变，临界区域最大、冲击区域次之、非冲击区域最小；另外，循环冲击次数相同时，非冲击区域的纵向应变和横向应变与冲击区域和临界区域相差较大，且其差值随着循环冲击次数的增加而显著增大。

（8）三种冲击模式下，试样各区域的纵向应变和横向应变均随循环冲击次数的增加呈非线性形式增加，但不同冲击模式下试样纵向应变和横向应变随循环冲击次数增加的趋势不同，递增冲击模式与循环冲击模式试样应变随循环冲击次数增加的趋势相似，其增大梯度呈逐渐变大趋势，而递减冲击模式下试样应变随循环冲击次数增加的梯度呈逐渐减小趋势；不同冲击模式下试样破坏时的最大纵向应变和横向应变不同，表现为递减冲击时试样的纵向应变和横向应变最大、递增冲击次之、循环冲击最小，说明试样在递减冲击模式下更容易产生损伤变形，这与前文所述的试样内微结构对由大到小的冲量加载顺序更为敏感相吻合。

（9）局部冲击载荷作用下，试样各区域纵向应变和横向应变均随单次冲击冲量的增大呈渐变—突变的非线性增大趋势，而非冲击区域纵向和横向变形总体变化均不大；试样所受单次冲击的冲量越大其不同区域的变形差异越明显，且临界区域的横向应变对单次冲击冲量的增大最为敏感，这与前文所述的局部冲击载荷作用下，试样临界区域内微结构的演化最为剧烈相呼应。

（10）局部冲击时对于冲击区域和临界区域，相同循环冲击次数下冲击加载面积越小，试样的横向应变和纵向应变越大；对于非冲击区域，相同冲击条件下试样非冲击区域的纵向应变和横向应变随着冲击加载面积的增大而增大；试样不同区域的纵向应变和横向应变对冲击加载面积变化的敏感性不同，表现为试样冲击区域和临界区域的变形对冲击加载面积的变化较为敏感，而非冲击区域的变形对冲击加载面积变化的敏感性明显较小。

（11）局部冲击载荷作用下，原煤试样冲击区域和临界区域的纵向应变和横向应变随循环冲击次数的演化规律与型煤试样总体上相似，均随循环冲击次数的增加呈渐变—突变式非线性形式增大，而非冲击区域的纵向应变和横向应变随循环冲击次数变化不大，仅在较小范围内呈波动性增大；其不同主要表现在：原煤试样冲击区域和临界区域应变的"渐变—突变"变化趋势更明显，而非冲击区域的应变相对更小，且原煤试样的最大纵向应变（冲击区域）和最大横向应变（临界区域）明显大于型煤试样，这可能与原煤非均质性更强、其内部原生孔裂隙结构更复杂有关。

（12）为了能够有效准确地获得试样受冲击时刻的红外热图像，自主编制了红外视频温度动态监测成像与分析软件，该软件配合红外热成像仪可有效监测冲击载荷作用下煤岩试样红外热辐射温度场的演化；提出了基于红外热成像的煤岩红外热辐射温度场量化表征方法，即基于分形理论、熵理论和统计学理论的红外热辐射温度场的 3 个量化指标：温差分形维数、熵和方差。

（13）试样表面红外热辐射温度场的演化特征是试样内微结构演化的总体宏观反映，能够从能量变化的角度揭示煤岩试样在冲击载荷作用下的损伤破坏规律。局部冲击载荷作用下，煤岩试样在整个循环冲击载荷作用过程中红外热辐射温度随循环冲击次数的增加逐渐升高，逐渐演化为"倒三角"形态，且随着循环冲击次数的增加试样红外辐射温度场出现明显的分异现象；与常规全冲击相比，局部冲击载荷作用下煤岩试样红外热辐射温度场的分异现象更为明显，且随着循环冲击次数的增加这种热辐射温度场的分异现象逐渐增强。

（14）常规全冲击和局部冲击两种作用条件下，煤岩试样热辐射温度场 3 个量化指标均随循环冲击次数的增加呈非线性增加，温差分形维数和方差均随循环冲击次数的增加呈缓慢发展—加速上升两段式演化模式，而熵随循环冲击次数的增加呈现缓慢发展—快速上升—平稳上升—加速上升四段式演化模式；与常规全冲击时相比，局部冲击时试样红外热辐射温度场的 3 个量化指标均大于常规全冲击时，且随着循环冲击次数的增加其差异逐渐变大，说明局部冲击载荷作用下试样表面红外热辐射温度场的非均匀性更为显著。

（15）提出了循环冲击载荷作用下煤岩破裂的红外热辐射前兆指标 P_1，通过对比红外热辐射温度场的 3 个量化指标发现，熵能够较好地表征试样在循环冲击过程中红外热辐射温度场的阶段性变化特征，而温差分形维数和方差则对循环冲击载荷作用下煤岩试样的破裂红外热辐射前兆的识别能力更强。

（16）煤岩在局部冲击载荷作用下其变形和热辐射温度场演化均表现出明显的局部化效应。不同冲击模式下，试样受局部冲击载荷作用后其变形的局部化效应不同，递减冲击模式下试样变形的局部化效应最明显、递增冲击模式次之、循环冲击模式最小；冲击加载面积不同时试样各区域变形所表现出的局部化效应也有所不同，整体表现为随着冲击加载面积的减小试样变形的局部化效应增强；相同冲击加载条件下原煤试样变形的局部化效应更显著；局部冲击载荷作用下煤岩试样红外热辐射温度场的分异现象显著，表明其热辐射温度场具有明显的局部化效应。

第9章 非均匀载荷作用下煤体力学响应的数值分析

9.1 数值模拟方法介绍

室内试验为研究煤岩力学特性提供了可靠的手段，但采用室内试验难以开展煤岩细观破坏过程研究。随着计算机技术的发展和数值模拟方法的不断提升，使用数值模拟手段开展煤岩变形损伤研究成为一种趋势。学者采用 FLAC3D、RFPA、PFC 等数值模拟方法开展了一系列的煤岩变形损伤研究，取得了丰硕的研究成果。本章在前述章节大量室内试验的基础上，借助离散元在介质开裂和分离等非连续问题上的优势，采用 PFC2D 软件从细观角度对局部偏心载荷作用下煤岩的力学响应过程进行了数值模拟分析研究，采用 LS-DYNA 软件对局部冲击载荷作用下煤岩的力学响应进行了数值模拟分析研究。

9.1.1 PFC2D 程序计算原理

颗粒流程序（particle flow code，PFC）是以力-位移定律与牛顿运动定律为理论基础，采用离散元方法模拟刚性颗粒（圆盘或球）的运动及相互作用的方法。PFC 计算过程如图 9.1 所示。

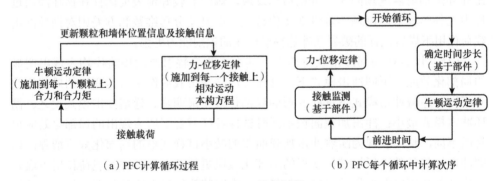

（a）PFC计算循环过程　　　　（b）PFC每个循环中计算次序

图 9.1　PFC 计算过程

1）力-位移定律

力-位移定律用来描述颗粒与颗粒或颗粒与墙体之间接触力与相对位移之间的关系。颗粒与颗粒、颗粒与墙体接触示意图如图 9.2 所示。

根据定义，颗粒与颗粒接触时，两颗粒间存在一假想的接触面，接触面的法向量 n_i 可表示为

$$n_i = \frac{x_i^{[B]} - x_i^{[A]}}{d} \tag{9.1}$$

式中，$x_i^{[A]}$ 为颗粒 A 的中心位置；$x_i^{[B]}$ 为颗粒 B 的中心位置。

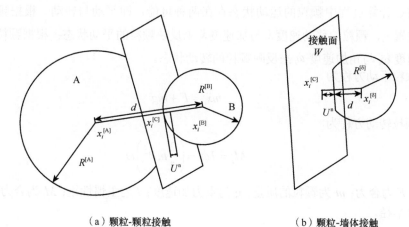

（a）颗粒-颗粒接触　　　　　　　　（b）颗粒-墙体接触

图 9.2　接触类型示意图

颗粒 A、B 中心位置之间的距离为 d，计算公式为

$$d = \left| x_i^{[B]} - x_i^{[A]} \right| = \sqrt{(x_i^{[B]} - x_i^{[A]})(x_i^{[B]} - x_i^{[A]})} \tag{9.2}$$

颗粒与颗粒接触、颗粒与墙体接触时重叠量计算公式为

$$U^n = \begin{cases} R^{[A]} + R^{[B]} - d & \text{（颗粒-颗粒）} \\ R^{[\delta]} - d & \text{（颗粒-墙体）} \end{cases} \tag{9.3}$$

式中，$R^{[A]}$、$R^{[B]}$、$R^{[\delta]}$ 分别为颗粒 A、B、δ 的半径。

接触点位置 $x_i^{[C]}$ 可按下式计算：

$$x_i^{[C]} = \begin{cases} x_i^{[A]} + \left(R^{[A]} - \dfrac{1}{2} U^n \right) n_i & \text{（颗粒-颗粒）} \\ x_i^{[\delta]} + \left(R^{[\delta]} - \dfrac{1}{2} U^n \right) n_i & \text{（颗粒-墙体）} \end{cases} \tag{9.4}$$

接触力矢量 F_i 可分解为切向方向与法向方向的合矢量，即

$$F_i = F_i^n + F_i^s \tag{9.5}$$

$$F_i^n = K^n U^n n_i \tag{9.6}$$

$$F_i^s = \left\{ F_i^s \right\}_{\text{rot.2}} + \Delta F_i^s \tag{9.7}$$

式中，F_i^n、F_i^s 为法向分量与切向分量；K^n 为接触点的法向刚度；$\left\{ F_i^s \right\}_{\text{rot.2}}$ 为转动分量。

2）运动方程

PFC 计算过程中颗粒的运动状态存在两种可能，即平动与转动。根据颗粒当前的位置 x_i、颗粒的移动速度 $\dot{x}_i$ 与加速度 $\ddot{x}_i$ 来反映颗粒的平动状态；根据颗粒当前的角速度 ω_i 与角加速度 $\dot{\omega}_i$ 来反映颗粒的转动状态。

颗粒平动方程为

$$m\ddot{x}_i = F + mg \tag{9.8}$$

颗粒转动方程为

$$M_i = I\dot{\omega}_i = \left(\frac{2}{5}mR^2\right)\dot{\omega}_i \tag{9.9}$$

式中，F 为合力；m 为颗粒的质量；g 为重力加速度；I 为主惯性矩；M_i 为合力矩；R 为颗粒半径。

9.1.2　PFC2D 平行黏结模型

颗粒黏结模型（bonded particle model，BPM）是由 Potyondy 与 Cundall 提出的用于模拟岩石材料的黏结模型。采用 PFC2D 中颗粒黏结模型模拟岩石材料时将岩石材料表示为在接触点黏结在一起并受平面壁面约束的一组圆盘。PFC 中提供了接触黏结模型（contact bond model，CBM）与平行黏结模型（parallel bond model，PBM）两类黏结模型。接触黏结模型可设想为在接触点具有恒定法向和剪切刚度的弹性弹簧或者接触点胶状物质，具有抗拉与抗剪切强度不能抵抗颗粒之间旋转，接触键断裂后只要粒子保持接触，接触刚度仍然发挥作用。平行黏结模型类似于连接相邻颗粒的水泥样物质，就像一根梁一样抵抗颗粒旋转或剪切引起的力矩。平行黏结模型包含接触刚度与黏结刚度两部分，黏结断裂时黏结刚度被移除，而颗粒只要保持接触，接触刚度仍发挥作用，如图 9.3 所示。

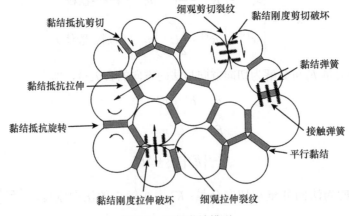

图 9.3　平行黏结模型

采用颗粒流程序 PFC 中的黏结模型进行岩石细观力学行为的再现已经得到了国内外学者的普遍认同。例如，Wu 等 [158] 采用 PFC 软件开展了含孔煤样的单轴压缩试验，获得了加载过程中煤样能量演化规律，得出了孔的布置显著影响峰前阶段裂纹萌生应力和能量的演化特征，而加载过程中累计裂纹数、破坏形态和弹性应变能的规律相似；Wang 等 [159] 采用室内相似试验与 PFC 数值模拟软件再现了开采过程中覆岩垮落特征，给出了通过 PFC 模拟所得的孔隙率的时空分布特征进行导气裂隙带高度预测的方法；Lee 和 Jeon[160] 采用平行黏结模型模拟了单轴压缩下花岗岩宏细观力学特性，所得的岩石强度、裂纹萌生扩展应力与试验结果十分吻合；黄彦华和杨圣奇 [161] 利用 PFC 软件分析了不同围压、不同岩桥倾角情况下岩石破坏过程中裂纹扩展演化过程与峰值强度的变化规律；周喻等 [162] 提出了 PFC 建模过程中悬浮颗粒消除办法，建立了模拟室内直剪试验的数值模型，从宏细观角度分析了岩石剪切破坏过程。在前人研究的基础上，本章借助 PFC 数值模拟软件开展了局部偏心载荷作用下煤岩损伤过程研究，从细观角度揭示了煤岩在非对称应力作用下的损伤破坏机制。

9.1.3 ANSYS/LS-DYNA 软件与计算原理

LS-DYNA 软件由 J.O. Hallquist 博士于 1976 年主持开发，是目前国际上著名的兼有显式求解和隐式求解功能的通用非线性动力分析有限元程序，也是公认的显式积分计算程序的鼻祖。该软件最开始主要用于爆炸、高速冲击等高应变率的动态力学性能的数值分析方面，后来经过不断的研发逐步增加了新材料模型、新接触算法、隐式分析等多项功能，尤其是在汽车碰撞、跌落仿真、工程爆破、桥梁及建筑抗震与抗冲击分析以及金属成形等非线性动力冲击方面应用广泛。

在前后处理方面，LS-DYNA 早期采用 ETA 公司的 FEMB，同时开发了后处理程序 LS-POST，后来经过进一步研发在 LS-POST 后处理器的基础上开发了 LS-PREPOST 1.0，该程序同时具备了后处理功能和一定的前处理功能。随着前后处理功能的不断改进和完善，LS-PREPOST 已成为一款功能十分强大的 LS-DYNA 前后处理软件，目前最新的版本是 LS-PREPOST 4.7。LS-DYNA 在后来的发展中与 ANSYS 公司开展合作，共同推出了 ANSYS/LS-DYNA 软件，ANSYS/LS-DYNA 结合了 ANSYS 界面强大的前后处理功能、统一的数据库与 LS-DYNA 求解器的强大的非线性分析功能，使得 ANSYS/LS-DYNA 成为求解各种高度非线性瞬态问题的最理想的选择。

鉴于 ANSYS/LS-DYNA 软件在处理冲击碰撞等高度非线性和高速瞬态问题方面的显著技术特色和分析优势，本书选用 ANSYS/LS-DYNA 3D 软件对局部冲击载荷作用下煤岩的动力响应特性和损伤破坏模式进行数值模拟研究。

9.1.4 ANSYS/LS-DYNA 显式算法简介

ANSYS/LS-DYNA 以显式分析为主，同时也嵌入了隐式求解器，但隐式算法平衡迭代过程复杂、计算速度较慢且易出现不收敛的现象，而显式算法基于中心差分法，省去了复杂的平衡迭代过程，计算速度快且不存在收敛问题，尤其是在解决高度非线性问题时，显式算法具有比隐式算法显著的优势。在进行煤岩等非线性材料的冲击试验模拟时，需要尽可能减少时间步长，以保证算法的稳定性。因此，采用显式中心差分算法是合适的。

根据动力学问题的有限元方法，离散化的结构动力方程为

$$M\ddot{x}(t) = P(t) - F(t) + H(t) - C\dot{x}(t) \tag{9.10}$$

式中，M 为结构质量矩阵；C 为阻尼矩阵；$\ddot{x}(t)$ 和 $\dot{x}(t)$ 分别为节点的加速度向量和节点的速度向量；$P(t)$、$F(t)$ 和 $H(t)$ 分别为载荷向量、内力向量和沙漏阻力向量。

载荷向量：

$$P(t) = \sum_{s} \left(\int_{Vs} N^{\mathrm{T}} f \mathrm{d}V + \int_{\partial b_{2s}} N^{\mathrm{T}} \dot{T} \mathrm{d}S \right) \tag{9.11}$$

内力向量：

$$F(t) = \sum_{s} \int_{Vs} B^{\mathrm{T}} \sigma \mathrm{d}V \tag{9.12}$$

式中，f 为体力向量；$\dot{T}$ 为表面力向量；∂b_{2s} 为应力边界条件。

对于上述离散化的动力方程，采用显式中心差分法求解，其基本递推公式如下：

$$\begin{cases} \ddot{x}(t_n) = M^{-1} \left[P(t_n) - F(t_n) + H(t_n) - C\dot{x}(t_{n-1/2}) \right] \\ \dot{x}(t_{n+1/2}) = \dot{x}(t_{n-1/2}) + \ddot{x}(t_n)(\Delta t_{n-1} + \Delta t_n) / 2 \\ x(t_{n-1}) = x(t_n) + \dot{x}(t_{n+1/2}) \Delta t_n \end{cases} \tag{9.13}$$

式中，$t_{n-1/2} = (t_n + t_{n-1})/2$，$t_{n+1/2} = (t_n + t_{n+1})/2$，$\Delta t_{n-1} = t_n - t_{n-1}$，$\Delta t_n = t_{n+1} - t_n$，$\ddot{x}(t_n)$、$\dot{x}(t_{n+1/2})$ 和 $x(t_{n-1})$ 分别为 t_n 时刻的节点加速度向量，$t_{n+1/2}$ 时刻的节点速度向量，t_{n-1} 时刻的节点位置坐标向量，其余参数意义按此类推。

根据中心差分方法进行迭代计算的过程中，无须进行平衡迭代，同时也无须计算总体矩阵，只需通过前面时间步的结果，便可依次得到后面时间步的响应结果。

9.2 局部偏心载荷作用下煤岩单轴压缩力学响应模拟

9.2.1 模型建立与参数标定

考虑到 PFC3D 模型计算时间长，加载与边界条件控制程序复杂，本章采用二

维平面应力模型对煤岩试样进行数值模拟。模型建立是开展数值模拟研究的第一步，根据研究对象尺寸建立计算区域，研究对象应包含在计算区域内部。考虑到本部分主要研究局部偏心载荷对煤岩力学特性的影响，数值模拟过程中涉及墙体的移动，设定计算区域长度方向值大于高度方向值，计算区域范围为 100 mm×240 mm。根据室内试验采用的煤岩尺寸，建立相同尺寸的数值模拟试样，尺寸为 70 mm×70 mm，为防止计算过程中颗粒溢出对结果的影响，将墙体尺寸设置为略大于试样尺寸，本次模拟中墙体尺寸设置为 84 mm。在四面墙体围成的方形区域内，采用随机种子 10001 生成组成煤岩材料的圆形颗粒。设定的颗粒最小半径为 0.25 mm，最大半径为 0.415 mm，粒径比为 1.66，密度取值为 2500 kg/m³，阻尼系数为 0.7，最终生成颗粒数为 12146。初始模型生成后需要对模型进行预压，一方面尽可能地释放模型内部颗粒间的应变能，另一方面可以使模型均匀化，通过颗粒位置的不断调节，获得均匀的孔隙率与应力值。本部分模拟中试样预压应力值均设置为 1 MPa。预压后的模型如图 9.4 所示。

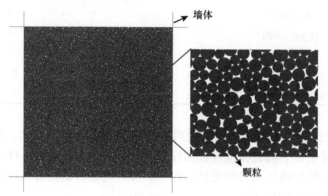

图 9.4　数值模型煤岩试样

模型生成过程中墙体为颗粒的容器，模型生成后墙体为模拟压缩的加载板。通过对上、下墙体赋予速度值可模拟室内试验位移控制加载过程。根据前述章节的室内试验过程，本次模拟采用位移控制方式，上下墙体以恒定速度移动，当峰后应力值跌落至峰值应力的 80% 时加载停止。模拟过程中墙体移动速度均设置为 0.05 m/s，根据文献描述墙体速度值满足静载的要求。

预压后模型在正式加载前需赋予接触模型，不同的接触模型具有不同的细观参数。PFC 中模型采用的细观参数与宏观参数并无特定的对应关系，部分学者开展了细观参数的改变对宏观力学参数的影响研究，研究成果对细观参数确定具有一定的帮助，但目前常用的细观参数确定方法仍然是 PFC 手册推荐的试错法。试错法是通过不断的尝试找到一组细观力学参数使模拟所得的宏观特性与室内试验结果一致。根据前人的研究成果，不同细观参数对宏观力学参数的影响程度不同，如细观接触模量主要影响煤岩宏观弹性模量，刚度比主要影响煤岩泊松比，而细观抗拉强度与黏结力主要影响煤岩的峰值强度。试错法进行细观参数标定时应结合一般规律对各参数逐一进行标定，避免盲目尝试造成时间的浪费。本章在开展模拟计算前采用试错法对细观模拟参数进行标定，最终确定的细观参数如表 9.1 所示。

表 9.1　煤岩数值模拟细观参数

细观参数	值
最小颗粒半径，R_{min}（mm）	0.25
粒径比，$R_{rat}=R_{max}/R_{min}$	1.66
摩擦系数，μ	0.3
颗粒密度，ρ（kg/m³）	2500
颗粒刚度比（法向刚度/切向刚度），k_n/k_s	2.82
颗粒接触模量，E_c（GPa）	1.5
平行黏结刚度比（法向刚度/切向刚度），k_n/k_s	2.82
平行黏结接触模量，E_c（GPa）	1.5
平行黏结黏聚力，pb_coh（MPa）	33
平行黏结黏聚力，标准差（MPa）	2
平行黏结抗拉强度，pb_ten（MPa）	27
平行黏结抗拉强度，标准差（MPa）	2

图 9.5 给出了室内试验和 PFC 模拟得到的煤岩应力-应变曲线。图 9.6（a）为常规单轴压缩条件下数值模拟得到的煤岩峰后破坏形态，图 9.6（b）为室内试验常规单轴压缩煤岩破坏后残留块体，图 9.6（c）为室内试验常规单轴压缩峰值时刻煤岩表面横向应变场云图。

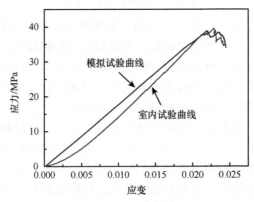

图 9.5　室内试验与数值模拟对比曲线

（a）数值模拟结果　　　　（b）室内试验结果　　　　（c）室内试验水平应变场云图

图9.6　室内试验与数值模拟煤岩破坏情况

由图9.5可知，室内试验得到的常规单轴压缩煤岩应力-应变曲线与数值模拟得到的常规单轴压缩曲线吻合性较好。由于原煤试样存在原生孔隙和裂隙结构，应力-应变曲线存在初始压密阶段，曲线呈上凹形。室内试验得到的原煤常规单轴压缩峰值强度为39.50 MPa，弹性模量为1.884 GPa，数值模拟得到的原煤常规单轴压缩峰值强度为38.77 MPa，弹性模量为1.813 GPa，对比发现峰值强度偏差为1.85%，弹性模量偏差为3.77%。由图9.6（a）可知，数值模拟常规单轴压缩煤岩细观裂纹主要为拉伸破坏裂纹，宏观破坏模式为近"X"形剪切破坏，是由细观拉裂引起的宏观剪切破坏；结合图9.6（b）与图9.6（c）可知，常规单轴压缩条件下原煤试样主要发生近"X"形剪切破坏。因此，数值模拟煤样宏观破坏模式与室内试验煤样破坏模式类似。综上所述，本节确定的细观参数可以用于室内试验原煤试样力学特性的模拟。

采用上述标定好的细观参数开展局部偏心载荷作用下煤岩常规单轴压缩数值模拟试验，根据室内试验方案，通过移动顶部墙体实现对煤样不同面积的加载，不同加载模式如图9.7所示。

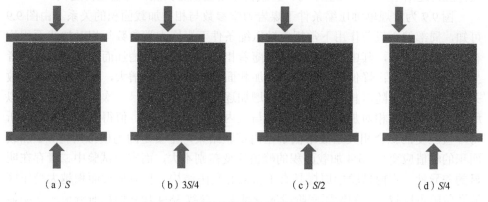

（a）S　　　　　　（b）$3S/4$　　　　　　（c）$S/2$　　　　　　（d）$S/4$

图9.7　常规单轴压缩数值模拟加载方案

9.2.2 局部偏心载荷作用下煤岩常规单轴压缩宏观力学行为

采用 9.2.1 节标定的细观参数与制定的加载方案，开展不同加载面积条件下的常规单轴压缩试验，得到煤岩应力-应变曲线。考虑到加载面积的改变对应力值求解的影响，充分发挥数值模拟的功能，应力求解时采用测量圆的方式。测量圆圆心位于试样中心部位，半径为 28 mm。数值模拟所得轴向应力-应变曲线如图 9.8 所示。

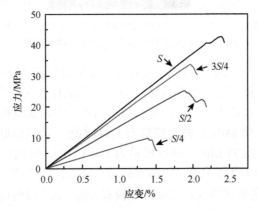

图 9.8　常规单轴压缩条件下应力-应变曲线

由图 9.8 可知，利用测量圆求得的常规单轴压缩条件下煤岩峰值应力为 42.61 MPa，弹性模量为 1.838 GPa，与 9.2.1 节利用加载板求得的峰值应力与弹性模量偏差分别为 9.01%、1.36%，偏差很小说明两种方法求得的应力值均可。据此，可采用测量圆求解局部偏心载荷作用下应力与加载面积的演化关系，验证室内试验中应力求解的合理性。由图 9.8 可知，随着轴向应变的增加，不同载荷作用面积下煤样应力逐渐增大直至峰值应力，且载荷作用面积越大煤样峰值应力越大。

图 9.9 为常规单轴压缩条件下煤岩力学参数与相对加载面积的关系。由图 9.9 可知，局部偏心载荷作用下常规单轴压缩条件下煤岩力学参数与相对加载面积均存在一定的关系，其中煤岩峰值强度随着相对加载面积的增加而逐渐增大，二者呈线性函数关系；峰值应变随着相对加载面积的增加逐渐增大，二者呈二次函数关系；弹性模量随着相对加载面积的增加逐渐增大，二者呈二次函数关系。模拟所得力学参数与相对加载面积的关系与室内试验结果一致，值得说明的是模拟所得峰值应变的拟合相关系数略低于室内试验结果，主要是因为模拟所得 $S/2$ 加载面积的峰值应变与 $3S/4$ 加载面积的峰值应变差别不大，而室内试验中二者存在明显的差异性。室内试验中原煤具有丰富的孔裂隙结构，相对加载面积越大受压区域孔裂隙占比越大，初始压密阶段应变越大，导致 $3S/4$ 加载面积时峰值应变明显大于 $S/2$ 时峰值应变；而在数值模拟中，由于不存在初始压密情况，$3S/4$ 加载面

积时的峰值应变略大于 $S/2$ 时峰值应变，从而导致数值模拟峰值应变拟合相关系数低于室内试验结果。

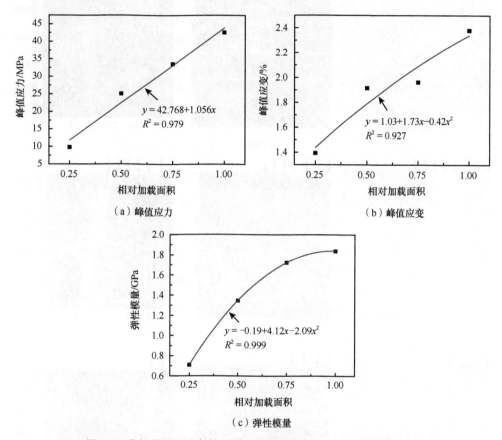

（a）峰值应力

（b）峰值应变

（c）弹性模量

图 9.9　常规单轴压缩条件下煤岩力学参数与相对加载面积的关系

　　为了研究局部偏心载荷对煤岩宏观破坏模式的影响，图 9.10 给出了不同局部偏心载荷条件下数值模拟与室内试验宏观破坏模式对比关系。由图 9.10 可知，局部偏心载荷作用下数值模拟所得到的主控裂纹的位置与室内表面裂纹观测结果、数字散斑最大剪切应变场局部化带位置大致吻合。原煤试样表现出明显的硬脆性特征，大部分裂纹是在最后破坏时刻突然形成的。对比图 9.6 与图 9.10 可知，常规单轴压缩（对称载荷）条件下与局部偏心载荷条件下煤样宏观破坏规律有明显不同，常规单轴压缩条件下煤样发生"X"形剪切裂纹，宏观裂纹呈"X"形贯穿试样；局部偏心载荷作用下主控裂纹基本位于加载区与非加载区之间，扩展方向与加载方向近似平行，主控裂纹的位置受非对称系数值的改变影响不大，最终形成与加载方向近似平行的宏观剪切裂纹。

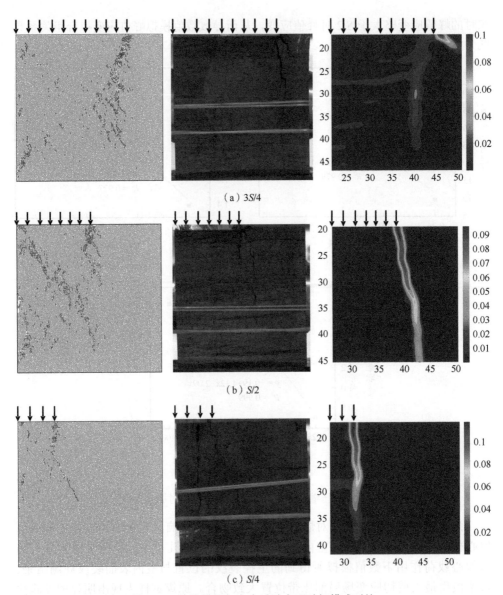

图 9.10　数值模拟与室内试验宏观破坏模式对比

9.2.3　局部偏心载荷作用下煤岩常规单轴压缩细观力学行为

图 9.11 给出了常规单轴压缩条件下试样微裂纹数随着轴向应变增加的演化规律，结合图 9.12 不同加载时刻试样表面裂纹分布特征，可分析得到常规单轴压缩条件下试样破坏机理。Potyondy 和 Cundall 通过研究给出了裂纹起裂应力的确定方法，假设峰值应力时刻裂纹数为 n_{cp}，将 $1\% n_{cp}$ 所对应的应力作为起裂应力值。由

图 9.11 和图 9.12 可知，随着应变的增加试样中裂纹数逐渐增多，模拟所得裂纹数演化曲线与应力-应变曲线具有很好的对应关系，根据裂纹数与应变的演化过程，可将试样细观变化过程分为四个阶段，即平静期、裂纹萌生与稳定扩展阶段、裂纹不稳定发展与贯通阶段、破坏后阶段。当加载至 a 点（应力 26.7 MPa，应变 1.45%）时裂纹开始起裂，裂纹零星分布于试样的中部与端部位置；在 b 点（应力 34.5 MPa，应变 1.87%）时，试样处于裂纹稳定扩展阶段，试样中裂纹数为 72，由于试样受到对称的均布载荷作用且试样经过预压，裂纹分布位置较为对称，主要分布在形成 "X" 形裂纹附近区域；c 点（应力 39.7MPa，应变 2.19%）处于裂纹稳定扩展阶段与不稳定发展阶段交界处，试样两端 c1、c2 位置裂纹局部聚集，临近局部贯通状态；d 点（应力 41.9 MPa，应变 2.28%）处于裂纹不稳定扩展阶段，c2 处裂纹贯通，贯通过程引起裂纹数的快速增加；e 点（应力 43.6 MPa，应变 2.39%）为峰值时刻，细观裂纹在 "X" 形区域临近贯通；f 点（应力 40.9 MPa，应变 2.44%）为破坏后状态，"X" 形区域形成宏观破坏，由于破坏程度的逐渐增加裂纹数也逐渐增多。

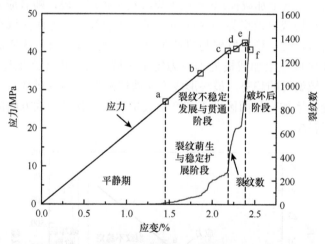

图 9.11　常规单轴压缩条件下裂纹数演化规律

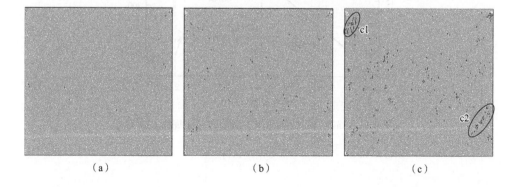

(a)　　　　　　　　　(b)　　　　　　　　　(c)

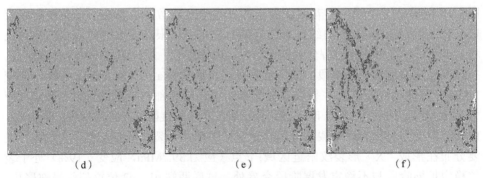

（d）　　　　　　　　　　（e）　　　　　　　　　　（f）

图 9.12　常规单轴压缩条件下裂纹细观演化过程

图 9.13 与图 9.14 分别给出了加载面积 3S/4 局部偏心载荷作用下煤岩裂纹数与应变演化关系曲线和裂纹细观扩展演化过程。由图 9.13 可知，加载面积 3S/4 时裂纹数随应变的增加也呈逐渐增加趋势，演化曲线亦可以分为四个阶段。a 点（应力 19.2 MPa，应变 1.13%）为裂纹萌生时刻，试样中初始裂纹出现于加载区与非加载区交界处，靠近上加载板；b 点位于裂纹稳定扩展阶段，随着应变的增加裂纹数逐渐增多，在加载区及交界面区域均存在新生裂纹且交界面区域裂纹数多于加载区；c～e 点为裂纹不稳定发展与贯通阶段，该阶段裂纹数持续增加且增速逐渐增大，交界面区域近上加载板处为应力集中区域，裂纹由此产生逐渐向下扩展，并有向加载区域偏转的趋势，最终形成宏观剪切破裂；f 点为破坏后阶段，峰值强度后随着应变的增加交界面区域下部产生大量裂纹，且沿加载方向向下部扩展形成第二条贯穿裂纹。

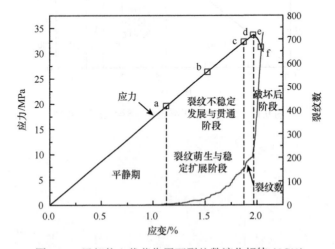

图 9.13　局部偏心载荷作用下裂纹数演化规律（3S/4）

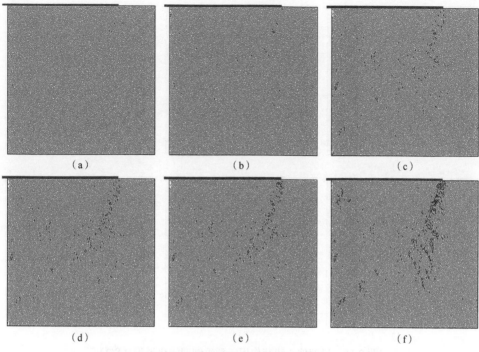

图 9.14　局部偏心载荷作用下裂纹细观演化过程（3S/4）

　　图 9.15 是加载面积为 S/2 时裂纹数随着应变的增加演化曲线，图 9.16 为对应的裂纹细观演化过程。由图 9.15 可知，随着应变的增加裂纹数逐渐增多，同常规单轴压缩一致其演化过程亦可分为四个阶段。由图 9.16 可知，随着应变的增加

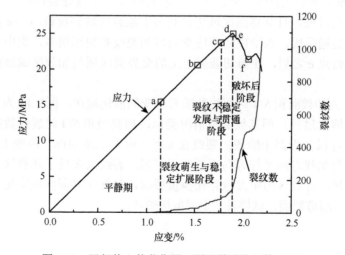

图 9.15　局部偏心载荷作用下裂纹数演化规律（S/2）

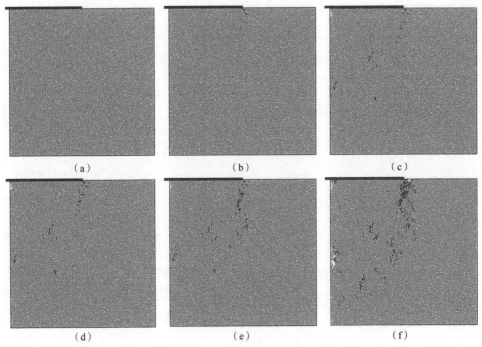

图9.16　局部偏心载荷作用下裂纹细观演化过程（*S*/2）

裂纹首先在上加载板端部聚集，沿加载方向向下扩展至试样中部区域后裂纹扩展向加载区域方向偏斜，形成宏观剪切破裂。其中，a 点（应力 14.96 MPa，应变1.14%）为裂纹萌生时刻，裂纹首先出现于加载区与非加载区交界面区域；b 点（应力 21.57 MPa，应变 1.55%）为裂纹稳定增长阶段，该点处裂纹广泛分布于加载区域与交界面区域，且交界面区域裂纹数多于加载区域裂纹数；c～e 点为裂纹不稳定发展与贯通阶段，该阶段随着应变的增加裂纹数快速增多，集中分布于交界面区域；峰值点 e 之后，在剪切破裂面上的交界面区域与加载区域继续生成大量裂纹。

图 9.17 为加载面积 *S*/4 时裂纹数随着应变的演化规律，图 9.18 为其对应的裂纹细观动态演化过程。同其他加载情况类似，加载面积 *S*/4 时裂纹数随着应变的增加过程也可以分为四个阶段。裂纹在 a 点（应力 7.26 MPa，应变 1.11%）时刻起裂后，沿与加载方向平行方向逐渐向下扩展，裂纹大多处于加载区与非加载区的交界面区域，加载区的中部也存在少量裂纹，最终交界面区域密集裂纹与加载区裂纹形成贯通破裂面，试样发生宏观剪切破坏。

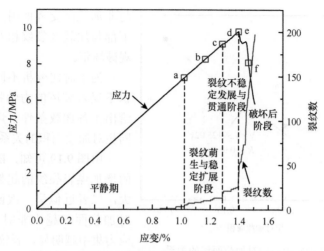

图 9.17　局部偏心载荷作用下裂纹数演化规律（S/4）

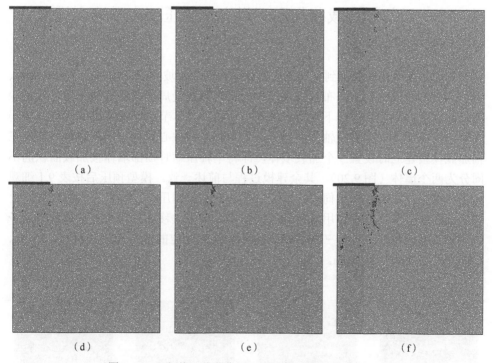

图 9.18　局部偏心载荷作用下裂纹细观演化过程（S/4）

　　综上所述，数值模拟所得的煤岩宏观破裂结果与室内试验结果具有较好的一致性。常规单轴压缩时，细观裂纹在"X"形剪切带附近起裂、成核、扩展直至相互贯通形成宏观剪切破坏；局部偏心载荷作用时，上部加载板边缘导致应力集中的作用是宏观剪切破裂开始的地方，裂纹由上往下逐渐扩展，集中分布于加载区

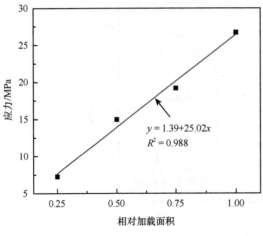

图 9.19　起裂应力与相对加载面积的关系

与非加载区交界面附近，至试样中下部与加载区裂纹相互贯通形成宏观破坏带。

为了对比分析不同载荷作用面积下煤岩破坏的力学特征，图 9.19 给出了各加载条件下煤岩起裂应力同相对加载面积的关系。

由图 9.19 可知，随着加载面积的增加煤岩裂纹的起裂应力逐渐增大，二者近似呈一次函数关系；相对加载面积越小非对称程度越大，应力集中越明显，裂纹越容易起裂，试样更容易破坏。

9.3　局部偏心载荷作用下煤岩三轴压缩力学响应模拟

9.3.1　数值模拟方案

煤岩体在受扰动前受到三向地应力状态作用，边坡体的开挖、工作面的回采、巷道的施工导致原处于均布载荷环境中的煤岩体遭受局部偏心载荷作用，为了探究三向局部偏心载荷作用下煤岩宏细观力学特性，本节借助数值模拟优势开展局部偏心载荷作用下煤岩三轴压缩模拟。考虑到局部偏心载荷与围压施加方便，三轴加载模型建立时设置 5 个加载墙体，即将单轴压缩时顶部墙体按加载面积的不同分为两个墙体（图 9.20），其余建模过程与前述一致。模型预压后按表 9.1 细观力学参数赋值，借助墙体伺服功能使试样达到预设围压值，保持左右侧墙体及上部非加载墙体继续伺服作用维持围压值恒定，采用位移加载模式上部加载板赋予移动速度 0.05 m/s，开始三轴压缩试验。本模拟设定的围压值为 3 MPa、5MPa、10 MPa、13 MPa、20 MPa。

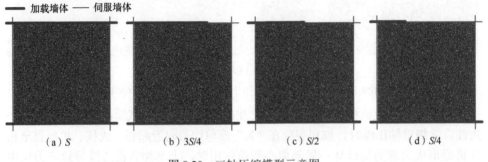

图 9.20　三轴压缩模型示意图

9.3.2　局部偏心载荷作用下煤岩三轴压缩宏观力学行为

图 9.21～图 9.24 给出了常规三轴压缩与局部偏心载荷三轴压缩作用下应力-应变关系曲线。由图 9.21～图 9.24 可知，煤岩峰值应力随着围压的增大均逐渐增大，二者呈一次函数规律；随着加载面积的减小，煤岩峰值应力随着围压增大而线性增加的斜率逐渐减小，表明加载面积越小围压对煤岩强度提高的效果减弱。局部偏心载荷作用下峰后应力跌落较常规单轴压缩缓慢，且随着加载面积的减小跌落速率加快，这是因为局部偏心载荷作用时加载区与非加载区间主控裂纹形成后试样达到峰值应力，之后加载区仍能进行一定程度的承载，峰后应力降低缓慢，加载区面积越小，抵抗能力越差，峰后应力跌落越快。

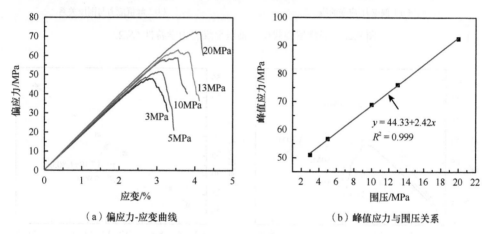

（a）偏应力-应变曲线　　　　（b）峰值应力与围压关系

图 9.21　常规三轴压缩煤岩力学特性

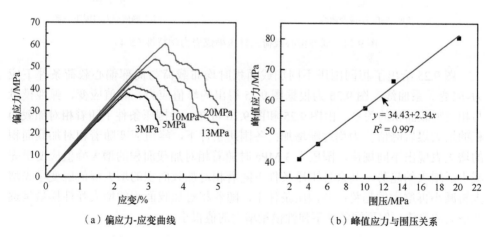

（a）偏应力-应变曲线　　　　（b）峰值应力与围压关系

图 9.22　局部偏心载荷三轴压缩煤岩力学特性（3S/4）

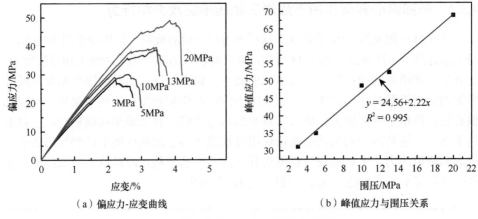

（a）偏应力-应变曲线　　　　　　　（b）峰值应力与围压关系

图 9.23　局部偏心载荷三轴压缩煤岩力学特性（$S/2$）

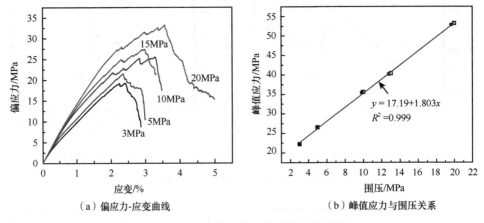

（a）偏应力-应变曲线　　　　　　　（b）峰值应力与围压关系

图 9.24　局部偏心载荷三轴压缩煤岩力学特性（$S/4$）

　　图 9.25 给出了相同围压不同加载面积时均布载荷与局部偏心载荷条件下应力-应变关系曲线。图 9.26 为根据图 9.25 得出的峰值应力、峰值应变、弹性模量与相对加载面积的关系。由图 9.25 和图 9.26 可知，各围压条件下随着相对加载面积的增大煤岩峰值应力均逐渐增加；各围压条件下，峰值应变随着相对加载面积的增大表现出不同规律，围压为 3 MPa 时随着相对加载面积的增大峰值应变呈先减小后增大的趋势，其余各围压条件下随着相对加载面积的增大峰值应变呈先增大再减小再增大的趋势；各围压条件下，随着相对加载面积的增大弹性模量呈逐渐增大的趋势，但不同条件下弹性模量增大的值很小。

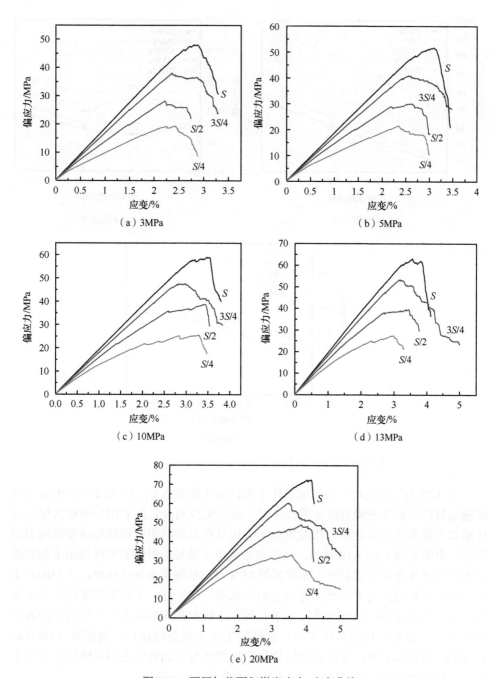

图 9.25　不同加载面积煤岩应力-应变曲线

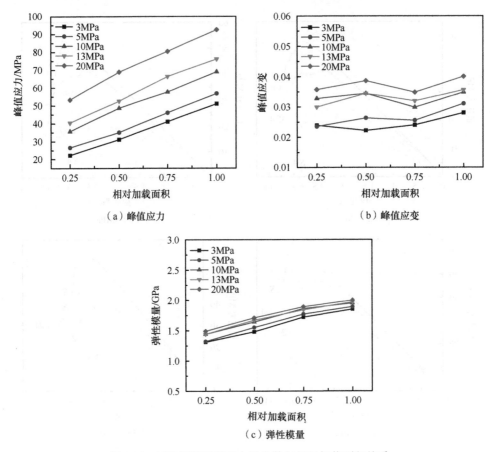

（a）峰值应力　　　　　　　　　　　（b）峰值应变

（c）弹性模量

图 9.26　三轴压缩下煤岩力学参数与相对加载面积关系

图 9.27 为均布载荷三轴压缩条件下煤岩破坏模拟结果，图 9.28～图 9.30 为局部偏心载荷三轴压缩煤岩破坏模拟结果。由图 9.27 可知，随着围压的增大煤岩破坏模式变化并无明显规律，均发生剪切破坏且存在单斜面剪切破坏或双斜面剪切破坏。由图 9.28～图 9.30 可知，局部偏心载荷三轴压缩时煤岩破坏均由上加载板端部开始并逐渐向下部起裂。加载面积 3S/4 时，低围压条件（3MPa、5 MPa）主控裂纹处于加载区与非加载区之间近似与加载方向平行，主控裂纹贯通后试样发生破坏，加载区仍能继续承载，由于左侧围压的存在均形成由左上至右下的宏观破坏裂纹，根据颗粒的运移方向，试样发生了宏观剪切破坏。高围压（10MPa、13 MPa、20MPa）时，主控裂纹同样位于加载区与非加载区之间且向加载区发生偏转，最终形成与加载方向呈一定角度的宏观剪切破坏裂纹。

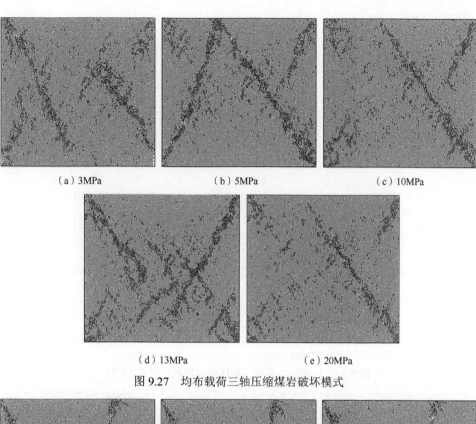

（a）3MPa　　　　　　　（b）5MPa　　　　　　　（c）10MPa

（d）13MPa　　　　　　　（e）20MPa

图 9.27　均布载荷三轴压缩煤岩破坏模式

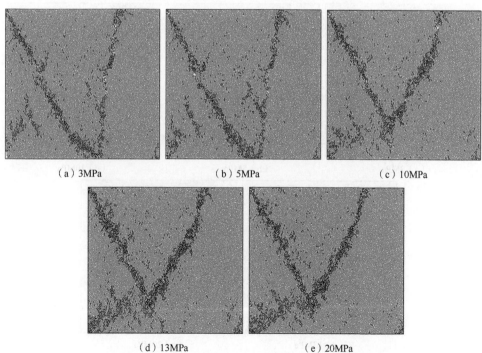

（a）3MPa　　　　　　　（b）5MPa　　　　　　　（c）10MPa

（d）13MPa　　　　　　　（e）20MPa

图 9.28　局部偏心载荷三轴压缩煤岩破坏模式（3*S*/4）

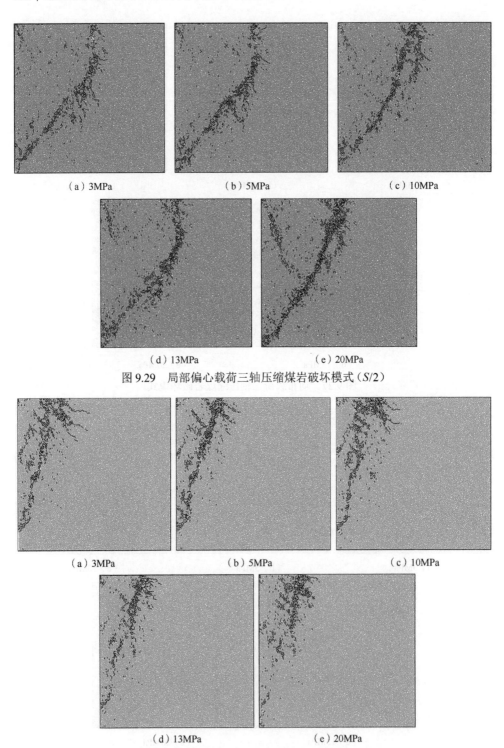

（a）3MPa　　　　　　　（b）5MPa　　　　　　　（c）10MPa

（d）13MPa　　　　　　　（e）20MPa

图 9.29　局部偏心载荷三轴压缩煤岩破坏模式（$S/2$）

（a）3MPa　　　　　　　（b）5MPa　　　　　　　（c）10MPa

（d）13MPa　　　　　　　（e）20MPa

图 9.30　局部偏心载荷三轴压缩煤岩破坏模式（$S/4$）

由图 9.29 可知，围压小于 13 MPa 时煤岩宏观破坏裂纹上部分位于加载区与非加载区之间大致与加载方向平行，随着加载应力的增加裂纹向加载区偏转，煤岩发生宏观剪切破坏。由图 9.30 可知，加载面积 $S/4$ 时，煤岩宏观裂纹均与加载方向呈一定角度且向加载区域偏转，煤岩均发生宏观剪切破坏。

9.3.3 局部偏心载荷作用下煤岩三轴压缩细观力学行为

为了研究不同加载模式下煤岩内部微结构扩展演化过程及微结构数量变化过程，提取了不同加载时刻煤岩模拟结果，统计了煤岩受载全过程裂纹数的变化。考虑到篇幅有限，本节仅以 5MPa 围压为例，分析煤岩受载过程中细观裂纹的扩展演化过程及裂纹数的变化规律。图 9.31 给出了围压 5 MPa 时煤岩裂纹数与应变的关系。由图 9.31 可知，随着轴向应变的增加，不同加载面积条件下煤岩中裂纹数均呈逐渐增加的趋势且可分为三个阶段，即加载初始阶段的平静期 I、起裂点至峰值前的扩展期 II、峰后快速增加期 III。加载初始阶段的平静期 I 试样处于均匀加载阶段，试样内应力集中不明显，模型中仅产生极个别的微裂纹且微裂纹并不呈连续状态。起裂点至峰值前的扩展期 II 试样应力集中程度逐渐增大，超过颗粒间黏结强度，颗粒间的连接发生破断，裂纹数逐渐增多，但该阶段裂纹并不是持续稳定的产生，会出现某些时刻并未产生新的裂纹情况。根据 Potyondy 和 Cundall 建议方法，可求得加载面积为 $S/4$ 时煤岩起裂应力为 16.99 MPa，约为峰值应力的 64.1%；加载面积为 $S/2$ 时，煤岩起裂应力为 18.82 MPa，约为峰值应力的 53.7%；加载面积为 $3S/4$ 时，煤岩起裂应力为 25.82 MPa，约为峰值应力的 56.2%；加载面积为 S 时，煤岩起裂应力为 31.63 MPa，约为峰值应力的 55.8%。峰值应力后，微裂纹演化进入峰后快速增加期 III，此时宏观裂纹已形成，随着应变的进一步增加裂纹数迅速增多，并且伴随着应力的不断调整，试样中裂纹数会经历波动阶段，这种现象会随着加载面积的减小而表现得更为明显。

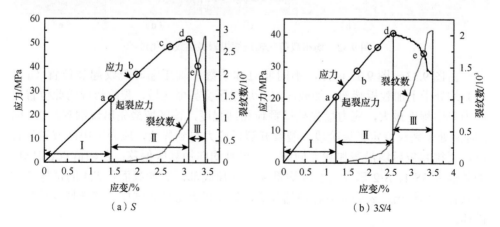

（a）S 　　　　　　　　　　　（b）$3S/4$

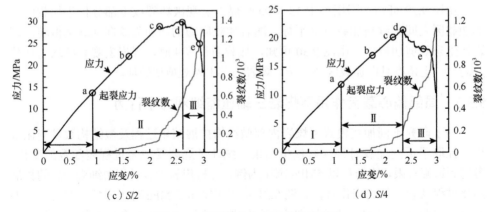

（c）S/2　　　　　　　　　　　　　　　（d）S/4

图9.31　煤岩裂纹数与应变关系曲线

为了分析不同加载模式下煤岩裂纹的细观演化过程，图9.32～图9.35给出了均布载荷与局部偏心载荷三轴压缩下不同加载时刻细观裂纹分布状态。各加载时刻点对应的应力-应变信息如图9.31所示。

由图9.32可知，均布载荷作用时当加载至起裂应力a点时，试样中出现多个微裂纹，均为细观拉伸破坏，主要分布在试样端部位置；b、c两时刻均位于起裂点至峰值前的扩展期Ⅱ，裂纹数呈稳定增加状态，c点时裂纹主要在"X"形剪切破坏带附近聚集成核，d点处于峰值应力时刻，"X"形剪切破坏带处裂纹贯通试样发生破坏，试样破坏后裂纹数急剧增多，且集中在"X"形剪切带附近。

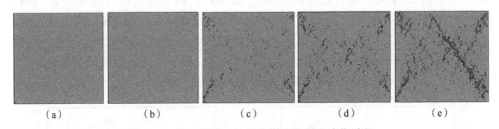

（a）　　　　　（b）　　　　　（c）　　　　　（d）　　　　　（e）

图9.32　均布载荷三轴压缩煤岩微裂纹演化过程

由图9.33～图9.35可知，不同非对称系数三轴压缩时裂纹起裂位置（a时刻）均处于上加载板端部，加载区与非加载区交界面区域，裂纹形成前此位置处应力集中程度最大，应力最先超过颗粒黏结强度，该区域最先出现细观裂纹；b、c时刻处于裂纹稳定扩展阶段，裂纹开裂后应力得到释放，应力集中区域发生转移，裂纹起裂后均沿着加载方向向下扩展且均向加载区偏移；在峰值点d时刻，加载面积3S/4、S/2形成的裂纹均贯穿试样顶底部，而加载面积S/4的试样裂纹从试样中部切出，表明非对称性越强烈，裂纹越容易贯穿试样，试样越容易发生破坏。

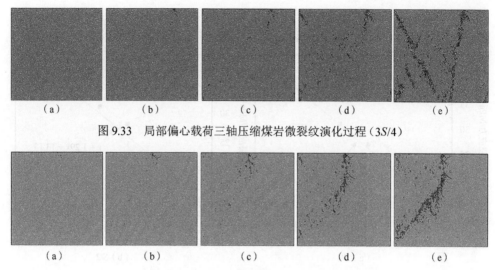

（a）　　　　　（b）　　　　　（c）　　　　　（d）　　　　　（e）

图 9.33　局部偏心载荷三轴压缩煤岩微裂纹演化过程（3S/4）

（a）　　　　　（b）　　　　　（c）　　　　　（d）　　　　　（e）

图 9.34　局部偏心载荷三轴压缩煤岩微裂纹演化过程（S/2）

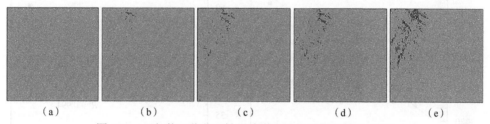

（a）　　　　　（b）　　　　　（c）　　　　　（d）　　　　　（e）

图 9.35　局部偏心载荷三轴压缩煤岩微裂纹演化过程（S/4）

　　为了研究围压、非对称系数与煤岩起裂应力的关系，根据数值模拟所得细观裂纹数的变化，利用 Potyondy 和 Cundall 提出的方法确定了不同条件下试样的起裂应力。图 9.36 给出了不同非对称系数下试样起裂应力与围压的关系。由图 9.36可知，不同非对称系数时试样的起裂应力均随着围压的增加而逐渐增大且二者近似呈线性函数规律，围压限制了试样的膨胀变形，随着围压的增加试样峰值应力增大，需要更大的应力集中强度才能使细观裂纹发生开裂，试样的起裂应力会随着围压的增加而增大。

　　图 9.37 给出了不同围压条件下起裂应力与相对加载面积的关系。由图 9.37 可知，围压为 3～10 MPa 时，随着相对加载面积的增加非对称性逐渐减弱，试样起裂应力逐渐增大且相对加载面积与起裂应力近似呈指数函数关系；围压为 13 ～20 MPa 时，随着相对加载面积的增加，试样起裂应力先发生一次微降然后持续增大，二者近似呈二次函数规律。由以上模拟结果可知，考虑围压作用时试样的起裂应力同时受到加载区面积与非加载区围压的共同影响，低围压时加载区面积占主导因素，相对加载面积越小偏应力越大，试样越容易起裂，起裂应力越小。高围压作用下相对加载面积为 S/4 和 3S/4 时，加载区与非加载区交界面区域距离侧压施

加墙体较近，由于侧压的限制裂纹较难起裂，$S/2$ 加载时，交界面区域离侧压施加墙体较远，侧压限制作用最弱，裂纹更易于起裂，起裂应力最小。

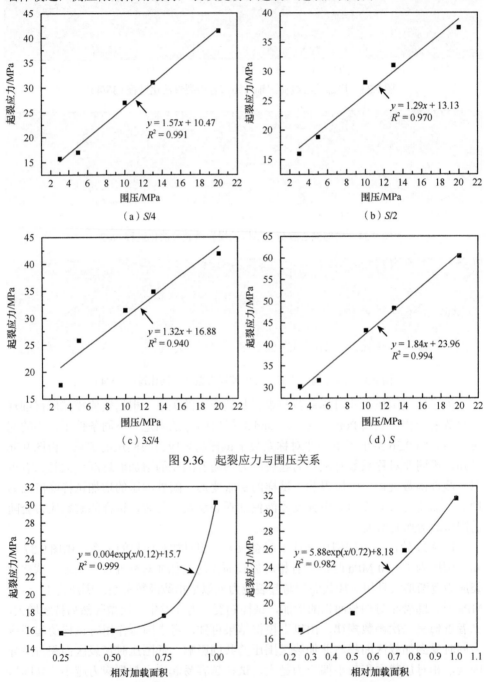

图 9.36 起裂应力与围压关系

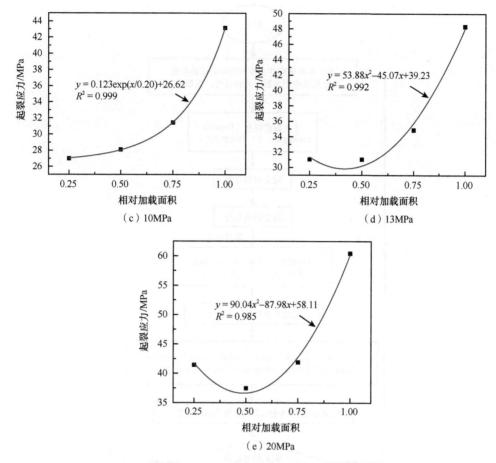

图 9.37 起裂应力与相对加载面积的关系

9.4 基于完全重启动的局部循环冲击载荷的实现方法

9.4.1 ANSYS/LS-DYNA 完全重启动

数值模拟过程包括数值模型的建立、定义材料参数和材料的本构模型、划分网格、分析设置、输出 K 文件、LS-DYNA 求解、结果分析等过程。具体的数值计算流程图如图 9.38 所示。

根据室内试验冲击模型的相关参数，建立与之对应的数值模拟模型，室内试验模型与数值模型的物理参数对照如表 9.2 所示。数值模型中冲击锤的质量与室内试验中的摆锤和摆杆的等效质量相同，均为 1455g；试样的尺寸与室内试验试样的尺寸相同，均为 70mm×70mm×70mm。需要说明的是，室内冲击试验的冲击装置为摆锤，对试样冲击时需考虑摆杆的影响，因此计算冲击的冲量时需要首先计算摆锤和摆杆的等效质量；而进行数值模拟时，为了简化冲击模型直接使冲击锤

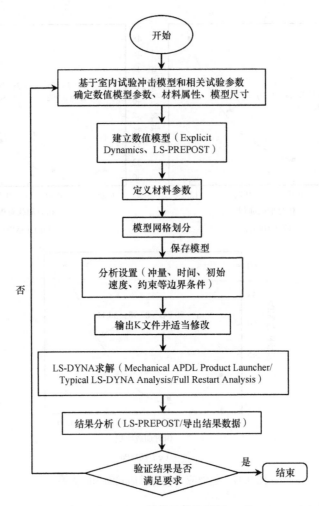

图 9.38　数值计算流程图

的质量与室内冲击试验中摆锤和摆杆质量相等，从而保证两冲击模型的一致。

表 9.2　模型物理参数对照表

模型	部件名称	材质	形状	质量/g	等效质量/g	尺寸/mm 直径×高/长×宽×高
室内试验模型	摆锤	碳素钢	圆柱	1303	1455	60×80
	摆杆	碳素钢	细杆	457		3×730
	试样	煤	正方体	490	—	70×70×70
数值模型	冲击锤	碳素钢	长方体	1455	—	70×70×46
	试样	煤	正方体	490	—	70×70×70

　　另外，室内试验的摆锤为圆柱形，为实现对试样的局部冲击，在试样与摆锤之间加设了一个刚性薄垫片，摆锤与刚性垫片首先发生碰撞然后一起冲击试样，而在数值模拟时为了满足对试样进行局部冲击，将冲击锤的形状直接设置为长方体，通过改变该冲击锤与试样的相对位置，便可实现对试样施加局部冲击载荷。数值模型虽然改变了冲击方法和冲击锤的形状，但只要保证冲击锤的质量和冲击速度与室内试验模型相同，便可实现对试样施加完全一致的冲击载荷，数值模拟冲击模型如图 9.39 所示。

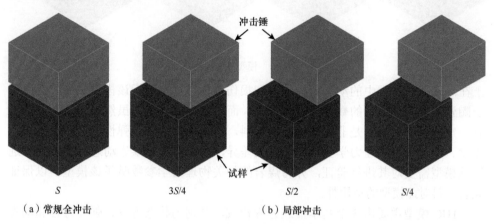

（a）常规全冲击　　　　　　　　　（b）局部冲击

图 9.39　数值模拟冲击模型

　　在有限元模拟分析中，网格划分作为数值模型前处理的重要一环，其划分质量与计算结果的正确性与精度直接相关。根据所建的数值模型选取网格形式为六面体单元，由于自由网格划分不能对模型中各个部件网格的大小进行定义且所划分的网格粗糙，而采用映射网格划分法所划分的网格规整且生成的有限元模型小，可有效提高计算效率，因此采用映射网格划分法进行网格划分。另外，由于进行冲击时研究对象为煤岩试样，而刚性冲击锤不是分析对象，因此进行网格划分时应尽可能地对试样进行精细划分，试样共划分 43875 个单元，而冲击锤的网格则可以划分的相对粗糙一点。模型网格划分如图 9.40 所示。

　　煤岩是在特殊的地质时期和地质环境中，经过复杂的地质作用后形成的一种特殊的不均匀多孔介质，具有非线性、不连续性、非均质性等特点，导致煤岩材料本构模型的建立较为困难，且目前关于煤岩动态本构模型的研究仍然不够成熟，缺乏统一的认识。因此，选取一个能准确反映煤岩材料特性的动态本构模型是数值模拟准确与否的关键。

　　本模拟根据煤岩在冲击载荷作用下的高应变率、高压和大变形的特点，选用 Holmquist-Johnson-Cooks 损伤本构模型（简称 HJC 模型）。该模型最初提出时主要用于分析冲击载荷作用下钢筋混凝土结构的动力响应特征，可有效地反映混凝

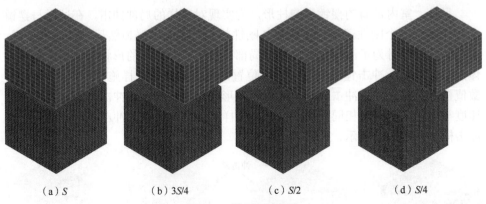

（a）S   （b）3S/4   （c）S/2   （d）S/4

图 9.40　模型网格划分

土在高速冲击过程中的动态力学性能和损伤破坏特征，随后该模型又被广泛应用于陶瓷、岩石等材料的数值模拟研究中。而对于煤岩材料，虽然煤岩与混凝土具有一定的相似性，都是非均匀的脆性材料，但两者的密度、弹性模量、单轴抗压强度、泊松比等物理力学参数存在较大差异，因此在进行煤岩动态力学模拟中选用该模型需要对其进行验证，并将煤岩的相关物理力学参数赋予该模型，以保证煤岩材料对此模型的适用性。

HJC 模型主要由 3 个基本描述方程构成，分别为状态方程、强度方程和动态损伤演化方程。

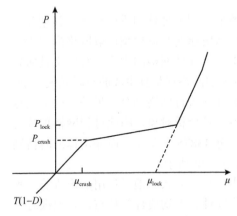

图 9.41　HJC 模型压力-体积应变曲线

T-材料承受的最大静水压力；D-材料的损伤程度

1. 状态方程

HJC 模型的基本假设是将材料的变形破坏分为 3 个阶段，即线弹性阶段、塑性过渡阶段和压实阶段的 Hugoniot 曲线。3 个不同的阶段分别应用了 3 种不同的状态方程来描述材料所承受的静水压力 P 与材料的体积应变 μ 之间的计算关系，如图 9.41 所示。

1）线弹性阶段（$P < P_{\text{crush}}$）

冲击加载初期材料所承受的压力 P 与体积应变 μ 呈线性关系，在此阶段的加载和卸载满足如下关系：

$$P = K_e \mu \tag{9.14}$$

$$K_e = \frac{P_{\text{crush}}}{\mu_{\text{crush}}} \tag{9.15}$$

式中，K_e 为材料的体积弹性模量；P 为材料所受的压力；μ 为体积应变；P_{crush} 为材料原始孔裂隙开始闭合时的临界压力；μ_{crush} 为对应的体积应变。

2）塑性过渡阶段（$P_{crush} \leqslant P \leqslant P_{lock}$）

此阶段是指材料结构受到损伤并开始产生破碎性裂纹，但并没有完全破碎。

（1）加载阶段：

$$P = P_{crush} + \frac{\left(P_{lock} - P_{crush}\right)\left(\mu - \mu_{crush}\right)}{\mu_{lock} - \mu_{crush}} \tag{9.16}$$

式中，P_{lock} 为材料孔隙全部闭合时的临界压力；$\mu_{lock}=(\rho/\rho_0)-1$，为对应的压实体积应变，$\rho$ 和 ρ_0 分别为单元的现实密度和初始密度。

（2）卸载阶段：

$$\begin{cases} P = P_{max} + \left[\left(1-F\right)K_e + FK_1\right]\left(\mu_{lock} - \mu_{max}\right) \\ F = \dfrac{\mu_{lock} - \mu_{max}}{\mu_{lock} - \mu_{crush}} \end{cases} \tag{9.17}$$

式中，K_1 为塑性体积模量；P_{max} 和 μ_{max} 分别为卸载前所达到的最大体积压力和体积应变；F 为卸载比例系数。

3）压实阶段（$P > P_{lock}$）

当压力达到 P_{lock}，材料内部结构完全破碎并被压实，关系式常用三次多项式表示。

（1）加载阶段：

$$\begin{cases} P = K_1 \bar{\mu} + K_2 \bar{\mu}^2 + K_3 \bar{\mu}^3 \\ \bar{\mu} = \dfrac{\mu - \mu_{lock}}{1 + \mu_{lock}} \end{cases} \tag{9.18}$$

式中，$\bar{\mu}$ 为修正的体积应变；K_1、K_2、K_3 为状态方程参数，由 Hugoniot 确定的数据可以查知。

（2）卸载阶段：

$$P = P_{max} + K_1\left(\bar{\mu} - \bar{\mu}_{max}\right) \tag{9.19}$$

式中，$\bar{\mu}_{max}$ 为修正的最大体积应变。

2. 强度方程

HJC 模型如图 9.42 所示，其屈服面可采用如下公式表示：

$$\sigma^* = \left[A(1-D) + BP^{*N}\right]\left[1 + C\ln\dot{\varepsilon}^*\right] \tag{9.20}$$

式中，A、B、C、N 分别为标准化内聚力强度系数、标准化压力强化系数、应变率强化系数、压力强化系数；$\sigma^*=\sigma/f_c$ 为标准化等效应力，σ 为实际等效应力，f_c 为材料的静态单轴抗压强度；$P^*=P/f_c$，为归一化的静水压力；$\varepsilon^*=\dot{\varepsilon}/\dot{\varepsilon}_0$，为无量纲应变率，$\dot{\varepsilon}$ 为真实应变率，$\dot{\varepsilon}_0$ 为参考应变率；D 为损伤变量。

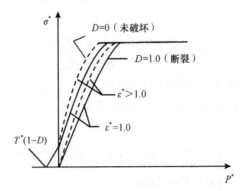

图 9.42　HJC 模型本构关系

T^*-无量纲最大静水压力

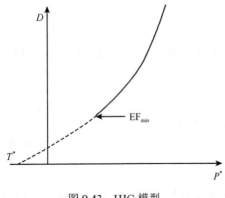

图 9.43　HJC 模型

3. 动态损伤演化方程

材料发生破坏的过程不仅存在原始微裂纹的演化，同时还会伴随大量新裂纹的产生，导致材料出现损伤并演化。

HJC 模型如图 9.43 所示，损伤由材料内部的塑性应变累积而成，其动态损伤演化方程为

$$D = \sum \frac{\Delta\varepsilon_P + \Delta\mu_P}{\varepsilon_P^f + \mu_P^f} \qquad (9.21)$$

式中，$\Delta\varepsilon_P$ 和 $\Delta\mu_P$ 分别为计算循环内当前积分步下的等效塑性应变增量和塑性体积应变增量；ε_P^f、μ_P^f 分别为实际压力 P 作用下的等效塑性应变和塑性体积应变。

在持续压力下由塑性应变到单元失效发生断裂的过程按下式进行定义：

$$f(P) = \varepsilon_P^f + \mu_P^f = D_1\left(P^* + T^*\right)^{D_2} \geqslant \mathrm{EF_{min}} \qquad (9.22)$$

式中，D_1、D_2 为损伤参数；$T^*=T/f_c$，为无量纲拉伸强度，T 为材料承受的最大拉伸应力；$\mathrm{EF_{min}}$ 为材料最小破碎应变；$f(P)$ 为压力 P 作用下材料发生断裂时的塑性应变。

根据 ANSYS/LS-DYNA 用户手册，HJC 模型的单元破坏准则主要由等效塑性应变 ε 和损伤度 D 控制。而手册中材料模型的关键字文件中也提到"当 FS >0 时，单元的有效塑性应变 ε >FS 时失效"。因此，结合最新关键字手册和使用手册，不妨先假定 FS 是 HJC 模型在压力 P 作用下发生断裂的等效塑性应变的阈值，即可用下式表示为

$$\text{FS} = f\left(P\right)_{\max} = \varepsilon_P^f + \mu_P^f = D_1\left(P_{\max}^* + T^*\right)^{D_2} \tag{9.23}$$

由式（9.23）可知，此时 FS 所代表的意义为：当在 HJC 模型中设置 FS>0 时，表示材料的失效准则为受压失效模式，FS 的值是材料等效塑性应变失效控制的最大应变值；当设定 FS=0 时，由式（9.23）得，$D_1\left(P_{\max}^* + T^*\right)^{D_2} = 0$，即 $P_{\max}^* = -T^*$，此时无量纲最大静水压力与无量纲拉伸强度的大小相等，负号代表最大静水压力实际为拉应力，也就是说材料的失效准则为拉伸损伤失效模式，FS 的值是无量纲静水拉力的阈值，当拉应力大于 T^* 时，材料失效；当设定 FS <0 时，根据式（9.21）和式（9.23），$\varepsilon_P^f + \mu_P^f$<0，而 $\Delta\varepsilon_P + \Delta\mu_P > 0$，可推出 D<0，此时表示材料的失效准则为由损伤度 D 控制的失效模式，即当材料的累计损伤度 D<0 时（损伤度小于 0 表示损伤为拉伸损伤）材料失效，这与关键字手册中的解释完全吻合。

另外，ANSYS/LS-DYNA 通过关键字文件 *MAT_ADD_ERROSION 提供了多种辅助单元失效准则。常用的失效准则有最大静水拉（压）应力失效准则（拉为正，压为负）、最大等效应力失效准则、最大剪应变失效准则、等效塑性应变失效准则等。若材料中各单元在加载过程中发生失效，则该单元会自动被删除，在单元失效处形成破碎或裂纹。HJC 模型在模拟煤岩材料的压缩失效方面具有较理想的效果，但是对于最大剪切应变失效、最大主应变失效和最大等效应力失效等失效方式不能很好地表征，而局部冲击载荷作用下煤岩试样的临界区域处于剪切应力带，其失效方式是最大剪切应变失效。因此，为了使模拟结果更符合实际情况，本书同时采用了模型 FS 失效准则和由"*MAT_ADD_EROSION"关键字设定的最大剪应变失效准则来控制单元失效。

煤岩 HJC 模型参数的确定可参照混凝土和岩石中相应参数的确定方法，但需要根据煤岩具体的物理力学参数通过室内相关试验进行确定。在 ANSYS/LS-DYNA 有限元程序中，HJC 模型的材料编号为"111#"，材料名称为"*MAT-JOHNSON-HOLMQUIST-CONCRETE"，模型共计 21 个计算参数，材料参数可分为 4 个材料基本参数：ρ（密度）、f_c（静态单轴抗压强度）、T（最大拉伸强度）、G（剪切模量）；5 个强度参数：A（标准化内聚力强度系数）、B（标准化压力强化系数）、C（应变率强化系数）、N（压力强化系数）、$S_{f\max}$（最大标准化强度）；7 个压力参数：K_1、K_2、K_3（材料常数）、P_c（材料的压碎体积压力）、μ_c（材料的压碎体积应变）、P_1（压实压力）、μ_1（压实体积应变）；3 个损伤参数：D_1 和 D_2（损伤常数）、

E_{fmin}（材料最小塑性应变）；2个软件参数：E_{PSO}（参考应变率）、FS（失效类型）。

关于 HJC 模型参数的确定方面，诸多学者进行了一些有益探究，如 Holmquist、Johnson 和 Cook 首先给出了静态抗压强度为 48MPa、抗拉强度为 4MPa 的混凝土的 HJC 模型计算参数；陈建林等针对该模型的力学参数获取问题设计了一系列具体的试验，并通过这些试验获取了一种混凝土的 HJC 模型的具体参数；张凤国和李恩征认为混凝土 HJC 模型的多数参数可采用原始值，其他参数（如 P_c、μ_c、D_1 等）可通过力学试验和简单计算得到；Tang 等和 Christopher 根据相关力学试验分别确定了沥青材料与砖混结构的 HJC 模型参数；方秦等基于石灰岩的静载试验和动态冲击试验，提供了一种岩石的 HJC 模型参数确定方法并通过弹体侵彻石灰岩靶体的数值模拟对参数进行了验证；解北京等基于提出的静态损伤变量法确定了含瓦斯煤 HJC 模型的主要参数，通过数值模拟和试验对比验证发现获得的含瓦斯煤的 HJC 模型主要参数能够较好地模拟含瓦斯煤冲击破坏的动态过程。当前在岩石冲击载荷和爆炸载荷的数值模拟中（尤其以煤岩为材料），选取 HJC 模型参数的方法并不统一。本书将基于相关力学试验数据，通过一定的换算和验证，从而得到煤岩在动态冲击中的 HJC 模型参数。

煤岩试样 HJC 模型的部分参数计算公式如下：

$$\mu_1 = \frac{\rho}{\rho_0} - 1 \tag{9.24}$$

$$G = \frac{E}{2(1+\nu)} \tag{9.25}$$

$$K_e = \frac{E}{3(1-2\nu)} \tag{9.26}$$

$$P_c = \frac{f_c}{3} \tag{9.27}$$

$$T = 0.62(f_c)^{0.5} \tag{9.28}$$

$$\mu_c = \frac{P_c}{K_e} \tag{9.29}$$

$$D_1 = \frac{0.01}{1/6 + T/f_c} \tag{9.30}$$

$$P = \frac{\mu\rho_0 C^2 (\mu+1)}{(1-S)\mu+1} \tag{9.31}$$

根据式（9.24）～式（9.31）和煤岩试样的基本物理力学参数可得如下 HJC 模型参数。

（1）基本参数：ρ=1428kg/m^3，f_c=4.3MPa，E=0.57GPa，ν=0.3，由式（9.25）计算得 G=0.22 GPa，由式（9.28）计算得 T=1.11MPa。

（2）强度参数：根据文献研究结论，参数 A、B 的取值变化对应力最大值有一定影响而相应的应变值不变；压力强化系数 N 的变化影响材料塑性变形阶段的斜率；调整应变率强化系数 C 的值，应力-应变曲线整体不发生变化，可取原始文献值；S_{fmax} 可由材料动态应力-应变曲线得到。本书根据大量室内试验数据，并对数值模拟多次调试和反复验证，最终得到各个强度参数的取值：A=0.79、B=1.60、C=0.007、N=0.61、S_{fmax}=7.0。

（3）压力参数：由式（9.26）求得体积模量 K_e=0.48GPa，由式（9.29）和式（9.27）求得弹性极限时的静水压力和体积应变，P_c=1.07MPa、μ_c=2.21；根据文献资料，K_1、K_2、K_3 可通过 Hugoniot 实验确定，若无法得到有效的 Hugoniot 实验数据则可根据式（9.31）进行确定，经验常数 C、S 采用文献中的取值，求得 K_1=85 GPa、K_2=171GPa、K_3=208GPa。μ_1 为煤岩内孔隙被压实的体积应变，根据式（9.24）求得 μ_1=0.12。根据室内试验数据和模拟验算，压实压力 P_1 取 0.15GPa。

（4）损伤参数：Hlmquist 假定损伤参数与混凝土强度无关，D_2 和 E_{fmin} 可根据文献取值，D_1 按照式（9.30）计算取值，D_1=0.019、D_2=1、E_{fmin}=0.01。

（5）软件参数：根据手册中的相关说明，参考应变率 E_{PSO} 取值为 $1.0 \times 10^6 s^{-1}$，失效类型 FS 取值为 –0.1。

根据以上煤岩 HJC 模型参数计算结果，可确定煤样 HJC 模型数值模拟输入参数如表 9.3 所示。

表 9.3 煤样 HJC 模型数值模拟输入参数

参数	ρ/（kg/m^3）	G/GPa	A	B	C	N	f_c/MPa
数值	1428	0.22	0.79	1.60	0.007	0.61	4.3
参数	T/MPa	E_{PSO}	E_{fmin}	S_{fmax}	P_c/MPa	μ_c	P_1/GPa
数值	1.11	1.0×10^{-6}	0.01	7.0	1.07	2.21	0.15
参数	μ_1	D_1	D_2	K_1/GPa	K_2/GPa	K_3/GPa	FS
数值	0.12	0.019	1	85	171	208	–0.1

9.4.2 基于完全重启动的局部循环冲击实现方法

1. ANSYS/LS-DYNA 完全重启动

ANSYS/LS-DYNA 求解器包括一般求解和三类重启动求解。重启动是指基于前次分析所输出的重启动点继续进行后续的分析。在非线性的瞬态问题模拟中，重启动分析是经常遇到的一项技术，在显式动态计算求解中被广泛应用，可用于修改模型、改变材料参数、设定结果文件输出频率等，也可用来诊断运算中出现的问题。ANSYS/LS-DYNA 可进行简单重启动、小型重启动和完全重启动三种类型的重启动分析。LS-DYNA 在缺省条件下会在结果文件中写入一个"dump"文件，其包括用于重启动的全部数据。

1）简单重启动

简单重启动是不改变数据库的重启动，适用于之前的分析被执行开关控制SW1 终止或分析没有运行足够时间的情况，用户执行简单重启动文件（d3dump），无须修改任何其他设置，即可继续求解，计算结果将附加到原有的结果文件。

2）小型重启动

当需对数据库进行微小改变时，要使用小型重启动。这种重启动适用于需要延长计算时间或对模型进行细微修改的情况。小型重启动分析中允许的模型修改项目包括：重新设定分析结束时间、重新设定文件输出频率、改变初始速度、改变终止准则、改变位移约束条件、改变 ASC Ⅱ 文件输出设置、改变载荷曲线、刚体-变形体之间的互换、删除单元等。改变后的模型需要构建一个新的输入文件"jobname.r"，该文件中包含模型中所有改变的关键字，其分析结果将被附加到所有结果文件中。

3）完全重启动

完全重启动适用于需要对模型进行大量显著修改的重启动问题。例如，模型部件的增加和删除、载荷条件的改变、材料的更换等，其优点是改变的数据和结果文件能与修改后的模型相互匹配。需要注意的是，通过完全重启动增加或删减模型中的单元时，需对新增加的单元材料号、部件号进行重新设定，即要使这些单元与其他单元有相同的特性，以保证它们不会影响模型中的其他部件。

2. 基于完全重启动的循环冲击实现方法

目前，关于不同材料（金属材料、混凝土、陶瓷、岩石类材料等）动力响应特性的研究，多集中于材料在不同冲击载荷作用下的动态性能和损伤破坏方面，其研究方法主要包括理论推导、试验研究和数值模拟分析。就数值模拟而言，由于目前相关数值模拟软件和数值模型构建方法的限制，对不同材料在冲击载荷作用下动态响应的数值模拟研究主要是在单次冲击下进行，而关于材料在多次循环冲击载荷作用下的动态累积损伤变形规律的数值模拟研究至今鲜见报道。关于材料多次循环冲击的数值模拟有两个难题需要解决：循环冲击载荷模型的构建和动态损伤变形的累积，构建循环冲击载荷模型时需满足施加冲击载荷的部件（如冲击锤）在完成对受冲击部件（如试样）施加冲击载荷后不影响下次冲击载荷的施加，这就需要使施加冲击载荷的部件在完成本次冲击后从数值模型中删除，然后再添加新的施加冲击载荷的部件进行下一次冲击，依次类推实现循环冲击载荷的施加；而对于动态损伤变形的累积，需要满足在循环冲击载荷的施加过程中，受冲击部件在每次被冲击后的动态应力-应变演化和损伤能被下一次冲击继承，即受冲击部件受下一次冲击载荷的损伤变形以上次冲击载荷引起的损伤变形为基础，受冲击部件的损伤变形在每次冲击后都进行累积直至发生破坏终止。为了解决上述两个难题，本书将 ANSYS/LS-DYNA 中的重启动求解方法应用于循环冲击载荷的数值模拟中，提出了一种基于 ANSYS/LS-DYNA 完全重启动的多次循环冲击实现方法，并利用该方法开展了煤岩试样在循环冲击载荷作用下动力响应特性的数值模拟研究。循环冲击计算流程如图 9.44 所示。

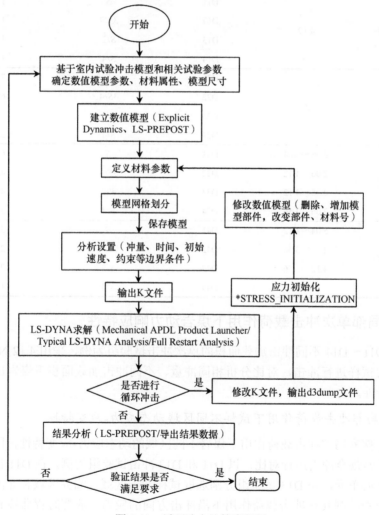

图 9.44　循环冲击计算流程图

9.5 局部冲击载荷作用下煤岩动力响应特性

9.5.1 局部冲击载荷作用数值模拟方案

为了与室内试验研究进行有效对比，制定了与室内冲击试验相对应的煤岩试样的局部冲击数值模拟冲击方案，如表 9.4 所示。

表 9.4 数值模拟冲击方案

冲击模式	冲量 $I/(\mathrm{N\cdot s})$	组号	冲击加载面积	循环冲击次数/次
单次冲击	4.12	D11	S	1
		D12	$3S/4$	1
		D13	$S/2$	1
		D14	$S/4$	1
循环冲击	2.91	D21	S	7
		D22	$3S/4$	6
		D23	$S/2$	4
		D24	$S/4$	2
递增冲击	$2.06\sim5.04$	D31	S	6
	$2.06\sim4.12$	D32	$3S/4$	4
	$2.06\sim4.12$	D33	$S/2$	4
	$2.06\sim3.56$	D34	$S/4$	3
递减冲击	$5.04\sim4.12$	D41	S	3
	$4.12\sim3.56$	D42	$3S/4$	2
	$4.12\sim3.56$	D43	$S/2$	2
	3.56	D44	$S/4$	1

9.5.2 局部单次冲击载荷作用下煤岩动力响应特性

以 D11～D14 不同冲击加载面积的单次冲击试验组为例，采用 4.12 N·s 的冲量对煤岩试样进行冲击，对比分析相同冲量、不同冲击加载面积下煤岩试样的动力响应特性。

1）局部冲击载荷作用下试样不同区域动态应力-应变特性

为了探究局部冲击载荷作用下煤岩不同区域的动态应力-应变特性，同时对局部冲击和常规全冲击进行对比，以 D11 和 D13 冲击试验组为例，在 D11 试验组选取试样中心单元，在 D13 试验组分别选取试样冲击区域、临界区域和非冲击区域单元，分别绘制其在冲击载荷作用下沿冲击方向的应力、应变时程曲线和动态应力-应变曲线，如图 9.45 和图 9.46 所示。由于非冲击区域的应力、应变值与冲击区域和临界区域存在数量级差异，故对其单独绘制曲线进行分析。

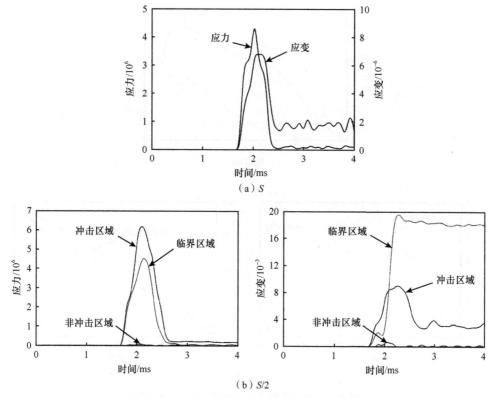

图 9.45　冲击载荷作用下试样应力、应变时程曲线

由图 9.45 可知，常规全冲击时试样在受冲击载荷作用时其应力、应变随冲击载荷作用时间时程曲线均呈倒 "V" 形非线性变化。由于冲击载荷作用时间十分短暂，试样应力、应变在短时间内急剧增大后又急剧减小，且应变随应力变化的过程中存在明显的滞后效应，表现为试样受冲击时应力迅速增大，应变随着应力的增大急剧上升，当应力到达峰值时应变并没有到达峰值，而是滞后一段很短时间后才到达峰值，这可能是由于冲击载荷作用时间很短，试样应变来不及随应力迅速反应而表现出一定的滞后现象。另外，冲击载荷作用后试样应力、应变仍随时间在一定范围内上下波动直至最终稳定在一定值，应力波动后最终下降至 0 而应变则没有完全恢复至冲击前，说明试样在冲击载荷作用下发生了一定的塑性变形。

局部冲击时，试样冲击区域和临界区域应力、应变随冲击载荷作用时间变化规律与常规全冲击时基本一致，而非冲击区域的应力、应变在整个冲击过程中变化不大，仅在小范围内波动。另外，试样不同区域的应力、应变差异明显。对于应力，冲击区域大于临界区域，而非冲击区域应力明显小于冲击区域和临界区域；对于应变，临界区域大于冲击区域，而非冲击区域应变明显小于冲击区域和临界区域。局部冲击载荷作用后，试样冲击区域应变随着卸载大幅度恢复但并没有完

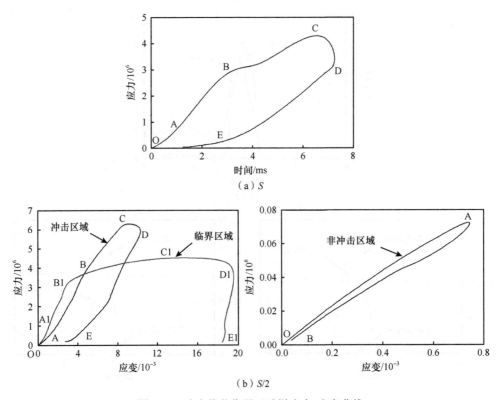

（a）S

（b）S/2

图 9.46　冲击载荷作用下试样应力-应变曲线

全恢复至冲击前，最终稳定在一定值，与常规全冲击时相似；试样临界区域应变并未随卸载而大幅度恢复，仍维持在最大应变值左右，说明试样临界区域发生了较大的塑性应变；试样非冲击区域应变在卸载后基本完全恢复至冲击前状态，说明该区域仅发生了较小的弹性变形。

　　由图 9.46 可知，常规全冲击时试样应力-应变曲线大致可分为五个阶段，压密阶段（OA 段）：该阶段煤岩试样在冲击压力作用下其内部孔隙结构被逐渐压密；线弹性阶段（AB 段）：此阶段应力-应变曲线近似呈直线且其斜率比压密阶段大，说明煤岩试样在被压密后进入弹性阶段；微结构萌生扩展阶段（BC 段）：此阶段应力-应变曲线切线的斜率较弹性阶段小，表明煤岩试样在冲击压力作用下其内部开始萌生新的微结构并不断扩展演化，但试样并没有发生明显的宏观破坏，C 点处的应力为此次冲击试样受到的最大冲击力，称为峰值应力；卸载损伤阶段（CD段）：试样所受外部动载荷在过了 C 点之后开始逐渐减小但仍处于较大水平，试样在此阶段变形没有发生立即回弹，在最大应变 D（峰值应变）之前仍继续在较小范围内增加，说明煤岩试样在此阶段随着内部微结构的进一步演化已经形成了一定的塑性变形；卸载回弹阶段（DE 段）：当煤岩试样所受的外部冲击力小于 D

点的应力后，由于试样整体损伤破坏并不明显仍存在一定的承载能力，此时试样的应变随着应力的不断卸载而发生明显的回弹，煤岩试样受该次冲击后的弹性模量即此段曲线的斜率，D 点到 E 点间应变的变化量是此次冲击过程中恢复的弹性应变。

局部冲击时，试样不同区域应力-应变曲线特征不同，冲击区域应力-应变曲线形态与常规全冲击时基本一致，均呈现五个变化阶段，不再赘述。临界区域应力-应变曲线的五阶段变化与冲击区域不同，其中压密阶段（OA1 段）和线弹性阶段（A1B1 段）与冲击区域基本一致，但在微结构萌生扩展阶段（B1C1 段），煤岩试样在冲击压力作用下内部微结构萌生并迅速扩展演化，逐渐出现明显的塑性变形，应力上升较小但应变持续增大；在卸载损伤阶段（C1D1 段），试样所受外部动载荷开始卸载，但由于应力仍处于较大水平且试样已产生塑性变形，此阶段试样应变继续大幅度增大；在卸载回弹阶段（D1E1 段），由于试样在前面高应力阶段发生了较大的不可逆塑性变形，虽然应力逐渐减小但直至完全卸载试样的应变回弹幅度很小，说明临界区域在冲击载荷作用下发生了较大的塑性变形。对于非冲击区域，其应力-应变曲线没有明显的五阶段变化特征，仅表现出加载阶段（OA）和卸载阶段（AB）两个阶段的变化，且与冲击区域和临界区域相比其在整个冲击过程中的应力、应变变化均很小，其变形也为弹性变形，卸载后该区域的应变基本回弹至冲击前状态。从局部冲击载荷作用下试样不同区域的应力-应变曲线可以发现，局部冲击载荷作用下试样临界区域的峰值应力较冲击区域低，但其峰值应变远大于冲击区域，说明该区域出现了较大的塑性应变，受局部冲击载荷作用时该区域也最容易出现损伤破坏，这与室内试验研究的试验结果一致。

2）冲击加载面积与试样不同区域变形耦合关系

以 D11～D14 不同冲击加载面积试样组为例，对相同冲量、不同冲击加载面积下试样冲击区域、临界区域和非冲击区域的变形（试样受冲击稳定后的塑性应变）进行对比分析。在四个不同冲击加载面积下，分别选取试样冲击区域、临界区域和非冲击区域单元，提取试样受冲击稳定后的塑性应变值，不同冲击加载面积下试样各区域变形值汇总如表 9.5 所示。

表 9.5　不同冲击加载面积下试样各区域变形值

组号	加载面积	冲量 I/(N·s)	不同区域变形值/10^{-3}		
			冲击区域	临界区域	非冲击区域
D11	S		1.33	—	—
D12	$3S/4$	4.12	2.05	12.64	0.28
D13	$S/2$		3.51	18.12	0.19
D14	$S/4$		42.52	59.43	0.03

由表 9.5 可知，试样受相同冲量的冲击载荷作用后，冲击加载面积不同试样冲击区域、临界区域和非冲击区域的塑性变形量不同。对于冲击区域和临界区域，试样受冲击稳定后的塑性应变随冲击加载面积的减小呈加速增大趋势，这主要是由于相同冲量条件下试样的冲击加载面积越小，冲击区域和临界区域受力越集中，试样局部所受单位面积的冲击力越大，致使受冲击区域和临界区域的变形相应也就越大；对于非冲击区域，局部冲击载荷作用下试样受冲击稳定后的塑性应变随冲击加载面积的增大呈加速增大趋势，这与冲击区域和临界区域与冲击加载面积的耦合关系正好相反，其原因可能是试样受冲击面的总面积一定，冲击加载面积越大则非冲击区域相对越小，非冲击区域距冲击区域的距离就会越小，导致非冲击区域受冲击载荷的影响就相对越大。

9.5.3 局部循环冲击载荷作用下煤岩动力响应特性

以 D21～D24 不同冲击加载面积的循环冲击试验组为例，采用 2.91N·s 的冲量对煤岩试样进行循环冲击，对比分析相同单次冲击冲量和不同冲击加载面积下煤岩试样随循环冲击次数的动力响应特性。

1）常规循环冲击载荷作用下煤岩试样应力应变特性

为了探究常规循环冲击载荷作用下煤岩试样随循环冲击次数的动态应力应变特性，以 D21 冲击试验组为例，选取试样中心单元分别绘制其在循环冲击载荷作用下沿冲击方向的应力、应变时程曲线，如图 9.47 所示。

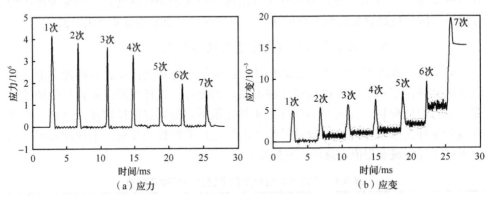

图 9.47 常规循环冲击载荷作用下试样应力、应变时程曲线

由图 9.47 可知，常规循环冲击载荷作用下，采用 2.91N·s 的冲量对煤岩试样循环冲击 7 次后试样破坏，试样每次受冲击时的峰值应力随循环冲击次数的增加呈逐渐减小趋势，这主要是由于试样在每次冲击时的峰值应力为该次冲击过程中煤岩试样对外部动载荷的最大抵抗力，同一试样峰值应力的大小由试样内部损伤程度和所受冲击载荷大小决定；在相同冲击载荷条件下，随着循环冲击次数的增

加煤岩试样内部的损伤程度逐渐增大，对外部冲击的抵抗能力逐渐下降，导致其峰值应力随着循环冲击次数的增加呈逐渐减小趋势。另外，煤岩试样峰值应力在前 4 次冲击中下降不明显，而第 5 次冲击时其峰值应力突然大幅度下降，这可能与前文所述的试样内微结构迅速发育的冲量阈值有关，前 4 次冲击时由于冲量没有达到该阈值，试样内微结构演化缓慢，冲击对试样的损伤程度不大致使试样的峰值应力仅有小幅度下降，随着循环冲击次数的增加该冲量阈值逐渐下降，当第 5 次冲击时循环冲击的冲量达到该阈值，试样内微结构迅速演化，损伤程度也显著增大，导致试样峰值应力在第 5 次冲击时出现了突然下降的现象。

对于循环冲击载荷作用下试样的应变，试样每次受冲击时的峰值应变随循环冲击次数的增加呈逐渐增大趋势，且每次冲击卸载后的塑性应变值也随着循环冲击次数的增加逐渐增大，尤其是在循环冲击的后期试样出现宏观破坏时，峰值应变和卸载后的塑性应变均显著增大（如第 5、6、7 次冲击时）。另外，试样峰值应力大幅度下降和峰值应变大幅度上升均发生在第 4 次冲击时，说明此次冲击造成了试样内微结构的剧烈演化，试样产生了较大的损伤，但此次冲击卸载后试样塑性应变并没有大幅度上升，而是在第 5 次冲击后塑性应变才有明显的较大上升，这可能是由于在第 4 次冲击时试样内微结构虽然剧烈演化但还没有形成宏观的损伤破坏，而在第 5 次冲击时才开始形成宏观破坏，致使此次冲击时试样的塑性应变大幅度上升。由于试样在之前的多次循环冲击中已经累积了较大程度的损伤，第 7 次冲击时试样的峰值应变和卸载后的塑性应变均成倍增加，试样多处出现宏观破裂。

2）局部循环冲击载荷作用下煤岩试样应力应变特性

为了探究局部循环冲击载荷作用下煤岩试样随循环冲击次数的动态应力应变特性，以 D23 局部冲击试验组为例，分别选取试样冲击区域、临界区域和非冲击区域单元，绘制试样不同区域在循环冲击载荷作用下沿冲击方向的应力、应变时程曲线，如图 9.48 所示。

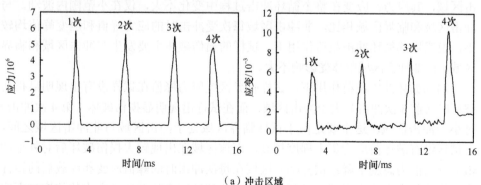

（a）冲击区域

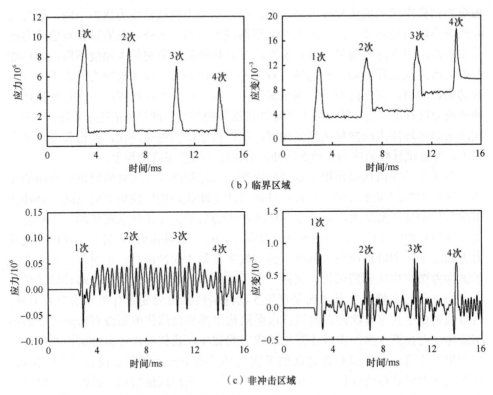

（b）临界区域

（c）非冲击区域

图9.48　局部循环冲击载荷作用下试样不同区域应力、应变时程曲线（*S*/2）

由图9.48可知，局部循环冲击载荷作用下，采用2.91N·s的冲量对煤岩试样循环冲击4次后试样破坏，试样不同区域的应力、应变随循环冲击次数增加的动力响应特征差异明显，试样冲击区域和临界区域应力、应变随循环冲击次数变化规律与常规全冲击时基本一致，每次受冲击时的峰值应力随循环冲击次数的增加呈逐渐减小趋势，而峰值应变随循环冲击次数的增加呈逐渐增大趋势；对于非冲击区域，其应力、应变在整个循环冲击过程中变化不大，仅在小范围内波动，与冲击区域和临界区域相比，非冲击区域每次受冲击时的应力峰值和应变峰值均较小，说明局部循环冲击载荷作用下，试样的损伤破坏主要发生在冲击区域和临界区域，而非冲击区域整体受影响不大。

局部循环冲击载荷作用下，试样临界区域应力峰值在试样没有出现明显损伤破坏时（前3次冲击）大于冲击区域，而在试样出现明显损伤破坏（第4次冲击）时小于冲击区域，这主要是由于试样临界区域处于冲击区域与非冲击区域之间，在试样没有破坏前应力集中程度较高，而该区域在出现较大损伤破坏后对外部冲击的抵抗能力急剧下降；试样临界区域在每次冲击时的峰值应变和卸载后的塑性应变均明显大于冲击区域，尤其是卸载后的塑性应变随循环冲击次数的增加而明显增大，而冲击区域每次冲击卸载后的塑性应变上升幅度不大；说明局部循环冲击载荷作用下试样临界区域最容易出现损伤破坏，这与室内试样研究的结果一致。

3）冲击加载面积与试样不同区域变形耦合关系

以 D21～D24 不同冲击加载面积试样组为例，对相同单次冲量、不同冲击加载面积下试样冲击区域、临界区域的变形随循环冲击次数的演化（试样每次受冲击稳定后的塑性应变）进行对比分析，非冲击区域每次冲击后的塑性变形均较小，不再进行统计分析。在 4 个不同冲击加载面积下分别选取试样冲击区域和临界区域单元，提取试样每次受冲击稳定后的塑性应变值，不同冲击加载面积下试样各区域变形随循环冲击次数演化情况如表 9.6 所示。

表 9.6 不同冲击加载面积下试样各区域变形随循环冲击次数演化情况

冲量 $I/(N \cdot s)$	循环冲击次数/次	冲击区域变形/10^{-3}				临界区域变形/10^{-3}		
		S	$3S/4$	$S/2$	$S/4$	$3S/4$	$S/2$	$S/4$
2.91	1	0.14	0.26	0.48	1.97	2.07	3.45	6.68
	2	0.36	0.45	0.69	10.89	3.29	4.64	46.54
	3	0.82	0.96	1.51	—	5.16	6.81	—
	4	1.17	1.41	1.92	—	7.67	9.72	—
	5	2.55	5.12	—	—	14.15	—	—
	6	5.93	9.38	—	—	21.57	—	—
	7	15.39	—	—	—	—	—	—

由表 9.6 可知，局部循环冲击载荷作用下，试样冲击区域和临界区域的塑性变形均随循环冲击次数的增加呈逐渐增加趋势，这主要是由于随着循环冲击次数的增加，试样冲击区域和临界区域的累计损伤逐渐增大，其塑性变形也随之增大；相同循环冲击次数下，冲击加载面积不同试样冲击区域和临界区域的塑性变形量不同，表现为试样受冲击稳定后的塑性应变随冲击加载面积的减小呈加速增大趋势，且随着循环冲击次数的增加这种加速增大的趋势变得更加显著，这主要是由于试样的冲击加载面积越小冲击区域和临界区域受力越集中，在局部冲击载荷作用下其塑性变形就越大，随着循环冲击次数的增加，冲击加载面积较小试样的冲击区域和临界区域由于受力集中程度较高已发生较大损伤破坏其塑性变形急剧增大，而冲击加载面积较大试样的冲击区域和临界区域的塑性变形仍处在缓慢演化阶段，故随着循环冲击次数的增加试样冲击区域和临界区域的塑性变形随冲击加载面积的减小而加速增大的趋势变得显著。另外，随着冲击加载面积的减小试样临界区域与冲击区域塑性变形的差值逐渐增大，且该差值增大的幅度随循环冲击次数的增加而增大。

9.6 局部冲击载荷作用下煤岩的破坏模式

9.6.1 局部冲击载荷作用下煤岩试样动态破坏过程

以单次冲量为 5.82N·s 的常规全冲击和单次冲量为 4.12N·s 的 S/2 局部冲击为例，分析煤岩试样在单次冲击下的动态破坏全过程，并对比常规全冲击和局部冲击条件下试样破坏模式的异同。

1）常规全冲击下煤岩试样动态破坏过程

常规全冲击时，煤岩试样随冲击加载时程变化的动态破坏演化过程有效塑性应变云图如图 9.49 所示。

由图 9.49 可知，常规全冲击下煤岩试样的破坏程度随冲击加载时程逐渐演化，并最终呈"X"形破坏；$t=1.499$ms 时，冲击锤与煤岩试样接触后对试样施加冲击压力，试样在动态冲击压力作用下有效塑性应变剧烈演化，但此时试样并未出现破坏；$t=1.574$ms 时，在试样 4 个监测面上沿对角线方向开始出现明显塑性应

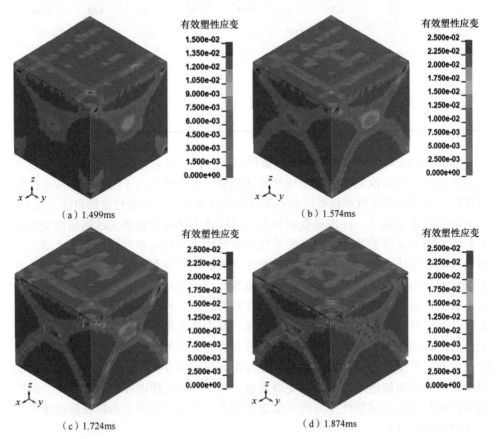

（a）1.499ms

（b）1.574ms

（c）1.724ms

（d）1.874ms

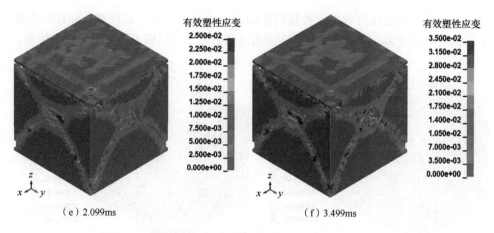

（e）2.099ms　　　　　　　　　　　（f）3.499ms

图 9.49　常规全冲击下煤岩试样动态破坏过程（I=5.82N·s）

变增大带，该塑性应变增大带在冲击压力作用下受力集中程度较高，导致该区域出现了较大的压剪塑性变形，而其他区域整体塑性变形不大；t=1.724ms 时，随着冲击压力的继续增大试样沿该塑性应变增大带开始出现塑性破坏，单元塑性应变达到其最大阈值后开始失效并被自动删除（**LS-DYNA** 中单元失效破坏后会被自动删除）；t=1.874ms 时，试样在冲击压力作用下达到峰值应力，试样塑性应变增大带范围扩大且该区域大量单元失效被自动删除形成了明显的裂缝；t=2.099ms 时，试样过了峰值应力后进入卸载阶段，由于此时应力集中程度仍较高，试样塑性应变增大带进一步演化，该区域失效单元数量仍在增加；t=3.499ms 时，试样完全卸载，塑性应变增大带逐渐趋于稳定，试样失效单元数量不再增加而形成稳定的塑性应变破坏带。

2）局部冲击载荷作用下煤岩试样动态破坏过程

局部冲击时，煤岩试样随冲击加载时程变化的动态破坏演化过程有效塑性应变云图如图 9.50 所示。由图 9.50 可知，局部冲击载荷作用下煤岩试样的破坏程度随冲击加载时程逐渐演化，并最终沿临界区域斜向冲击区域下角方向形成塑性破坏带；t=2.024ms 时，冲击锤与煤岩试样接触后对试样施加冲击压力，试样在动态冲击压力作用下在 1-1 面临界区域首先形成塑性应变增大带，但此时试样并未出现破坏；t=2.174ms 时，临界区域塑性应变增大带范围沿斜向冲击区域下角方向扩展，且该区域塑性应变显著增大，开始出现单元失效；t=2.249ms 时，临界区域由于塑性应变增大到其最大阈值，大量单元失效后被删除形成裂缝，塑性应变增大带范围扩展到冲击区域下角处；t=2.474ms 时，试样冲击区域在冲击压力作用下达到峰值应力，试样塑性应变增大带处的塑性应变进一步增大，其范围也进一步扩大且该区域大量单元失效后被自动删除，形成了明显的破坏裂缝；t=2.624ms 时，试样进入卸载阶段，但此时冲击区域应力集中程度仍较高，试样塑性应变增大带进一步演化，该区域失效单元数量仍在增加；t=3.674ms 时，试样完全卸载后失效单元数量不再增加，沿临界区域斜向冲击区域下角方向形成了稳定的塑性破坏带。

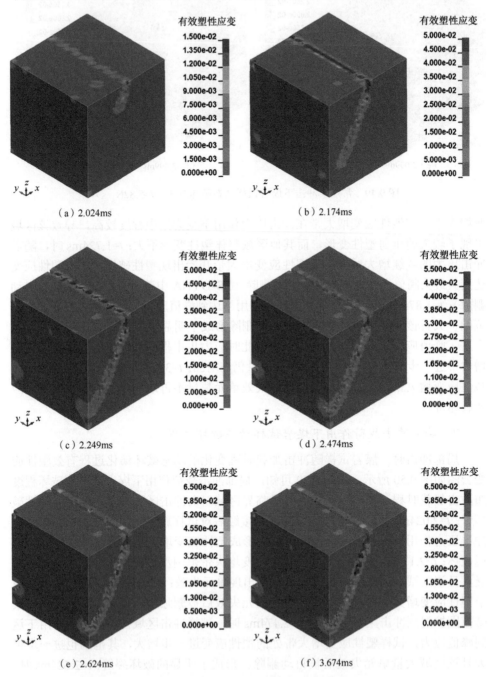

图 9.50 局部冲击载荷作用下煤岩试样动态破坏过程（I=4.12N·s）

9.6.2　局部循环冲击次数对煤岩破坏模式的影响

以 D21 和 D23 冲击试验组为例，对煤岩试样在循环冲击载荷作用下的动态破坏过程进行分析，并对比分析常规全冲击和局部冲击条件下试样破坏模式的异同。

1）常规循环冲击下煤岩试样动态破坏过程

常规循环冲击时，煤岩试样随循环冲击次数的动态破坏演化过程有效塑性应变云图如图 9.51 所示。

由图 9.51 可知，常规循环冲击时煤岩试样的破坏程度随循环冲击次数逐渐演化，并最终沿冲击方向呈倒"V"形破坏，这与单次大冲量冲击作用下形成的"X"形破坏带不同。由于单次冲击的冲量较小，前 3 次冲击时煤岩试样整体塑性变形不大，仅在直接受冲击面（1-1 面）中心区域附近出现较小的塑性变形，且随着循环冲击次数的增加产生塑性变形区域的范围缓慢增大，此时试样在冲击作用下主

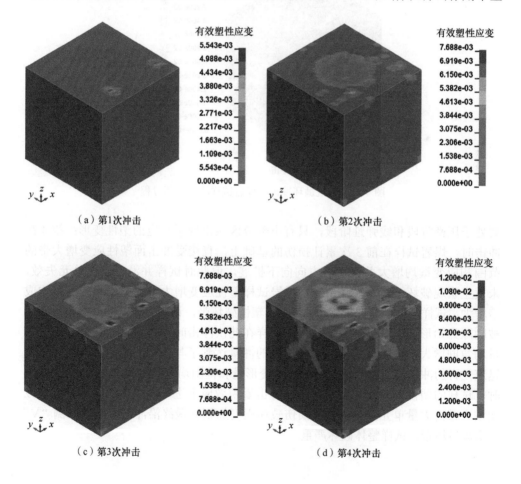

（a）第1次冲击　　　　　　　　　　　（b）第2次冲击

（c）第3次冲击　　　　　　　　　　　（d）第4次冲击

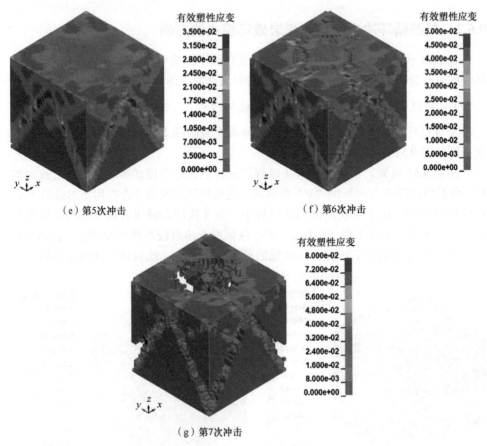

（e）第5次冲击　　　　　　　　　　　（f）第6次冲击

（g）第7次冲击

图9.51　常规循环冲击下煤岩试样动态破坏过程

要处于压密阶段和线弹性阶段，只有小部分区域出现了一定的塑性变形；第4次冲击时，煤岩试样在前3次累计损伤的基础上，直接受冲击面塑性应变增大带的范围和应变量均增大并沿冲击方向向下扩展，但此时试样并没有出现单元失效，未发生宏观破坏；第5次冲击时，煤岩试样塑性应变增大带的范围和应变量均成倍增大，试样沿冲击方向出现倒"V"形塑性破坏带，该破坏带内部分单元失效后被删除开始形成宏观破坏裂缝，煤岩试样在此次冲击时塑性变形区域范围和变形量均急剧增大，可能是由于此次冲击时的冲量达到了与前文所述的试样内微结构迅速发育的冲量阈值，致使试样的塑性变形量和范围均突然增大；第6、7次冲击时，试样的塑性应变值和范围在之前冲击累积效应下进一步快速增大，且塑性应变增大带内大量单元失效，试样损伤破坏程度加剧并最终沿冲击方向形成倒"V"形宏观破坏带，试样整体破坏严重。

2）局部循环冲击下煤岩试样动态破坏过程

局部循环冲击时，煤岩试样随循环冲击次数的动态破坏演化过程有效塑性应变云图如图 9.52 所示。

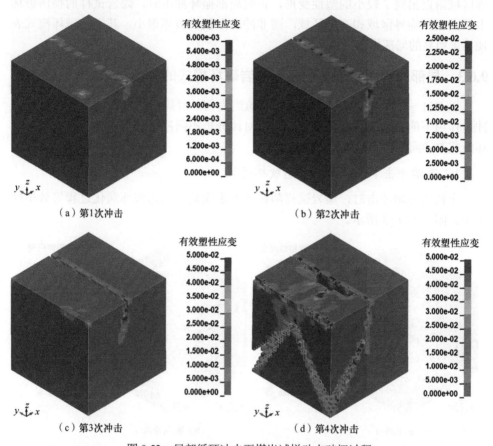

（a）第1次冲击　　　　　　　　　　　　　　（b）第2次冲击

（c）第3次冲击　　　　　　　　　　　　　　（d）第4次冲击

图 9.52　局部循环冲击下煤岩试样动态破坏过程

由图 9.52 可知，局部循环冲击时煤岩试样的破坏程度随循环冲击次数逐渐演化，并最终在冲击区域形成沿临界区域斜向冲击区域下角方向的破坏带和沿冲击方向的倒 "V" 形破坏带，这与单次大冲量冲击作用下形成的宏观破坏带不同。第 1 次冲击时，试样仅在直接受冲击面临界区附近区域形成塑性应变增大带且塑性应变整体较小；第 2 次冲击时，试样塑性应变增大带沿冲击方向由临界区域斜向冲击区域发展，且该区域塑性应变显著增大但此时并未出现单元失效破坏；第 3 次冲击时，塑性应变增大带的范围沿冲击方向斜向冲击区域进一步发展，同时该区域的塑性应变值成倍增加，直接受冲击面临界区域开始出现部分单元失效并沿塑性应变增大带向下延伸；第 4 次冲击时，由于前 3 次冲击时试样已累积了较大的损伤，达到了临界破坏的状态，试样再次受冲击时表现出"一冲即溃"的发展模式，塑性应变增大带范围和应变量均急剧增大，大量单元失效形成宏观破坏带。而对于非冲击区域，整个循环冲击过程中均未出现明显的塑性变形，仅在靠近临界区域附近出现了较小的塑性变形，说明局部循环冲击时，煤岩试样的损伤破坏主要发生在临界区域和冲击区域，而非冲击区损伤破坏很小，其损伤破坏模式表现出了明显的局部化效应。

9.6.3 局部冲击冲量施加顺序与煤岩破坏模式的关系

以 D31～D34 和 D41～D44 冲击试验组为例，对煤岩试样在递增冲击和递减冲击作用下的动态破坏过程进行分析，对比分析不同冲量加载顺序下煤岩试样破坏模式的异同。

1）递增冲击下煤岩试样动态破坏过程

全面积递增冲击时，煤岩试样随循环冲击次数的动态破坏演化过程等效塑性应变云图如图 9.53 所示。

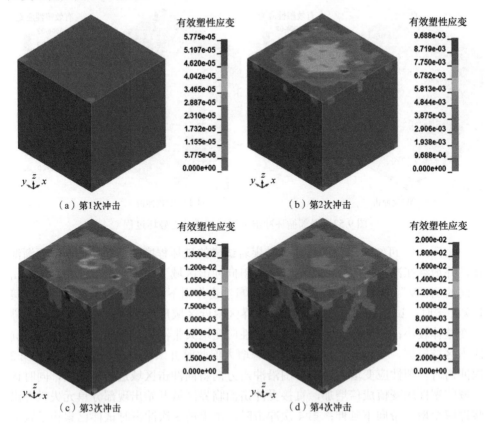

（a）第1次冲击 　（b）第2次冲击

（c）第3次冲击 　（d）第4次冲击

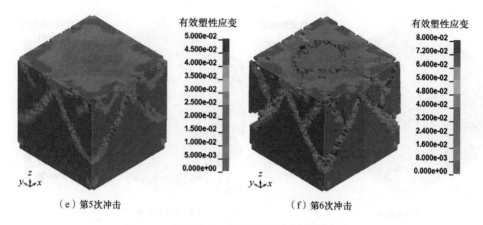

（e）第5次冲击　　　　　　　　　　（f）第6次冲击

图 9.53　递增冲击下煤岩试样动态破坏过程（S）

由图 9.52 和图 9.53 可知，全面积递增冲击和循环冲击下煤岩试样随循环冲击次数的动态破坏过程基本一致，且两种冲量加载顺序下试样最终的破坏模式也基本一致，均沿冲击方向呈倒"V"形破坏。与循环冲击相比，递增冲击下试样塑性应变增大带随循环冲击次数的演化更为剧烈，试样每受一次冲击其塑性应变增大带的范围和塑性应变量均有大幅度提高，试样更容易产生较大的塑性变形和损伤破坏。

局部递增冲击时，煤岩试样随循环冲击次数的动态破坏演化过程有效塑性应变云图如图 9.54 所示。由图 9.52 和图 9.54 可知，局部递增冲击和循环冲击下煤岩试样随循环冲击次数的动态破坏过程基本一致，且两种冲击模式下试样最终的破坏模式也基本一致，均最终在冲击区域形成由临界区域斜向冲击区域下角方向的破坏带和沿冲击方向的倒"V"形破坏带。与循环冲击相比，局部递增冲击下煤岩试样塑性应变带的范围和其塑性应变量均随循环冲击次数的增加呈加速增大趋势，

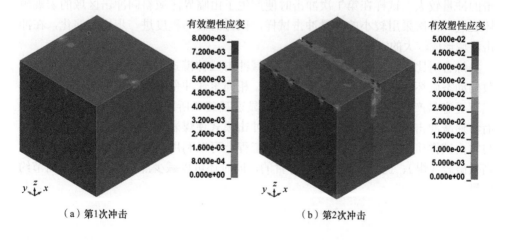

（a）第1次冲击　　　　　　　　　　（b）第2次冲击

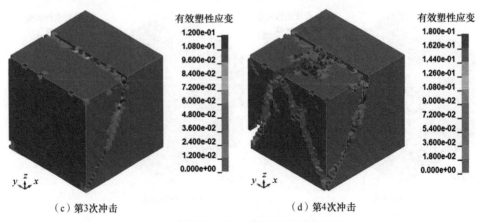

（c）第3次冲击　　　　　　　　　　　　（d）第4次冲击

图9.54　递增冲击下煤岩试样动态破坏过程（$S/2$）

而循环冲击下存在缓慢演化的阶段（如第2、3次冲击）。另外，相同循环冲击次数下，局部递增冲击时试样最终的破坏程度大于循环冲击时。

2）递减冲击下煤岩试样动态破坏过程

递减冲击时，煤岩试样随循环冲击次数的动态破坏演化过程有效塑性应变云图如图9.55所示。由图9.55可知，全面积递减冲击下煤岩试样在第1次较大冲量的冲击时，塑性应变增大带的范围和塑性应变量均较大，虽然此时试样未出现明显的破坏，但已产生了较大的损伤破坏，再次采用较小的冲量冲击试样时，试样的塑性应变增大带的范围和塑性应变量均急剧增大，大量单元由于达到有效塑性应变失效阈值而失效并形成宏观破坏裂缝；第3次冲击时，虽然单次冲击的冲量再次减小，但由于此时试样已损伤破坏严重而对冲击载荷的抵抗能力大幅度下降，此时较小冲量的冲击便可使试样产生很大的破坏。局部递减冲击下，由于首次冲击的冲量较大，试样在第1次冲击时便产生了由临界区域斜向冲击区域的宏观破坏裂缝，再次采用较小的冲量冲击试样，试样的破坏程度进一步剧烈演化，在冲击区域形成较大的宏观破坏。

综合对比循环冲击、递增冲击和递减冲击三种模式下煤岩试样随循环冲击次数的动态破坏演化过程和破坏模式可知，相同累计冲量时煤岩试样在递减冲击模式下更容易产生破坏，且使煤岩产生明显宏观破坏所需的循环冲击次数也最少，而与递减冲击模式相比循环冲击和递增冲击模式使煤岩破坏的效果相对较差，这与室内试样研究的结果一致。因此，在工程上可以利用改变冲量加载顺序来达到高效破岩（煤）、提高煤层透气性等目的，同时还可以减少冲击能量的损失而节约能量。

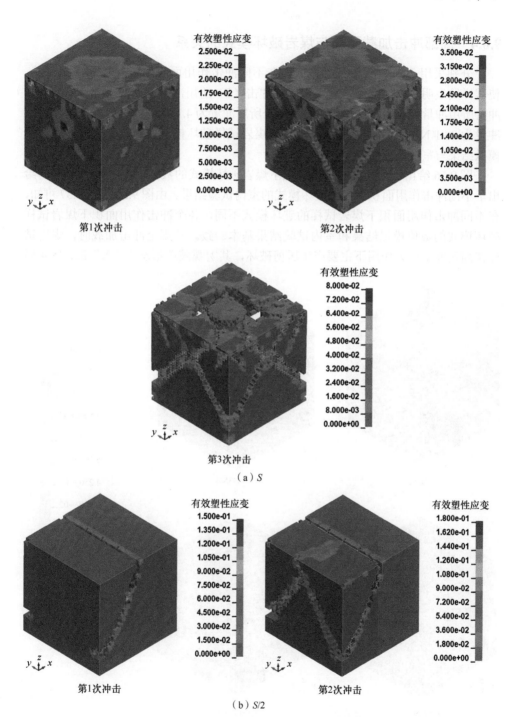

图 9.55　递减冲击下煤岩试样动态破坏过程

9.6.4 局部冲击加载面积与煤岩破坏模式的关系

分别采用不同的冲量对煤岩试样在不同冲击作用面积下进行单次冲击试验，使试样发生明显宏观破裂，其中全面积冲击（S）所用冲量为 5.82N·s，3S/4 局部冲击所用冲量为 5.04 N·s，S/2 局部冲击所用冲量为 4.12 N·s，S/4 局部冲击所用冲量为 2.91 N·s，探究冲击作用面积与煤岩试样破坏模式的耦合关系，并将数值模拟结果与室内试验结果进行对比。

图 9.56 给出了不同冲击作用面积下煤岩破坏模式的数值模拟结果，图 9.57 给出了不同冲击作用面积下煤岩破坏模式的室内试验结果。由图 9.56 和图 9.57 可知，在不同冲击作用面积下煤岩试样的破坏模式不同，各个冲击作用面积下煤岩试样破坏模式的数值模拟结果和室内试验结果基本一致。常规全冲击加载时，煤岩试样在高速冲击压力作用下主要产生压剪破坏，其宏观破坏形态为"X"形；3S/4 局

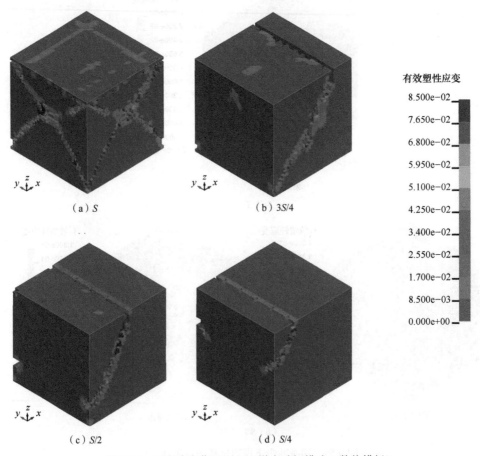

图 9.56　不同冲击作用面积下煤岩破坏模式（数值模拟）

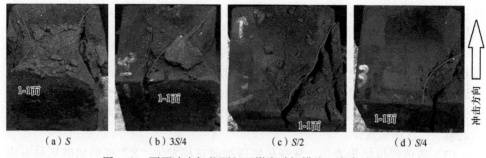

（a）S　　　　　　（b）3S/4　　　　　　（c）S/2　　　　　　（d）S/4

图 9.57　不同冲击加载面积下煤岩破坏模式（室内试验）

部冲击时，冲击区域受冲击压力作用而临界区域受剪切力作用，煤岩试样的抗剪强度远小于抗压强度，因此煤岩试样首先在临界区域发生破坏，然后沿冲击方向由临界区域斜向冲击区域下角形成宏观裂缝；S/2 局部冲击时，煤岩试样的破坏模式与 3S/4 局部冲击时相似，临界区域首先形成破裂，然后沿冲击方向由临界区域斜向冲击区域下角形成宏观破裂；S/4 局部冲击时，煤岩试样破坏模式与 S/2 和 3S/4 局部冲击时大体一致，只是试样破坏带的范围明显减小，试样在冲击作用下由临界区域开始破裂，然后沿着冲击方向由临界区域斜向冲击区域侧面中部形成宏观破裂。煤岩试样宏观破坏模式的本质是其内部孔裂隙等微结构演化、产生损伤变形的总体反映，试样内微结构演化剧烈的区域往往是试样发生宏观破裂的位置。另外，对比常规全冲击和局部冲击可知，常规全冲击试样破坏时的整体破坏程度较高，而局部冲击煤岩试样的破坏表现出明显的局部化效应，即冲击区域和临界区域破坏严重，而非冲击区域则基本不发生宏观破坏且冲击加载面积越小这种局部化效应越明显。

9.7　本章小结

本章在分析室内试验结果的基础上，利用 PFC2D 建立了煤岩试样的数值模型，开展了局部偏心载荷作用下单轴压缩与三轴压缩数值模拟研究，分析了局部偏心载荷系数对煤岩宏细观力学特性的影响与损伤规律的影响，探讨了煤岩在局部偏心载荷作用下损伤破坏机理；基于室内试验研究的煤岩动力冲击试验模型和方案，建立了与其对应的煤岩动态数值模拟模型，采用 ANSYS/LS-DYNA3D 非线性动力学数值分析软件，分析了在数值建模中的关键问题，包括 LS-DYNA 显式算法、求解流程、本构模型选取和模型参数确定方法等；运用煤岩 HJC 模型，对冲击载荷作用下煤岩的动力响应特性和损伤破坏模式进行了研究，重点探究局部冲击载荷作用下煤岩不同区域的动态力学特性和损伤破坏规律，分析了循环冲击次数、冲量大小、冲量加载顺序和冲击加载面积对煤岩动态损伤破坏的影响。所得主要结论如下：

（1）采用 PFC 中的平行黏结模型，基于室内试验得到的原煤试样的应力应变演化结果，通过反复调试得到了能够反映室内试验中采用的原煤力学特征与宏观破坏模式的细观力学参数。

（2）采用标定好的细观力学参数开展了局部偏心载荷作用下原煤试样损伤破坏过程模拟，得出了随着相对加载面积的增加试样峰值应力逐渐增大的结论，二者近似呈一次函数规律；随着相对加载面积的增加试样峰值应变逐渐增大，二者近似呈二次函数规律；随着相对加载面积的增加试样弹性模量同样逐渐增大，二者近似呈二次函数规律。

（3）数值模拟结果表明，常规单轴压缩时试样发生"X"形剪切破坏与室内试验原煤试样宏观破坏模式相互一致。局部偏心载荷单轴压缩时，试样主控裂纹主要位于加载区与非加载区交界面区域，主控裂纹扩展方向近似与加载方向平行，试样发生细观拉裂引起宏观剪切破坏。不同加载模式时，细观裂纹数量演化均可分为平静期、裂纹萌生与稳定扩展阶段、裂纹不稳定发展与贯通阶段、破坏后阶段四个阶段，且试样的起裂应力随相对加载面积的增加逐渐增大，二者近似呈线性函数规律。

（4）三轴压缩数值模拟结果表明，不同加载模式时，随着围压的增加试样峰值应力均逐渐增大，二者均呈线性函数规律；各围压条件下，随着相对加载面积的增加煤岩峰值应力均逐渐增加；除围压 3 MPa 外，峰值应变随着相对加载面积的增加呈先增大再减小再增大的趋势；弹性模量随着相对加载面积的增加呈逐渐增大的趋势，但不同条件下弹性模量增加的值很小。

（5）三轴压缩数值模拟结果表明，均布载荷条件下不同围压时试样均发生类"X"形破坏。局部偏心载荷时，随着围压的增大主控裂纹由低围压时的竖向裂纹向高围压时加载区偏斜的倾斜裂纹转变；细观裂纹数演化均可分为加载初始阶段的平静期Ⅰ、起裂点至峰值前的扩展期Ⅱ、峰后快速增加期Ⅲ；试样的起裂应力值同时受到加载区面积与非加载区围压值的共同影响，低围压时试样起裂应力随着相对加载面积的增大逐步增大，高围压时试样起裂应力随着相对加载面积的增大表现为先减小后增加的趋势。

（6）将 ANSYS/LS-DYNA 中的重启动求解方法应用于循环冲击载荷的数值模拟中，提出了一种基于 ANSYS/LS-DYNA 完全重启动的多次循环冲击实现方法，该方法可以有效地模拟煤岩试样在多次循环冲击、递增冲击和递减冲击等冲击加载方式的冲击试验。

（7）常规单次全冲击时，试样在受冲击载荷作用时其应力、应变随冲击作用时间时程曲线均呈倒"V"形非线性变化，且应变随应力变化的过程中存在明显的"滞后"效应，表现为当应力到达峰值时应变并没有到达峰值，而是滞后一段很短时间后才到达峰值；局部单次冲击时，试样冲击区域和临界区域应力、应变时程曲线与常规全冲击时基本一致，而非冲击区域的应力、应变在整个冲击过程中变化不大，仅在小范围内波动。

（8）常规单次全冲击时，试样应力-应变曲线大致可分为五个阶段：压密阶段、线弹性阶段、微结构萌生扩展阶段、卸载损伤阶段、卸载回弹阶段；局部单次冲击时，试样不同区域应力-应变曲线特征不同，冲击区域应力-应变曲线形态与常规全冲击时基本一致，临界区域应力-应变曲线的五阶段变化与冲击区域不同，而非冲击区域应力-应变曲线没有明显的五阶段变化特征，仅表现出加载阶段和卸载阶段两阶段的变化。

（9）试样受相同冲量的冲击作用后，冲击加载面积不同试样冲击区域、临界区域和非冲击区域的塑性变形量不同，对于冲击区域和临界区域试样受冲击稳定后的塑性应变随冲击加载面积的减小呈加速增大趋势；对于非冲击区域，局部冲击时试样受冲击稳定后的塑性应变随冲击加载面积的增大呈加速增大趋势；循环冲击时，循环冲击次数相同时试样冲击区域和临界区域的塑性变形随冲击加载面积的减小而加速增大，且随着循环冲击次数的增加这种加速增大的趋势变得更加显著。

（10）常规循环冲击时，试样每次受冲击时的峰值应力随循环冲击次数的增加呈逐渐减小趋势，而峰值应变随循环冲击次数的增加呈逐渐增大趋势；局部循环冲击时，试样冲击区域和临界区域应力、应变随循环冲击次数变化规律与常规全冲击时基本一致，非冲击区域应力、应变在整个循环冲击过程中变化不大，仅在小范围内波动。

（11）常规单次全冲击时，煤岩试样的破坏程度随冲击加载时程逐渐演化，最终呈“X”形破坏，而局部单次冲击时煤岩试样随冲击加载时程逐渐破裂，最终沿临界区域斜向冲击区域下角方向形成宏观破裂。

（12）常规循环冲击时，煤岩试样的破坏程度随循环冲击次数逐渐演化并最终沿冲击方向呈倒“V”形破坏，而局部循环冲击时煤岩试样最终在冲击区域形成沿临界区域斜向冲击区域下角方向的破坏带和沿冲击方向的倒“V”形破坏带，这与单次大冲量冲击作用下形成的宏观破坏带不同。

（13）相同累计冲量时，煤岩试样在递减冲击模式下更容易产生破坏，且使煤岩产生明显宏观破坏所需的循环冲击次数也最少，而与递减冲击模式相比，循环冲击和递增冲击模式使煤岩破坏的效果相对较差，这与室内试样研究的结果一致。因此，在工程上可以利用改变冲量加载顺序来达到高效破岩（煤）、改善煤层渗透率等目的，同时还可以减少冲击能量的损失而节约能量。

（14）在不同冲击加载面积的冲击作用下煤岩试样的破坏模式不同，各个冲击加载面积下煤岩试样破坏模式的数值模拟结果和室内试验结果基本一致；常规全冲击时，试样破坏时的整体破坏程度较高，而局部冲击时煤岩试样的破坏表现出明显的局部化效应，即冲击区域和临界区域破坏严重，而非冲击区域则基本不发生宏观破坏，且冲击加载面积越小这种局部化效应越明显。

第10章 非均匀载荷作用下煤岩损伤特征
与损伤方程

变形作为岩石力学性质分析中的一个重要方面，已经得到了岩土、采矿领域科研人员的广泛关注。自20世纪60年代初以来，广大科研人员开展了大量关于载荷和变形之间关系的研究，即煤岩本构模型的建立，但由于研究问题的复杂性，所建立的本构模型仍然与实际工程存在一定的差距。前述章节的研究表明，局部偏心载荷会改变煤岩内的损伤分布特征、加速煤岩损伤破坏过程，不同偏载程度条件下的应力-应变曲线关系并不等同，即煤岩的本构模型与其所受局部偏心载荷偏心程度存在不可忽略的影响，而目前关于这方面的研究鲜有报道。

岩石类材料的动态本构模型综合反映了其动力响应特征，是岩石动力学研究中最基本和最重要的研究内容，已成为当前岩石动力学研究的难点和热点之一。就本质而言，岩石类材料的动态本构关系是其内部微观结构在动载荷作用下的宏观表现，可用于表征材料在高应变率动载荷作用下的动态力学特性，同时也可为岩土类工程设计和工程稳定性评价提供理论依据。岩石类材料动态本构模型的精度在很大程度上决定着其应用价值的大小，也决定着其是否能够准确地描述材料动力学特性和有效指导工程设计。因此，开展不同受载条件下岩石类材料的动态本构模型研究对岩石动力学的理论发展和工程实践具有重要意义。

关于岩石类材料的本构模型的研究，国内外诸多学者经过多年的实验研究和理论分析，提出了许多理论方法和表达形式各异的本构模型。其中，根据理论基础的不同静态条件下岩石类材料的本构模型可划分为弹性本构模型、塑性本构模型、断裂本构模型、考虑损伤的本构模型和基于不可逆热力学的本构模型等。近年来，随着岩石动力学相关理论和相关试验技术、设备的快速发展，岩石类材料动态本构模型的研究也得到了很大的发展，其研究方法主要有基于试验数据的经验和半经验法、基于力学元件组合的力学模型法、基于细观力学的损伤模型法以及综合运用多种方法的组合模型法。由于岩石类材料内部大多含有大量随机分布的微结构（孔隙、微裂纹和节理等），具有很强的非均质性和不连续性，这就导致想要建立一个准确且普遍适用于岩石类材料的动态本构模型十分困难，而目前岩石类材料的本构模型大多基于多种假设和理论简化且模型参数确定困难，导致这些本构模型也都具有各自的适用条件和范围，很难全面准确地描述岩石类材料在中高应变率、大变形条件下表现出的动态力学特性，也不能很好地应用于工程实践中。

目前，关于煤岩动态本构模型的研究较少，其模型也多是参照岩石和混凝土材料动态本构关系，而煤岩材料内部孔裂隙结构更为复杂，各向异性和非均质性也更强，这就使得目前岩石或混凝土材料的动态本构模型并不能完全适用于煤岩材料。因此，对于煤岩材料的动态本构关系尚需要更进一步深入地探究。基于此，本部分结合统计损伤理论建立了一个单轴压缩下考虑局部偏心载荷影响的煤岩统计损伤本构模型，并通过不同加载面积条件下试样单轴压缩、三轴压缩试验结果验证了所提模型的合理性；在前文冲击试验和数值模拟研究的基础上，结合前人所建立的岩石类材料动态本构模型，根据煤岩材料的损伤演化和元件模型理论，对煤岩在冲击载荷作用下的动态损伤本构模型进行研究，分析了局部冲击载荷作用下煤岩不同区域的损伤特性，建立了局部冲击载荷作用下煤岩分区等效损伤模型，并对局部冲击载荷对煤岩损伤的机理进行探讨。

10.1　损伤力学理论

10.1.1　损伤力学研究任务

煤岩受载至破坏这一不可逆过程的研究主要基于细观力学、损伤力学、断裂力学三种科学方法，这三种方法包含煤岩从细观至宏观尺度破坏全过程所涉及的理论科学，三者之间关系如图 10.1 所示。

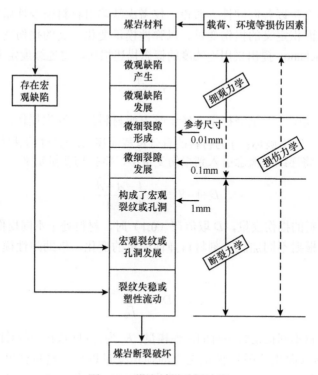

图 10.1　煤岩材料破坏过程

损伤力学不局限于某一个微缺陷、裂隙的演化规律研究，而是借助损伤变量这一宏观参数来整体反映煤岩受载后内部微观裂隙的成核、扩展、贯通等演化过程，并建立合适的损伤本构模型实现对煤岩受载内部损伤产生、演化对煤岩宏观力学特性的影响研究。因此，通过损伤力学研究煤岩受载后宏观力学特性的响应关键是损伤变量的定义。

10.1.2 损伤变量的定义

应力、温度、水等外界环境的改变引起材料内部微裂隙和微孔隙的成核、扩展、演化产生损伤，损伤的产生又会影响材料宏观力学性能的改变，表现为弹性模量、峰值强度、破坏模式的改变[168-171]。因此，损伤变量的表征一般采取细观与宏观两个方面的参数。细观方面，损伤变量一般通过孔隙、裂隙的面积、体积以及反映微裂隙复杂程度的分形维数表征；宏观方面，一般选取材料的弹性模量、特征应力点、变形局部化程度等表征。描述研究对象的复杂程度不同，选取的损伤变量形式亦不同，损伤变量可分为标量损伤变量、矢量损伤变量、张量损伤变量三种形式。

1）标量损伤变量

标量损伤变量以各向同性为假设，仅考虑缺陷对材料宏观性质影响的一阶效应。常见的以面积定义的损伤变量、以弹性模量变化定义的损伤变量均属于标量损伤变量。Kachanov 提出采用连续度的概念描述损伤，将连续度定义为

$$\Psi = \frac{\tilde{A}}{A} \tag{10.1}$$

式中，Ψ 为连续度，无量纲标量，$\Psi=1$ 时表明材料没有发生损伤，$\Psi=0$ 时材料没有能承载部分，发生破坏；$\tilde{A}$ 为材料的有效承载面积；A 为材料无损伤时的截面积。

Rabotnov 将连续度概念引入到损伤变量中，将损伤变量定义为

$$D = 1 - \Psi = 1 - \frac{\tilde{A}}{A} = \frac{A - \tilde{A}}{A} \tag{10.2}$$

式中，D 为材料的损伤变量，D 取值在（0,1）时，材料处于不同损伤阶段。

Lemaitre 根据不同加载时刻材料弹性模量的变化，借助弹性模量定义了损伤变量 D 如下：

$$D = 1 - \frac{\tilde{E}}{E_0} \tag{10.3}$$

式中，$\tilde{E}$ 为材料不同损伤状态时的弹性模量；E_0 为材料初始时刻弹性模量。

除常用的以面积或弹性模量定义的损伤变量以外，质量密度、孔洞体积百分比、超声波波速、电阻率、声发射等也被用来定义损伤变量，表征材料的损伤程度。

标量损伤变量具有公式结构简单、求解方便、物理含义清晰的特点，在材料损伤演化规律、裂纹尖端行为和破坏预测方面得到了广泛的应用。标量损伤变量的缺陷是将材料单元假设为各向同性，未考虑各向异性对损伤的影响。

2）矢量损伤变量

矢量损伤变量考虑了微裂隙、微结构的二阶效应。由于煤岩材料的各向异性特征，其损伤发展演化过程也是各向异性的，煤岩体中裂纹的扩展演化机制具有更明显的各向异性特征。由于矢量损伤变量的计算比较复杂，应用起来没有标量损伤变量与张量损伤变量简便，并未得到广泛应用。

3）张量损伤变量

采用张量表示损伤变量的思想最早由 Vakulenko 与 Kachanov 提出，并给出了损伤变量的表达式，具体公式如下：

$$\omega_{ij} = \frac{1}{V} \sum_{a=1}^{N} b_i^{(a)} n_j^{(a)} \delta(A) \mathrm{d}V \tag{10.4}$$

式中，(a) 为第 a 个微裂纹；n_j 为微裂纹的法向单位矢量；b_i 为微裂纹位移的不连续矢量；$\delta(A)$ 为 Kronecker-delta 函数；N 为 $\mathrm{d}V$ 体积内微裂纹的数量。

二阶张量损伤变量较矢量损伤变量包含更多的微裂纹信息，并且基于连续介质力学二阶损伤张量数学计算过程比矢量损伤张量简单，因此得到了较为广泛的应用。Ohno、Chow、Dragon 等均建立了自己的二阶张量损伤变量，开展了材料的损伤过程研究。例如，Ohno 对 Vakulenko 建立的二阶张量损伤变量进行优化与推广，给出了新的二阶张量损伤变量表达式：

$$\omega_{ij} = \frac{3}{S_8(V)} \sum_{a=1}^{N} \int_V n_i^{(a)} n_j^{(a)} \mathrm{d}S^{(a)} \tag{10.5}$$

式中，$S^{(a)}$ 为第 a 个微结构的面积；$S_8(V)$ 为微单元 V 中每个晶体面积之和。

10.1.3　常用损伤力学模型

煤岩作为脆性材料的一种，其内部微结构的成核、扩展是其发生宏观破坏的本质原因。煤岩材料的多孔隙性、各向异性和非均匀性导致其损伤过程与变形响应十分复杂。针对这类材料的损伤、变形分析主要是建立脆塑性损伤模型，常见的脆塑性损伤模型简述如下。

1）Mazars 模型

Mazars 以初始损伤对应的应变为分界点建立了脆性材料在单轴拉伸、单轴压缩时的损伤本构模型，并给出了损伤变量的演化规律。

单轴拉伸时：

$$\sigma = \begin{cases} E_0\varepsilon & 0 \leqslant \varepsilon \leqslant \varepsilon_c \\ E_0\left[\varepsilon_c(1-A_T) + \dfrac{A_T\varepsilon}{\exp[B_T(\varepsilon-\varepsilon_c)]}\right] & \varepsilon \geqslant \varepsilon_c \end{cases} \qquad (10.6)$$

单轴拉伸对应的损伤变量演化方程如下：

$$D = \begin{cases} 0 & 0 \leqslant \varepsilon \leqslant \varepsilon_c \\ 1 - \dfrac{\varepsilon_c(1-A_T)}{\varepsilon} - \dfrac{A_T}{\exp[B_T(\varepsilon-\varepsilon_c)])} & \varepsilon \geqslant \varepsilon_c \end{cases} \qquad (10.7)$$

单轴压缩时：

$$\sigma = \begin{cases} E_0\varepsilon & \varepsilon_e \leqslant \varepsilon_c \\ E_0\left[\dfrac{\varepsilon_c(1-A_C)}{-\sqrt{2}\mu} + \dfrac{A_C\varepsilon}{\exp[B_C(-\sqrt{2}\mu\varepsilon-\varepsilon_c)]}\right] & \varepsilon_e \geqslant \varepsilon_c \end{cases} \qquad (10.8)$$

式中，

$$\varepsilon_e = \sqrt{\dfrac{(\varepsilon_1+|\varepsilon_1|)^2}{4} + \dfrac{(\varepsilon_2+|\varepsilon_2|)^2}{4} + \dfrac{(\varepsilon_3+|\varepsilon_3|)^2}{4}} = -\sqrt{2}\mu\varepsilon_1 \qquad (10.9)$$

单轴压缩时对应的损伤变量演化方程如下：

$$D = \begin{cases} 0 & \varepsilon_e \leqslant \varepsilon_c \\ 1 - \dfrac{\varepsilon_c(1-A_C)}{\varepsilon} - \dfrac{A_C}{\exp[B_C(\varepsilon-\varepsilon_c)])} & \varepsilon_e \geqslant \varepsilon_c \end{cases} \qquad (10.10)$$

式中，E_0 为弹性模量；ε 为应变；ε_c 为弹性拉伸临界应变；μ 为泊松比；ε_e 为弹性压缩临界应变；A_T、B_T 为与材料拉伸损伤相关的常数；A_C、B_C 为与材料压缩损伤相关的常数；$\varepsilon_i(i=1, 2, 3)$ 为主应变。

2）Loland 模型

Loland 等认为材料在峰值应力前就已经发生了损伤，并根据损伤发生部位建立了材料的损伤本构模型，表述如下：

$$\tilde{\sigma} = \begin{cases} \tilde{E}\varepsilon & 0 < \varepsilon \leqslant \varepsilon_c \\ \tilde{E}\varepsilon_c & \varepsilon_c \leqslant \varepsilon \leqslant \varepsilon_\mu \end{cases} \qquad (10.11)$$

式中，$\tilde{\sigma}$、$\tilde{E}$ 为损伤后名义上的该参数；ε_μ 为材料断裂时刻应变值。

该模型所对应的损伤变量演化方程为

$$D = \begin{cases} D_0 + C_1\varepsilon^\beta & 0 < \varepsilon \leqslant \varepsilon_c \\ D_0 + C_1\varepsilon_c^\beta + C_2(\varepsilon-\varepsilon_c) & \varepsilon_c \leqslant \varepsilon \leqslant \varepsilon_\mu \end{cases} \qquad (10.12)$$

式中，C_1、C_2 为与材料有关的常数；D_0 为材料的初始损伤。

3）分段线性损伤模型

余天庆根据不同加载阶段材料损伤特征的不同，提出了采用分段思想建立损伤模型。他认为，在初始加载阶段材料中不存在损伤，损伤变量取值为 0，峰值应力后材料的损伤呈线性发展，但损伤积累速率不同，如图 10.2 所示。

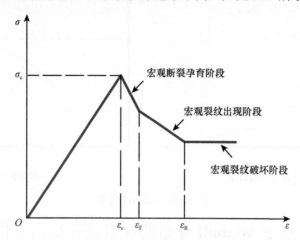

图 10.2　分段线性损伤模型的应力-应变曲线

ε_c、ε_F、ε_R-各阶段对应应变；σ_c-抗压强度

余天庆认为，峰值应力前材料不会出现新的损伤，应力超过峰值应力以后，宏观裂纹逐渐孕育、贯通至材料破坏，峰后三阶段的应力应变关系可表示为

$$\sigma=E\left\{\varepsilon-C_1\left\langle\varepsilon\big|_M^F-\varepsilon_c\right\rangle-C_2\left\langle\varepsilon\big|_M^F-\varepsilon_c\right\rangle\right\} \tag{10.13}$$

式中，$\varepsilon\big|_M^F$ 为阶段应变值范围；C_1、C_2 为与材料有关的常数，一般来说，C_1 可取 $0.8\sim1.2$，C_2 可取 $0.2\sim0.5$。

$$D=1-\frac{1-D_0}{\varepsilon}\left\{\varepsilon-C_1\left\langle\varepsilon\big|_M^F-\varepsilon_c\right\rangle-C_2\left\langle\varepsilon\big|_M^F-\varepsilon_c\right\rangle\right\} \tag{10.14}$$

式中，D_0 为材料的初始损伤。

4）Sidoroff 模型

Sidoroff 认为材料的损伤存在阈值，建立的 Sidoroff 模型（图 10.3）如下：

$$\sigma=\begin{cases}E\varepsilon & 0\leqslant\varepsilon\leqslant\varepsilon_c \\ E\varepsilon_c\left(\dfrac{\varepsilon_c}{\varepsilon}\right)^2 & \varepsilon\geqslant\varepsilon_c\end{cases} \tag{10.15}$$

Sidoroff 模型对应的损伤变量为

$$D = \begin{cases} 0 & 0 \leqslant \varepsilon \leqslant \varepsilon_{\mathrm{c}} \\ 1 - \left(\dfrac{\varepsilon_{\mathrm{c}}}{\varepsilon} \right)^2 & \varepsilon \geqslant \varepsilon_{\mathrm{c}} \end{cases} \tag{10.16}$$

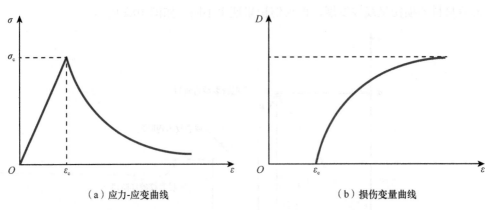

（a）应力-应变曲线　　　　　　　　（b）损伤变量曲线

图 10.3　Sidoroff 模型

10.2　基于 Weibull 分布的煤岩统计损伤本构模型

10.2.1　模型的基本假设

为了借助损伤理论与统计思想建立煤岩材料的统计损伤本构模型，首先应做如下假设：

（1）选取的微元体满足各向同性假设，材料的损伤过程也满足各向同性假设；

（2）在破坏前各微单元呈现线性弹性，其应力-应变关系遵循胡克定律；

（3）各微单元强度的破坏概率密度函数服从 Weibull 分布，其概率密度分布函数为

$$f(F) = \frac{\beta}{n} \left(\frac{F}{n} \right)^{m-1} \exp\left[-\left(\frac{F}{n} \right)^m \right] \tag{10.17}$$

式中，F 为微元体强度变量；β 为 Weibull 分布的形状参数；m、n 为 Weibull 分布的特征参数，其中 m 是表示材料均匀程度的形状参数，n 是与微元体强度相关的尺度参数。

10.2.2　煤岩损伤模型的建立与修正

假设煤岩受载前横截面初始面积为 A，A'' 为受载损伤后含缺陷的煤样横截面面积，则煤岩有效承载面积为

$$\tilde{A} = A - A'' \tag{10.18}$$

根据式（10.2）可给出以有效面积定义的损伤变量。

煤岩受外载荷 G 作用后的名义应力为 $\sigma_i (i=1, 2, 3)$，则

$$G = \sigma_i A \tag{10.19}$$

假设外载荷 G 均由材料中未损伤部分承担，未受损部分应力定义为有效应力 σ_i'，则

$$G = \sigma_i' \tilde{A} \tag{10.20}$$

联立式（10.18）～式（10.20）可得

$$\sigma_i A = \sigma_i' \tilde{A} = \sigma_i' (A - A'') \tag{10.21}$$

联立式（10.20）与式（10.21）可得

$$\sigma_i = \sigma_i' (1 - D) \tag{10.22}$$

式（10.22）建立了有效应力与名义应力的关系，i 可取 1,2,3，分别代表最大主应力、中间主应力、最小主应力。

煤岩是具有一定初始损伤的各向异性材料，破坏后仍具有一定的承载能力，即残余强度。煤岩中微元体破坏后仍然可以传递一定的压应力、剪应力，而传统意义上的损伤变量 D 是基于金属拉伸损伤定义的，认为力不能通过损伤传播。基于此，本书通过引入修正系数 q 对损伤变量进行修正，式（10.22）可修正为

$$\sigma_i = \sigma_i' (1 - qD) \tag{10.23}$$

采用式（10.23）研究应力与损伤关系时关键是给出有效应力值，考虑到有效应力值难以通过试验数据得到，假设承载有效应力的未损伤部分煤岩体为各向同性结构，变形过程符合广义胡克定律，即

$$\sigma_i' = E' \varepsilon_i' + \mu' (\sigma_j' + \sigma_k') \tag{10.24}$$

式中，$i=1,2,3$；$j=2,3,1$；$k=3,1,2$；E'、ε_i'、μ' 为未损伤承载部分的弹性模量、有效应力引起的应变、泊松比。

弹性模量定义为煤岩应力-应变曲线线弹性阶段曲线的斜率，建模过程中先不考虑初始微结构对煤岩变形的影响，假定煤岩是不含初始损伤的材料，即应力-应变曲线不包含初始压密阶段，则宏观的名义弹性模量与有效弹性模量存在如下关系：

$$E = E' \tag{10.25}$$

根据应变等价假说，可知：

$$\varepsilon_i = \varepsilon_i' \tag{10.26}$$

考虑到泊松比的定义，可知：

$$\mu = \mu' \tag{10.27}$$

根据式（10.23），通过改变下标符号，可得

$$\begin{cases} \sigma_j = \sigma'_j(1-qD) \\ \sigma_k = \sigma'_k(1-qD) \end{cases} \tag{10.28}$$

联立式（10.23）~式（10.28）可得基于连续损伤力学理论的煤岩损伤本构模型：

$$\sigma_i = E\varepsilon_i(1-qD) + \mu(\sigma_j + \sigma_k) \tag{10.29}$$

10.2.3　基于统计强度理论的煤岩损伤本构模型

假设某一应力水平下煤岩发生破坏的微元数目为 N_d，煤岩中总的微元数目为 N，将损伤变量 D 定义为

$$D = \frac{N_d}{N} \tag{10.30}$$

微元强度由 F 增加至 $F+\Delta F$ 的过程中，破坏微元的数目为 $Nf(F)\mathrm{d}F$，则煤岩发生破坏的微元数目为

$$N_d = \int_0^F Nf(y)\mathrm{d}y = N\left\{1 - \exp\left[-\left(\frac{F}{n}\right)^m\right]\right\} \tag{10.31}$$

联立式（10.30）与式（10.31）可得

$$D = 1 - \exp\left[-\left(\frac{F}{n}\right)^m\right] \tag{10.32}$$

式（10.32）建立了煤岩统计本构模型中微单元的损伤演化方程。

根据式（10.17）与式（10.32）计算不同 m 值情况下微元体强度概率密度分布与损伤变量，计算结果如图 10.4 所示。由图 10.4（a）可知，随着 m 值的增加微元体强度分布越均匀，材料的均质性越好；由图 10.4（b）可知，m 值越大损伤变量值越大，煤岩越容易破坏。

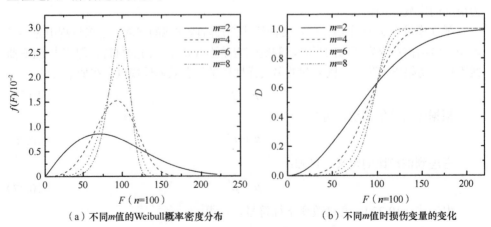

（a）不同 m 值的 Weibull 概率密度分布　　　（b）不同 m 值时损伤变量的变化

图 10.4　m 值对煤岩损伤分布的影响

由式（10.32）可知，建立煤岩统计损伤模型的关键是确定微元强度 F。Tang 等最早开展了这方面的研究，采用应变空间的形式建立了微单元的强度准则，取得了较好的效果，但未能考虑应力状态对微单元破坏的影响。为此，曹文贵提出采用岩石破坏准则表征微元体强度，并先后将 Drucker-Prager 准则、M-C 准则引入到岩石统计损伤本构模型中。

本节建立煤岩统计损伤本构模型时采用参数形式简单、应用广泛的 Drucker-Prager 准则表征微元强度 F，Drucker-Prager 准则表达式为

$$g = \sqrt{J_2'} - \alpha I_1' - k = 0 \tag{10.33}$$

式中，I_1'、J_2' 为有效应力张量的第一、第二主不变量；α、k 为与材料相关的参数。

微元强度 F 为

$$F = \sqrt{J_2'} - \alpha I_1' \tag{10.34}$$

式中，

$$I_1' = \sigma_1' + \sigma_2' + \sigma_3' \tag{10.35}$$

$$J_2' = \frac{1}{6}[(\sigma_1' - \sigma_2')^2 + (\sigma_2' - \sigma_3')^2 + (\sigma_1' - \sigma_3')^2] \tag{10.36}$$

式（10.23）中 i 取 1,2,3 可得

$$\begin{cases} \sigma_1 = \sigma_1'(1 - qD) \\ \sigma_2 = \sigma_2'(1 - qD) \\ \sigma_3 = \sigma_3'(1 - qD) \end{cases} \tag{10.37}$$

令式（10.29）中 $i=1$，$j=2$，$k=3$，式（10.29）可改写为

$$\sigma_1 = E\varepsilon_1(1 - qD) + \mu(\sigma_2 + \sigma_3) \tag{10.38}$$

联立式（10.34）～式（10.38），可得

$$\begin{aligned} F = \frac{E\varepsilon_1}{\sigma_1 - \mu(\sigma_2 + \sigma_3)} \Bigg[& \frac{1}{\sqrt{6}}\sqrt{(\sigma_1 - \sigma_2)^2 + (\sigma_2 - \sigma_3)^2 + (\sigma_1 - \sigma_3)^2} \\ & - \alpha(\sigma_1 + \sigma_2 + \sigma_3) \Bigg] \end{aligned} \tag{10.39}$$

对于常规三轴压缩，令式（10.39）中的 $\sigma_2 = \sigma_3$ 可得

$$F = \frac{E\varepsilon_1}{\sigma_1 - 2\mu\sigma_3} \left[\frac{1}{\sqrt{3}}(\sigma_1 - \sigma_3) - \alpha(\sigma_1 + 2\sigma_3) \right] \tag{10.40}$$

对于常规单轴压缩，令式（10.40）中的 $\sigma_3 = 0$ 可得

$$F = E\varepsilon_1 \left(\frac{1}{\sqrt{3}} - \alpha \right) \tag{10.41}$$

对于材料参数 α，参照文献可得

$$\alpha = \frac{\sin\varphi}{\sqrt{3(3+\sin^2\varphi)}} \tag{10.42}$$

式中，φ 为内摩擦角。

将式（10.31）代入式（10.38）可得

$$\sigma_1 = E\varepsilon_1\left\{1-q+q\exp\left[-\left(\frac{F}{n}\right)^m\right]\right\}+\mu(\sigma_2+\sigma_3) \tag{10.43}$$

式（10.43）即建立了考虑残余强度影响的煤岩统计损伤本构模型。

10.2.4 基于统计强度理论的煤岩损伤本构模型参数的确定

本书建立的本构模型主要包含两类参数，一类是与煤岩材料自身性质相关的参数，如材料参数 α；另一类是 Weibull 分布中的统计参数，如式（10.43）中的 m、n。统计参数可根据试验所得应力-应变曲线特征求得，目前常用的方法主要有线性回归法与峰值点法。线性回归法计算简便，对应力-应变曲线各点考虑权重相同，但存在对曲线上特征点模拟失真的缺点，并且对模拟所用数据点的数量要求较高。对于实际应用来说，我们更关心煤岩材料的抗压强度，即峰值点数值，因此本书采用峰值点法确定本构模型中的统计参数。

对于煤岩三轴压缩应力-应变曲线来说，达到峰值应力时，应力-应变曲线满足如下条件：

$$\sigma_1=\sigma_c,\ \varepsilon_1=\varepsilon_c \tag{1}$$

$$\left.\frac{\mathrm{d}\sigma_1}{\mathrm{d}\varepsilon_1}\right|_{\varepsilon_1=\varepsilon_c}=0 \tag{2}$$

将条件（1）代入式（10.43）可得

$$\sigma_c = E\varepsilon_c\left\{1-q+q\exp\left[-\left(\frac{F_c}{n}\right)^m\right]\right\}+2\mu\sigma_3 \tag{10.44}$$

式中，F_c 为微元强度。

采用多元函数求偏微分的方法对式（10.43）中的 ε_1 求导可得

$$\frac{\mathrm{d}\sigma_1}{\mathrm{d}\varepsilon_1}=E\left\{1-q+q\exp\left[-\left(\frac{F}{n}\right)^m\right]\right\}-E\varepsilon_1 q\exp\left[-\left(\frac{F}{n}\right)^m\right]\frac{m}{F}\left(\frac{F}{n}\right)^m\frac{\mathrm{d}F}{\mathrm{d}\varepsilon_1} \tag{10.45}$$

对式（10.40）两边求偏导数可得

$$\frac{\mathrm{d}F}{\mathrm{d}\varepsilon_1} = \frac{EA_{11}}{\sigma_1-2\mu\sigma_3}-\left[\frac{E\varepsilon_1 A_{11}}{(\sigma_1-2\mu\sigma_3)^2}+\frac{E\varepsilon_1}{\sigma_1-2\mu\sigma_3}\left(\alpha-\frac{1}{\sqrt{3}}\right)\right]\frac{\mathrm{d}\sigma_1}{\mathrm{d}\varepsilon_1} \tag{10.46}$$

式中，$A_{11} = \left(\dfrac{1}{\sqrt{3}} - \alpha\right)\sigma_1 - \left(\dfrac{1}{\sqrt{3}} + 2\alpha\right)\sigma_3$。

由式（10.32）可知：

$$\exp\left[-\left(\frac{F}{n}\right)^m\right] = 1 - D \tag{10.47}$$

$$\left(\frac{F}{n}\right)^m = -\ln(1-D) \tag{10.48}$$

将式（10.47）、式（10.48）代入式（10.45）可得

$$\frac{\mathrm{d}\sigma_1}{\mathrm{d}\varepsilon_1} = E(1-qD) + E\varepsilon_1 q(1-D)\frac{m}{F}\ln(1-D)\frac{\mathrm{d}F}{\mathrm{d}\varepsilon_1} \tag{10.49}$$

由条件（2），联立式（10.46）与式（10.49）可得

$$1 - qD_c + \varepsilon_c q(1-D_c)\frac{m}{F_c}\ln(1-D_c)\frac{EA_{11c}}{\sigma_c - 2\mu\sigma_3} = 0 \tag{10.50}$$

式中，D_c 为损伤变量；F_c 为微元强度。

将式（10.40）代入式（10.50），可得

$$m = -\frac{1-qD_c}{q(1-D_c)\ln(1-D_c)} \tag{10.51}$$

由式（10.38）可得

$$D_c = \frac{1}{q}\left(1 - \frac{\sigma_c - 2\mu\sigma_3}{E\varepsilon_c}\right) \tag{10.52}$$

将式（10.52）代入式（10.51），可得

$$m = -\frac{\sigma_c - 2\mu\sigma_3}{[(q-1)E\varepsilon_c + \sigma_c - 2\mu\sigma_3]\ln\left[\dfrac{1}{q}\left(\dfrac{\sigma_c - 2\mu\sigma_3}{E\varepsilon_c} + q - 1\right)\right]} \tag{10.53}$$

结合式（10.44）可得

$$n = -\frac{F_c}{\left[\dfrac{1}{m}\dfrac{\sigma_c - 2\mu\sigma_3}{(q-1)E\varepsilon_c + \sigma_c - 2\mu\sigma_3}\right]^{\frac{1}{m}}} \tag{10.54}$$

单轴压缩时，令 $\sigma_3 = 0$，$q = 1$ 时

$$m = -\frac{1}{\ln(\sigma_c / E\varepsilon_c)}, n = \frac{F_c}{(1/m)^{1/m}} \tag{10.55}$$

10.2.5　基于统计强度理论的煤岩损伤本构模型的验证

　　为了验证本构模型的正确性，分别采用前人研究中不同围压条件下岩石三轴应力应变试验结果与所建模型理论计算结果进行对比。前人的研究已经给出了所对应的岩石基础力学参数，理论计算过程中使用的基础力学参数按经验法确定，涉及的具体参数为弹性模量 E=51.62GPa、泊松比 μ=0.25、内摩擦角 φ=40.2°。

　　利用上述参数结合前人研究中试验所得岩石的峰值应力与峰值应变，按照式（10.53）与式（10.54）计算统计分布中的 Weibull 分布参数 m、n 的值，然后将参数 m、n 的值代入式（10.40）与式（10.43）可得应力-应变曲线的理论值。图 10.5 给出了 Tennessee marble 岩石在不同围压与不同修正系数条件下本构方程的理论曲线。

　　由图 10.5 可知，本书建立的本构模型与文献中的试验数据较为吻合，通过调整修正系数的大小可以实现对岩石应变软化与残余强度的模拟。由图 10.5 可知，修正系数 q 主要影响岩石峰后曲线的特征，随着 q 值的逐渐降低岩石残余强度值逐渐增加。因此，可通过最优化方法找到修正系数 q 值，即可实现对岩石软化特征与残余强度的模拟。

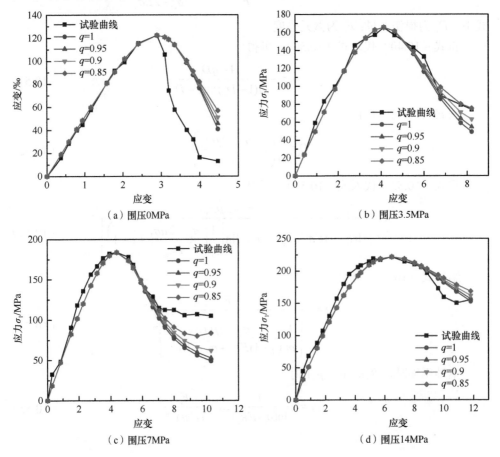

（a）围压0MPa　　　　　　　　　　（b）围压3.5MPa

（c）围压7MPa　　　　　　　　　　（d）围压14MPa

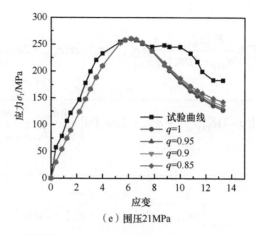

（e）围压21MPa

图 10.5　不同围压下理论值与试验值比较（Tennessee marble）

10.3　局部偏心载荷作用下煤岩统计损伤本构模型

10.3.1　统计损伤本构模型的建立

统计损伤本构模型中 m、n 反映的是材料内部微缺陷分布的特征，具有尺寸效应。局部偏心载荷作用时，加载区面积的改变导致其对应区域的微缺陷分布特征不同，因而对应的参数 m、n 值也不同。通过考虑参数 m、n 值与非对称系数的关系即可建立反映局部偏心载荷影响的煤岩统计损伤本构模型。

式（10.53）和式（10.54）给出了参数 m、n 值计算公式，由式（10.53）和式（10.54）可知不同局部偏心载荷系数下岩石损伤统计本构模型参数方程中，存在三个基本的岩石特征参数，即 E、σ_c、ε_c。如果确定了岩石力学特征参数 E、σ_c、ε_c 与非对称系数 λ 之间的关系，则不同局部偏心载荷条件下统计损伤本构模型参数的确定问题即可解决。引入局部偏心载荷作用时岩石力学参数等效函数，将局部偏心载荷与均布载荷作用时岩石力学参数规律表示如下：

$$\begin{cases} \sigma_{c(\lambda)} = f(\lambda)\sigma_{c(0)} \\ \varepsilon_{c(\lambda)} = g(\lambda)\varepsilon_{c(0)} \\ E_{(\lambda)} = h(\lambda)E_{(0)} \end{cases} \qquad (10.56)$$

式中，$E_{(\lambda)}$、$\sigma_{c(\lambda)}$、$\varepsilon_{c(\lambda)}$ 为不同非对称系数加载条件下的材料力学参数；$E_{(0)}$、$\sigma_{c(0)}$、$\varepsilon_{c(0)}$ 为均布载荷作用时材料力学参数；$f(\lambda)$、$g(\lambda)$、$h(\lambda)$ 为反映局部偏心载荷与均布载荷关系的等效函数。

因此，考虑局部偏心载荷影响的煤岩统计损伤本构模型可表示如下：

$$\sigma_{1(\lambda)} = E_{(\lambda)}\varepsilon_{1(\lambda)} \left\{ 1 - q + q\exp\left[-\left(\frac{F}{n_{(\lambda)}}\right)^{m_{(\lambda)}} \right] \right\} + 2\mu\sigma_3 \qquad (10.57)$$

式中，

$$F = \frac{E_{(\lambda)}\varepsilon_{1(\lambda)}}{\sigma_{1(\lambda)} - 2\mu\sigma_3}\left[\frac{1}{\sqrt{3}}(\sigma_{1(\lambda)} - \sigma_3) - \alpha(\sigma_{1(\lambda)} + 2\sigma_3)\right] \quad (10.58)$$

$$m_{(\lambda)} = -\frac{\sigma_{c(\lambda)} - 2\mu\sigma_3}{[(q-1)E_{(\lambda)}\varepsilon_{c(\lambda)} + \sigma_{c(\lambda)} - 2\mu\sigma_3]\ln\left[\frac{1}{q}\left(\frac{\sigma_{c(\lambda)} - 2\mu\sigma_3}{E_{(\lambda)}\varepsilon_{c(\lambda)}} + q - 1\right)\right]} \quad (10.59)$$

$$n_{(\lambda)} = -\frac{F_{c(\lambda)}}{\left[\frac{1}{m_{(\lambda)}}\frac{\sigma_{c(\lambda)} - 2\mu\sigma_3}{(q-1)E_{(\lambda)}\varepsilon_{c(\lambda)} + \sigma_{c(\lambda)} - 2\mu\sigma_3}\right]^{\frac{1}{m_{(\lambda)}}}} \quad (10.60)$$

$$F_{c(\lambda)} = \frac{E_{(\lambda)}\varepsilon_{c(\lambda)}}{\sigma_{c(\lambda)} - 2\mu\sigma_3}\left[\frac{1}{\sqrt{3}}(\sigma_{c(\lambda)} - \sigma_3) - \alpha(\sigma_{c(\lambda)} + 2\sigma_3)\right] \quad (10.61)$$

式（10.57）即为建立的考虑局部偏心载荷影响的煤岩统计损伤本构模型，通过式（10.56）确定出 $f(\lambda)$、$g(\lambda)$、$h(\lambda)$ 函数表达式，联立式（10.58）～式（10.61）即可求得参数 m、n 值，进而给出应力-应变关系的理论曲线。

10.3.2 统计损伤本构模型的验证

为了确定局部偏心载荷作用下力学参数 $E_{(\lambda)}$、$\sigma_{c(\lambda)}$、$\varepsilon_{c(\lambda)}$ 与非对称系数的关系，统计了前述章节开展试验中不同非对称系数条件下力学参数的试验值，如表 10.1 所示。

表 10.1 不同 λ 下试验所得煤岩力学参数

组名	峰值应力/MPa				峰值应变				弹性模量/MPa			
	0	0.25	0.5	0.75	0	0.25	0.5	0.75	0	0.25	0.5	0.75
Group 1	38.36	21.08	24.83	10.11	0.02	0.01	0.02	0.02	2.20	1.53	1.30	0.86
Group 2	39.50	—	22.76	10.30	0.02	—	0.02	0.01	2.00	—	1.41	0.93
Group 3	—	33.42	27.04	8.28	—	0.02	0.02	0.01	—	1.98	1.95	1.19
Group 4	43.31	32.55	22.01	11.50	0.03	0.02	0.02	0.02	2.06	1.68	1.19	0.83
Group 5	42.69	29.46	25.26	13.71	0.04	0.03	0.03	0.03	1.38	1.21	1.13	0.75
Group 6	44.90	23.71	11.85	8.08	0.05	0.04	0.03	0.02	0.99	0.67	0.51	0.59
Group 7	31.59	34.88	17.16	7.49	—	0.04	0.03	0.03	1.20	1.17	0.76	0.41
Group 8	48.17	30.97	24.26	6.25	0.05	0.04	0.03	0.02	1.10	0.97	0.90	0.58
Group 9	32.70	31.75	17.40	6.21	—	0.04	0.03	0.02	0.91	0.89	0.69	0.47
Group 10	47.88	33.97	21.06	6.27	0.04	0.04	0.03	0.02	1.15	1.08	0.80	0.52
平均值	41.01	30.20	21.36	8.82	0.04	0.03	0.03	0.02	1.44	1.24	1.06	0.71

图 10.6 给出了试验所得煤岩峰值应力、峰值应变、弹性模量与非对称系数的关系拟合曲线。由图 10.6 可知，煤岩力学参数峰值应力、峰值应变、弹性模量均随着非对称系数的增加而逐渐减小，且峰值应力随着非对称系数的增加呈线性函数递减，峰值应变、弹性模量随着非对称系数的增加呈二次函数递减。试验所得煤岩力学参数规律与前述数值模拟所得力学参数规律一致，二者相互印证也说明了力学参数与非对称系数之间关系的正确性。

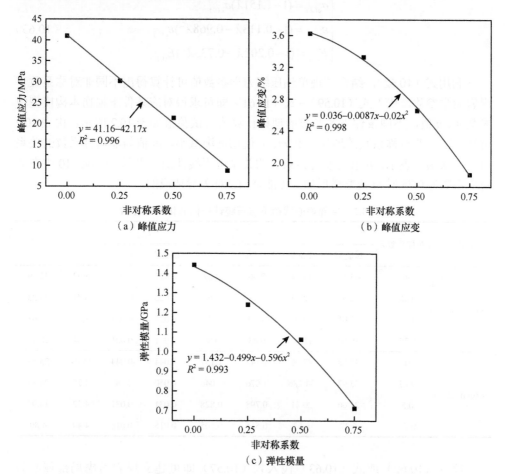

图 10.6　煤岩力学参数与非对称系数的关系

本书以 Group 4 与 Group 10 两组试验数据为例进行所建损伤本构模型的验证。以图 10.6 拟合所得规律为基础，利用式（10.56）对 Group 4 中数据进行拟合，给出不同局部偏心载荷作用下力学参数与均布载荷作用下力学参数的关系，如式（10.62）所示。

$$\begin{cases} \sigma_{c(\lambda)} = (0.998 - 0.979\lambda)\sigma_{c(0)} \\ \varepsilon_{c(\lambda)} = (1 - 0.074\lambda - 0.266\lambda^2)\varepsilon_{c(0)} \\ E_{(\lambda)} = (1 - 0.839\lambda + 0.041\lambda^2)E_{(0)} \end{cases} \quad (10.62)$$

采用同样的方法，利用式（10.56）对 Group 10 中数据进行拟合，可得

$$\begin{cases} \sigma_{c(\lambda)} = (1 - 1.151\lambda)\sigma_{c(0)} \\ \varepsilon_{c(\lambda)} = (1 - 0.113\lambda - 0.968\lambda^2)\varepsilon_{c(0)} \\ E_{(\lambda)} = (1 - 0.202\lambda - 0.733\lambda^2)E_{(0)} \end{cases} \quad (10.63)$$

利用式（10.62），结合常规单轴压缩力学参数值可计算得出不同非对称系数下煤岩力学参数，代入式（10.59）～式（10.61）即可求得对应条件下损伤本构模型中参数 m、n 值，不同条件下各参数的理论计算值与试验值如表 10.2 所示。由表 10.2 可知，随着非对称系数的增加参数 m、n 值均逐渐减小，m 值与非对称系数的关系可用二次函数表示，n 值与非对称系数的关系可用线性函数表示，Group 10 中在非对称系数为 0.75 时 m 值略微增加，可能是由试样差异造成的。

表 10.2　局部偏心载荷下岩石统计损伤演化特征参数

组名	非对称系数 λ	$\sigma_{c(\lambda)}$		$E_{(\lambda)}$		$\varepsilon_{c(\lambda)}$		m	n
		试验值	理论值	试验值	理论值	试验值	理论值		
Group 4	0	43.31	43.24	2.06	2.07	0.027	0.027	3.92	32.79
	0.25	32.55	32.64	1.68	1.64	0.026	0.026	3.71	25.23
	0.5	22.01	22.04	1.19	1.23	0.025	0.024	3.38	17.61
	0.75	11.50	11.45	0.83	0.82	0.021	0.021	2.34	10.42
Group 10	0	47.88	47.96	1.147	1.157	0.044	0.044	15.04	25.57
	0.25	33.97	34.186	1.076	1.046	0.040	0.040	4.75	24.32
	0.5	21.06	20.41	0.798	0.828	0.031	0.031	4.32	14.97
	0.75	6.27	6.63	0.515	0.505	0.016	0.016	4.49	4.80

将式（10.62）或式（10.63）代入式（10.57）即可建立煤岩考虑局部偏心载荷影响的统计损伤本构模型。利用建立的考虑局部偏心载荷影响的损伤本构模型，在给出均布载荷作用下煤岩应力应变关系即可确定出任意非对称系数下煤岩的应力-应变曲线。利用上述方法模拟了煤岩局部偏心载荷作用下应力-应变曲线，理论预测曲线与试验曲线的对比结果如图 10.7 所示。

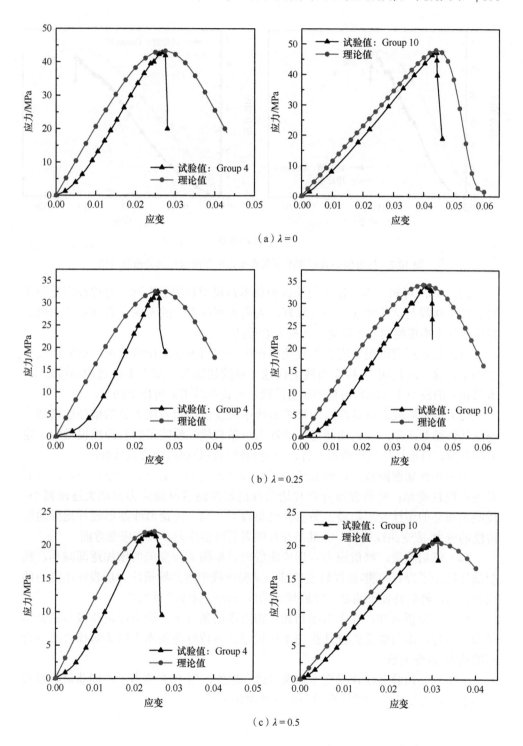

（a）λ = 0

（b）λ = 0.25

（c）λ = 0.5

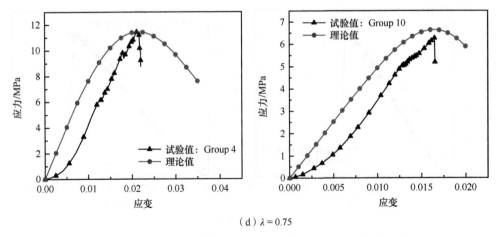

（d）λ=0.75

图 10.7　局部偏心载荷作用下煤岩理论模型曲线与试验曲线对比

由图 10.7 可知，本书建立的统计损伤本构模型预测的不同非对称程度受载煤岩的理论曲线与试验曲线吻合度较好，表明本书所提出的考虑非对称系数的煤岩损伤统计本构模型的基本设想是正确且合理的。

（1）初始压密阶段。岩石微观缺陷在压缩作用下逐渐闭合致密，试验曲线呈上凹形，这一阶段应力-应变曲线上任意一点的切线斜率都大于该点的割线斜率，本书建立的模型未考虑岩石初始压密阶段，理论曲线未表现出上凹形。

（2）弹性阶段。试验曲线与理论曲线中应变值均随着应力值的增加逐渐增大而呈线性函数关系，理论曲线近似呈现为一条直线，反映了岩石弹性模量为一定值的规律，且近似与试验曲线平行，理论曲线与试验曲线吻合性较好。

（3）塑性屈服阶段。试验曲线斜率随着应力值的增加逐渐减小，该阶段岩石发生非线性变形；峰值强度点前理论曲线的斜率随着单轴应力的增大逐渐减小，反映出明显的塑性变形阶段，与实验结果较为一致。理论曲线能够较好地描述该阶段的应力-应变曲线特征，尤其是在反映岩石峰值应力、峰值应变方面。

（4）峰后阶段。峰值应力后理论曲线的斜率随着应变值的增加逐渐减小，模型曲线显示了岩石的脆-延性转变特征，试验曲线中达到峰值应力后表现出应力的快速跌落，峰后特征不明显，导致理论曲线与试验曲线略有差异。

由上述分析可知，在不考虑初始压密阶段的条件下，模型理论曲线与试验结果吻合较好，本书建立的统计损伤本构模型能够较好地预测不同非对称系数下岩石的应力-应变关系。

为了更好地验证统计损伤本构模型的合理性，图 10.8 给出了不同非对称系数下基于统计方法建立的损伤变量与应变的演化关系。

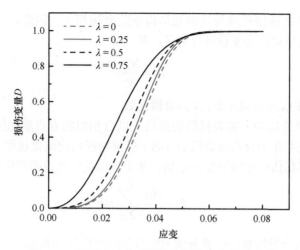

图 10.8　不同非对称系数损伤变量与应变的关系

由图 10.8 可知，随着轴向应变值的增加损伤变量 D 逐渐增大至稳定值。随着非对称系数的增加，相同应变值条件下损伤变量值逐渐增加，即达到相同的损伤变量值，非对称系数越大所需的轴向应变值越小，表明非对称性载荷对岩石损伤起到促进作用，非对称性越强岩石越容易发生破坏。所得结果与前述基于超声波波速定义的损伤变量在不同局部偏心载荷作用下的演化规律一致，进一步验证了建立的统计损伤本构模型在反映局部偏心载荷作用下煤岩应力应变特征的合理性。

10.4　冲击载荷作用下煤岩动态损伤本构模型

10.4.1　损伤变量的定义方法

煤岩类材料的损伤变量是指用来反映其内部损伤程度的变量[172-175]，在岩石损伤力学研究中大多采用连续损伤力学的方法，因此在研究煤岩类材料损伤程度时必须首先定义适当的损伤变量，合适的损伤变量可以有效反映材料结构特征和力学特性之间的耦合关系，是用损伤力学理论对材料的损伤特性进行定量描述的基础。在定义岩石类材料的损伤变量时，既要真实反映材料的损伤特性，又要充分考虑工程检测和实际应用的可行性。由于材料损伤特性决定了材料的细观结构与宏观物理性能的变化规律。因此，可以从细观与宏观两个层次定义材料的损伤程度。

煤岩类材料损伤变量的定义方法主要包括基于屈服应力、超声波波速、声发射等物理参数变化的多种方法，其中最早描述材料损伤变量的方法是根据有效承载面积的减少而定义的，即

$$D = 1 - \frac{A_{\mathrm{e}}}{A_{\mathrm{T}}} \tag{10.64}$$

式中，A_{e} 为实际承载面积；A_{T} 为总面积。

岩石类材料的损伤程度与其细观结构缺陷密切相关。因此，一些学者基于材料内微缺陷的数目对损伤变量进行定义，即

$$D = \frac{N_D}{N} \tag{10.65}$$

式中，N_D 为发生破坏的微元数；N 为总微元数。

分形损伤理论认为大多数材料的损伤是以自相似的方式演化的，分形损伤的行为特征广泛地存在于材料微裂纹的分布、扩展与损伤的演化过程中，材料的损伤分形维数随着其损伤程度的增加而增加。基于分形损伤理论的损伤变量可定义为

$$D = \frac{16}{9} \frac{1-\overline{\mu}^2}{1-2\overline{\mu}} \beta \alpha^{3-D_f} \tag{10.66}$$

式中，D_f 为损伤分形维数；α、β 分别为微裂纹的平均尺寸和密度；μ 为泊松比。

但是，由于实际承载面积、微裂纹的数目和尺寸在实际工程中均无法有效测量，因此诸多学者从宏观角度进行了大量研究，提出了多种基于宏观物理量变化的损伤变量定义方法，其中以弹性模量变化反映损伤量的方法应用最为广泛，表达式如下：

$$D = 1 - \frac{E'}{E} \tag{10.67}$$

式中，E' 为损伤材料弹性模量；E 为无损材料弹性模量。

为了使定义的损伤变量更适用于实际工程，谢和平、鞠杨又在此基础上根据实际工程应用中的具体情况对公式进行了修正。

同时，Lemaitre 还根据材料的应变定义了损伤变量的描述方法，其表达式如下：

$$D = \left(\frac{\varepsilon}{\varepsilon_a} \right)^n \tag{10.68}$$

式中，ε 为轴向应变；ε_a 为材料常数；n 为表征材料脆性的参数，其值越大材料的脆性越强。

另外，也有学者利用残余应变来定义材料受循环冲击载荷作用时的损伤变量，其表达式如下：

$$D = \frac{\varepsilon_n}{\varepsilon_N} \tag{10.69}$$

式中，ε_n 和 ε_N 分别为材料受第 n 次冲击时的残余应变与最后一次冲击时的残余应变。

岩石类材料在外载荷作用下发生损伤需要消耗能量，材料发生损伤与能量耗散是同步的并且二者都不可逆，金丰年等基于能量的耗散对岩石的损伤变量进行了定义，其表达式如下：

$$D = \frac{E_v}{E_s} \tag{10.70}$$

式中，E_v 为单位体积吸收能；E_s 为整个受载过程中材料的耗散能量之和。

超声波检测技术是一种既能反映岩石类材料的损伤度又便于分析操作的无损检测方法。声波在岩石类材料中传播速度的变化是材料损伤变化的总体反映，故岩石类材料的损伤程度可通过其在损伤前后的波速变化来表征，其表达式如下：

$$D = 1 - \left(\frac{V_P}{V_0}\right)^2 \tag{10.71}$$

式中，V_P 和 V_0 分别为岩石损伤后的超声波纵波波速和初始超声波纵波波速。

对于多孔介质材料，其孔隙度的变化反映了损伤演化，故基于孔隙度变化的损伤变量可由下式表示：

$$D_p = \frac{n_i - n_0}{n_p - n_0} \tag{10.72}$$

式中，D_p 为基于孔隙度的损伤因子；n_0 为材料的初始孔隙度；n_p 为材料破坏时的孔隙度；n_i 为材料承受第 i 次冲击载荷后的孔隙度。

10.4.2　煤岩动态统计损伤变量

煤岩在冲击作用下的动态损伤变量及其演化方程可基于统计损伤理论，并利用统计损伤结果来定义。目前，对于岩石类材料统计损伤分布规律的描述主要有 Weibull 分布、正态分布和幂函数分布等，其中 Weibull 分布在统计损伤变量的定义中应用最为广泛。煤岩内含有大量随机分布的微结构（孔裂隙），这些微结构共同构成了其内部的微缺陷，而煤岩的损伤与其内部微缺陷的形状、尺寸、密度和分布密切相关。将煤岩视为由大量微元体组成的集合体，微元体既可在宏观力学分析中被当作一个质点，又在微观空间上包含大量微缺陷。若将发生破坏的微元体数量占其总量的比例定义为损伤变量 D，则破坏微元体的概率即煤岩的损伤变量，其表达式为

$$D = \int_0^{F^*} P\left(F^*\right) dF^* \tag{10.73}$$

式中，F^* 为微元体强度随机分布变量；$P(F^*)$ 为 F^* 的概率密度函数。

当微元体强度服从 Weibull 分布时，则概率密度函数为

$$P\left(F^*\right) = \frac{m}{F_0}\left(\frac{F^*}{F_0}\right)^{m-1} \exp\left[\left(-\frac{F^*}{F_0}\right)^m\right] \tag{10.74}$$

式中，m 和 F_0 分别为 Weibull 分布参数，与煤岩材料的力学性质相关。

将式（10.74）代入式（10.73）可得微元体强度服从 Weibull 分布时的损伤演化方程表达式：

$$D = 1 - \exp\left[\left(-\frac{F^*}{F_0}\right)^m\right] \tag{10.75}$$

当微元体强度服从正态分布时，则概率密度函数为

$$\phi(\varepsilon) = \frac{1}{S\sqrt{2\pi}} \exp\left[-\frac{1}{2}\left(\frac{\varepsilon - \varepsilon_0}{S}\right)^2\right] \tag{10.76}$$

式中，$\varepsilon \geqslant 0$，ε_0 和 S 分别为正态分布的数学期望和方差。

同理，将式（10.75）代入式（10.73）可得微元体强度服从正态分布时的损伤演化方程表达式：

$$D = \int_0^\varepsilon \frac{1}{S\sqrt{2\pi}} \exp\left[-\frac{1}{2}\left(\frac{x - \varepsilon_0}{S}\right)^2\right] dx \tag{10.77}$$

由岩石类材料的力学试验可知，岩石类材料发生损伤时存在一个应力阈值，当其所受外部载荷超过该应力阈值时，材料才会产生损伤，反之材料将不产生损伤，即此时 $D=0$。根据微元体强度服从 Weibull 分布时的损伤演化方程，当 $D=0$ 时微元体强度随机分布变量 $F^*=0$，则可将 $F^*=0$ 作为其发生损伤的应力阈值，也就是说只有当 $F^*>0$ 时，材料才能产生损伤。因此，当考虑材料损伤应力阈值时，服从 Weibull 分布时的损伤演化方程可表达为

$$\begin{cases} D = 0 & F^* < 0 \\ D = 1 - \exp\left[\left(-\frac{F^*}{F_0}\right)^m\right] & F^* \geqslant 0 \end{cases} \tag{10.78}$$

式中，F^* 值一般可取为材料的弹性应力极限值 σ_s；当材料所受的外部载荷小于 σ_s 时，可视为材料不发生损伤，反之，材料将产生损伤。

10.4.3 常用力学元件模型

岩石类材料在外部动载荷作用下的力学特性与应变率密切相关[176-178]，这样可将动载荷和其力学特性视为时间的函数。岩石类材料在动载荷作用下的动态变形主要表现出弹性、塑性和与时间相关的黏性性质，或者是弹性、塑性、黏性的某种组合的特性。建立岩石类材料动态本构模型的常用方法有经验方程法和力学模型法，其中经验方程法是通过将动力冲击的试验数据进行回归拟合而得到经验本构模型的方法，力学模型法是指将材料视为由各种理想化的力学元件（弹性、塑性和黏性等）以不同形式的串联和并联组合，并推导出组合元件本构方程的方法。

1. 基本力学元件

在采用力学元件法建立的岩石类材料本构模型中，通常以材料弹性、黏滞性和塑性来综合反映其宏观力学性能。通过力学元件串联和并联等组合方式，可以形成弹塑性模型、黏弹性模型、黏塑性模型和黏弹塑性模型等各种形式的模型，对材料的不同力学特性进行反映，如材料的应变率效应、应力松弛、弹性后效、蠕变等特性。岩石类材料的基本变形特性主要有弹性、塑性和黏性，分别用弹性元件、塑性元件和黏性元件表示，如图 10.9 所示。

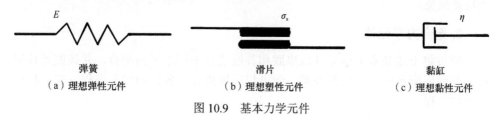

（a）理想弹性元件　　　（b）理想塑性元件　　　（c）理想黏性元件

图 10.9　基本力学元件

1）弹性元件

弹性元件采用图 10.9（a）所示的弹簧表示，又称胡克体，用来反映材料受载时的线弹性变形，其变形服从胡克定律，本构关系可表达为

$$\sigma = E\varepsilon \tag{10.79}$$

弹性元件的基本性能：应变随应力线性变化，只要有应力施加就可产生瞬时弹性变形，变形与时间无关；应力恒定时，应变不变，不随时间发生蠕变；应变恒定时，应力也不随时间而变化，不存在应力松弛现象。

2）塑性元件

塑性元件采用图 10.9（b）所示的两个接触面粗糙的滑片表示，用来描述材料的塑性变形。材料受外部载荷后存在一个屈服极限 σ_s，当外部载荷超过 σ_s 时材料发生塑性流动变形，反之材料不发生塑性变形，其表达式如下：

$$\begin{cases} \varepsilon = 0 & \sigma \leqslant \sigma_s \\ \varepsilon \to \infty & \sigma > \sigma_s \end{cases} \tag{10.80}$$

3）黏性元件

黏性元件采用图 10.9（c）所示的黏缸表示，又称牛顿体，具有黏性流动的特点，用来描述岩石类材料在外部载荷作用下其应力应变特性与时间的关系，其本构关系可表示为

$$\sigma = \eta \dot{\varepsilon} \tag{10.81}$$

式中，η 为黏滞系数；$\dot{\varepsilon}$ 为应变率。

对式（10.79）在一定时间 t 内进行积分可得

$$\varepsilon = \frac{\sigma t}{\eta} + C \tag{10.82}$$

式中，C 为积分常数，由 $\sigma = 0$ 时，$\varepsilon = 0$ 可得 $C = 0$。

由式（10.81）可知，黏性元件模型中的应力应变与时间相关，当材料受到瞬时载荷作用时不会立即产生应变，而是表现为应变滞后；当对材料的应力卸除后，应变将停止变化成为一常量，无弹性后效；当应变为定常数时应力为 0，不出现应力松弛现象。

2. 组合力学元件

通过将上述基本力学元件以串联和并联进行不同形式的组合，并按照元件串联、并联所满足的应力应变关系，便可相应地推导出各自的微分方程，建立模型的本构方程。

1）元件串联

串联中各个元件的应力等于组合体的总应力：

$$\sigma_1 = \sigma_2 = \sigma_3 = \cdots = \sigma_i = \sigma \tag{10.83}$$

式中，σ_i 为各部分应力。

组合体的总应变等于串联中所有元件的应变之和：

$$\varepsilon = \varepsilon_1 + \varepsilon_2 + \varepsilon_3 + \cdots + \varepsilon_i \tag{10.84}$$

式中，ε_i 为各部分应变。

2）元件并联

组合体的总应力等于串联中所有元件的应力之和：

$$\sigma = \sigma_1 + \sigma_2 + \sigma_3 + \cdots + \sigma_i \tag{10.85}$$

各个元件的应变与组合体的总应变相等：

$$\varepsilon = \varepsilon_1 = \varepsilon_2 = \varepsilon_3 = \cdots = \varepsilon_i \tag{10.86}$$

10.4.4 煤岩动态损伤本构模型的建立

在岩石类材料的本构模型研究中，国内外诸多学者提出了多种形式的组合体模型[179-184]，其中由弹性元件和阻尼元件串联组合而成的 Maxwell 体，该组合元件可以较好地描述材料在不同应变率条件下的黏弹性力学行为，能很好地反映岩石类材料在冲击载荷作用下的动态力学特性。在基于 Maxwell 体而建立的动态冲击非线性本构模型和统计损伤模型中，其中最典型的为朱兆详、王礼立和唐志平提出的非线性黏弹性本构模型，又称朱-王-唐（Z-W-T）动态本构模型，该模型由一个非线性弹性体、一个低频 Maxwell 体和一个高频 Maxwell 体并联组成，如图 10.10 所示。

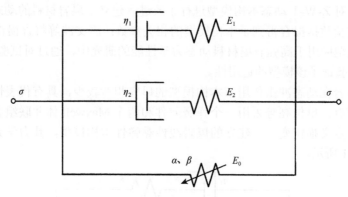

图 10.10　Z-W-T 动态本构模型

η_1、η_2-黏滞系数

Z-W-T 动态本构模型中两个 Maxwell 体的本构关系为

$$\sigma_1 = E_1 \int_0^t \dot{\varepsilon}_1 \exp\left(-\frac{t-\tau}{\phi_1}\right) \mathrm{d}\tau \qquad (10.87)$$

$$\sigma_2 = E_2 \int_0^t \dot{\varepsilon}_2 \exp\left(-\frac{t-\tau}{\phi_2}\right) \mathrm{d}\tau \qquad (10.88)$$

非线性弹性体本构关系为

$$\sigma_3 = E_0 \varepsilon_3 + \alpha \varepsilon_3^2 + \beta \varepsilon_3^3 \qquad (10.89)$$

由组合元件并联应力应变关系可得 Z-W-T 动态本构模型表达式：

$$\sigma = E_1 \int_0^t \dot{\varepsilon} \exp\left(-\frac{t-\tau}{\phi_1}\right) \mathrm{d}\tau + E_2 \int_0^t \dot{\varepsilon} \exp\left(-\frac{t-\tau}{\phi_2}\right) \mathrm{d}\tau + E_0 \varepsilon + \alpha \varepsilon^2 + \beta \varepsilon^3 \qquad (10.90)$$

式中，E_0、E_1、E_2 为材料弹性模量；α、β 为非线性弹性体的弹性常数；ϕ_1、ϕ_2 分别为低频 Maxwell 体和高频 Maxwell 体的松弛时间，且有 $\phi_1 = \eta_1/E_1$，$\phi_2 = \eta_2/E_2$；$\dot{\varepsilon}_1$、$\dot{\varepsilon}_2$ 为应变率；τ 为 σ 对应的切应力。

　　Z-W-T 动态本构模型最早提出时主要用于描述高聚合物在冲击载荷作用下的动力学特性，随后广大学者通过对该模型进行适当的修正，应用于其他材料动态本构模型的构建中；张海东等在 Z-W-T 动态本构模型的基础上引入损伤变量和温度参数，建立了适用于冻土的动态本构模型并进行了相关试验验证；胡世胜和王道荣采用"损伤冻结"技术探究了混凝土材料在冲击载荷作用下的损伤软化效应，并与 Z-W-T 动态本构模型相结合建立了混凝土的含损伤黏弹性本构模型；梁书锋根据应变率的范围对 Z-W-T 动态本构模型进行了简化并将损伤变量引入模型中，建立了花岗岩的黏弹性非线性动态本构模型；戎立帆等根据煤岩 Hopkinson 冲击试验的结果对 Z-W-T 动态本构模型进行了改进，建立了煤岩材料的动态本构模型并通过对试验数据拟合得到了本构模型的相关参数；唐文波等将含损伤的 Z-W-T 动态本构模型应用于高强石墨材料动态力学性能的研究中，通过对试验应力-应变数据的拟合验证了该模型的适用性。

关于煤岩在动态冲击作用下本构模型的研究相对较少，具有代表性的煤岩动态本构模型有：单仁亮等采用一个弹簧元件和两个 Maxwell 体并联组合，并引入弹性模量来定义损伤变量，建立的煤岩线性黏弹性本构模型，其力学元件组合模型如图 10.11 所示。

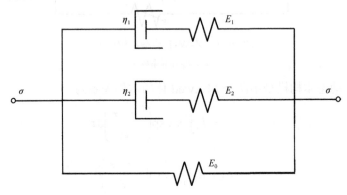

图 10.11 煤岩线性黏弹性本构模型

其中，定义的煤岩损伤变量表达式为

$$D(\varepsilon_i) = \frac{E_b - E(\varepsilon_i)}{E_b} = \frac{e(\varepsilon_i)}{E_b} \tag{10.91}$$

式中，E_b 为煤岩初始弹性模量；$E(\varepsilon_i)$、$e(\varepsilon_i)$ 分别为动态应力-应变曲线上任一点的切线模量和初始弹性模量与切线模量之差。

则煤岩的线性黏弹性本构模型表达式为

$$\sigma = \left(1 - \frac{e(\varepsilon_i)}{E_b}\right)\left[E_0\varepsilon + E_1\int_0^t \dot{\varepsilon}\exp\left(-\frac{t-\tau}{\phi_1}\right)d\tau + E_2\int_0^t \dot{\varepsilon}\exp\left(-\frac{t-\tau}{\phi_2}\right)d\tau\right] \tag{10.92}$$

付玉凯和解北京基于 Z-W-T 动态本构模型并结合煤岩在动力冲击载荷作用下的力学特性，将损伤体元件与两个 Maxwell 体并联组合，认为损伤体在发生损伤之前为线弹性的，建立了煤岩的损伤黏弹性本构模型，其力学元件组合模型如图 10.12 所示。

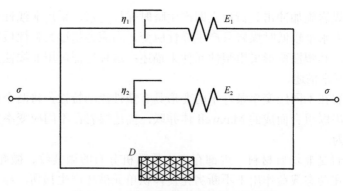

图 10.12　含损伤体煤岩黏弹性本构模型

其中，将未发生损伤之前的损伤体视为线弹性的，出现损伤后其强度服从参数 (m, a) 的 Weibull 分布，则损伤体的本构关系表达式为

$$D = 1 - \exp\left(-\frac{\varepsilon_a^m}{a}\right) \tag{10.93}$$

$$\sigma_a = E_0 \varepsilon_a (1-D) = E_0 \varepsilon_a \exp\left(-\frac{\varepsilon_a^m}{a}\right) \tag{10.94}$$

式中，ε_a^m 为 m、a 参数下的 ε。

则煤岩的含损伤体黏弹性本构模型表达式为

$$\sigma = E_0 \varepsilon_a \exp\left(-\frac{\varepsilon_a^m}{a}\right) + E_1 \int_0^t \dot{\varepsilon} \exp\left(-\frac{t-\tau}{\phi_1}\right) d\tau + E_2 \int_0^t \dot{\varepsilon} \exp\left(-\frac{t-\tau}{\phi_2}\right) d\tau \tag{10.95}$$

结合前人对岩石类材料动态本构模型的研究成果，由煤岩在动态冲击载荷作用下的力学特性可知，煤岩在冲击载荷作用下的动态力学特性与其应变率和动态损伤密切相关，表现出明显的塑性流动和损伤软化效应。因此，在建立煤岩的动态本构方程时应同时考虑应变率因素和损伤因素。另外，线弹性本构模型虽然可以很好地描述岩石类材料在静载条件下的力学特性且被广泛应用于岩石工程中，但它仅适用于低应变率下等一些特殊的情况；而煤岩在冲击载荷作用下的应力-应变曲线特征与静载荷下不同，传统的线弹性阶段（静载荷）呈现出明显的非线性，此时线弹性本构模型显然不能够很好地对其进行描述，而需要建立非线性本构模型来反映煤岩的这种动态力学性能。基于此，本书将煤岩视为由非线弹性特性、损伤特性、塑性特性和黏滞特性的大量质点组成，来体现煤岩材料的宏观动态力学特性，建立一个全面描述煤岩在中高应变率下所表现出来的包含非线弹性、塑性、损伤软化以及应变率相关性在内的综合响应特征的动态本构模型，该模型需满足以下特点：

（1）对煤岩施加冲击载荷后立即产生瞬时弹性变形，采用非线性弹簧元件来描述；当应力水平较低时煤岩只产生弹性应变，当应力超过其弹性极限时煤岩进入塑性阶段，其塑性变形采用塑性元件来描述；这种特征可用非线性弹簧元件和塑性元件串联来描述。

（2）煤岩在不同应变率条件下的变形具有塑性流动特性，将两个由弹性元件和阻尼元件串联组合而成的 Maxwell 体并联，描述煤岩在不同应变率条件下的黏弹性力学行为。

（3）煤岩是非均质材料，内部存在大量随机分布的微裂纹、微孔洞等缺陷，这些微缺陷在动态载荷作用下不断劣化使体积单元破坏产生损伤，导致煤岩表现出明显的损伤软化效应且损伤几乎伴随着应力-应变曲线演化的全过程，对煤岩的动态力学特性有很大的影响，因此在模型中引入损伤体来描述。

根据煤岩的上述特点，本书所建立的煤岩动态本构模型分别由一个描述非线性弹性变形和塑性变形的串联组合体，代表考虑应变率影响的一个低频 Maxwell 体和一个高频 Maxwell 体以及描述煤岩损伤演化的损伤体并联组合而成，如图10.13所示。

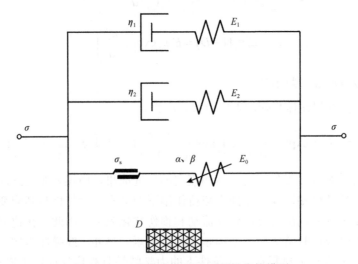

图 10.13　含损伤体煤岩黏弹塑性本构模型

模型中四组并联元件的本构关系推导如下。

1）Maxwell 体

对于低频 Maxwell 体，模型中弹性元件与黏性元件串联，由元件串联时应力应变关系可得

$$\begin{cases} \sigma_1 = \sigma_a(t) = \sigma_b(t) \\ \varepsilon_1 = \varepsilon_a(t) + \varepsilon_b(t) \end{cases} \tag{10.96}$$

式中，$\sigma_a(t)$、$\varepsilon_a(t)$ 分别为与时间相关的弹性元件应力和应变；$\sigma_b(t)$、$\varepsilon_b(t)$ 分别为与时间相关的黏性元件应力和应变，且有 $\sigma_a(t)=E_1\varepsilon_a(t)$、$\sigma_b(t)=\eta_1\varepsilon_b(t)$。

弹性元件和黏性元件本构方程为

$$\sigma_a(t) = E_1\varepsilon_a(t) \tag{10.97}$$

$$\sigma_b(t) = \eta_1\dot{\varepsilon}_b(t) \tag{10.98}$$

式中，$\dot{\varepsilon}_b(t)$ 为应变率的时间函数。

对式（10.97）两边同时求微分得

$$\begin{cases} \dot{\sigma}_1 = \dot{\sigma}_a(t) = \dot{\sigma}_b(t) \\ \dot{\varepsilon}_1 = \dot{\varepsilon}_a(t) + \dot{\varepsilon}_b(t) \end{cases} \tag{10.99}$$

对式（10.98）两边求微分得

$$\dot{\sigma}_a(t) = E_1\dot{\varepsilon}_a(t) \tag{10.100}$$

联立上述各式可得

$$\dot{\varepsilon}_1 = \frac{\dot{\sigma}_1}{E_1} + \frac{\sigma_1}{\eta_1} \tag{10.101}$$

在恒定应变率加载条件下 $\dot{\varepsilon}_1$ 为定值，且初始时刻（$t=0$）有 $\sigma_1=0$、$\varepsilon_1=0$，对式（10.101）进行 Laplace 变换可得

$$\sigma_1 = \dot{\varepsilon}_1\eta\left(\frac{1}{S} - \frac{\eta_1}{\eta_1 S + E_1}\right) \tag{10.102}$$

式中，S 为复参变量。

再将式（10.102）进行 Laplace 逆变换，根据 $\varepsilon_1 = \dot{\varepsilon}_1 t$，可求得低频 Maxwell 体的本构关系：

$$\sigma_1 = \dot{\varepsilon}_1\eta_1\left[1 - \exp\left(-\frac{E_1 t}{\eta_1}\right)\right] = \dot{\varepsilon}_1\eta_1\left[1 - \exp\left(-\frac{E_1\varepsilon_1}{\eta_1\dot{\varepsilon}_1}\right)\right] \tag{10.103}$$

同理，可求高频 Maxwell 体的本构关系：

$$\sigma_2 = \dot{\varepsilon}_2\eta_2\left[1 - \exp\left(-\frac{E_2\varepsilon_2}{\eta_2\dot{\varepsilon}_2}\right)\right] \tag{10.104}$$

2）弹塑性元件串联体

对于非线性弹簧和塑性体串联的组合体，其本构方程为

$$\begin{cases} \sigma_3 = E_0\varepsilon_3 + \alpha\varepsilon_3^2 + \beta\varepsilon_3^3 & \sigma < \sigma_s \\ \sigma_3 = \sigma_s & \sigma \geqslant \sigma_s \end{cases} \tag{10.105}$$

式中，σ_s 为材料发生塑性变形时的弹性极限。

3）损伤体

对于损伤体，认为损伤体在损伤之前是弹性的，其发生损伤时存在一个应力阈值，当外部载荷低于该应力阈值时，材料将不产生损伤，即此时 $D=0$，损伤体元件为不发挥作用的透明体，即不参与本构模型的并联组合；只有当外部载荷超过该应力阈值时，材料才会产生损伤；另外，黏性元件只与应变率和时间有关，不存在损伤特性。选取不同的损伤变量，损伤演变方程也就不同，但它们都必须反映材料的真实损伤状态，根据前述的煤岩动态统计损伤变量，假定煤岩损伤后强度服从参数为（n，a）的 Weibull 分布，则可得考虑损伤应力阈值的统计损伤演化方程：

$$\begin{cases} D = 0 & \sigma < \sigma_s \\ D = 1 - \exp\left[-\left(\dfrac{\varepsilon_D - \varepsilon_s}{a}\right)^n\right] & \sigma \geqslant \sigma_s \end{cases} \tag{10.106}$$

式中，ε_D 为损伤后材料的应变；σ_s 为损伤应力阈值，本书取煤岩材料的弹性极限值，根据煤岩材料的应力-应变曲线，可以近似地认为煤岩材料发生塑性变形时的弹性极限与发生损伤时的损伤应力阈值相等；$\varepsilon_s = \sigma_s / E_0$，为煤岩材料发生损伤时的应变阈值。

根据 Lemaitre 提出的应变等效假定：材料在损伤状态下一定应力对应的应变等于未损伤状态下有效应力对应的应变，可得

$$\sigma_r = \frac{\sigma_D}{1 - D} \tag{10.107}$$

式中，σ_r 为材料无损伤时的有效应力；σ_D 为材料损伤状态的应力。

由式（10.106）和式（10.107）可得煤岩考虑损伤应力阈值的统计损伤本构方程：

$$\begin{cases} \sigma_D = \sigma_r & \sigma < \sigma_s \\ \sigma_D = \sigma_r \exp\left[-\left(\dfrac{\varepsilon_D - \varepsilon_s}{a}\right)^n\right] & \sigma \geqslant \sigma_s \end{cases} \tag{10.108}$$

综合四组元件模型的本构关系，根据元件并联组合关系可得含损伤体煤岩黏弹塑性本构模型。

根据式（10.85）和式（10.86），可得

$$\begin{cases} \sigma = \sigma_1 + \sigma_2 + \sigma_3 + \sigma_D \\ \varepsilon = \varepsilon_1 = \varepsilon_2 = \varepsilon_3 = \varepsilon_D \end{cases} \tag{10.109}$$

当 $\sigma < \sigma_s$ 时，损伤体元件为不发挥作用的透明体，不再参与本构模型的并联组合，联立式（10.103）～式（10.105）、式（10.108）和式（10.109）得

$$\sigma = \dot{\varepsilon}\eta_1\left[1-\exp\left(-\frac{E_1\varepsilon}{\eta_1\dot{\varepsilon}}\right)\right] + \dot{\varepsilon}\eta_2\left[1-\exp\left(-\frac{E_2\varepsilon}{\eta_2\dot{\varepsilon}}\right)\right] + E_0\varepsilon + \alpha\varepsilon^2 + \beta\varepsilon^3 \quad (10.110)$$

当 $\sigma \geqslant \sigma_s$ 时，σ_r 为与应变率无关的平衡应力描述的非线性弹性阶段，其展开式为 $\sigma_r = E_0\varepsilon_D + \alpha\varepsilon_D^2 + \beta\varepsilon_D^3$，联立式（10.103）～式（10.105）、式（10.108）和式（10.109）得

$$\begin{aligned}\sigma &= \dot{\varepsilon}\eta_1\left[1-\exp\left(-\frac{E_1\varepsilon}{\eta_1\dot{\varepsilon}}\right)\right] + \dot{\varepsilon}\eta_2\left[1-\exp\left(-\frac{E_2\varepsilon}{\eta_2\dot{\varepsilon}}\right)\right] \\ &\quad + \sigma_s + \left(E_0\varepsilon + \alpha\varepsilon^2 + \beta\varepsilon^3\right)\exp\left[-\left(\frac{\varepsilon-\varepsilon_s}{a}\right)^n\right]\end{aligned} \quad (10.111)$$

联合式（10.110）和式（10.111）得

$$\begin{cases}\sigma = \dot{\varepsilon}\eta_1\left[1-\exp\left(-\frac{E_1\varepsilon}{\eta_1\dot{\varepsilon}}\right)\right] + \dot{\varepsilon}\eta_2\left[1-\exp\left(-\frac{E_2\varepsilon}{\eta_2\dot{\varepsilon}}\right)\right] + E_0\varepsilon + \alpha\varepsilon^2 + \beta\varepsilon^3 \quad \sigma < \sigma_s \\[2mm] \sigma = \dot{\varepsilon}\eta_1\left[1-\exp\left(-\frac{E_1\varepsilon}{\eta_1\dot{\varepsilon}}\right)\right] + \dot{\varepsilon}\eta_2\left[1-\exp\left(-\frac{E_2\varepsilon}{\eta_2\dot{\varepsilon}}\right)\right] + \sigma_s \\[2mm] \quad + \left(E_0\varepsilon + \alpha\varepsilon^2 + \beta\varepsilon^3\right)\exp\left[-\left(\frac{\varepsilon-\varepsilon_s}{a}\right)^n\right] \qquad\qquad\qquad\qquad\quad \sigma \geqslant \sigma_s\end{cases} \quad (10.112)$$

综上，式（10.112）即为本书所建立的含损伤体煤岩黏弹塑性本构模型，根据不同煤岩的动态力学性质和动态加载条件，可对该模型进行适当的简化和改进。

设 θ_1 和 θ_2 分别为低频 Maxwell 体和高频 Maxwell 体的松弛时间，则有 $\theta_1 = \eta_1/E_1$，$\theta_2 = \eta_2/E_2$。根据前人的研究，低频 Maxwell 体的松弛时间 θ_1 的量级范围通常为 $10\sim 10^2\,\mathrm{s}$，而 θ_2 的量级范围通常为 $10^{-6}\sim 10^{-4}\,\mathrm{s}$，则 θ_1 描述低应变率下的动态响应而 θ_2 描述高应变率下的动态响应，且 θ_1 比 θ_2 高出 $4\sim 6$ 个量级，因此 θ_1 和 θ_2 只在自己的有效控制区间内起作用。

当煤岩在时间尺度是以 $1\sim 10^2\,\mathrm{s}$ 计量的准静态加载条件下，由于松弛时间为 $10^{-6}\sim 10^{-4}\,\mathrm{s}$ 量级的高频 Maxwell 体从加载开始时就已经完全松弛，整个加载过程中将不发挥作用，此时式（10.112）可简化为

$$\begin{cases}\sigma = \dot{\varepsilon}\eta_1\left[1-\exp\left(-\frac{E_1\varepsilon}{\eta_1\dot{\varepsilon}}\right)\right] + E_0\varepsilon + \alpha\varepsilon^2 + \beta\varepsilon^3 \qquad\qquad\qquad\quad \sigma < \sigma_s \\[2mm] \sigma = \dot{\varepsilon}\eta_1\left[1-\exp\left(-\frac{E_1\varepsilon}{\eta_1\dot{\varepsilon}}\right)\right] + \sigma_s + \left(E_0\varepsilon + \alpha\varepsilon^2 + \beta\varepsilon^3\right)\exp\left[-\left(\frac{\varepsilon-\varepsilon_s}{a}\right)^n\right] \quad \sigma \geqslant \sigma_s\end{cases} \quad (10.113)$$

同样，当煤岩在时间尺度是以 $10^{-6}\sim 10^{-4}\,\mathrm{s}$ 计量的冲击加载条件下，由于冲击

加载时间远小于低频 Maxwell 的松弛时间，低频 Maxwell 尚未松弛整个冲击加载过程已经完全结束，此时低频体的作用相当于一个简单弹簧，此时式（10.112）可简化为

$$
\begin{cases}
\sigma = \dot{\varepsilon}\eta_2\left[1-\exp\left(-\dfrac{E_2\varepsilon}{\eta_2\dot{\varepsilon}}\right)\right]+\left(E_0+E_1\right)\varepsilon+\alpha\varepsilon^2+\beta\varepsilon^3 & \sigma<\sigma_s \\[4mm]
\sigma = E_1\varepsilon+\dot{\varepsilon}\eta_2\left[1-\exp\left(-\dfrac{E_2\varepsilon}{\eta_2\dot{\varepsilon}}\right)\right]+\sigma_s+\left(E_0\varepsilon+\alpha\varepsilon^2+\beta\varepsilon^3\right)\exp\left[\left(-\dfrac{\varepsilon-\varepsilon_s}{a}\right)^n\right] & \sigma\geqslant\sigma_s
\end{cases}
$$

$$(10.114)$$

另外，当煤岩为质地致密且较硬的硬煤时，在静载荷和冲击载荷作用下其弹性阶段的应力-应变曲线均近似呈线性，并且变形量很小（应变的最大量级为 10^{-3}），此时反映非线性弹性的多项展开式 $E_0\varepsilon+\alpha\varepsilon^2+\beta\varepsilon^3$ 中应变的平方和三次方两项可以忽略不计，将非线性弹性部分看作线性，则三次多项式可简化为一次式 $E_0\varepsilon$；同时，由于动态冲击载荷作用下硬煤应力-应变曲线塑性阶段的应变延伸范围相对较小，此时用来描述材料塑性变形的塑性元件发挥作用不明显。为了简化模型，可将此塑性元件视为不参与元件组合；基于此，冲击载荷作用下质地致密的硬煤的动态本构关系可根据式（10.115）简化为

$$
\begin{cases}
\sigma = \dot{\varepsilon}\eta_2\left[1-\exp\left(-\dfrac{E_2\varepsilon}{\eta_2\dot{\varepsilon}}\right)\right]+\left(E_0+E_1\right)\varepsilon & \sigma<\sigma_s \\[4mm]
\sigma = \dot{\varepsilon}\eta_2\left[1-\exp\left(-\dfrac{E_2\varepsilon}{\eta_2\dot{\varepsilon}}\right)\right]+\left(E_0+E_1\right)\varepsilon+E_0\varepsilon\exp\left[-\left(\dfrac{\varepsilon-\varepsilon_s}{a}\right)^n\right] & \sigma\geqslant\sigma_s
\end{cases}
$$

$$(10.115)$$

而本书冲击试验中所采用的煤岩试样为孔裂隙结构相对发育且较为软弱的软煤，其应力-应变曲线塑性阶段存在明显延长，用于描述材料塑性变形的塑性元件将发挥明显作用；软煤应力-应变曲线中传统的线弹性阶段呈现出明显的非线性，此时线弹性本构模型显然不能很好地对其进行描述，且孔裂隙结构发育的软弱煤岩在冲击载荷作用下变形较大（应变的最大量级为 $10^{-2}\sim10^{-1}$），因此反映非线性弹性的多项展开式 $E_0\varepsilon+\alpha\varepsilon^2+\beta\varepsilon^3$ 中应变的平方与三次方两项不能忽略。基于此，反映软煤在冲击载荷作用下动态力学性能的本构模型采用式（10.114）描述。

10.4.5　煤岩动态损伤本构模型参数的确定

本书所研究的含损伤体煤岩黏弹塑性本构模型共有 9 个参数：E_0、E_1、E_2、α、β、η_1、η_2、a 和 n。其中，E_0 为煤岩的初始弹性模量，通过动态载荷下的两条应力-应变曲线相减，能够近似求出 E_1、E_2 的值；参数 α、β 控制着动态应力-应变曲线弹性阶段的斜率，其值可根据动态应力-应变曲线弹性阶段的拟合曲线求得；黏

滞系数 η_1、η_2 一般是通过蠕变试验确定的，对于煤岩一般在 $0.1 \sim 0.5$；参数 n、a 对应力-应变曲线屈服阶段前的影响不明显，其中 n 反映了煤岩内部微元强度的分布集中程度，n 越大煤岩的脆性越强，对于煤岩材料可取 $n=1$，a 一般位于曲线峰值所对应的应变附近，可取 a 为峰值应力所对应的应变。

根据上述参数求解方法，针对本书冲击试验所用煤岩试样，可确定式（10.114）所描述的煤岩动态本构模型中的参数，如表 10.3 所示。

表 10.3　煤岩动态本构模型参数

参数	E_0/GPa	E_1/GPa	E_2/GPa	α/GPa
数值	1.4	0.71	21.6	28
参数	β/GPa	η_2/MPa·s	a	n
数值	245.5	0.15	9.87×10^{-3}	1

10.5　本章小结

本章从局部偏心载荷作用下煤岩损伤特性出发，以损伤理论与统计理论为基础并结合宏观力学现象，建立了考虑局部偏心载荷影响的煤岩统计损伤本构模型，分析了局部偏心载荷作用下煤岩损伤演化过程与损伤破坏机制；结合前人所建立的岩石类材料动态本构模型，根据煤岩材料的损伤演化和元件模型理论，对煤岩在冲击载荷作用下的动态损伤本构模型进行了研究，分析了局部冲击载荷作用下煤岩分区损伤特性；通过引入损伤分区等效因子，建立了局部冲击载荷作用下煤岩分区等效损伤模型并进行了验证。所得主要结论如下：

（1）通过引入修正系数 q 弥补了传统损伤变量定义无法考虑岩石残余强度的缺陷，采用 Drucker-Prager 破坏准则表征岩石微元的强度，建立了可反映岩石残余强度的统计损伤本构模型。

（2）采用峰值点法给出了统计损伤本构模型中参数 m、n 的表达式，弥补了采用回归方法确定考虑 Drucker-Prager 破坏准则的损伤本构模型特征点失真的缺陷；借助前人三轴压缩试验数据验证了所建模型的合理性，并分析了修正系数 q 对岩石峰后曲线特征的影响，发现随着 q 值的逐渐降低岩石残余强度值逐渐增加。

（3）引入非对称系数的概念，提出了一个考虑局部偏心载荷影响的岩石统计损伤本构模型，所建立的统计损伤本构模型及其参数可以通过岩样在 4 个非对称系数条件下的抗压强度试验确定，进而可以预测和分析任意非对称加载条件下岩石的损伤演化和本构方程。

（4）与试验结果对比分析表明，建立模型的理论预测曲线与岩石应力应变关系的实验曲线吻合较好，尤其是煤岩峰值强度点的预测值与试验值差距很小，表明所建模型能够较好地反映局部偏心载荷作用下煤岩力学特征。利用所建模型，给出了不同非对称系数下煤岩损伤变量演化规律，发现非对称性载荷对岩石损伤起到促进作用,非对称性越强岩石越容易发生破坏。

(5)通过定义合适的损伤变量可以有效地反映煤岩材料结构特征和力学特性之间的耦合关系,实现对煤岩损伤特性的定量描述。煤岩在冲击载荷作用下动态损伤变量的定义方法可根据统计损伤理论对材料损伤进行统计描述,将统计理论与损伤理论相结合,利用统计结果来定义损伤变量及其演化方程。

(6)将煤岩视为由非线弹性特性、损伤特性、塑性特性和黏滞特性的大量质点组成,来表征煤岩的宏观动态力学特性,通过引入动态损伤变量和塑性体,构建了一个全面描述煤岩在中高应变率下所表现出来的包含非线弹性、塑性、损伤软化和应变率相关性在内的综合响应特征的动态本构模型,并给出了模型中各参数的确定方法。

(7)根据不同煤岩的动态力学性质和动态加载条件,针对中高应变率加载条件下致密硬煤和孔裂隙发育的软煤的动态力学特性,对所构建的含损伤体煤岩黏弹塑性本构模型进行了适当的简化和改进,建立了适用于硬煤和软煤的动态本构模型。

第 11 章 非均匀载荷作用的等效理论与等效模型研究

11.1 局部冲击载荷作用下煤岩损伤等效模型

11.1.1 局部冲击载荷作用下煤岩损伤分区等效理论

常规全冲击时，煤岩试样整体受沿冲击方向的冲击压力，如果忽略边界效应和端部效应的影响，试样在冲击过程中所受载荷均匀分布，如图 11.1 所示。煤岩试样在常规全冲击时的损伤变形主要是由冲击载荷引起的压缩变形，同时由于泊松效应试样发生横向扩展变形，即横向伸长线应变；当动态载荷超过煤岩试样弹性极限时，试样产生塑性变形，内部萌生新的微孔隙、微裂隙等损伤并扩展、贯通进而演化为宏观破裂。

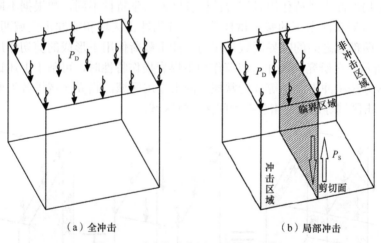

（a）全冲击   （b）局部冲击

图 11.1 冲击载荷作用下试样力学模型

局部冲击时，煤岩试样不同区域力学特性不同，整体受力较为复杂。根据局部冲击时相对加载面积的不同，对试样进行分区受力分析，当试样冲击加载面积为 S_1 时，在冲击压力 P_D 的作用下，直接受冲击面的对面（底面）将受底部固定物体大小相等方向相反的反作用力，反作用力的受力面积为整个底面 S_0，假定该底面所受应力的不均匀系数为 α，即 α 为底面冲击区域应力与非冲击区域的应力之比，则非冲击区域底面所受反作用力的大小 P_N 可采用式（11.1）进行计算，此时处于冲击区域和非冲击区域之间的临界区域存在一个剪切面，根据试样受力平衡可得剪切面上的剪切力 $P_S=P_N$。

$$P_{\mathrm{N}} = P_{\mathrm{D}} \frac{S_0 - S_{\mathrm{I}}}{S_0 + (\alpha - 1)S_{\mathrm{I}}} \tag{11.1}$$

局部冲击载荷作用下煤岩试样分区力学模型如图 11.1（b）所示。对于冲击区域，其在冲击载荷作用下的受力情况与常规全冲击时一致，主要受沿冲击方向的冲击压力，并在动态冲击压力作用下产生压缩变形和由泊松效应引起的横向变形，该区域的损伤演化规律也与常规全冲击时基本一致。对于临界区域，其一侧冲击区域受沿冲击方向的冲击压力，另一侧非冲击区域受底面反作用力作用，致使临界区域在剪切力作用下形成一个剪切面。根据岩石力学知识，岩体处于不同状态下的强度顺序为：抗拉强度＜抗剪强度＜单轴抗压强度＜三轴抗压强度。因此，在局部冲击载荷作用下处于剪切状态的临界区域比处于单轴抗压状态的冲击区域更容易发生损伤破坏。对于非冲击区域，其主要受底面的反作用力和临界区域沿冲击方向的剪切作用力，该区域的损伤变形主要是受作用于冲击区域的冲击载荷的影响，且距冲击区域距离越近其所受影响越大；反之，当非冲击区域内的位置距冲击区域的距离远到一定程度时，该位置处的煤岩体将几乎不受冲击载荷作用。

鉴于局部冲击载荷作用时煤岩试样各区域力学特性不同，故根据不同区域的受力状态将局部冲击下的整个试样等效划分为冲击区域和非冲击区域两个部分，其中位于两部分之间的临界区域是在局部冲击载荷作用下形成的剪切作用带，如图 11.2 所示。在研究局部冲击载荷作用下煤岩损伤特性时，可基于上述试样力学特性分区方法将冲击区域等效为常规全冲击作用区域，临界区域等效为剪切作用带，非冲击区域等效为冲击载荷的间接影响区域。

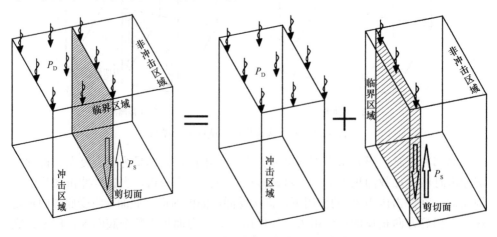

图 11.2　局部冲击分区力学模型

11.1.2　局部冲击载荷作用下煤岩损伤分区等效因子

为了将局部冲击载荷作用下煤岩试样不同区域的损伤程度与常规全冲击时的

损伤程度进行等效分析，根据上述局部冲击分区力学模型，分别在煤岩试样的不同区域引入分区等效因子，对煤岩试样在局部冲击载荷作用下的损伤特性进行分区等效。当冲击速度和冲量相同时，冲击加载面积不同试样不同区域的损伤程度不同，因此在进行局部冲击载荷作用下煤岩损伤分区等效时，首先需要引入冲击加载面积等效因子 $f(S)$。另外，局部冲击时冲击区域和非冲击区域之间存在一个剪切作用带，在剪切作用下此区域的煤岩更容易产生损伤，其损伤程度往往比受冲击压缩的冲击区域更大，有明显的损伤增强效应，因此针对局部冲击时临界区域由于剪切作用而导致损伤增强的现象，在进行临界区域损伤等效时，引入剪切损伤增强因子 $E(S)$。局部冲击载荷作用下煤岩试样非冲击区域的损伤与该区域距冲击区域的距离有关，作用于试样冲击区域的冲击对非冲击区域中各个位置的影响随着距冲击区域距离的增大而减小，致使试样非冲击区域中不同位置的损伤程度随着距冲击区域距离的增大而急剧减小。因此，在对非冲击区域进行损伤等效时需进一步引入衰减距离因子 $w(d)$。基于上述方法，通过对局部冲击载荷作用下煤岩试样不同区域分别引入冲击加载面积等效因子 $f(S)$、剪切损伤增强因子 $E(S)$、衰减距离因子 $w(d)$，将局部冲击时不同区域的损伤程度等效为相同冲击条件（冲量、冲击速度）下的常规全冲击时煤岩损伤程度与各等效因子之间的耦合关系，并找出各损伤分区等效因子与损伤变量之间的关系，从而构建局部冲击与常规全冲击时的煤岩损伤分区等效模型。

11.1.3　局部冲击载荷作用下煤岩损伤分区等效模型

由前述章节中所述的局部冲击分区力学模型可知，局部冲击时冲击区域可等效为常规全冲击，但是局部冲击时煤岩试样冲击区域的受力为非均匀受力，而煤岩在冲击载荷作用下的损伤与冲击压力的大小和分布情况密切相关。因此，在对局部冲击时试样冲击区域损伤进行等效分析时，首先需根据冲击加载面积的不同定义煤岩试样在局部冲击载荷作用下所受应力的不均匀系数，并找出其与冲击加载面积的耦合关系。对于局部冲击时试样应力的不均匀系数可根据前述章节中的定义方法，假定局部冲击时试样冲击区域的应力与非冲击区域的应力之比为不均匀系数 α，如式（11.2）所示。

$$\alpha = \frac{\sigma_{\mathrm{I}}}{\sigma_{\mathrm{N}}} \tag{11.2}$$

式中，σ_{I}、σ_{N} 分别为局部冲击时试样冲击区域的应力和非冲击区域的应力，且 $\alpha \geqslant 1$。

根据受力平衡可得

$$\sigma_{\mathrm{N}}\left(S_0 - S\right) + \sigma_{\mathrm{I}}S = P_{\mathrm{D}} \tag{11.3}$$

式中，S_0、S 分别为常规全冲击时和局部冲击时的冲击加载面积。

联立式（11.2）和式（11.3）可得

$$P_\mathrm{I} = \sigma_\mathrm{I} S = \frac{\alpha P_\mathrm{D} S}{S_0 + (\alpha - 1)S} \tag{11.4}$$

式中，P_I 为外力。

根据前文所述，煤岩的动态损伤与其强度和所受冲击载荷的动态应力相关，在相同冲量条件下，冲击加载面积不同煤岩试样冲击区域在冲击载荷作用下所受的动态应力大小不同，这就导致相同冲量不同冲击加载面积下试样冲击区域的损伤程度不同。因此，需找出相同冲量的冲击载荷作用下煤岩试样冲击区域应力变化与冲击加载面积变化的关系，然后通过引入由冲击加载面积变化引起的冲击区域应力变化因子 $g(S)$，以及由应力变化引起煤岩损伤变化的等效因子 β，从而构建冲击加载面积与煤岩试样冲击区域损伤变化的耦合关系，建立局部冲击与常规全冲击时的煤岩损伤分区等效模型。由此，局部冲击时试样冲击区域应力与常规冲击时应力关系为

$$\bar{\sigma}_\mathrm{I} = g(S)\sigma_0 \tag{11.5}$$

式中，$\bar{\sigma}_\mathrm{I}$ 为局部冲击时试样冲击区域的平均应力；σ_0 为常规全冲击时试样的应力，其表达式如下：

$$\begin{cases} \bar{\sigma}_\mathrm{I} = \dfrac{P_\mathrm{D} + P_\mathrm{I}}{2S} \\ \sigma_0 = \dfrac{P_\mathrm{D}}{S_0} \end{cases} \tag{11.6}$$

联立式（11.4）～式（11.6）可得

$$g(S) = \frac{S_0 \left[S_0 + (2\alpha - 1)S \right]}{2S \left[S_0 + (\alpha - 1)S \right]} \tag{11.7}$$

引入由应力变化引起煤岩损伤变化的等效因子 β，可得相同冲量条件下局部冲击时试样冲击区域损伤程度 D_S 与常规全冲击时试样损伤程度 D_0 等效关系：

$$D_\mathrm{S} = f(S)D_0 = g(S)\beta D_0 = \frac{\beta S_0 D_0 \left[S_0 + (2\alpha - 1)S \right]}{2S \left[S_0 + (\alpha - 1)S \right]} \tag{11.8}$$

式中，α 为局部冲击时试样冲击区域与非冲击区域的应力之比，α 与冲击加载面积的耦合关系可通过不同加载面积的静载试验拟合得到；β 为与冲击加载面积相关的参量，可根据不同冲击加载面积的局部冲击超声波损伤检测试验拟合得到；S_0、S 分别为常规全冲击时和局部冲击时的冲击加载面积。

根据前文所述，将式（11.8）中引入剪切损伤增强因子 $E(S)$ 便可得局部冲击时试样临界区域的损伤程度 D_C 与常规全冲击时试样损伤程度 D_0 等效关系：

$$D_C = E(S)f(S)D_0 = E(S)g(S)\beta D_0 = \frac{E(S)\beta S_0 D_0 \left[S_0 + (2\alpha - 1)S\right]}{2S\left[S_0 + (\alpha - 1)S\right]} \quad (11.9)$$

同理，将式（11.8）中引入衰减距离因子 w（d），可得局部冲击时试样非冲击区域的损伤程度 D_N 与常规全冲击时试样损伤程度 D_0 等效关系：

$$D_N = w(d)f(S)D_0 = w(d)g(S)\beta D_0 = \frac{w(d)\beta S_0 D_0 \left[S_0 + (2\alpha - 1)S\right]}{2S\left[S_0 + (\alpha - 1)S\right]} \quad (11.10)$$

式（11.9）和式（11.10）中剪切损伤增强因子 $E(S)$ 与冲击加载面积有关，其与冲击加载面积的耦合关系可通过不同冲击加载面积的煤岩试样局部冲击超声波损伤检测试验拟合得到；衰减距离因子 $w(d)$ 与非冲击区域中不同位置距冲击区域的距离有关，其表达式可通过煤岩试样局部冲击超声波损伤检测试验拟合得到。

11.1.4　局部冲击载荷作用下煤岩损伤等效模型的验证

根据前述章节中所开展不同冲击加载面积的煤岩试样冲击试验，利用超声波损伤检测仪对试样不同区域的超声波波速进行观测并按照定义的损伤变量计算，从而得到不同冲击加载面积下煤岩试样各区域损伤量的试验数据。基于试样在不同冲击加载面积下的损伤量试验数据，对局部冲击载荷作用下煤岩损伤分区等效模型进行验证。

1. 煤岩损伤分区等效模型参数确定

首先确定局部冲击时试样冲击区域应力与非冲击区域应力的不均匀系数 α，通过不同加载面积的静载试验拟合得到 α 与冲击加载面积的耦合关系如图 11.3 所示。

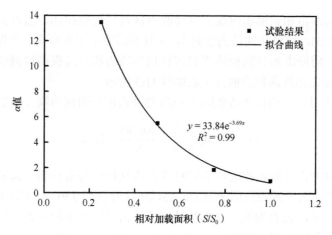

$$y = 33.84e^{-3.69x}$$
$$R^2 = 0.99$$

图 11.3　α 与相对冲击加载面积的耦合关系

由图 11.3 可得局部冲击载荷作用时试样应力不均匀系数 α 与冲击加载面积的

耦合关系：

$$\alpha = 33.84\exp\left(\frac{-3.69S}{S_0}\right) \tag{11.11}$$

以单次冲量为 2.91 N·s 时的煤岩冲击试验为例，通过不同加载面积的煤岩冲击损伤试验数据拟合得到 β 与冲击加载面积的耦合关系如图 11.4 所示。

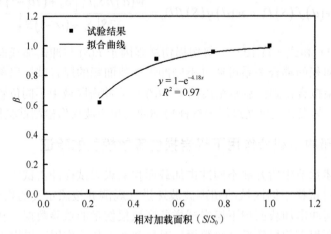

图 11.4　β 与相对冲击加载面积的耦合关系

由图 11.4 可得由应力变化引起煤岩损伤变化的等效因子 β 与冲击加载面积的耦合关系表达式：

$$\beta = 1 - \exp\left(\frac{-4.18S}{S_0}\right) \tag{11.12}$$

对于不同冲击加载面积时煤岩试样临界区域的等效损伤，需首先确定剪切损伤增强因子 $E(S)$，以单次冲量为 2.91 N·s 时不同冲击加载面积下的煤岩冲击试验为例，根据不同冲击加载面积的煤岩试样局部冲击超声波损伤检测试验数据拟合得到 $E(S)$ 与冲击加载面积的耦合关系如图 11.5 所示。

由图 11.5 可得剪切损伤增强因子 $E(S)$ 与冲击加载面积的耦合关系表达式：

$$E(S) = -0.26\left(\frac{S}{S_0}\right)^2 - \frac{0.048S}{S_0} + 1.30 \tag{11.13}$$

对于不同冲击加载面积时煤岩试样非冲击区域的等效损伤，需基于冲击区域的等效损伤再引入衰减距离因子 $d(S)$，仍以单次冲量为 2.91 N·s 时不同冲击加载面积下的煤岩冲击试验为例，$w(d)$ 与试样非冲击区域中不同位置距冲击区域的距离 d 的耦合关系如图 11.6 所示。

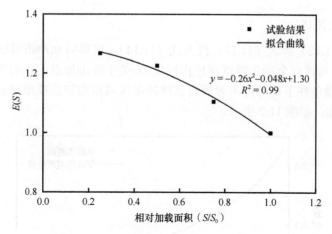

图 11.5 $E(S)$ 与相对冲击加载面积的耦合关系

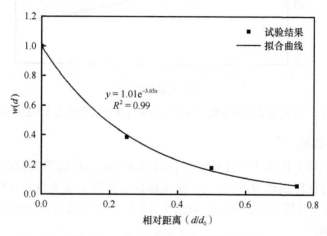

图 11.6 $w(d)$ 与相对距离的耦合关系

由图 11.6 可得衰减距离因子 $d(S)$ 与非冲击区域中不同位置距冲击区域的距离 d 的耦合关系表达式：

$$w(d) = 1.01\exp\left(-\frac{3.65d}{d_0}\right) \tag{11.14}$$

式中，d_0 为煤岩试样边长。

2. 煤岩损伤分区等效模型验证

采用上述方法确定损伤分区等效因子，并将其代入煤岩损伤分区等效模型与相应的局部冲击试验所得试样不同区域损伤量进行对比验证。

1）冲击区域

将式（11.12）和式（11.13）代入式（11.14），可得局部冲击时试样冲击区域损伤程度 D_s 与常规全冲击时试样损伤程度 D_0 关于冲击加载面积的等效关系。对相同冲击加载条件下局部冲击时煤岩试样冲击区域损伤等效模型理论值与试验实测值进行对比，如图 11.7 所示。

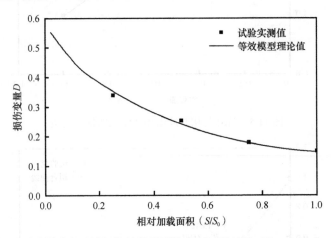

图 11.7　试样冲击区域损伤等效模型结果与试验结果对比（I=2.91 N·s）

2）临界区域

将式（11.14）代入式（11.9），可得局部冲击时试样临界区域损伤程度 D_C 与常规全冲击时试样损伤程度 D_0 关于冲击加载面积的等效关系。对相同冲击加载条件下局部冲击时煤岩试样临界区域损伤等效模型理论值与试验实测值进行对比，如图 11.8 所示。

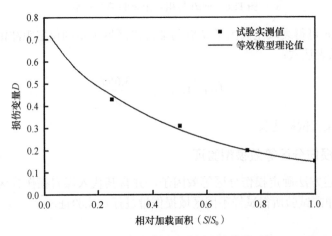

图 11.8　试样临界区域损伤等效模型结果与试验结果对比（I=2.91 N·s）

3）非冲击区域

根据前述理论，可得局部冲击时试样非冲击区域不同位置的损伤程度 D_N 与常规全冲击时试样损伤程度 D_0 关于该位置距冲击区域的距离 d 的耦合关系。对相同冲击加载条件下局部冲击时煤岩试样非冲击区域损伤等效模型理论值与试验实测值进行对比，如图 11.9 所示。

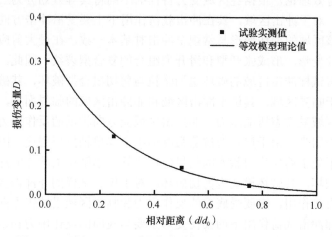

图 11.9　试样非冲击区域损伤等效模型结果与试验结果对比

由图 11.7～图 11.9 可知，通过煤岩损伤分区等效模型计算所得煤岩试样各区域损伤量与相应的局部冲击试验实测结果具有较好的一致性，从而验证了该煤岩损伤分区等效模型的适用性，说明该等效模型能够充分地反映局部冲击载荷作用下煤岩试样不同区域的损伤与冲击加载面积的耦合关系。另外，在运用该局部冲击煤岩损伤分区等效模型时，只需确定相同冲量条件下常规全冲击时试样损伤量并根据上述方法确定各等效因子，即可求得不同冲击加载面积局部冲击时试样各个区域位置的损伤量。

11.2　局部冲击载荷作用下煤岩损伤机理探讨

11.2.1　常规全冲击载荷作用下煤岩损伤机理

常规全冲击载荷作用下，煤岩试样受沿冲击方向上冲击压缩应力的作用产生沿冲击方向的压缩变形，同时由于泊松效应试样发生横向扩展变形，即横向伸长线应变；由于煤岩属于脆性材料，其抵抗拉伸和剪切变形的能力远弱于抵抗压缩变形的能力，若忽略边界效应和端部效应的影响，煤岩试样在动态压缩应力作用下的损伤主要为由压缩应力引起的拉伸损伤变形和压剪损伤变形，当横向应变或剪切应变超过其弹性变形极限时煤岩试样即发生损伤变形，内部萌生新的微孔隙、微裂隙等损伤，并扩展、贯通进而演化为宏观破裂，在张拉和压剪组合作用下形成近似"X"形张剪破坏模式。

11.2.2 局部冲击载荷作用下煤岩损伤机理

对于局部冲击载荷作用下的煤岩试样，其冲击区域、临界区域和非冲击区域的受力特性不同。在对煤岩在局部冲击载荷作用下的损伤进行分析时，可按照上述损伤分区等效理论，根据各区域受力特性的不同将其等效划分为三个区域损伤的组合模型。对于冲击区域，其在冲击载荷作用下主要受沿冲击方向的冲击压缩应力作用，该区域的损伤变形与常规全冲击时基本一致，在最大剪应力所在平面产生压剪塑性变形，形成张开型和滑开型组合的复合型裂纹。因此，局部冲击载荷作用下煤岩试样冲击区域的破坏也为张拉与剪切组合型破坏，其破坏模式为张剪破坏。对于临界区域，其位于冲击区域和非冲击区域的临界面处，煤岩试样受冲击时冲击区域受动态压缩压力，非冲击区域受方向相反的反作用力，在临界区域形成剪切作用带；由于煤岩的抗剪强度远小于其单轴抗压强度，因此在局部冲击载荷作用下处于剪切作用状态的临界区域比处于单轴压缩状态的冲击区域更容易发生损伤破坏，其破坏模式为剪切破坏。对于煤岩试样的非冲击区域，其不受冲击载荷的直接作用，主要受底面的反作用力和临界区域沿冲击方向的剪切作用力，其在局部冲击载荷作用下的损伤变形主要与底面的反作用力和距冲击区域的距离有关，该区域中各位置距冲击区域越远损伤变形越小，当非冲击区域内的位置距冲击区域的距离远到一定程度时，该位置处的煤岩体将几乎不受冲击载荷的作用，且该区域的整体损伤程度远小于冲击区域和临界区域，仅在靠近临界区域附近产生张拉破坏。

11.3 本章小结

本章基于前文开展的煤岩试样局部冲击试验和数值模拟研究，分析了局部冲击载荷作用下煤岩分区损伤特性；通过引入损伤分区等效因子，建立了局部冲击载荷作用下煤岩分区等效损伤模型并进行了验证；最后探讨了局部冲击载荷作用下煤岩损伤的机理。所得主要结论如下：

（1）基于构建的局部冲击分区力学等效模型，分别在煤岩试样的不同区域引入分区等效因子，对煤岩试样在局部冲击载荷作用下的损伤特性进行分区等效，建立了局部冲击与常规全冲击时的煤岩损伤分区等效模型，并通过对不同加载面积的静载试验和冲击试验数据进行拟合，得到了该等效模型中等效因子与冲击加载面积的耦合关系。

（2）局部冲击载荷作用下煤岩损伤分区等效模型计算所得煤岩试样各区域损伤量与相应的局部冲击试验实测结果具有较好的一致性，从而验证了该等效模型的适用性，说明该等效模型能够充分地反映局部冲击载荷作用下煤岩试样不同区域的损伤与冲击加载面积的耦合关系。

（3）常规全冲击载荷作用下，煤岩试样的损伤主要为由压缩应力引起的横向张拉损伤变形和压剪损伤变形，其破坏模式为张剪破坏。局部冲击载荷作用下，煤岩试样不同区域的损伤特性不同，煤岩试样冲击区域的损伤破坏与常规全冲击时一致，均为张拉与剪切组合型破坏；临界区域处于剪切作用带，处于剪切作用状态的临界区域比处于单轴压缩状态的冲击区域更容易发生损伤破坏，其破坏模式为剪切破坏；非冲击区域在局部冲击载荷作用下的损伤变形主要与底面的反作用力和距冲击区域的距离有关，该区域的整体损伤程度远小于冲击区域和临界区域，仅在靠近临界区域附近产生张拉破坏。

参 考 文 献

[1] 谢和平, 吴立新, 郑德志, 等. 2025 年中国能源消费及煤炭需求预测 [J]. 煤炭学报, 2019, 44(7): 1949-1960.

[2] 杨天鸿, 张锋春, 于庆磊, 等. 露天矿高陡边坡稳定性研究现状及发展趋势 [J]. 岩土力学, 2011, 32(5): 1437-1451.

[3] 赵洪宝, 李华华, 王中伟. 边坡潜在滑移面关键单元岩体裂隙演化特征细观试验与滑移机制研究 [J]. 岩石力学与工程学报, 2015, 34(5): 935-944.

[4] Zhang H, Zhao H B, Wang T. Creep characteristics and model of key unit rock in slope potential slip surface[J]. International Journal of Geomechanics, 2019, 19(8): 1-10.

[5] 赵洪宝, 王涛, 张欢, 等. 岩石边坡剪切蠕变滑移机理与潜在滑移面关键单元识别技术 [D]. 北京：中国矿业大学 (北京), 2018.

[6] Daniel J, Moore L D. The ultimate strength of coal [J]. Engineering and Mining Journal, 1907, 10: 263-268.

[7] Holland C T, Gaddy F L. Some aspects of permanent support of overburden on coal of the beds [J]. Proceedings of the West Virginia Coal Mining Institute, 1956, 10: 43-46.

[8] Okubo S, Fukui K, Qi Q X. Uniaxial compression and tension tests of anthracite and loading rate dependence of peak strength [J]. International Journal of Coal Geology, 2006, 68(3-4): 196-204.

[9] Wang W, Wang H, Li D Y. Strength and failure characteristics of natural and water-saturated coal specimens under static and dynamic loads [J]. Shock and Vibration, 2018, 2018: 1-10.

[10] Liu X H, Dai F, Zhang R, et al. Static and dynamic uniaxial compression tests on coal rock considering the bedding directivity [J]. Environmental Earth Sciences, 2015, 73(10): 5933-5949.

[11] 陈广阳, 潘一山, 罗浩, 等. 不同类型煤体失稳破坏电荷感应试验研究 [J]. 安全与环境学报, 2016, 16(6): 65-69.

[12] 朱传奇, 谢广祥, 王磊, 等. 含水率及孔隙率对松软煤体强度特征影响的试验研究 [J]. 采矿与安全工程学报, 2017, 34(3): 601-607.

[13] Huang B X, Liu J W. The effect of loading rate on the behavior of samples composed of coal and rock [J]. International Journal of Rock Mechanics and Mining Sciences, 2013, 61:23-30.

[14] Liu J, Wang E Y, Song D Z. Effect of rock strength on failure mode and mechanical behavior of composite samples [J]. Arabian Journal of Geosciences, 2015, 8(7): 4527-4537.

[15] Hobbs D W. The strength and stress-strain characteristics of coal under triaxial compression [J]. Geological Magazine, 1960, 97(5): 422-435.

[16] Medhurst T P, Brown E T. A study of the mechanical behavior of coal for pillar design [J]. International Journal of Rock Mechanics and Mining Sciences, 1998, 35(8): 1087-1104.

[17] Wang S, Li H M, Wang W. Experimental study on mechanical behavior and energy dissipation of anthracite coal in natural and forced water-saturation states under triaxial loading [J]. Arabian Journal of Geosciences, 2018, 11(21): 1-10.

[18] Yang S Q, Xu P, Ranjith P G. Damage model of coal under creep and triaxial compression [J]. International Journal of Rock Mechanics and Mining Sciences, 2015, 80: 337-345.

[19] Alexeev A D, Revva V N, Molodetski A V. Stress state effect on the mechanical behavior of coals under true triaxial compression conditions [C]. International Workshop on the True Triaxial Testing of Rocks, 2012, 4:281-291.

[20] Liu C, Yin G Z, Li M H, et al. Deformation and permeability evolution of coals considering the effect of beddings [J]. International Journal of Rock Mechanics and Mining Sciences, 2019, 117: 49-62.

[21] 苏承东, 翟新献, 李永明, 等. 煤样三轴压缩下变形和强度分析 [J]. 岩石力学与工程学报, 2006(S1): 2963-2968.

[22] 杨永杰, 宋扬, 陈绍杰, 等. 煤岩强度离散性及三轴压缩试验研究 [J]. 岩土力学, 2006(10): 1763-1766.

[23] Chang Z G, Cai Q X, Zhou W, et al. Effects of the loading and unloading conditions on crack propagation in high composite slope of deep open-pit mine [J]. Advances in Civil Engineering, 2019, 2019: 1-10.

[24] Liu Q Q, Cheng Y P, Jin K. Effect of confining pressure unloading on strength reduction of soft coal in borehole stability analysis [J]. Environmental Earth Sciences, 2017, 76(4): 1-10.

[25] Xue Y, Ranjith P G, Gao F. Mechanical behaviour and permeability evolution of gas-containing coal from unloading confining pressure tests [J]. Journal of Natural Gas Science and Engineering, 2017, 40: 336-346.

[26] 刘倩颖, 张茹, 高明忠, 等. 煤卸荷过程中声发射特征及综合破坏前兆分析 [J]. 四川大学学报 (工程科学版), 2016, 48(S2): 67-74.

[27] 杨永杰, 马德鹏. 煤样三轴卸荷破坏的能量演化特征试验分析 [J]. 采矿与安全工程学报, 2018, 35(6): 1208-1216.

[28] 张军伟, 姜德义, 赵云峰, 等. 分阶段卸荷过程中构造煤的力学特征及能量演化分析 [J]. 煤炭学报, 2015, 40(12): 2820-2828.

[29] Wang Y B, Yang R S. Study of the dynamic fracture characteristics of coal with a bedding structure based on the NSCB impact test [J]. Engineering Fracture Mechanics, 2017, 184: 319-338.

[30] Li X B, Zhou T, Li D Y. Dynamic strength and fracturing behavior of single-flawed prismatic marble specimens under impact loading with a split-hopkinson pressure bar [J]. Rock Mechanics and Rock Engineering, 2017, 50(1): 29-44.

[31] Zhu W C, Li S H, Li S, et al. Influence of dynamic disturbance on the creep of sandstone: An experimental study [J]. Rock Mechanics and Rock Engineering, 2019, 52(4): 1023-1039.

[32] 赵洪宝, 王中伟, 张欢, 等. 冲击载荷对煤岩内部微结构演化及表面新生裂隙分布规律的影响 [J]. 岩石力学与工程学报, 2016, 35(5): 971-979.

[33] 王登科, 刘淑敏, 魏建平, 等. 冲击载荷作用下煤的破坏特性试验研究 [J]. 采矿与安全工程学报, 2017, 34(3): 594-600.

[34] Li X B, Zhou Z L, Lok T S, et al. Innovative testing technique of rock subjected to coupled static and dynamic loads [J]. International Journal of Rock Mechanics and Mining Sciences, 2008, 45(5): 739-748.

[35] 左宇军, 李夕兵, 马春德, 等. 动静组合载荷作用下岩石失稳破坏的突变理论模型与试验研究 [J]. 岩石力学与工程学报, 2005(5): 741-746.

[36] 张皓. 准脆性材料损伤演化的实验力学研究 [D]. 天津: 天津大学, 2014.

[37] Hill R, Hutchinson J W. Bifurcation phenomena in the plane tension test [J]. 1975, 23(4-5): 239-264.

[38] 强跃, 赵明阶, 林军志, 等. 基于分叉理论的岩体局部化现象研究 [J]. 岩土力学, 2013, 34(7): 2099-2103.

[39] 秦卫星, 陈胜宏, 刘金龙. 不连续化分叉条件及其在边坡稳定分析中的应用 [C]. 中国岩石力学与工程学会, 2005: 316-320.

[40] Muhlhaus H, Vardoulakis I. The thickness of shear bands in granular materials [J]. Geotechnique, 1987, 37(3): 271-283.

[41] 唐洪祥, 李锡夔. 基于 Cosserat 连续体的 CAP 弹塑性模型与应变局部化有限元模拟 [J]. 岩石力学与工程学报, 2008(5): 960-970.

[42] 解兆谦, 张洪武, 陈飙松. 基于参变量变分原理的三维 Cosserat 体模型弹塑性分析与应变局部化模拟 [J]. 工程力学, 2012, 29(12): 370-376, 384.

[43] Bazant Z P, Pijaudier-Cabot G. Nonlocal continuum damage, localization instability and convergence [J]. Journal of Applied Mechanics, 1988, 55(2): 287-293.

[44] 王小平, 孟国涛. 非局部化弹塑性理论及其应用 [J]. 岩石力学与工程学报, 2007(S1): 2964-2967.

[45] 王学滨, 潘一山, 海龙. 基于剪切应变梯度塑性理论的断层岩爆失稳判据 [J]. 岩石力学与工程学报, 2004(4): 588-591.

[46] 郑捷, 姚孝新, 陈顒. 岩石变形局部化的实验研究 [J]. 地球物理学报, 1983(6): 554-563, 597.

[47] Zuev L B, Barannikova S A, Nadezhkin M V, et al. Localization of deformation and prognostibility of rock failure [J]. Journal of Mining Science, 2014, 50(1): 43-49.

[48] Bhandari A R, Inoue J. Strain localization in soft rock - a typical rate-dependent solid: experimental and numerical studies [J]. International Journal for Numerical and Analytical Methods in Geomechanics, 2005, 29(11): 1087-1107.

[49] Zhang H, Huang G Y, Song H P, et al. Experimental characterization of strain localization in rock [J]. Geophysical Journal International, 2013, 194(3): 1554-1558.

[50] Wang Y, Li C H, Hu Y Z. Use of X-ray computed tomography to investigate the effect of rock blocks on meso-structural changes in soil-rock mixture under triaxial deformation [J]. Construction and Building Materials, 2018, 164: 386-399.

[51] 毛灵涛, 袁则循, 连秀云, 等. 基于 CT 数字体相关法测量红砂岩单轴压缩内部三维应变场 [J]. 岩石力学与工程学报, 2015, 34(1): 21-30.

[52] Munoz H, Taheri A. Specimen aspect ratio and progressive field strain development of sandstone

under uniaxial compression by three-dimensional digital image correlation [J]. Journal of Rock Mechanics and Geotechnical Engineering, 2017, 9(4): 599-610.

[53] Jérémie D, Michel B, Nicolas G, et al. Localized deformation induced by heterogeneities in porous carbonate analysed by multi-scale digital image correlation [J]. Tectonophysics, 2011, 50(1-2): 100-116.

[54] 马少鹏. 数字散斑相关方法在岩石破坏测量中的发展与应用 [J]. 岩石力学与工程学报, 2004(8): 1410.

[55] Cheng J L, Yang S Q, Chen K, et al. Uniaxial experimental study of the acoustic emission and deformation behavior of composite rock based on 3D digital image correlation [J]. Acta Mechanica Sinica, 2019, 35(5): 1130-1140.

[56] Song H, Zhang H, Fu D, et al. Experimental study on damage evolution of rock under uniform and concentrated loading conditions using digital image correlation [J]. Fatigue and Fracture of Engineering Materials and Structures, 2013, 36(8): 760-768.

[57] Tang Y, Seisuke O, Xu J, et al. Progressive failure behaviors and crack evolution of rocks under triaxial compression by 3D digital image correlation [J]. Engineering Geology, 2019, 249: 172-185.

[58] Wu T H, Gao Y T, Zhou Y, et al. Experimental and numerical study on the interaction between holes and fissures in rock-like materials under uniaxial compression [J]. Theoretical and Applied Fracture Mechanics, 2020, 106: 1-10.

[59] 赵明阶, 徐蓉. 岩石损伤特性与强度的超声波速研究 [J]. 岩土工程学报, 2000(6): 720-722.

[60] 樊秀峰, 简文彬. 砂岩疲劳特性的超声波速法试验研究 [J]. 岩石力学与工程学报, 2008(3): 557-563.

[61] 杨军, 高文学, 金乾坤. 岩石动态损伤特性实验及爆破模型 [J]. 岩石力学与工程学报, 2001(3): 320-323.

[62] 林大能, 陈寿如. 循环冲击载荷作用下岩石损伤规律的试验研究 [J]. 岩石力学与工程学报, 2005(22): 4094-4098.

[63] Cox S, Meredith P. Microcrack formation and material softening in rock measured by monitoring acoustic emissions [J]. International Journal of Rock Mechanics and Mining Sciences, 1993, 30(1):11-24.

[64] 曹树刚, 刘延保, 张立强, 等. 突出煤体单轴压缩和蠕变状态下的声发射对比试验 [J]. 煤炭学报, 2007(12): 1264-1268.

[65] He M C, Miao J L, Feng J L. Rock burst process of limestone and its acoustic emission characteristics under true-triaxial unloading conditions [J]. International Journal of Rock Mechanics and Mining Sciences, 2010, 47(2): 286-298.

[66] Jia Z Q, Xie H P, Zhang R, et al. Acoustic emission characteristics and damage evolution of coal at different depths under triaxial compression [J]. Rock Mechanics and Rock Engineering, 2020, 53(5):2063-2076.

[67] 宫伟力, 李晨. 煤岩结构多尺度各向异性特征的 SEM 图像分析 [J]. 岩石力学与工程学报, 2010, 29(S1): 2681-2689.

[68] 王登科, 孙刘涛, 魏建平. 温度冲击下煤的微观结构变化与断裂机制 [J]. 岩土力学, 2019, 40(2): 529-538, 548.

[69] Zhou D, Feng Z C, Zhao D, et al. Experimental study of meso-structural deformation of coal during methane adsorption-desorption cycles [J]. Journal of Natural Gas Science and Engineering, 2017, 42:243-251.

[70] 丁卫华, 仵彦卿, 蒲毅彬, 等. 基于 X 射线 CT 的岩石内部裂纹宽度测量 [J]. 岩石力学与工程学报, 2003(9): 1421-1425.

[71] 刘京红, 姜耀东, 赵毅鑫, 等. 煤岩破裂过程 CT 图像的分形描述 [J]. 北京理工大学学报, 2012, 32(12): 1219-1222.

[72] 李杰林, 周科平, 张亚民, 等. 基于核磁共振技术的岩石孔隙结构冻融损伤试验研究 [J]. 岩石力学与工程学报, 2012, 31(6): 1208-1214.

[73] 朱和玲, 周科平, 张亚民, 等. 基于核磁共振技术的岩体爆破损伤试验研究 [J]. 岩石力学与工程学报, 2013, 32(7): 1410-1416.

[74] 胡振襄, 周科平, 李杰林, 等. 卸荷岩体细观损伤演化的核磁共振测试 [J]. 北京科技大学学报, 2014, 36(12): 1567-1574.

[75] 李夕兵, 翁磊, 谢晓锋, 等. 动静载荷作用下含孔洞硬岩损伤演化的核磁共振特性试验研究 [J]. 岩石力学与工程学报, 2015, 34(10): 1985-1993.

[76] Wang T, Zhao H B, Li Y, et al. Simulation and experimental study on the discontinuous dynamic impact on unidirectional confined coal-rock damage [J]. Shock and Vibration, 2019, 2019: 1-10.

[77] Wang D K, Zhang P, Wei J P, et al. The seepage properties and permeability enhancement mechanism in coal under temperature shocks during unloading confining pressures [J]. Journal of Natural Gas Science and Engineering, 2020, 77: 102-112.

[78] Kemeny J, Cook N G W. Effective moduli, non-linear deformation and strength of a cracked elastic solid [J]. International Journal of Rock Mechanics and Mining Sciences & Geomechanics Abstracts, 1986, 23(2): 107-118.

[79] 谢和平, 陈至达. 岩石的连续损伤力学模型探讨 [J]. 煤炭学报, 1988(1): 33-42.

[80] 韦立德, 杨春和, 徐卫亚. 考虑体积塑性应变的岩石损伤本构模型研究 [J]. 工程力学, 2006(1): 139-143.

[81] 袁小平, 刘红岩, 王志乔. 基于 Drucker-Prager 准则的岩石弹塑性损伤本构模型研究 [J]. 岩土力学, 2012, 33(4): 1103-1108.

[82] 姜鹏, 潘鹏志, 赵善坤, 等. 基于应变能的岩石黏弹塑性损伤耦合蠕变本构模型及应用 [J]. 煤炭学报, 2018, 43(11): 2967-2979.

[83] 朱珍德, 黄强, 王剑波, 等. 岩石变形劣化全过程细观试验与细观损伤力学模型研究 [J]. 岩石力学与工程学报, 2013, 32(6): 1167-1175.

[84] Zhu W C, Tang C A. Micromechanical model for simulating the fracture process of rock [J]. Rock Mechanics and Rock Engineering, 2004, 37(1): 25-56.

[85] 徐卫亚, 伟立德. 岩石损伤统计本构模型的研究 [J]. 岩石力学与工程学报, 2002, 21(6): 787-791.

[86] 杨圣奇, 徐卫亚, 苏承东. 考虑尺寸效应的岩石损伤统计本构模型研究 [J]. 岩石力学与工程学报, 2005(24): 4484-4490.

[87] Li Y W, Jia D, Rui Z H, et al. Evaluation method of rock brittleness based on statistical constitutive relations for rock damage [J]. Journal of Petroleum Science and Engineering, 2017, 153: 123-132.

[88] Deng J, Cu D S. On a statistical damage constitutive model for rock materials [J]. Computers and Geosciences, 2011, 37(2): 122-128.

[89] 曹文贵, 张升, 赵明华. 基于新型损伤定义的岩石损伤统计本构模型探讨 [J]. 岩土力学, 2006(1): 41-46.

[90] 张超, 雷勇, 曹文贵. 考虑软硬物质双变形特征的脆性岩石损伤本构模型研究 [J]. 应用力学学报, 2020, 37(3): 1166-1171, 1397-1398.

[91] Hu B, Pan P Z, Ji W W, et al. Study on probabilistic damage constitutive relation of rocks based on maximum-entropy theory [J]. International Journal of Geomechanics, 2020, 20(2): 1-10.

[92] Zang A R, Wagner F C, Stanchits S, et al. Source analysis of acoustic emissions in Aue granite cores under symmetric and asymmetric compressive loads [J]. Geophysical Journal International, 1998, 135(3): 1113-1130.

[93] Yoon J S, Zang A, Stephansson O. Simulating fracture and friction of Aue granite under confined asymmetric compressive test using clumped particle model [J]. International Journal of Rock Mechanics and Mining Sciences, 2012, 49: 68-83.

[94] 王晓, 文志杰, Mikael R, 等. 非均布载荷作用下煤岩力学强度特性试验研究 [J]. 岩土力学, 2017, 38(3): 723-730.

[95] Wang X, Wen Z J, Jiang Y J, et al. Experimental study on mechanical and acoustic emission characteristics of rock-like material under non-uniformly distributed loads [J]. Rock Mechanics and Rock Engineering, 2018, 51(3): 729-745.

[96] 赵洪宝, 王涛, 苏泊伊, 等. 局部荷载下煤样内部微结构及表面裂隙演化规律 [J]. 中国矿业大学学报, 2020, 49(2): 227-237.

[97] 许江, 叶桂兵, 李波波, 等. 不同黏结剂配比条件下型煤力学及渗透特性试验研究 [J]. 岩土力学, 2015, 36(1): 104-110.

[98] Xeidakis G S, Samaras I S, Zacharopulos D A, et al. Trajectories of unstably growing cracks in mixed mode I-II loading of marble beam [J]. Rock Mechanics and Rock Engineering, 1997, 30(1): 19-33.

[99] Mandelbrot B B. How long is the coast of Britain[J]. Science, 1967, 156(3775): 636-638.

[100] 彭瑞东, 谢和平, 鞠杨. 二维数字图像分形维数的计算方法 [J]. 中国矿业大学学报, 2004(1): 22-27.

[101] 曹树刚, 郭平, 刘延保, 等. 煤体破坏过程中裂纹演化规律试验 [J]. 中国矿业大学学报, 2013, 42(5): 725-730.

[102] 彭守建, 许江, 张超林, 等. 含瓦斯煤岩剪切破断过程中裂纹演化及其分形特征 [J]. 煤炭学报, 2015, 40(4): 801-808.

[103] 李果, 张茹, 徐晓炼, 等. 三轴压缩煤岩三维裂隙 CT 图像重构及体分形维研究 [J]. 岩土力学, 2015, 36(6): 1633-1642.

[104] 张文清, 石必明, 穆朝民. 冲击载荷作用下煤岩破碎与耗能规律实验研究 [J]. 采矿与安全工程学报, 2016, 33(2): 375-380.

[105] Li Y Y, Zhang S C, Zhang X. Classification and fractal characteristics of coal rock fragments under uniaxial cyclic loading conditions[J]. Arabian Journal of Geosciences, 2018, 11(9): 1-10.

[106] Huang D M, Chang X K, Tan Y L, et al. From rock microstructure to macromechanical properties based on fractal dimensions[J]. Advances in Mechanical Engineering, 2019, 11(3): 1-13.

[107] 何满潮, 王炀, 苏劲松, 等. 动静组合荷载下砂岩冲击岩爆碎屑分形特征 [J]. 中国矿业大学学报, 2018, 47 (4): 699-705.

[108] 张晓君, 林芊君, 宋秀丽, 等. 裂隙岩体损伤破裂演化超声波量化预测研究 [J]. 采矿与安全工程学报, 2017, 34 (2): 378-383.

[109] 刘保县, 黄敬林, 王泽云, 等. 单轴压缩煤岩损伤演化及声发射特性研究 [J]. 岩石力学与工程学报, 2009, 28(S1): 3234-3238.

[110] Zhou, P, Goodson K E. Subpixel displacement and deformation gradient measurement using digital image/speckle correlation (DISC) [J]. Optical Engineering, 2001, 40(8): 1613-1620.

[111] 刘小勇. 数字图像相关方法及其在材料力学性能测试中的应用 [D]. 长春 : 吉林大学, 2012.

[112] Leendertz A J. Interferometric displacement measurement on scattering surfaces utilizing speckle effect[J]. Journal of Physics E: Scientific Instruments, 1970, 3(3): 214-218.

[113] Peters W H , Ranson W F , Sutton M A , et al. Application of digital image correlation methods to rigid body mechanics [J]. Optical Engineering, 1983, 22(6):738-742.

[114] Chu T C , Ranson W F , Sutton M A . Applications of digital-image-correlation techniques to experimental mechanics[J]. Experimental Mechanics, 1985, 25(3):232-244.

[115] 金观昌. 数字图象散斑干涉仪用于工业和无损检验 [J]. 应用激光, 1986(5): 198-200.

[116] Sriram P, Hanagud S. Projection-speckle digital-correlation method for surface-displacement measurement[J]. Experimental Mechanics, 1988, 28(4): 340-345.

[117] 高建新. 数字散斑相关方法及其在力学测量中的应用 [D]. 北京 : 清华大学, 1989.

[118] 芮嘉白, 金观昌, 徐秉业. 一种新的数字散斑相关方法及其应用 [J]. 力学学报, 1994(5): 599-607.

[119] Sutton M A, Turner J L, Chao Y J, et al. Experimental investigations of three-dimensional effects near a crack tip using computer vision [J]. International Journal of Fracture, 1992, 53(3):201-228.

[120] 刘诚, 高淑梅. 基于图像处理技术的数字散斑照相 [J]. 光学学报 ,1999(10): 1396-1400.

[121] Yang S, Shao L T, Zhao B Y, et al. Digital Image Correlation Search Method Based on Particle Swarm Algorithm[J]. Applied Mechanics & Materials, 2011, 71-78: 4234-4239.

[122] 席涛, 熊宸, 孔繁羽, 等. 基于时序变形预测的数字图像相关加速方法 [J]. 实验力学, 2014, 29(6): 711-718.

[123] 殷志强, 谢广祥, 胡祖祥, 等. 不同瓦斯压力下煤岩三点弯曲断裂特性研究 [J]. 煤炭学报, 2016, 41(2): 424-431.

[124] Hao W, Zhu J, Zhu Q, et al. Displacement field denoising for high-temperature digital image correlation using principal component analysis[J]. Mechanics of Advanced Materials and Structures, 2017, 24(10): 830-839.

[125] Bai P, Xu Y, Zhu F, et al. A novel method to compensate systematic errors due to undermatched shape functions in digital image correlation[J]. Optics and Lasers in Engineering, 2020, 126:105907.

[126] 马少鹏, 周辉. 岩石破坏过程中试件表面应变场演化特征研究 [J]. 岩石力学与工程学报, 2008, 27(8): 1667-1673.

[127] 宋义敏, 杨小彬. 煤柱失稳破坏的变形场及能量演化试验研究 [J]. 采矿与安全工程学报, 2013, 30(6): 822-827.

[128] 赵鹏翔, 何永琛, 李树刚, 等. 类煤岩材料煤岩组合体力学及能量特征的煤厚效应分析 [J]. 采矿与安全工程学报, 2020, 37(5): 1067-1076.

[129] Jin P J, Wang E Y, Song D Z. Study on correlation of acoustic emission and plastic strain based on coal-rock damage theory[J]. Geomechanics and Engineering, 2017, 12(4): 627-637.

[130] 肖晓春, 丁鑫, 潘一山, 等. 颗粒煤岩破裂过程声发射与电荷感应试验 [J]. 煤炭学报, 2015(8): 90-98.

[131] 纪洪广, 张月征, 金延, 等. 二长花岗岩三轴压缩下声发射特征围压效应的试验研究 [J]. 岩石力学与工程学报, 2012(6): 1162-1168.

[132] 徐速超, 冯夏庭, 陈炳瑞. 矽卡岩单轴循环加卸载试验及声发射特性研究 [J]. 岩土力学, 2009, 30(10): 2929-2934.

[133] Ning J G, Wang J, Jiang J Q. Estimation of crack initiation and propagation thresholds of confined brittle coal specimens based on energy dissipation theory[J]. Rock Mechanics and Rock Engineering, 2018, 51(1): 119-134.

[134] 王其胜, 万国香, 李夕兵. 动静组合加载下岩石破坏的声发射实验 [J]. 爆炸与冲击, 2010, 30(3): 247-253.

[135] Sun H, Liu X L, Zhu J B. Correlational fractal characterisation of stress and acoustic emission during coal and rock failure under multilevel dynamic loading[J]. International Journal of Rock Mechanics and Mining Sciences, 2019, 117: 1-10.

[136] 张鹏海. 基于声发射时序特征的岩石破裂前兆规律研究 [D]. 沈阳: 东北大学, 2015.

[137] 杨慧明, 张明明. 煤体力学性质对其破坏过程声发射特征的影响研究 [J]. 矿业安全与环保, 2018, 45(4): 6-11.

[138] Qian R P, Feng G R, Guo J, et al. Effects of water-soaking height on the deformation and failure of coal in uniaxial compression [J]. Applied Sciences-Basel, 2019, 9(20): 1-10.

[139] 张永利, 曹竹, 肖晓春, 等. 温度作用下煤体裂隙演化规律数值模拟及声发射特性研究 [J]. 力学与实践, 2015, 37(3): 350-354.

[140] Zhang Z B, Wang E Y, Zhao E L. Nonlinear characteristics of acoustic emission during the

heating process of coal and rock[J]. Fractals-Complex Geometry Patterns and Scaling in Nature and Society, 2018, 26(4): 1-10.

[141] 张朝鹏, 张茹, 张泽天, 等. 单轴受压煤岩声发射特征的层理效应试验研究 [J]. 岩石力学与工程学报, 2015, 34(4): 770-778.

[142] Wen Z J, Wang X, Chen L J. Size effect on acoustic emission characteristics of coal-rock damage evolution[J]. Advances in Materials Science and Engineering, 2017, 2017: 1-10.

[143] 纪洪广, 卢翔. 常规三轴压缩下花岗岩声发射特征及其主破裂前兆信息研究 [J]. 岩石力学与工程学报, 2015, 34(4): 694-702.

[144] 曹树刚, 刘延保, 李勇, 等. 不同围压下煤岩声发射特征试验 [J]. 重庆大学学报, 2009, 32(11): 1321-1327.

[145] 陈忠购. 基于声发射技术的钢筋混凝土损伤识别与劣化评价 [D]. 杭州: 浙江大学, 2018.

[146] 何满潮, 赵菲, 杜帅, 等. 不同卸载速率下岩爆破坏特征试验分析 [J]. 岩土力学, 2014, 35(10): 2737-2747, 2793.

[147] 王林均, 张搏, 钱志宽, 等. 单轴压缩下两类脆性岩石声发射特征试验研究 [J]. 工程地质学报, 2019, 27(4): 699-705.

[148] 李元辉, 刘建坡, 赵兴东, 等. 岩石破裂过程中的声发射 b 值及分形特征研究 [J]. 岩土力学, 2009, 30(9): 2559-2563, 2574.

[149] Zhang Q, Zhan X P. A numerical study on cracking processes in limestone by the b-value analysis of acoustic emissions[J]. Computers and Geotechnics, 2017, 92: 1-10.

[150] Xu S, Liu J P, Xu S D, et al. Experimental studies on pillar failure characteristics based on acoustic emission location technique[J]. Transactions of Nonferrous Metals Society of China, 2012, 22(11): 2792-2798.

[151] Li Y H, Liu J P. Location of acoustic emission events and changes of spatial correlation length in rock during uniaxial compression[J]. Materials Research Innovations, 2011, 15(1): 543-546.

[152] Zhou Z L, Zhou J, Cai X, et al. Acoustic emission source location considering refraction in layered media with cylindrical surface [J]. Transactions of Nonferrous Metals Society of China, 2020, 30(3): 789-799.

[153] 赵兴东, 李元辉, 刘建坡, 等. 基于声发射及其定位技术的岩石破裂过程研究 [J]. 岩石力学与工程学报, 2008(5): 990-995.

[154] 许江, 李树春, 唐晓军, 等. 单轴压缩下岩石声发射定位实验的影响因素分析 [J]. 岩石力学与工程学报, 2008(4): 765-772.

[155] 许江, 唐晓军, 李树春, 等. 循环载荷作用下岩石声发射时空演化规律 [J]. 重庆大学学报, 2008(6): 672-676.

[156] 石崇, 张强, 王盛年. 颗粒流 (PFC5.0) 数值模拟技术及应用 [M]. 北京: 中国建筑工业出版社, 2018.

[157] Tang J Z, Yang S Q, Zhao Y L, et al. Experimental and numerical modeling of the shear behavior of filled rough joints [J]. Computers and Geotechnics, 2020, 121: 1-10.

[158] Wu N, Liang Z Z, Zhou J R, et al. Energy evolution characteristics of coal specimens with

preformed holes under uniaxial compression [J]. Geomechanics and Engineering, 2020, 20(1): 55-66.

[159] Wang G, Wu M M, Wang R, et al. Height of the mining-induced fractured zone above a coal face[J]. Engineering Geology, 2017, 216: 140-152.

[160] Lee H, Jeon S. An experimental and numerical study of fracture coalescence in pre-cracked specimens under uniaxial compression [J]. International Journal of Solids and Structures, 2011, 48(6): 979-999.

[161] 黄彦华, 杨圣奇. 非共面双裂隙红砂岩宏细观力学行为颗粒流模拟 [J]. 岩石力学与工程学报, 2014, 33(8): 1644-1653.

[162] 周喻, Misra A, 吴顺川, 等. 岩石节理直剪试验颗粒流宏细观分析 [J]. 岩石力学与工程学报, 2012, 31(6): 1245-1256.

[163] 田文岭, 杨圣奇, 黄彦华. 不同围压下共面双裂隙脆性砂岩裂纹演化特性颗粒流模拟研究 [J]. 采矿与安全工程学报, 2017, 34(6): 1207-1215.

[164] 陈淼. 断续节理岩体破坏力学特性及锚固控制机理研究 [D]. 徐州 : 中国矿业大学, 2019.

[165] 谢和平. 岩石混凝土损伤力学 [M]. 徐州 : 中国矿业大学出版社, 1990.

[166] 冯西桥, 余寿文. 准脆性材料细观损伤力学 [M]. 北京 : 高等教育出版社, 2002.

[167] 吕显州. 低温作用下弱胶结软岩加卸载力学特性及其微观破坏机制研究 [D]. 青岛 : 山东科技大学, 2019.

[168] 梁正召, 杨天鸿, 唐春安, 等. 非均匀性岩石破坏过程的三维损伤软化模型与数值模拟 [J]. 岩土工程学报, 2005(12): 1447-1452.

[169] 曹文贵, 赵衡, 张玲, 等. 考虑损伤阀值影响的岩石损伤统计软化本构模型及其参数确定方法 [J]. 岩石力学与工程学报, 2008(6):1148-1154.

[170] 徐卫亚, 韦立德. 岩石损伤统计本构模型的研究 [J]. 岩石力学与工程学报, 2002(6): 787-791.

[171] 唐春安. 岩石破裂过程中的灾变 [M]. 北京 : 煤炭工业出版社, 1993.

[172] 曹文贵, 方祖烈, 唐学军. 岩石损伤软化统计本构模型之研究 [J]. 岩石力学与工程学报, 1998(6): 3-5.

[173] 曹文贵, 赵明华, 刘成学. 基于统计损伤理论的莫尔-库仑岩石强度判据修正方法之研究 [J]. 岩石力学与工程学报, 2005(14): 2403-2408.

[174] Rummel F, Fairhurst C. Determination of the post-failure behavior of brittle rock using a servo-controlled testing machine [J]. Rock Mechanics and Rock Engineering, 1970, 2(4): 189-204.

[175] Li X, Cao W G, Su Y H. A statistical damage constitutive model for softening behavior of rocks [J]. Engineering Geology, 2012, 143: 1-17.

[176] 惠鑫, 马凤山, 徐嘉谟, 等. 考虑节理裂隙尺寸与方位分布的岩石统计损伤本构模型研究[J]. 岩石力学与工程学报, 2017, 36(S1): 3233-3238.

[177] Fang W, Jiang N, Luo X D. Establishment of damage statistical constitutive model of loaded rock and method for determining its parameters under freeze-thaw condition [J]. Cold Regions Science and Technology, 2019, 160:31-38.

[178] 张慧梅, 孟祥振, 彭川, 等. 冻融-荷载作用下基于残余强度特征的岩石损伤模型 [J]. 煤炭学报, 2019, 44(11): 3404-3411.

[179] 周昌寿. 露天矿边坡稳定 [M]. 徐州 : 中国矿业大学出版社, 1990.

[180] 张社荣, 谭尧升, 王超, 等. 多层软弱夹层边坡岩体破坏机制与稳定性研究 [J]. 岩土力学, 2014, 35(6): 1695-1702.

[181] 王浩然, 黄茂松, 刘怡林. 含软弱夹层边坡的三维稳定性极限分析 [J]. 岩土力学, 2013(S2): 156-160.

[182] Zhang H, Zhao H B, Zhang X Y, et al. Creep characteristics and model of key unit rock in slope potential slip surface [J]. International Journal of Geomechanics, 2019, 19(8): 1-10.

[183] 陈佳伟, 邓建辉, 魏进兵, 等. 长河坝水电站右坝肩边坡裂缝成因分析 [J]. 岩石力学与工程学报, 2012, 31(6): 1121-1127.

[184] 张我华, 陈合龙, 陈云敏. 降雨裂缝渗透影响下山体边坡失稳灾变分析 [J]. 浙江大学学报 (工学版), 2007(9): 1429-1435, 1442.